名家视点 第6辑

知识网络研究的进展与创新

图书情报工作杂志社 编

海洋出版社

2015年 · 北京

图书在版编目（CIP）数据

知识网络研究的进展与创新/图书情报工作杂志社编．—北京：海洋出版社，2015.6

（名家视点．第6辑）

ISBN 978-7-5027-9148-3

Ⅰ．①知…　Ⅱ．①图…　Ⅲ．①互联网络-应用-知识学-文集
Ⅳ．①G302-53

中国版本图书馆CIP数据核字（2015）第098759号

责任编辑：杨海萍
责任印制：赵麟苏
海洋出版社　**出版发行**

http://www.oceanpress.com.cn
北京市海淀区大慧寺路8号　邮编：100081
北京旺都印务有限公司印刷　　新华书店北京发行所经销
2015年6月第1版　2015年6月第1次印刷
开本：787 mm×1092 mm　1/16　印张：30.5
字数：526千字　定价：48.00元
发行部：62132549　邮购部：68038093　总编室：62114335

《名家视点丛书》编委会

序

由《图书情报工作》编辑部编选的《名家视点：图书馆学情报学理论与实践丛书》第6辑即将由海洋出版社出版发行与广大读者见面。这是一件值得高兴的事情。从期刊的角度，这是编者从大量的已经发表的文章中精心挑选出来的专题文章，虽然均在本刊发表过，但以专题的形式集中出版，是期刊内容与论文内容的一种增值，体现期刊价值的再利用；对作者而言，这是另外一种传播途径，增强研究成果再次被阅读、被利用的机会，实现论文再次得到关注和充分利用；对读者而言，通过专辑而阅读到多篇同一专题的文章，可以高效率地了解和跟踪该领域的研究进展，深化对该领域的认识，对于开展深度的研究或应用到实践工作奠定良好的基础。

本专辑共有4册。第一册是《机构知识库的建设与服务推广》，共收录32篇文章，涉及到机构知识库从基本概念、政策、技术、应用、服务的各个方面，也基本涵盖了机构知识库建设与服务的各个方面的问题，也是有关机构知识库国内重要作者研究成果的大汇聚。机构知识库作为开放获取的重要内容和学术机构自主知识资产的管理与服务系统，是知识管理的重要体现形式，也是图书馆业务与服务新的增长点，具有良好的发展前景和战略意义。对图书馆而言，开发、管理、维护机构知识库并提供基于机构知识库分析的情报分析与科研布局咨询，对图书馆业务与服务的转型发展具有十分重要的意义。

第二册是《移动图书馆服务的现状与未来》共收录37篇文章，涉及移动互联网用户阅读行为、移动图书馆服务模式、移动图书馆服务质量控制、国外移动图书馆服务实践进展、移动图书馆需求与评估等方面。移动图书馆服务在国内图书馆界研究成果不少，学界和业界也高度认同，但由于收到诸多因素的制约，实践上的发展并不够普及和深入。随着移动互联网技术的发展和相关设施的普及，移动图书馆建设仍然是一个值得重视并加大投入的一个领域，其发展前景将十分广阔。

第三册是《馆藏资源聚合研究与实践进展》共收录32篇文章，涉及馆藏聚合模式、数字资源语义关联、关联数据与本体、协同推荐、知识图谱、面向下一代的知识整合检索等。馆藏资源聚合是一个前沿性命题，也是图书馆从资源建设走向基于资源的挖掘与服务的必然过程。这些方面的研究对于深度地利用馆藏数字资源，实现馆藏资源价值的最大化，具有十分重要的现实意义和应用前景。

第四册是《知识网络研究的进展与创新》共收录31篇文章，涉及科研合作的网络分析、共词分析、主题演化分析、学科知识结构探测、研究热点聚类、科研合作网络等，体现了学界业界对这些领域的最新探索和应用性研究成果。为科研提供深度的前沿热点揭示和发现服务，对图书馆服务能力的提升具有重大的意义。图书馆（特别是大学图书馆和专业图书馆）需要加大这一领域的研究、研发和应用的投入，加快图书馆向知识服务的转变。

虽然本专辑的这4本书只是从《图书情报工作》近年来发表的文章精选出来的，但也可基本上代表国内学界对相关问题的最新研究成果和图书馆界实践上的探索与创新，具有学术上的引领和实践上的示范作用。尽管研究者还不够多，研究水平也还有待提升，实践应用也处于探索阶段，但也能显示作者们对这些领域的贡献以及潜在的广泛应用价值。

期待这些研究成果能通过这一专辑的出版，对推动国内的学术和实践产生应有的作用，引起更多的图书情报机构的重视，引发更多的研究人员的后续研究，并不断走向深化。在此也感谢所有作者的智慧和贡献，感谢海洋出版社的倾心出版，感谢编辑部同仁所付出的努力。

初景利

《图书情报工作》杂志社社长、主编

中国科学院文献情报中心教授，博士，博士生导师

2015年4月23日 于北京中关村

目　次

方　法　篇

应　用　篇

机　构　篇

方　法　篇

多数据源科研合作网络分析方法及实证研究*

王飒　吕娜

（北京理工大学图书馆）

1 引 言

随着全球化、信息化、网络化的发展，科技、经济、社会发展问题越来越具有复杂性与综合性，科研合作日益成为科学研究的主流方式。广义的科研领域合作关系是指包括大学、科研院所、政府机构和企业在内的所有科研主体之间在科学研究方面的合作关系，涉及计划、项目、实验室、资源共享、办学等方面的合作。狭义的科研领域合作关系是指从事某学科领域研究的机构、人员两类科研主体在科研资源、项目、计划等方面的合作。合作方式包括师生合作、同一学科或跨学科科研工作者之间的合作、研究人员与顾问之间的合作、机构间合作、国际间合作等。合作成果主要体现为文章的发表与专利的申请，因此从文献计量学的角度对作者的合著关系进行分析是对科研合作进行研究的主要方式[1]。

自 2001 年 M. E. J. Newman 首次用社会网络方法对合著关系网络进行分析研究以来[2-3]，社会网络分析方法被广泛应用到合著关系研究当中。随后，国内外有很多学者利用该方法针对某一研究领域进行作者合著网络/科研合作网络的研究。在科研合作网络实证研究中，基于英文文章的分析多采用 Web of Science 数据[4-6]或 EI 数据，基于中文文章的分析多采用 CNKI 数据[7-8]或 CSSCI 数据[9-10]，而对于中国科研工作者来说，单纯基于英文文章或中文文章的合著网络分析都不能很全面地描述科研工作者的科研合作关系。

多数情况下，科学计量学研究的数据来源比较单一，其主要原因在于各

* 本文系 2013 年国家社会科学基金项目“科研领域合作关系的识别与关联强度分析”（项目编号：13CTQ024）研究成果之一 。

数据来源的差异比较大，难以完全达到预期研究目标的质量要求，随着研究的全面和深入开展，多数据源数据整合研究将成为科学计量学今后重要的研究方向之一[11]。通过多数据源融合来进行科学计量学分析在引文分析[11-12]、机构评价[13]、h 指数计算[14]、信息可视化[12]、学科分析[15]等方面都有相关应用，已有研究表明多数据源融合扩大了数据集合，可以提高分析的准确性和全面性。本文将基于多数据源对科研工作者的科研合作关系进行分析，将不同数据源中提取的合作关系进行加权计算，从而弥补单一数据源合作关系不全面的不足。

2　多数据源合著网络加权模式构建

合著网络中点权的大小能够反映作者科研产出的多少以及在关系网络中重要性及贡献的大小，而边权的大小则反映作者间合作强度的强弱，根据不同的数据源可以建立起不同的合著网络，本文将构建多数据源合著网络加权模式，包括来自不同数据源的点权及边权的融合。

2.1　节点点权的加权融合方法

关于合著论文如何分配作者贡献的问题简单的处理方法主要有两种：①正规计数法，即不论合作者有几个，每位作者都算产出一篇论文；②调节计数法，即根据一篇论文合作者的数量赋予每人相等的份额[16]。已有合作网络可视化中节点的大小一般表示作者发表的论文数量，节点越大说明发表数量越多，而不考虑合著作者人数带来的影响，本文认为同一数据库中的不同论文的价值是固定的，不因作者数量的不同而不同，采用调节计数法将一篇论文的价值分配给其所有作者。

虽然作者署名顺序不同对论文的贡献值也应不同，为了计算方便，这里假设不同作者在同一篇论文中的贡献是相等的，即一篇论文如果由多个作者完成，则每位作者在一篇合作论文中的贡献应为 $1/n$（n 为该篇论文作者数）。定义 W_v 为节点的点权值，那么节点 i 的点权总和 W_{vi} 可表示为：

$$W_{vi} = \sum_{k=1}^{N} \frac{1}{n_k} \tag{1}$$

式中 n_k 为第 K 篇论文中合著作者的人数，N 为作者 i 总的文章数，例如某作者总计发表论文 17 篇，其中 1 篇独立完成，11 篇论文为两人合著，5 篇论文为 3 人合著，则该作者的点权值为：

$$W_{vi} = \sum_{k=1}^{17} \frac{1}{n_k} = 1 + 11 * \frac{1}{2} + 5 * \frac{1}{3} = 8.17$$

但如果 N 篇文章来自不同数据库，公式（1）就不能很好地描述作者的贡献值。一般认为，科研论文的学术价值与其是否被 SCI、EI 检索，或是否发表于核心期刊等因素有关。本文定义多数据源融合的点权加权表达式为：

$$W_{vi} = \alpha_1 \sum_{k=1}^{N_1} \frac{1}{n_k} + \alpha_2 \sum_{k=1}^{N_2} \frac{1}{n_k} + \alpha_3 \sum_{k=1}^{N_3} \frac{1}{n_k} \tag{2}$$

公式中 α 表示论文被检索及收录情况：α_1表示被 SCI 或 SSCI 检索，α_2表示被 EI 检索，α_3表示发表在中文核心期刊上，N_1、N_2、N_3分别表示作者 i 发表的文章被 SCI 或 SSCI、EI 检索及被核心期刊收录的情况。

2.2　边权的加权融合方法

合著网络中两两作者之间的关系强度即两节点之间边权的大小，取决于合著网络中作者之间的合著次数、合著强度、合著效果等因素。

根据合著次数计算边权，则两个作者 i 和 j 之间的边权W_{eij}计算为：

$$W_{eij} = P \tag{3}$$

其中 P 表示作者 i 和作者 j 合著论文数量。

2001 年，M. E. J. Newman 提出了根据合著次数及合著强度两个因素来计算合著关系网络边权的方法[3]，假设某篇文献一共有 n 个作者，那么其中作者 i 就与其他 $n-1$ 个作者进行交流，作者 i 与其他作者之间的合著强度就分别为 $1/n-1$，则两个作者 i 和 j 之间的边权W_{eij}为：

$$W_{eij} = \sum_{k=1}^{P} \frac{1}{n_k - 1} \tag{4}$$

式中n_k为论文 k 中合著作者人数，P 为作者 i 和作者 j 合著文章数。

2005 年，K. Borner 等人计算合著网络边权时在考虑合著次数、合著强度的基础上，加入了合著效果因素，认为不同的合著效果的合著强度也不同，被引次数多的文献的合著效果大，则合著强度也大[17]，作者 i 和作者 j 之间的边权W_{eij}计为：

$$W_{eij} = \sum_{k=1}^{P} \frac{(1 + C_k)}{n_k(n_k - 1)} \tag{5}$$

式中n_k为论文 k 中合著作者人数，C_k为论文 k 的被引频次，P 为作者 i 和作者 j 合著文章数。

同样如果作者 i 和作者 j 的合著论文来自不同数据库，公式（3－5）都不能很好地两个表达两者之间的关系强度，本文在公式（3－5）的基础上，综合考虑合著次数、合著强度和合著效果 3 个因素，定义多数据源融合的点权加权表达式为

$$W_{eij} = \alpha_1 \sum_{k=1}^{P_1} \frac{1}{n_k - 1} + \alpha_2 \sum_{k=1}^{P_2} \frac{1}{n_k - 1} + \alpha_3 \sum_{k=1}^{P_3} \frac{1}{n_k - 1} \tag{6}$$

式中 α 表示论文被检索及收录情况：α_1表示被 SCI 或 SSCI 检索，α_2表示被 EI 检索，α_3表示发表在中文核心期刊上，P_1、P_2、P_3分别表示作者 i 与作者 j 合作发表的文章被 SCI 和 SSCI、EI 检索及被核心期刊收录的情况。公式（6）相对于公式（5）更便于操作，也避免了被引频次未归一化带来的影响。

为了防止数据重复造成多次计算加权，当一篇 EI 收录的文章被 SCI 或 SSCI 收录时，按照被 SCI 或 SSCI 收录统计；当一篇核心期刊文章被 EI 收录时，按照被 EI 收录统计。

3 数据分析

3.1 数据采集

本文以“中国科学技术信息研究所”的英文或中文地址为检索词在 Web of Science 平台、EI 数据库、CNKI 平台进行相关检索。选择中国科学技术信息研究所作为案例研究对象的原因是该机构在国内图书情报领域表现突出，并具有一定数量的中英文论文作为研究数据。

以“Inst Sci & Tech Informat China”或“Inst Sci & Technol Informat China”为地址检索词，在 Web of Science 平台 SCI 及 SSCI 数据库检索到该单位 1990 –2014 年间共被收录论文 112 篇，采集论文全记录。

以“Institute of Scientific and Technical Information of China”或“Inst. of Sci. and Technol. Info. of China”为作者机构检索词，在 EI 数据库检索到该单位 1990 –2014 年共被收录论文 188 篇，采集论文题目、作者、作者单位、刊名等信息。

以“中国科学技术信息研究所”为单位检索词，在中国知网（CNKI）中国学术期刊网络出版总库检索到该单位 1990 –2014 年间在核心期刊上共发文 1 662 篇，采集数据包括论文题目、作者、作者单位、刊名、关键词、摘要。需要说明的是，CNKI 并没有收录所有的核心期刊，可能造成检索结果比实际发文数量要少。

本文尽可能全面地检索论文，但因地址规范及收录问题，本文数据仅用于科研合作网络的案例分析，其中涉及到单位及个人的数据仅供参考。

3.2 数据处理

编写程序对采集到的数据分别进行结构化及去重处理，对作者发文数量以及作者合作关系信息进行提取。得到 SCI 及 SSCI 收录论文 112 篇，涉及作者188人，作者合作关系891条；EI收录（非SCI及SSCI收录）论文165篇，涉及作者227人，作者合作关系611条；CNKI核心期刊去除不含作者信息的论文44篇，被SCI、SSCI或EI收录的论文22篇，共有论文1 596篇，涉及作者1 027人，作者合作关系3 411条。

3.3 数据统计与分析

利用公式（1）分别基于SCI、SSCI、EI和CNKI数据源计算得出各个节点的点权值，按照点权值大小排序，列出不同数据源点权值排名前10位的节点（见表1－表3），并给出相应节点对应作者的发文篇数及节点度值。

可以看出，基于不同数据源的统计结果存在很大的差异，说明一个科研单位中成员发表论文的语种、期刊及论文被收录的情况都存在一定的差异。此外，在同一数据源发文篇数多的作者，点权值并不一定高，说明论文数量固然重要，但合著人数不同对论文的贡献也会不同。需要说明的是，表1－表3给出的是以“中国科学技术信息研究所”的英文或中文地址为检索机构检出的文献集合基础上的统计结果，不能保证作者所属机构一定为“中国科学技术信息研究所”，例如表1中的L. Leydesdorff、F. Y. Ye、R. Rousseau，表2中的章成志、穗志方，表3中的化柏林、俞立平所属机构就不为或不单纯为“中国科学技术信息研究所”，在一定程度上说明了跨机构科研合作对机构论文产出及影响力带来的影响。

表1　基于SCI、SSCI数据点权前10位节点的统计信息

编号	作者	作者中文姓名	发文篇数	度	点权值
1	Zhou Ping	周萍	17	7	8.17
2	Wu Yishan	武夷山	14	26	4.74
3	L. Leydesdorff		10	3	4.67
4	Chen Yingjian	陈颖建	3	0	3.00
5	Pan Yuntao	潘云涛	12	28	2.90
6	F. Y. Ye		5	2	2.83
7	Xu Shuo	徐硕	9	19	2.15
8	R. Rousseau		5	6	2.03
9	Zhang Xiaoyu	张晓宇	2	0	2.00
10	Zhao Zhiyun	赵志耘	9	12	1.78

从表1可以看出发文篇数多的作者并一定点权值高，例如潘云涛发文篇数较陈颖建多出很多，但潘云涛的点权值较陈颖建反而要低，分析其原因，是因为潘云涛的大部分文章为合作文章且为多人合作，而陈颖建虽然只有3篇文章但都为独立完成，该结果也充分验证了公式（1）中作者数量信息对作者贡献值度量的影响。

表2　基于EI数据点权前10位节点的统计信息

编号	作者	作者中文姓名	发文篇数	度	点权值
1	Zhang Chengzhi	章成志	17	18	8.28
2	Liu Yao	刘耀	22	24	6.88
3	Zhang Xiaodan	张晓丹	7	9	4.15
3	Wang Huilin	王惠临	14	22	4.15
5	Su Ying	苏颖	12	8	4.00
6	Qiao Xiaodong	乔晓东	13	30	3.69
7	Sui Zhifang	穗志方	12	12	3.27
8	Zhu Lijun	朱礼军	10	16	3.18
9	Peng Jie	彭洁	9	4	3.00
10	Zhang Zhiping	张志平	8	6	3.00

表3　基于CNKI数据点权前10位节点的统计信息

编号	作者	发文篇数	度	点权值
1	武夷山	116	65	52.37
2	陈峰	43	11	31.62
3	化柏林	40	10	29.83
4	潘云涛	90	52	29.02
5	王新新	27	2	26.00
6	郑彦宁	67	47	23.95
7	俞立平	55	7	23.58
8	刘娅	33	25	21.92
9	曾建勋	44	33	21.25
10	庞景安	28	15	20.33

对比表1和表2，表1中周萍与表2中章成志的发文篇数一样，点权值相差不大，但节点度值却相差很多，就论文数据作分析，发现周萍共发文17篇，篇均作者人数为2.2人，其中与L. Leydesdorff合作次数最多（10次），仅合作一次的作者有3个；章成志同样发文17篇，篇均作者人数为2.9人，其中与王惠临合作次数最多（6次），仅合作一次的作者有13人，这说明节点度值与点权值并不是反相关的关系。

相较于表1和表2来说，表3中给出的作者发文篇数和点权值都有大幅提高，说明该机构发文大部分在国内核心期刊上，SCI或SSCI及EI发文数量较少，这代表了国内大部分图书情报研究机构的实际情况。表3中王新新发文数量并不多，但因为大部分为独立完成，所以点权值排在了该表第5位。

根据公式（2）对基于多数据源的统计结果进行点权加权，其中α_1、α_2、α_3分别取1、0.5、0.3，给出基于多数据源统计点权值排名前10位的节点（见表4），并给出相应节点对应作者的发文篇数及节点度值。关于α_1、α_2、α_3的取值问题，综合考虑了科研机构工作量考核系数及职称评定方法来初步确定，该系数可以根据需要在实际操作中进行调整。

表4　基于多数据源点权加权前10位节点的统计信息

编号	作者	发文篇数	度	点权值
1	武夷山	135	79	21.41
2	潘云涛	105	69	12.00
3	陈峰	45	11	10.49
4	郑彦宁	71	54	9.30
5	化柏林	40	10	8.95
6	周萍	17	7	8.17
7	王惠临	60	53	7.98
8	王新新	27	2	7.80
9	曾建勋	49	33	7.54
10	赵志耘	46	22	7.29

表4并不是表1－表3的简单叠加，在进行数据融合时一方面需要对作者姓名进行中英文对照，另一方面根据SCI、SSCI、EI及CNKI数据源的不同，赋予的权值也不尽相同。可以发现分别排进表1－表3中前3位的

L. Leydesdorff、章成志、刘耀、张晓丹在表4中并没有出现，因为这些作者虽然在某一个数据源下有突出表现，但在其他数据源中表现一般或没有表现，所以在多数据源点权加权计算时就不会获得较高的点权值。

此外，节点的度也不是简单叠加的关系，具体统计时要将作者姓名都转换为中文表达，后将基于不同数据源的合作作者进行汇总、去重，从而得出作者的节点度值。例如武夷山的节点度值在SCI、SSCI数据下为26，在EI数据下为6，在CNKI数据下为65，而多数据源下度值为79，小于前三者相加值97。

根据对比可以看出，表4相对于表1－表3更能相对准确地反映该机构贡献值高的作者，规避了因为不同语种及不同数据库收录带来的偏差。

3.4　科研合作网络可视化分析

为了直观地观察节点间的科研合作关系，选择基于多数据源点权加权排名第一的“武夷山”作为示例进行分析，利用社会网络分析软件Pajek生成合著网络图。基于SCI、SSCI、EI及CNKI的与武夷山有合作的节点构成的网络关系如图1－图3所示：

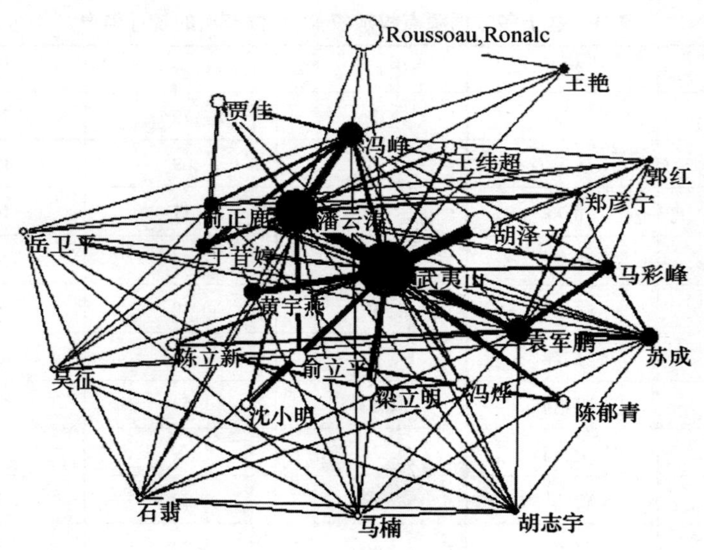

图1　基于SCI、SSCI数据的合著网络

其中节点的大小反映了节点的点权，节点间的连线粗细反映了节点间的边权大小，节点的点权采用公式（1）计算得出，节点间的边权利用公式

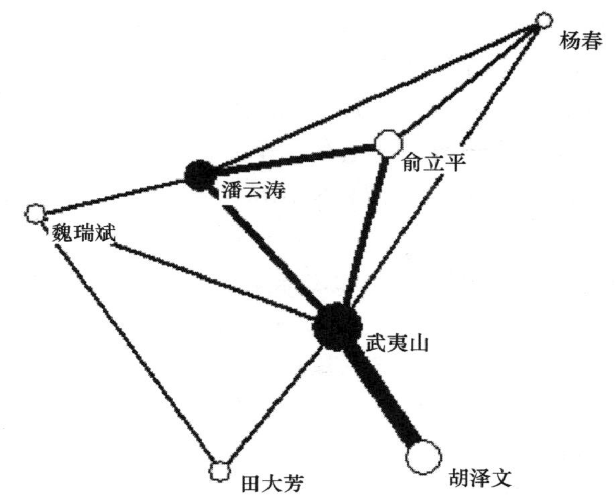

图 2　基于 EI 数据的合著网络

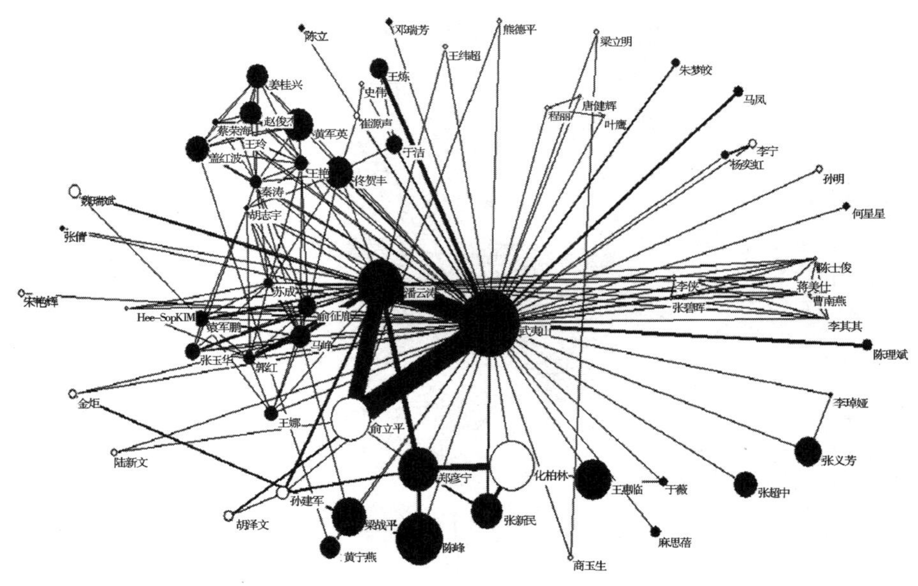

图 3　基于 CNKI 数据的合著网络

（4）计算得出。图 1 – 图 3 中节点分为两类，其中一类表示为黑色，该类节点所代表的作者所属机构为“中国科学技术信息研究所”，另一类表示为白色，该类节点所代表的作者所属机构不为或不单纯为“中国科学技术信息研究所”，标为白色的节点的点权仅代表在与“中国科学技术信息研究所”合作中的论文贡献值，不代表其在该数据源下的绝对贡献值。

图 1 为基于 SCI、SSCI 数据的所有与武夷山有合作关系的节点间合著网络关系图，从该图中可以看出与武夷山有合作关系的为节点 26 个，其中大部分为白色节点，即与武夷山所属不同机构，从节点大小来看，除了中心节点武夷山外，潘云涛、R. Ronald、胡泽文、袁军鹏等节点相对较大；从节点间连线的粗细来看，武夷山与潘云涛、胡泽文、袁军鹏、黄宁燕、梁立明、俞立平间的联系较紧密。同时，潘云涛与马峥、袁军鹏与马彩峰之间的联系也较紧密。

图 2 为基于 EI 数据的所有与武夷山有合作关系的节点间合著网络关系图，从该图中可以看出与武夷山有合作关系的节点仅 6 个，其中 4 个为白色节点，与武夷山较紧密的节点为潘玉涛、俞立平、胡泽文。该网络图较简单的原因主要是武夷山发表的被 EI 收录的文章较少，因此提取出的合作关系也较少。

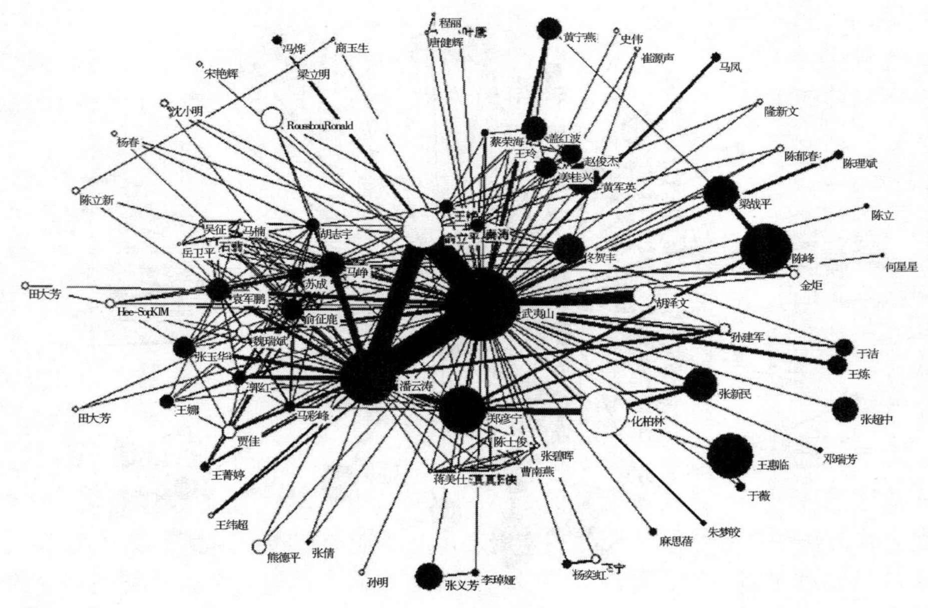

图 4　基于多数据源的合著网络

图 3 为基于 CNKI 数据的所有与武夷山有合作关系的节点间合著网络关系图，从中可看出，无论是节点数量还是节点间的连线数量，都远远多于图 1

和图 2。图 3 中的大部分节点为黑色节点，即大部分与武夷山同一机构，与武夷山联系较紧密的节点为潘云涛、俞立平、王炼等，同时潘云涛与俞立平、郑彦宁、马峥之间的联系也较紧密。

从图 1 – 图 3 的对比可以看出，基于 SCI、SSCI 及 EI 的合著网络与基于 CNKI 的合著网络相比，机构间的合作占总体合作的比例要高很多，这从一个侧面反映了机构间的合作更能产生高质量、高水平的科研成果。而基于不同数据所得到的合作关系从不同侧面反映了与作者合作密切的其他科研人员及这些人员之间的联系。

根据公式（2）对多数据源进行点权加权，根据公式（6）对多数据源进行边权加权，并根据统计结果利用 Pajek 软件生成所有与武夷山有合作关系的节点间合著网络关系图，如图 4 所示：

图 4 对图 1 – 图 3 进行了融合，使得真正紧密的科研合作关系得以凸显。因武夷山大部分文章为 CNKI 所收录，图 4 所示关系图可以被视为在图 3 基础上的调整和补充，例如图 4 相对图 3 凸显了武夷山与胡泽文、黄宁燕、袁军鹏之间的联系，同时相对于图 1 和图 2 来，说更充实、更全面地反映了武夷山的科研合作关系网络。图中节点间的相对大小更能准确地反映在综合考虑多数据源的情况下作者贡献值的不同。

4 总　结

本文基于多数据源对合著网络中的点权和边权进行加权统计，构建了多数据源科研合作网络分析方法。在加权统计时，对于来自不同数据源的数据赋予不同的权值，利用不同数据源的点权加权来表示作者的贡献值，利用边权的加权来表示作者间关系的紧密程度，其中点权度量考虑了文章篇数、作者数量信息，边权度量考虑了合著次数、合著强度和合著效果；通过实证分析，进一步验证了该方法的有效性，通过多数据源融合的方法可以更全面、更客观地反映科研工作者的科研贡献值及科研合作紧密程度，规避了因为科研论文语种或来源不同所带来的偏差。但该方法仅为基于多数据源融合的科研合作方法的简单雏形，还存在一定不足和改造的空间，主要有以下几点：

（1）在进行点权计算时，假设不同作者在同一篇论文中的贡献是相等的，没有考虑到作者署名顺序不同可能造成的贡献不同。目前作者贡献值模型主要有线性分布模型[16]和指数分布模型[18]，在两种模型中作者排名顺序越靠后，赋予其贡献值越低，改进操作中可以结合作者贡献值模型对点权进行计算。

（2）在进行边权计算时，假设统一数据源的论文合作效果是相同的，没有考虑到期刊影响因子及论文被引次数不同可能造成的合作效果不同，改进操作中，可以考虑对期刊影响因子或论文被引次数进行归一化处理后对合作效果进行描述。

（3）在进行多数据源融合时，对公式（2）和公式（6）中的权值进行了简单设定，在改进操作中可以通过专家咨询的方法进行权值设定，还可以考虑根据学科的不同权值设定也应不同。

（4）本文在进行多数据源融合时，对不同数据源的数据进行了结构化处理，从而可以有效的提取有用信息，但涉及到作者姓名的中英文对照问题时本文采取人工对照的方式，效率较低，只能处理作者人数较少的科研合作网络，建议科研单位在建立机构知识库或科研管理数据库时，对科研人员进行ID编号，某一科研人员具有唯一的科研编号，对中英文不同论文数据库进行整合，以便更好地利用科研数据进行相关分析和评价。

参考文献：

[1] Glänzel W, Schubert A. Analysing scientific networks through co – authorship [M] // Moed H F et al. Handbook of Quantitative Science and Technology Research. Netherlands: Kluwer Academic Publishers, 2004: 257 – 276.

[2] Newman M E J. Scientific collaboration networks I. Network construction and fundamental results [J]. Physical Review E, 2001, 64 (1): 016131.

[3] Newman M E J. Scientific collaboration networks II. Shortest paths, weighted networks, and centrality [J]. Physical Review E, 2001, 64 (1): 016132.

[4] Hou Haiyan, Kretschmer H, Liu Zeyuan. The structure of scientific collaboration networks in Scientometrics [J]. Scientometrics, 2008, 75 (2): 189 – 202.

[5] Huamaní C, Mayta – Tristán P. Peruvian scientific production in medicine and collaboration networks, analysis of the Science Citation Index 2000 – 2009 [J]. Revista Peruana de Medicina Experimentaly Salud Publica, 2010, 27 (3): 315 – 325.

[6] 刘凤朝，姜滨滨．中国区域科研合作网络结构对绩效作用效果分析——以燃料电池领域为例［J］．科学学与科学技术管理，2012（1）：109 – 115.

[7] 吕淑仪．我国图情学科研合作特征分析［J］．科技管理研究，2008（7）：83 – 85.

[8] 肖连杰，吴江宁，宣照国．科研合作网中节点重要性评价方法及实证研究［J］．科学学与科学技术管理，2010（6）：12 – 15.

[9] 魏瑞斌．我国图书馆学情报学的科研合作现状研究——以CSSCI 1998 – 2004年数据为例［J］．图书情报工作，2006，50（1）：41 – 43，48.

[10] 金梅，熊爱民．从CSSCI合著论文看我省人文社科研究的科研合作［J］．贵州教育学院学报，2009（7）：79 – 82.

[11] 韩毅，张克菊，金碧辉．引文网络分析的方法整合研究进展［J］．中国图书馆学

报，2010（4）：83－89.

[12] Synnestvedt M B. Data preparation for biomedical knowledge domain visualization：A probabilistic record linkage and information fusion approach to citation data [D]. Philadelphia：Drexel University，2007.

[13] 张蓉婷. 基于论文产出的农业科研机构学术影响力评价 [D]. 北京：中国农业科学院，2012.

[14] 周志峰. 多层面跨数据源h指数实证研究 [D]. 杭州：浙江大学，2010.

[15] Janssens F，Leta J，Glanzel W，et al. Towards mapping library and information science [J]. Information Processing and Management，2006，42（6）：1614－1642.

[16] 樊玉敬. 合著论文作者的名誉分配 [J]. 情报杂志，1997（1）：37－38，49.

[17] Borner K，Dallasta L，Ke W M，et al. Studying the emerging global brain：Analyzing and visualizing the impact of co－authorship teams [J]. Complexity，2005，10（4）：57－67.

[18] 张明. 不同名次合作者（单位）对总体贡献率的研究 [J]. 福州总医院学报，1999（2）：44－45，40.

作者简介

王飒，北京理工大学图书馆馆员，博士，E-mail：sharonws@bit. edu. cn；

吕娜，北京理工大学图书馆副研究馆员，博士。

多词共现分析方法的实现及其在研究热点识别中的应用*

高继平[1]　丁堃[2]　潘云涛[1]　袁军鹏[3]

（[1] 中国科学技术信息研究所；[2] 大连理工大学科学学与科技管理研究所；[3] 中国科学院技术信息研究所）

词共现分析（也称共词分析）是由 M. Callon 等人在 1983 年提出并于 1986 年完善的[1-2]。正如滕立等人[3]的研究所述，当前词共现分析的理论基础主要包括拉图尔的行动者网络理论和社会网络分析。其中前者的侧重点在于共词网络基础上的词聚类分析以及结构演化分析[4-5]，而后者的关注点是节点在网络中的影响力评价[6-7]，如节点度数、节点中介中心度、节点紧密度等。

不过，在有些情况下，用一般的网络图很难真实刻画世界网络的特征。例如，在合作撰写论文的网络中，用网络图可表示作者之间是否合作，但不能表示是否有 3 个或更多的作者合写一篇文章等；同理，一篇文章一般会有 3 –5 个关键词，而一般的词共现分析生成的共词网络也仅能体现两个关键词的共现，很难体现 3 –5 个关键词是否同时出现在一篇文章中等。

针对类似的情况，王众托等人提出超网络的概念[8]，以期解决类似的问题；李树青则提出 3 词共现分析的方法，并将该方法用于识别学者主要的研究兴趣特征[9]；庞弘燊等人提出主题领域、研究团体、所发表论文的期刊类型等多个论文特征项共现机构科研状况分析方法[10]；刘志辉等人则提出作者关键词耦合的研究方法[11]。

尽管如此，鲜有研究从多重共现的角度去研究词与词之间的共现问题，以及由此衍生而来的多词共现分析，为此本文提出多词共现分析方法（muliple words co-occurrence analysis），并将其应用于领域研究热点的识别之中。

---

* 本文系“863”计划课题“以科技文献服务为主的搜索引擎研制”（项目编号：2011AA01A206）和中国科学技术信息研究所所内预研项目“基于论文引用专利的技术对科学的影响分析——以 CSTPCD 数据库为例”（项目编号：YY –201430）研究成果之一。

1　多词共现分析方法

1.1　多词共现的理论基础

多词共现是由单篇文本中两个及两个以上词语之间的共同出现而构成的，是可以用于表达文本的主要知识结构和核心知识内容的词语集合，其中两个词语之间的共现可以被称之为两词共现，而 3 个词语之间的共现可以被称为 3 词共现，以此类推。

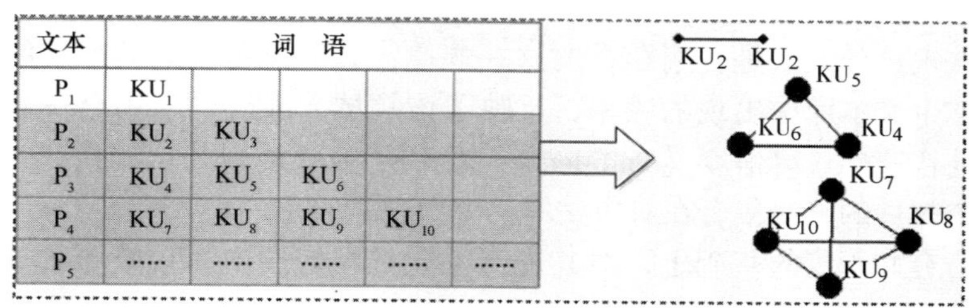

图 1　多词共现的形成

图 1 中存在 P_1、P_2、P_3、P_4 和 P_5 5 篇文本，其中文本 P_1 通过分词方法，最终可以由词语 KU_1 表示；文本 P_2 通过分词处理，得到 KU_2 和 KU_3 两个词语，故而它可以通过 KU_2 和 KU_3 来表示，同理文本 P_3 以词语 KU_4、KU_5 和 KU_6 表示，文本 P_4 则以词语 KU_7、KU_8、KU_9 和 KU_{10} 表示。

这样，词语 KU_2 和 KU_3 在文本 P_2 中就存在两词共现，词语 KU_4、KU_5 和 KU_6 在文本 P_3 中存在 3 词共现，词语 KU_7、KU_8、KU_9 和 KU_{10} 在文本 P_4 中存在 4 词共现，而词语 KU_1 在文本 P_1 中是孤立的，其中两词共现、3 词共现、4 词共现等统称为多词共现。图 1 中文本 P_5 也是由多个词语组成的，若其中含有文本 P_1、P_2、P_3 和 P_4 中已有的多词共现类型，则对应的多词共现方式就增多了一条。

1.2　多词共现的抽取方法

关联规则挖掘指的是从大量的数据中挖掘出有价值的描述数据项之间相互联系的有关知识，具体地说就是在数据库的知识发现中描述一个事中物品之间同时出现规律的知识模式，通过找出所有频繁项集再产生强关联规则。这里多词共现的抽取，可以采用关联规则挖掘中的频繁项集的抽取方式予以实现。

具体关联规则挖掘可以这样描述：

假设 K = $\{k_1, k_2, k_3, \cdots, k_n\}$ 是 n 个不同词语的集合，给定一个已有的文本集 P，它同时也是一个词语的集合 $P = \{k_1, k_4, k_9, \cdots, k_i\}$，且 P 中的每个词语都包含于上面 K 的词语集合中，即 $P \subseteq K$。关联规则表示为：$A \rightarrow B$，其中 $A \subset K$，$B \subset K$ 且 $A \cap B = \varnothing$，其中 A 表示关联规则的前提，B 为关联规则的结论。关联规则挖掘的目的就是要发现满足用户给定的最小支持度和最小可信度的所有条件关系，即关联规则。这些规则的最小支持度和可信度都要大于等于前边给定的最小支持度和最小可信度。

这里涉及到两个重要的概念：支持度和可信度。其中，支持度（support）反映了共现这种关系是普遍存在的这一规律，其定义是满足某个条件的词语集合在整个文本库中出现的频率，反映了该领域人员对词语集合所象征的内容认识的普遍性；可信度（confidence）反映了关联规则的预测强度，指的是满足某个条件的词语集合在对应文本集中出现的频率。

在已有文本集的基础上，对其进行关联规则挖掘中的频繁项集抽取，可以理解为在满足一定的支持度的条件下，寻找频繁在一起出现的词语集合，故而其一般包括下面两个处理过程：

首先，根据文本集中文本的数量，设定最小支持度的值；

其次，通过迭代运算，找出支持度大于等于最小支持度的词语组合（亦即关联规则挖掘中的频繁集）；

最后，上面的词语集合，就构成了多个词语之间的共现。

关联规则挖掘主要有 Apriori 算法、DHP 算法、Partition 算法、Sampling 算法等，这里采用的是 Apriori 算法。该算法主要包括两个重要步骤：确定连接和剪除分支：①确定连接：在确定频繁 k 项集（记做 L_k）时，首先通过频繁 $k-1$ 项集（L_k-1）与自身连接产生候选 k 项集 C_k，该候选项集中的 L_k-1 词语是可连接的，是满足关联规则要求的。②剪除分支：在①中生成的 C_k 是 L_k 的超集，也就是它的成员可能不是频繁的，但所有的频繁 k 项集都包含在候选 k 项集 C_k 中。程序运行，确定 C_k 中每一个候选的计数，从而确定频繁 k 项集。当然，随着文本数量的增长，其词语集合就会增大，相应的候选 k 项集 C_k 可能涉及到的运算量就会很大。这样，在 *Apriori* 算法的应用中，任何非频繁 $k-1$ 项集都不会是频繁 k 项集的子集，故一个候选 k 项集的 $k-1$ 项集不在频繁 $k-1$ 项集中，则该候选项必然不是频繁的，从而可以从候选 k 项集 C_k 中删除掉。

1.3　多词共现的实现流程

第一，根据研究的需要从相应的数据库，如国家知识产权局专利数据库

（The State Intellectual Property Office Database，SIPOD）或万方数据库等中下载文献集，形成后续分析的数据样本。

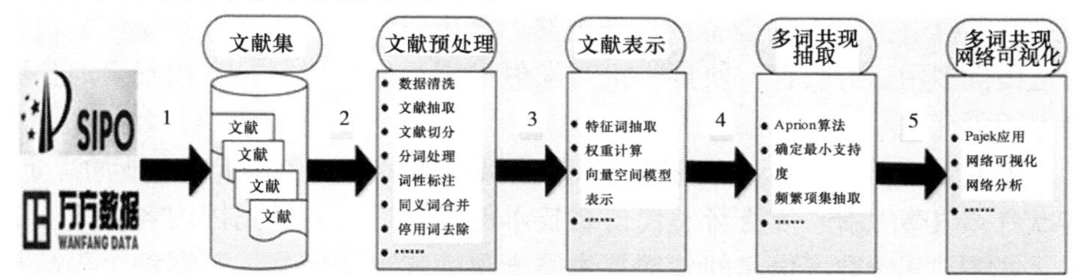

图 2　多词共现分析方法的实现流程

第二，进行文献预处理，主要包括数据清洗、文献抽取、文献切分、分词处理、词性标注、同义词合并、停用词去除等步骤。其中数据清洗和同义词合并是文献预处理的重要步骤，会直接影响到后续分析的准确性。此外，分词处理，当前有多种分词方法，如基于字符串匹配的分词方法（机械分词法）、基于理解的分词方法、基于统计的分词方法、最大字符串匹配算法[12-13]等，本文采用最大字符串匹配算法。

第三，文献表示，主要包括特征词抽取、特征词权重计算、向量空间模型表示等。其中，本部分抽取出来的特征词，就构成了后续多词共现分析中的词语。

第四，多词共现抽取，主要是采用关联规则挖掘中的频繁项集法抽取满足最下支持度的频繁项集。本文采用的是 Apriori 算法中的频繁项集抽取法，这样得到的频繁项集就成为后续分析的多词共现项集。

第五，多词共现网络可视化。鉴于本文提到的多词共现分析方法衍生出来的多词共现网络，不同于一般的共词网络，而当前主流的网络分析软件，如 Pajek、Ucinet、Cfinder 等无法有效体现它的特征，故而这里仅说明它可以进行可视化分析。希望在之后的研究中，能够发现或者开发适宜的软件，以展示多词共现网络。

2　多词共现分析方法在研究热点识别中的应用研究

2.1　文献下载与预处理

2.1.1　文献下载

“H04”电通信技术中的“H04L 数字信息的传输”，是一个技术密集型的研究领域，包括数据开关网络、由 H04L 15/00 或 H04L 17/00 组所包含的设备或电路的零部件、发送或接收“点划电码”的设备或局部电路、用于发送或接收电码的设备或局部电路、用于步进制系统的设备或局部电路、用于镶嵌式打印机电报系统的设备或局部电路、基带系统、调制载波系统、为传输通道提供多用途的装置、使接收机与发射机同步的装置、保密或安全通信装置等子研究领域。

随着2010年10月《国务院关于加快培育和发展战略性新兴产业的决定》的出台，战略性新兴产业新一代信息技术的发展进一步受到国内各界人士的广泛关注，其中数字信息的传输技术属于下一代通信网络、三网融合等信息技术中的重要研究内容。

为此，本文以国家知识产权局数据库中主分类号为“H04L”的数字信息的传输作为研究对象，在国家知识产权数据库（SIPOD）中，以主分类号“H04L”进行检索，检索对象为“发明专利”，检索时间为2012年3月20日，最终共检索到76 877项专利。每项专利包括申请（专利）号、名称、摘要、申请日、公开（公告）号、公开（公告）日、分类号、主分类号、申请（专利权）人、发明（设计）人、地址、国际公布、颁证日、专利代理机构、代理人、优先权、主权项、国省代码等信息。

2.1.2 文献预处理

专利文本中名称、摘要和主权项3个部分，在体现专利文本的技术知识方面具有不同的作用。专利文本的名称体现了发明的主题和类型，同时还不得使用人名、地名、商标或者商品名称等含义不清的词汇。在涉及发明的技术领域时，文本的名称必须是发明直接所属或者直接应用的技术领域，而不是发明所属或者应用的广义技术领域或者相邻的技术领域。而专利文本的摘要则包括发明所涉及的主题名称、所属技术领域、技术特征和用途以及与现有技术相比所带来的更佳效果等。专利文本的主权项是通过简洁的语言客观而有根据地反映了发明的目的，同时也客观地表明了该专利文本的垄断范围，既不侵犯已有专利的权利要求，又可以最大程度地体现本专利文本的技术保护范围[14]。

一般专利文本中都含有大量的没有实在意义但使用频率却极高的虚词，如“的”、“被”、“就”等词，这些词尽管出现频率很高也可能位于专利文本的“名称”、“摘要”等核心内容部分，但却不能表征专利文本的具体意思。其中尤为重要的是，专利文本中的摘要等部分还会有类似于“方法”、“应用”等频数高却没有独特意思的一些实词，这些都需要通过构建合适的停用词表、常用词表等予以去除。

之后，要对专利文本执行同义词合并（光传输网\光传送网、导频代码\导频符号、PN代码\PN码、收发机\收发器、半导体装置\半导体设备、备用路由\备份路由、备用环路\备用链路、被叫用户\被叫方、闭环发送\闭环发射、插入损失\插入损耗、发射器\发射机、发送端\发送方、光发送器\光发射机、光接收组件\光接收模块\光接收器、基础组件\基础设备等）、英文大小写统一（TURBO\turbo\Turbo、Rake合成\RAKE合成\Rake合并\RAKE合并\rake合成\rake合并等）、中英文归并（码分多址\CDMA、专用信道\DCH、离散傅里叶变换\DFT、专用物理信道\DPCH、数字信号处理器\DSP、双音多频\DTMF、密集波分复用\DWDM、数字交叉连接\DXC、反馈信息\反馈信号\FBI、全球定位系统\GPS、可视信道\LOS、MAI信号\干扰信号、最大后验概率\MAP、光传输网\光传送网\OTN、服务质量\QoS、RF滤波器\射频滤波器、RZ码\归零码等）等操作。

2.2 多词共现的抽取

这里设置最小支持度为0.01，亦即多词集合在整个专利文本集中出现的次数最少为77次（$0.01 \times 76\ 877 = 76.877$）。

2.2.1 词最多的多词集合分析

在这76 877项专利文本中，满足最小支持度为0.01的多词集合，最多为6个词语构成的词对。如表1所示：

表1 6词组成的多词集合

序号	多词集合组成						频数（次）
1	系统	网络	信息	服务器	用户	客户端	113
2	系统	网络	设备	信息	服务器	用户	92
3	系统	网络	信息	服务器	用户	通信	92
4	系统	网络	信息	数据	服务器	客户端	86
5	系统	网络	信息	数据	服务器	用户	84
6	系统	网络	信息	服务器	用户	终端	77

其中，词语“系统”、“网络”、“信息”、“服务器”、“用户”和“客户端”组成的多词集合出现频次最多，共一起出现了113次；紧随其后的是频数为92的词语“系统”、“网络”、“设备”、“信息”、“服务器”和“用户”

组成的多词集合，以及频数相同的词语“系统”、“网络”、“信息”、“服务器”、“用户”和“通信”组成的多词集合。

2.2.2 频数最大的多词集合分析

从表2看出，频数最高的是词语“系统”与“网络”间的多词集合，其频次达到9 459次，紧随其后的是词语“系统”与词语“信息”间的集合，其频次为7 970次，再次为词语“系统”与“数据”间的6 453次、词语“系统”与“设备”间的6 108次和词语“网络”与“设备”间的6 068次。

其中，排在前60位的多词集合中，有48个是由2个词组成的，有12个是由3个词组成的，其中3个词组成“系统”、“网络”和“信息”集合的频数最高，为2 922次，紧随其后的是词语“系统”、“网络”和“设备”组成的多词集合，其频数为2 567次。

2.3 数字信息的传输领域（H04L）中的研究热点分析

2.3.1 研究热点识别

研究热点是一个时间段内技术领域研究的焦点、集约所在，表现为在一个技术问题上大量专利的集中涌现。根据王星和张波[15]对研究热点的界定：研究热点的概念最早于1965年由普拉斯提出，近60年间不断发展与延拓，经历了由文献与专家评议结合阶段（20世纪50－70年代）、文献耦合的学科结构决定阶段（20世纪70－90年代），到基于内容分析的主题识别阶段（20世纪90年代至今）3个阶段的变迁。同时当前国内外研究热点的识别已经从文献层面深入到文献中的主题词层面，并且研究方法也已经从最初的主题词统计分析[16,17]深入到共主题词网络度数[18－19]、中介中心度[20－21]等指标的计量。

表2 多词集合按频数排序（频数前60）

序号	多词集合组成	频数（次）	序号	多词集合组成	频数（次）
1	系统，网络	9 459	31	系统，信息，用户	2 426
2	系统，信息	7 970	32	系统，客户端	2 353
3	系统，数据	6 453	33	服务器，客户端	2 349
4	系统，设备	6 108	34	数据，服务器	2 348
5	网络，设备	6 068	35	数据，通信	2 342
6	系统，用户	5 755	36	信息，传输	2 340

续表

序号	多词集合组成	频数（次）	序号	多词集合组成	频数（次）
7	系统，服务器	5 670	37	系统，信息，服务器	2 321
8	网络，信息	5 641	38	数据，用户	2 313
9	网络，通信	4 688	39	系统，网络，服务器	2 287
10	网络，数据	4 606	40	系统，网络，数据	2 218
11	系统，通信	4 558	41	系统，网络，用户	2 206
12	网络，用户	4 062	42	网络，业务	2 152
13	信息，用户	3 983	43	系统，服务器，用户	2 056
14	设备，信息	3 779	44	系统，资源	2 014
15	信息，数据	3 715	45	系统，检测	1 971
16	网络，服务器	3 693	46	系统，节点	1 967
17	系统，传输	3 524	47	网络，路由	1 965
18	信息，服务器	3 520	48	设备，服务器	1 957
19	服务器，用户	3 159	49	系统，网络，通信	1 957
20	设备，数据	3 146	50	系统，信息，数据	1 956
21	系统，业务	3 000	51	网络，终端	1 866
22	网络，传输	2 934	52	系统，设备，信息	1 857
23	系统，网络，信息	2 922	53	设备，传输	1 785
24	数据，传输	2 882	54	系统，接口	1 768
25	设备，通信	2 698	55	用户，通信	1 735
26	信息，通信	2 686	56	网络，接口	1 728
27	网络，节点	2 604	57	网络，设备，信息	1 683
28	系统，网络，设备	2 567	58	信息，终端	1 660
29	设备，用户	2 559	59	信息，业务	1 655
30	系统，终端	2 522	60	网络，检测	1 654

相对于采用词频统计分析法、共主题词网络法确定热点技术知识，多词共现分析方法是抽取专利中标题、摘要和主权项中的特征词，不仅可以弥补

单个关键词或主题词的指代不明确问题，同时也从全文内容的角度选择了最可表征文献核心思想的主题词，还可以以多词集合整体频繁出现的情况体现“集中涌现”的特征，故而可将多词共现分析方法用于专利中研究热点的判定。

频数是由多词集合整体所涉及到的词语的共现次数所确定的，反映了多词集合在专利文本集中出现的次数；同时，多词集合组成反映的是频繁共现的词语集合的组成情况，故可以将多词集合组成和多词集合频数的特征相结合，用于技术领域中研究热点的确定。

2.3.2 数字信息的传输领域（H04L）研究热点分析

在 76 877 项专利文本中，共有 113 项专利研究热点 1，同理有 92 项研究热点 2、84 项研究热点 3、86 项研究热点 4、77 项研究热点 5 和 92 项研究热点 6。在此基础上，从这些研究热点的专利中，分别选取 4 项专利作为代表性专利进行介绍。如表 3 所示：

表 3 H04L 领域的研究热点分析

序号	多词集合	专利量（项）	代表性专利文本
1	系统 网络 信息 服务器 用户 客户端	113	CN200910077194.4；CN200810185726.1；CN200710175474.X；CN200610145984.8；
2	系统 网络 信息 服务器 用户 通信	92	CN201010217565.7；CN200710144000.9；CN200810166096.3；CN200710303675.3；
3	系统 网络 信息 数据 服务器 用户	84	CN01124676.6；CN200910038299.9；CN200810133925.8；CN200810226102.X；
4	系统 网络 信息 数据 服务器 客户端	86	CN200610103971.4；CN200610003835.8；CN200910083878.5；CN200810160886.0；
5	系统 网络 信息 服务器 用户 终端	77	CN200810175526.8；CN03143852.0；CN200410002437.5；CN200410090263.2；
6	系统 网络 设备 信息 服务器 用户	92	CN200910247131.9；CN200410007907.7；CN200710031119.5；CN96198324.8；

（1）研究热点 1。在研究热点 1 中，北京中星微电子有限公司申请了名为“网络视频监控系统及其系统用户认证方法”的发明专利，该专利的视频监控系统包括用户信息认证系统，其含有客户端、SIP 代理服务器、DIAMETER 客

户端及 DIAMETER 服务器等部分。日本的索尼株式会社申请了名为“动态生成网络客户端设备的用户界面的系统和方法”的发明专利，其电子网络包括网络服务器和客户端设备网络两部分，该项专利同时有多项同族专利，如：US2009150541A1、EP2068241A2、EP2068241A3、JP2009140501A 等。联想（北京）有限公司申请了的“一种在计算机上自动安装操作系统的方法和装置”，其客户端服务器通过网络与远程服务器建立连接；客户端服务器将配置信息发送给远程服务器，该远程服务器根据配置信息寻找或定制对应的安装脚本，并发送给客户端服务器，该客户端服务器根据该安装脚本安装操作系统，该项专利在美国的同族专利是 US2009106753A1。

（2）研究热点 2。在研究热点 2 中，北京星二十一新媒体技术有限公司申请了名为“数字版权保护和认证的移动通信系统和方法”的发明专利，该移动通信系统包括服务器端和终端，其中服务器端设有网络和资源管理服务器、内容加密服务器、内容存储服务器、记费服务器、用户和权限管理服务器、认证服务器、WEB 服务器、移动信息服务器和内容分发服务器。宏基股份有限公司申请了名为“社群网络服务信息分享方法及其系统”的发明专利，其特征在于用户可将社群网络服务信息以及即时通信的好友名单传送至数据服务器，与所述好友名单内登录此数据服务器的用户一起分享社群网络服务信息；腾讯科技（深圳）有限公司申请了名为“多媒体信息传输发布系统及其传输发布多媒体信息的方法”的发明专利，该方法包括移动通信客户端、中转服务器以及发布服务器等装置。

（3）研究热点 3。在研究热点 3 中，华为技术有限公司申请了名为“数据网络用户进行数据交换的方法及其网络系统”的发明专利，该方法是在现有数据网络系统基础上增加 IPN 服务器和 HTTPex 服务器，并为每个网络用户确定一个归属 IPN 服务器，每个 IPN 服务器又确定一个或多个归属 HTTPex 服务器，该项专利有多项同族专利，如：US2004243710A1、CN1163029C、WO03013072A1 等。株式会所日立制作所申请了发明专利“通信控制装置及通信控制方法”，提供一种数据分发控制服务器、数据分发系统，用以减轻服务器的分发数据载荷。中国移动通信集团上海有限公司申请了名为“一种分布位置引导信息的方法、系统及设备”的发明专利，通过本发明，网络服务器能够准确、快速地向大量用户终端发布位置引导信息。

（4）研究热点 4。在研究热点 4 中，华为技术有限公司申请了名为“无线网络游戏系统及游戏数据交互方法”的发明专利，该系统包括：游戏服务器，用于与客户端交互游戏数据；位置信息服务器，与游戏服务器网络连接，用于向游戏服务器提供客户端位置信息；至少一个客户端，与游戏服务器和位置信息服务器通过无线网络连接。该公司同时在2006年申请了“一种协商设备信息的系统及方法”的专利，该系统包括客户端和与客户端进行消息交互的服务器，还有存储设备信息的设备信息服务器，分别与客户端和服务器进行信息交互，为客户端和服务器提供设备信息，该项专利存在多项同族专利，如：CN100531212C、US7925792B2、US2008189363A1、EP1924046A1等。

（5）研究热点5。在研究热点5中，日本电气株式会社申请了名为“网络连接管理系统以及用于它的网络连接管理方法”的发明专利，该系统能在不需要专用设备的情况下，执行网络连接或访问的控制，该项专利拥有大量的同族专利，如：US2004002345A1、JP2004032336A、GB2390272A、GB2390272B等。LG电子株式会社则就“可与无线终端互操作的家庭网络系统”方面申请了专利，该家庭网络系统与在其系统登记的至少一个用户的无线终端互操作，其中终端服务器适用于向无线终端发送和接收来自它的数据，且家庭服务器适用于管理/控制家庭网络和与终端服务器的通信，其在美国、韩国等地有多项同族专利，如：US7254403B2、US2004152460A1、KR20040067036A等。华为技术有限公司申请了名为“一种利用公用通信网络进行通信的系统及方法”的发明专利，该系统包括第一终端，用于接收用户输入的信息，并将接收的信息通过公用通信网络发送给业务服务器；业务服务器，存储与用户相对应的第二终端信息，根据接收自第一终端的信息，获取对应的第二终端信息，控制第一终端与第二终端进行通信；第二终端，用于接收业务服务器发送过来的信息或通话指令，并根据接收的通话指令与第一终端进行通话。

（6）研究热点6。在研究热点6中，三星电子（中国）研发中心申请了名为“嵌入式设备的网络配置方法和系统”的发明专利，该系统包括嵌入式设备、网络配置服务器和DHCP服务器，该项专利有多项同族专利，如：TW1248273B、KR20040079858A、US2004177248A1、TW248273B等。华为技术有限公司申请了名为“一种网络系统、策略管理控制服务器及策略管理控制方法”的发明专利，该系统包括：网络接入服务器、认证授权计费服务器以及业务服务器。IBM公司则就“允许一般的WEB浏览器访问多个不同协议类型的服务器的信息处理系统”申请了发明专利，该项专利在不同的国家有多项同族专利，如：JP3381926B2、HU9900026A2、HU9900026A3、ES2180793T3D等。

3 结语

针对当前共词分析主要关注两个关键词或特征词之间的共现关系，而忽略文本中真实存在的三词、四词甚至多词共现的知识结构，本文采用关联规则挖掘算法中的频繁项集抽取法实现了多词共现分析方法，并应用于我国国家知识产权局数据库中的“数字信息的传输”领域，发现满足最少共同出现77次的多词集合实际为6个词语组成的集合，其中两个词语组成的集合频次最大。

针对当前关于研究热点的定义，本文采用多词共现分析方法抽取出来的多词集合进行了研究，发现数字信息的传输领域中有6个研究热点，并就该技术领域中代表性的发明专利进行了介绍分析。

尽管本文通过分词、特征词抽取、频繁项集抽取等方法实现了多词共现分析方法，但在中文分词、特征词抽取等方面还有待改进。此外，多词共现网络与一般的词共现网络相比，有一定的特殊性，如何在保留其网络结构的基础上，从网络可视化方面揭示其多词共现的知识结构本质，是笔者接下来要研究的内容。

参考文献：

[1] Callon M, Law J, Rip A. Mapping out the dynamics of science and technology: Sociology of science in the real world [M]. London: Macmillan, 1986.

[2] Callon M, Courtial J, Turner W A, et al. From translations to problematic networks: An introduction to co－word analysis [J]. Social Science Information, 1983, 22 (2): 191－235.

[3] 滕立，沈君，高继平．共词知识网络中的认知结构：理论，方法与实证［J］．情报学报，2013，32（9）：976－989.

[4] He Qin. Knowledge discovery through co-word analysis. [J]. Library Trends, 1999, 48 (1): 133－159.

[5] 沈君，王续琨，高继平，等．技术坐标视角下的主题分析——以第三代移动通信技术为例［J］．情报学报，2012，31（6）：603－611.

[6] 王晓光．科学知识网络的形成与演化（Ⅱ）：共词网络可视化与增长动力学［J］．情报学报，2010（2）：314－322.

[7] 许振亮，刘则渊，侯海燕，等．中国技术创新理论研究前沿共词知识图谱分析［J］．图书情报工作，2009，53（6）：46－50.

[8] 王众托，王志平．超网络初探［J］．管理学报，2008，5（1）：1－8.

[9] 李树青．基于三词共现分析的学者主要研究兴趣识别及个性化外文推荐服务的实现［J］．情报学报，2013，32（6）：629－639.

[10] 庞弘燊，方曙，范炜，等．基于多重共现的机构科研状况分析方法研究——以中科院国家科学图书馆为例［J］．情报学报，2012，31（11）：1140－1152.

[11] 刘志辉，郑彦宁．基于作者关键词耦合分析的研究专业识别方法研究［J］．情报学报，2013，32（8）：788－796.

[12] Tseng Yuen-Hsien. Automatic thesaurus generation for Chinese documents［J］. Journal of the American Society for Information Science and Technology，2002，53（13）：1130－1138.

[13] 高继平，丁堃．基于专利文件知识结构的中文专利知识单元挖掘［J］．情报理论与实践，2011，34（6）：83－86.

[14] 骆云中，陈蔚杰，徐晓琳．专利情报分析与利用［M］．上海：华东理工大学出版社，2007.

[15] 王星，张波．基于加权网随机区块模型的学术热点提取算法［J］．统计研究，2013（3）：86－93.

[16] 董坤，吴红．基于论文－专利整合的3D打印技术研究热点分析［J］．情报杂志，2014（11）：73－76.

[17] 唐琳．从硕士、博士学位论文看北京大学人文地理学研究热点和发展趋势［J］．图书情报工作，2013，57（S2）：218－223.

[18] 王伟军，官思发，李亚芳．知识共享研究热点与前沿的可视化分析［J］．图书情报知识，2012（1）：115－123.

[19] 宗乾进，袁勤俭，沈洪洲．国外社交网络研究热点与前沿［J］．图书情报知识，2012（6）：68－75.

[20] 赵蓉英，王静．社会网络分析（SNA）研究热点与前沿的可视化分析［J］．图书情报知识，2011（1）：88－94.

[21] 高继平，丁堃．专利研究文献的可视化分析［J］．情报杂志，2009（7）：12－16.

作者简介

高继平，中国科学技术信息研究所助理研究员，博士，E-mail：gaojp@ istic. ac. cn；

丁　堃，大连理工大学科学学与科技管理研究所（WISE LAB）教授；

潘云涛，中国科学技术信息研究所研究员，硕士；

袁军鹏，中国科学院技术信息研究所研究员，博士。

细粒度语义共词分析方法研究*

王玉林[1]　王忠义[2]

（[1] 武汉大学信息资源管理研究中；[2] 华中师范大学信息管理学院）

1 引 言

共词分析法作为内容分析的重要方法之一，由 M. Callon 等首次提出[1]。该方法通过对在不同文献中共现词对的统计分析，揭示隐藏在关键词网络背后的复杂关系。共词分析方法主要被用于揭示特定学科主题之间的关系、学科发展的水平、学科结构、学科的研究热点以及学科的发展趋势等。当前，共词分析已被广泛应用到软件工程[2]、信息检索[3]、人工智能[4]等领域。然而，共词分析方法仍处于发展阶段，随着它的广泛应用，该方法存在的问题也逐渐被人们发现并揭示出来。概括起来，相关学者主要从理论和技术两个层面分别对共词分析方法存在的问题进行了深入分析[5-8]，如共现词对的“同量不同质”问题、共词分析结果解释的“不一致性”与误差问题等。共词分析方法存在的上述问题在一定程度上降低了共词分析结果的准确性，为此，本文在对上述问题进行梳理、分析的基础上，提出一种细粒度语义共词分析方法。该方法借助关联数据描述共现词对的语义关系，以 RDF 为共现统计分析的单元，进而实现细粒度语义共词分析，以期在一定程度上解决共词分析方法存在的上述问题，提高共词分析方法的科学性和有效性。

2 共词分析方法存在的问题

2.1 共现词对的“同量不同质”问题

一篇文献中往往同时使用多个关键词，然而这些共现关键词之间的关联

* 本文系国家社会科学基金项目“基于关联数据的数字图书馆多粒度集成知识服务研究”（项目编号：14CTQ003）研究成果之一。

强度并不完全相同，有的是强相关（如直接相关），有的是弱相关（如间接相关），但在共词分析中由于是以一篇文献作为统计分析的单位，粒度过粗，很难揭示共现关键词对之间的语义相关关系，只能简单地认为它们具有相同的关系强度。也即，共词分析方法将共现词对的相关性简单化为词对在文献中的共现频次，这虽然降低了共词分析方法的难度，提高了其可操作性，但却降低了共词分析方法的科学性和准确性。

2.2 共词分析结果解释的“不一致性”与误差问题

在进行共词分析时，通常需要采用诸如聚类分析、多维尺度分析等方法对共词矩阵进行分析，并将分析结果进行可视化展示。然而，一方面，由于共词分析只是简单地描述了高频关键词聚集结果和分布特征，缺乏相应的语义关系的揭示，而相同的共现词对在不同的文献中共现可能是由于它们之间不同的语义关系导致的，这也就意味着相同的词对在不同的文献中共现时，可能具有不同的意义，但在共词分析时却未考虑这一不同质问题；另一方面，由于不同的专家拥有不同的知识背景和观点，因此就有可能根据自己对共现词对之间关系的理解对共词分析结果进行解释，而不是完全忠实于共现词对自身的语义关系。上述两个方面的原因使得不同的专家在对完全相同的共词分析结果进行定性分析和解释时，得出截然不同的结论，造成共词分析结果解释的不一致性，甚至出现偏差。

从上述分析可知，造成共词分析方法存在上述问题的根本原因，一方面在于词对共现统计的粒度过粗，另一方面在于共词分析缺乏相应的语义支撑，仅建立在统计分析的基础之上。

3 细粒度语义共词分析方法

为解决上述两个方面的问题，本文提出一种细粒度语义共词分析方法，该方法借助关联数据方法和技术，一方面对词对共现统计单元进行碎片化，将其由“文献单元”变为“知识单元”（RDF 三元组），达到细粒度的目的；另一方面对共词分析方法进行语义化，将共现词对的语义信息融入到共词分析的过程之中。本文提出的细粒度语义共词分析方法中使用的关联数据是一种用来发布、关联、共享数据、信息和知识的最佳实践，关联数据的突出特点是使用 RDF 三元组作为数据模型，可以有效实现数据、信息和知识的细粒度语义关联[9]。很多图书馆，如瑞典国家图书馆[10]、美国国会图书馆[11]等已将自己的书目数据发布为关联数据，图书馆书目关联数据的不断发布和创建势必会为共词分析的优化提供有效的数据和技术支撑[12]。细粒度语义共词分析方法的基本思路见如图 1。该方法中的“明确研究问题”、“数据源选择”两个步骤，由于不是方法的重点，限于篇幅，不予赘述。

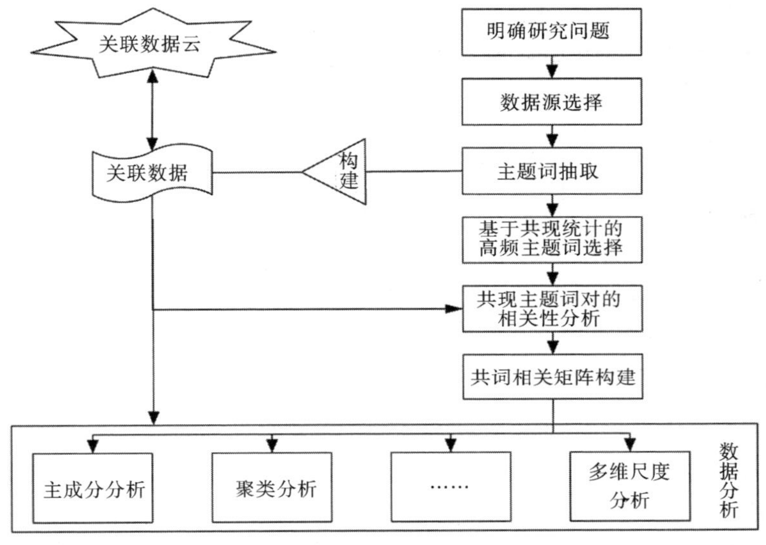

图 1　细粒度语义共词分析

3.1　主题词抽取

共词分析方法中所使用的关键词通常从题名、摘要、关键词中抽取，从正文中提取关键词的应用却较少，然而，在正文中存在更多更有价值的信息。P. Glenisson 等学者通过研究发现，如果将共词分析限制在题名、摘要字段，共词分析的结果将会有 21% 的错误率[13]。为此，本文提出的细粒度语义共词分析方法，除了在题名、摘要和关键词中抽取关键词外，还将采用文本挖掘技术 LDA（latent dirichlet allocation）主题模型从正文中抽取关键词。LDA 模型将文档看作是多个隐含主题的概率分布，而每个隐含主题又被看作是多个词汇的概率分布。具体来说，首先，通过 LDA 统计主题模型获得文档的主题信息，而后，借助这些信息实现主题词的打分，分数高的被挑选为标识文档的主题词。因此，通过该模型抽取的关键词常被称为主题词。这些被抽取的主题词将被用于关联数据的构建，实现对文献内容的细粒度语义关系揭示，进而作为实现细粒度语义共词分析方法的基础。

3.2　关联数据构建

关联数据构建是细粒度语义共词分析的关键。在本文中，关联数据的构建过程本质上可以看作是非结构化的文本信息结构化的过程。具体来说，包括以下几个步骤：①数据建模，以抽取的主题词为实体，借助关系抽取器抽取实体之间的语义关系；②实体命名，为每个实体赋予一个 URI，以便定位查找实体；③实体 RDF 化，采用 RDF 三元组来描述实体及实体之间的关系；④实体关联发布，与外部关联数据云相互关联；⑤使用 RelFinder 实现关联数据可视化，RelFinder 不仅可以可视化展示关联数据的相关信息，如实体以及实体之间的联系等，而且提供了相应的关联分析功能，如通过 RelFinder 可以计算任何两个实体之间的最短路径、识别出任意两个实体之间存在的关系类型以及每种关联类型出现的频次等。关联数据为实现细粒度语义共词分析奠定了基础。借助关联数据可以揭示共现主题词对之间的语义关系类型、关联强度等，以为共词分析结果的准确解释提供依据。

3.3　基于共现统计的高频主题词选择

在共词分析方法中，高频关键词的选择通常是通过统计各关键词在所有文献中出现的频次来达到高频关键词选择的目的，然而这种高频词选择方法容易导致“高频孤立词问题”，为此，本文拟采用共现统计方法来实现高频主题词抽取。具体来说，首先，统计各主题词在不同文献中出现的频次并记主题词 i 出现频次为 N（i）；接着，依次提取两个主题词组成主题词对，记作（i，j），统计它们在不同文献中的共现频次，记作 N（i，j）；而后，由于主题词对共现频次直接受到它们各自出现频次的影响，因此，需要将主题词对共现频次的绝对值转化为共现强度这一相对值，以真实揭示主题词对之间的共现关系，为此，本文采用 Salton 指数[14]来计算共现主题词对的共现强度（见公式（1））；最后，依据共现强度对主题词对进行排序，根据预设的阈值进行主题词对的选择，其结果作为共词分析的高频主题词。

$$S(i,j) = \frac{N(i,j)}{\sqrt{N(i) \times N(j)}} \tag{1}$$

3.4　共现主题词对的相关性分析

共现主题词对的相关性分析主要是揭示共现主题词对之间的语义关系和关系强度。由于共现主题词对之间的关系包括直接相关关系和间接相关关系两种类型，因此，共现主题词对之间的相关性分析也就包括直接相关性分析和间接相关性分析两个部分。具体来说，首先，提取共现主题词对记作（i，j）；而后，在关联数据网络中检索该共现主题词对，识别主题词对在 RDF 三元组中的共现关系类型，记作 t（1，2，3，……n），并统计在不同关系类型中的共现频次，记作 N_t（i，j），每种关系类型的直接相关强度 D_t（i，j）通过公示（2）计算得出，其中 N_t（i）表示主题词 i 在关联数据网络 RDF 三元组中出现的频次，N_t（j）表示主题词 j 在关联数据网络 RDF 三元组中出现的频次；接着，通过公式（3）综合同一共现主题词对所有关系类型的直接相关强度，记作 D（i，j）；最后，计算各共现主题词对在关联数据网络 RDF 三元组链中的最短路径（设为 Min），则其间接相关性强度 U（i，j）通过公式（4）进行计算，其中 Max 表示关联数据网络层次结构的最大深度。

$$D_t(i,j) = \frac{N_t(i,j)}{\sqrt{N_t(i) \times N_t(j)}} \tag{2}$$

$$D(i,j) = \sum_{t=1}^{n} D_t(i,j) \tag{3}$$

$$U(i,j) = (Max\text{-}Min)/Max \tag{4}$$

3.5 共词相关矩阵构建

在共现主题词对相关性分析的基础上，本文将综合共现主题词对直接相关关系和间接相关关系分析的结果实现共词相关矩阵的构建。具体来说，共词相关矩阵的构建流程如下：①以抽取的高频主题词构建共词相关矩阵的行和列；②依次抽取矩阵中行和列对应的主题词组成主题词对（i，j）；③计算主题词对（i，j）的直接相关性强度 D（i，j）；④计算主题词对（i，j）的间接相关性强度 U（i，j）；⑤通过公式（5）综合直接相关和间接相关的分析结果，作为矩阵中共现主题词对语义相关性强度值，完成共词相关矩阵的构建。

$$R(i,j) = D(i,j) + U(i,j) = \frac{\sum_{t=1}^{n} N_t(i,j)}{\sqrt{N_t(i) \times N_t(j))}} + (Max - Min)/Max \tag{5}$$

3.6 数据分析

数据分析是细粒度语义共词分析方法的最后一步。具体来说，首先，基于共词相关矩阵，根据分析目标，采用相应的分析方法，如主成分分析、聚类分析、多维尺度分析等，进行分析；接着，借助 RelFinder 对分析结果所包含的主题词、主题词之间的语义关系、关系类型等进行可视化展示；最后，结合上述两个方面的结果，进行定性分析，得出相关结论。

4 实验及结果分析

4.1 数据源

为对细粒度语义共词分析方法进行检验，本文以国内有关“关联数据”

的研究成果为实验对象，分析当前国内学者对“关联数据”的研究进展。为了尽可能地搜集到国内所有相关研究成果，本文以国内3个主流数据库提供商（万方、中国知网、重庆维普）提供的数据为数据源，采用检索式：（TI = 关联数据 or Linked data）or（KY = 关联数据 or Linked data）进行回溯检索，由于关联数据的概念自2009年才被引介到中国，因此本文将回溯检索的年限限定为2009－2014年，最终，共检索到相关期刊论文、学位论文、会议论文等240篇，去除14篇不相关和非学术论文，如会议通知、刊迅等，最终得到相关文献226篇。

4.2 实验结果

依据细粒度语义共词分析方法的基本流程，以检索到的“关联数据”相关研究成果为实验数据，本文对“关联数据”的研究进展进行了分析。具体来说，首先，借助中文分词工具ICTCLAS对226篇文献进行分词，去除停用词，将结果作为JDibbLDA（java版本的LDA实现）的输入，提取标识各文献的主题词；接着，依据关联数据创建的基本流程完成关联数据的创建；而后，基于共现统计提取高频主题词（见表1），为检验基于LDA的全文抽取主题词的优越性，本文又依据一般共词分析[15]中的抽词方法抽取了关键词（见表2）作为对比；紧接着，基于关联数据对共现主题词对进行相关性分析；然后，依据共现主题词对相关性分析结果，构建共词相关矩阵（见表3），由于共词相关矩阵较大，限于篇幅，本文仅展示了前9个主题词的共词相关矩阵；最后，借助统计分析软件SPSS，以共词相关矩阵作为输入进行聚类分析，聚类方法选择“组间链接”，度量标准选择“区间：Euclidean距离”，其聚类分析结果见图2。此外，为检验本文提出的细粒度共词分析方法的效果，笔者又依据一般的共词分析方法[15]，借助统计分析软件SPSS，以共词矩阵（见表4）为输入数据进行聚类分析，聚类方法同样选择“组间链接”，度量标准也同样选择“区间：Euclidean距离”，其聚类分析结果见图3。需要说明的是：①之所以选择文献［15］总结的共词分析方法的基本流程作为比较对象，是因为共词分析方法自被提出以来，一直处于不断变化之中，而文献［15］在对以往的共词分析方法进行分析的基础上，概括出了共词分析方法的基本流程，可以作为传统共词分析方法的代表；②作为一般共词分析方法输入的共词矩阵中的关键词和作为语义共词分析方法输入的共词相关矩阵的主题词完全相同，都是基于LDA方法，借助共现统计得到的高频主题词。之所以使用相同的主题词，主要是规避选词对比较结果的影响，进而说明将共词分析方法细粒度化和语义化的比较优势。

表 1　高频主题词（从全文中抽取）

序号	高频主题词
1	关联数据
2	图书馆
3	语义网
4	本体
5	RDF
6	知识组织
7	数据网络
8	语义
9	资源整合
10	知识服务
11	数据发布
12	科学数据
13	关联开放数据
14	URI
15	知识发现
16	D2R
17	知识管理
18	知识地图
19	元数据
20	信息资源
21	信息技术
22	关联发展
23	质量标准
24	知识链接
25	数据挖掘
26	书目数据

续表

序号	高频主题词
27	开放数据
28	RDA
29	DBpedia

表 2　高频主题词（从题名摘要关键词中抽取）

序号	高频关键词
1	关联数据
2	语义网
3	图书馆
4	知识组织
5	本体
6	数据网络
7	RDF
8	知识服务
9	知识发现
10	语义 Web
11	数字图书馆
12	数据发布
13	科学数据
14	高校图书馆
15	信息技术
16	关联发现
17	知识管理
18	知识地图
19	元数据
20	语义互联

续表

序号	高频关键词
21	信息资源
22	数据挖掘
23	关联开放数据
24	URI
25	D2R
26	资源整合
27	资源描述框架
28	应用研究
29	方法

4.3 结果分析

4.3.1 抽词结果分析

表1是首先借助LDA方法从文章全文中抽取出代表文献主题的主题词，而后借助共现统计选择的高频主题词；表2是首先依据一般共词分析方法从文献的题名、摘要、关键词中抽取关键词，而后借助共现统计抽取的高频关键词。

通过比较分析发现表2中的高频关键词存在以下问题：首先，表2中的高频关键词较为泛指，而表1中的主题词较为专指。比如，在表2中出现了一些较为泛指的语词如“应用研究”、“方法”等，这些词虽然是高频词，但却不能较为精确地揭示文章的主题，而表1中的主题词均较为专指，这是因为：一方面在借助LDA方法从全文中抽取主题词时，这些通用词都已经作为停用词被剔除掉，保证了抽取的主题词更为专指，更能代表文章的主题；另一方面，与题名、摘要和关键词中的词语相比，文献全文中包含更多、更专指也即更能代表文献主题的主题词。其次，与表1相比，表2中的高频关键词所反映的主题较少。如表1中所包含的主题词“书目数据”、“RDA”、“知识链接”等代表了不同的研究主题，而在表2中却未能被提取到，这是因为文献的题名、摘要和关键词一般文字有限，很难将文章中所有的主题都概括出来，存在某种程度上的信息丢失。由此可见，从全文中抽取高频主题词更加科学合理。

表3　共词相关矩阵（片段）

	关联数据	图书馆	语义网	本体	RDF	知识组织	数据网络	语义	资源整合
关联数据	1.00	0.06	0.38	0.04	0.23	0.03	0.21	0.03	0.03
图书馆	0.06	1.00	0.01	0.02	0.01	0.03	0.03	0.00	0.04
语义网	0.38	0.01	1.00	0.03	0.03	0.01	0.03	0.01	0.01
本体	0.04	0.02	0.03	1.00	0.02	0.02	0.00	0.19	0.00
RDF	0.23	0.01	0.03	0.02	1.00	0.02	0.01	0.01	0.00
知识组织	0.03	0.03	0.01	0.02	0.02	1.00	0.00	0.00	0.09
数据网络	0.21	0.03	0.03	0.00	0.01	0.00	1.00	0.01	0.00
语义	0.03	0.00	0.01	0.19	0.01	0.00	0.01	1.00	0.00
资源整合	0.03	0.04	0.01	0.00	0.00	0.09	0.00	0.00	1.00

表4　共词矩阵（片段）

	关联数据	图书馆	语义网	本体	RDF	知识组织	数据网络	语义	资源整合
关联数据	1.00	0.45	0.45	0.28	0.27	0.24	0.24	0.23	0.20
图书馆	0.45	1.00	0.09	0.11	0.08	0.18	0.18	0.00	0.27
语义网	0.45	0.09	1.00	0.19	0.04	0.04	0.22	0.05	0.05
本体	0.28	0.11	0.19	1.00	0.13	0.14	0.00	0.23	0.00
RDF	0.27	0.08	0.04	0.13	1.00	0.15	0.07	0.08	0.00
知识组织	0.24	0.18	0.04	0.14	0.15	1.00	0.00	0.00	0.10
数据网络	0.24	0.18	0.22	0.00	0.07	0.00	1.00	0.09	0.00
语义	0.23	0.00	0.05	0.23	0.08	0.00	0.09	1.00	0.00
资源整合	0.20	0.27	0.05	0.00	0.00	0.10	0.00	0.00	1.00

4.3.2　聚类结果分析

接下来，本文将通过对图3和图4的比较分析来指出细粒度语义共词分析方法与一般共词分析方法相比其优势之所在。

（1）类团个数分析。由图2和图3可知，当刻度轴的位置值同取22.5时，细粒度语义共词分析方法将29个高频主题词聚成7个类团，而一般共词

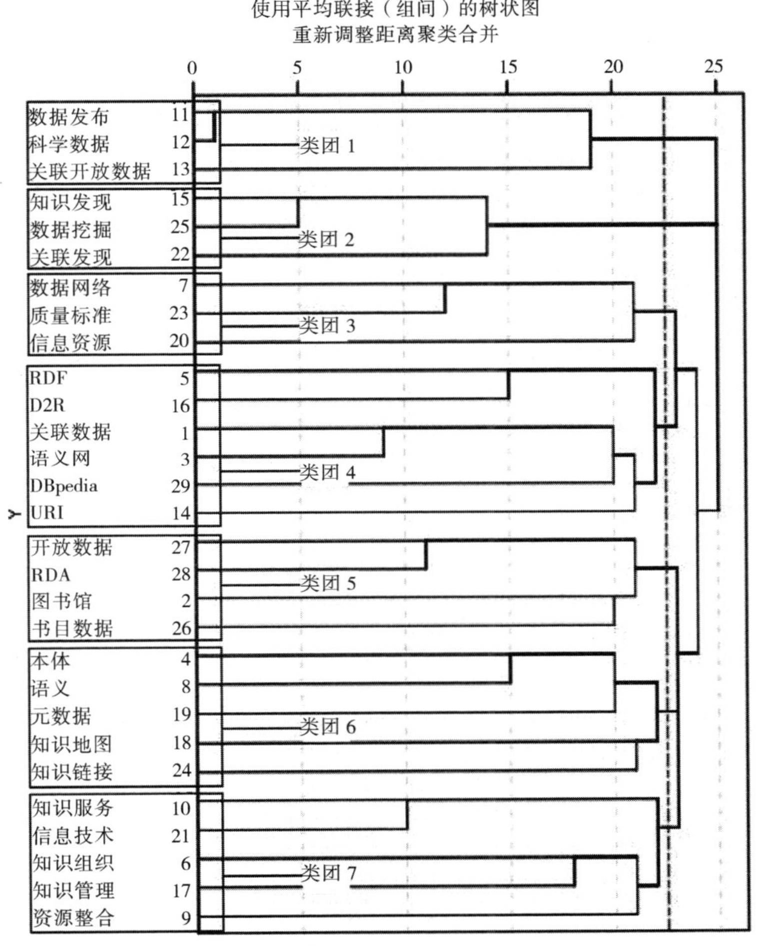

图 2　细粒度语义共词分析聚类结果

分析方法则将 29 个高频主题词聚成 5 个类团。造成上述现象的原因在于，细粒度语义共词分析方法对高频主题词对之间的关系进行了更为深入的细粒度揭示。高频主题词对以 RDF 三元组作为共现统计分析单位，而不是以文献为统计分析单位，区分了共现主题词对之间的直接相关关系和间接相关关系，而不是简单地认为共现的主题词对都具有相同的关系强度。这使得在相同的位置值（22. 5），语义共词分析方法的聚类个数比一般的共词分析方法要多。上述现象同时也说明，细粒度语义共词分析方法对高频主题词的类别进行了

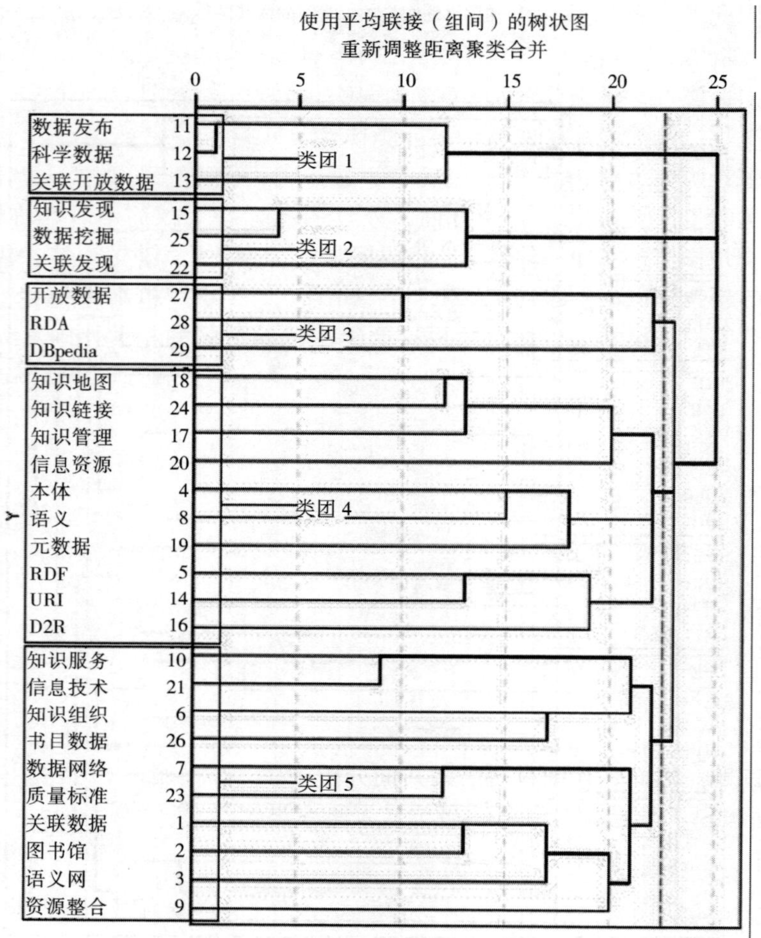

图 3　一般共词分析聚类结果

细化，使得各类团包含的高频主题词更加相关，类团所表达的意义也更加明确，进而提高共词分析结果定性分析的准确性。

（2）类团主题词分析。由图 2 和图 3 可知，细粒度语义共词分析聚类结果与一般共词分析聚类结果相比，除类团 1 和类团 2 完全相同之外，其他各类团包含的主题词各不相同。

首先，从一般共词分析聚类结果的类团 3（见图 3）来看，其包含的 3 个主题词中，“DBpedia”与“RDA”相关性不大，“DBpedia”是对 Wikipedia 中结构化的信息资源关联数据化的结果，“RDA”是图书馆书目数据的一种编目条例，因此，两者几乎不相关，不应该被聚集在一个类团中。而在细粒度语义共词分析的聚类结果中（见图2），“RDA”便与“图书馆”、“书目数据”等主题词聚成一个类团5，显然更为科学合理。

其次，一般共词分析聚类结果的类团4（见图3）包含10个主题词。一方面，很难明确该类团所代表的研究主题，因为该类团包含的主题词太多，所能表达的主题也较多；另一方面，该类团包含的主题词中有些高度相关，如“知识地图”、“知识链接”、“元数据”、“本体”、“语义”等，描述了知识地图的相关知识；主题词“D2R”、“URI”、“RDF”也高度相关，描述了关联数据的相关技术和方法，然而这两组主题词之间的相关性则不太大，如“D2R”与“知识地图”。而在细粒度语义共词分析方法中，“知识地图”、“知识链接”、“元数据”、“本体”、“语义”等几个主题词就被聚集在类团6（见图2）中，“D2R”、“URI”、“RDF”等主题词则被聚集在类团4中，这样显然更为合理，所代表的研究主题也更为鲜明。

最后，一般共词分析聚类结果的类团5（见图3）同样由10个主题词构成。该类团不仅包含主题词太多，而且类团中各主题词所能表达的主题也较多，如主题词“知识服务”、“信息技术”、“知识组织”、“资源聚合”等描述了知识服务的相关知识，主题词“语义网”、“关联数据”、“数据网络”则描述了关联数据的相关知识；“图书馆”、“书目数据”等描述的主题则与图书馆相关，主题词“质量标准”与其他主题词的相关性不大，也很难看出其所表达的主题。然而，在细粒度语义共词分析中，“知识服务”、“信息技术”、“知识组织”、“资源聚合”等主题词被聚集在类团7中，“语义网”、“关联数据”被聚集在类团4中，“数据网络”、“图书馆”、“书目数据”等被聚集在类团5中、“数据网络”和“质量标准”则被聚集在类团3中，与一般共词分析方法聚类结果的类团5相比，显然这样聚类更为科学合理。

（3）类团主题分析。在一般共词分析方法中，人们通常根据类团中包含的关键词，来推测该类团所代表的研究主题，然而，这种人为的推断具有一定的主观性和随意性，不同的人由于各自知识结构的不同，对同一类团可能做出截然不同的判断，这是因为，从类团中包含的关键词来看，人们仅仅知道它们具有相关关系及而不知道这些关键词对之间是什么类型的相关关系及相关性如何等语义信息。为在一定程度上解决共词分析结果解释的“不一致性”与误差问题，提高共词分析结果解释的客观性和准确性，本文所提出的细粒度语义共词分析方法对各类团所包含的高频主题词，借助RelFinder进行了可视化展示，以揭示各类团包含的主题词之间的语义关系。具体来说，通过修改config. xml中的SPARQL端点，向RelFinder提供一个面向本文所创建的关联数据的 SPARQL 端点，以查询和调用关联数据中的相关实体以及实体之间的关系，实现可视化展示。如图 4 所示，用户只需将类团中包含的主题词，通过“add”按键加入到主题词输入框即可，然后按“Find Relations”便可可视化展示所选主题词以及它们之间的语义关系。接下来，本文将依据各类团中所包含的主题词以及它们之间的语义关系的可视化结果来对各类团的主题进行定性分析。

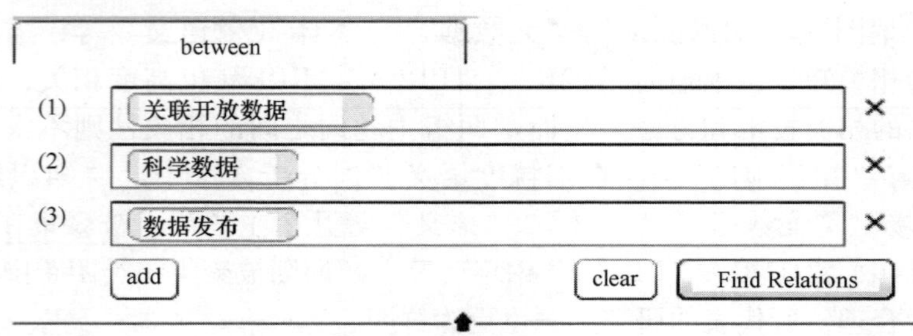

图 4　主题词输入界面

类团 1：在图 4 对话框中依次添加类团 1 中的主题词：“关联开放数据”、“科学数据”、“数据发布”，而后点击“Find Relations”按键，便可得到如图 5 类团 1 所示的可视化结果。该图展示了 3 个主题词之间的各种直接相关关系（如 <科学数据，途径，数据发布 >，<科学数据，RDF 化，关联开放数据 >，<科学数据，关联化，关联开放数据 >，<数据发布，结果，关联开放数据 >）和间接相关关系（如“数据发布”与“关联开放数据”通过“D2R”建立的间接相关关系），通过对类团中主题词之间的语义关系的可视化，很容易便可以得出该类团所代表的主题为：科学数据的关联数据创建与发布，而不会得出其他结论，从而提高共词分析结果定性分析的客观性和准确性。由于页面空间限制，对其他各类团，本文仅展示它们所包含的主题词之间的直接相关关系。

类团 2：从图 5 类团 2 的可视化结果，可以看出该类团代表的研究主题为：基于关联数据的知识发现研究。

类团 3：从图 5 类团 3 的可视化结果，可以看出该类团代表的研究主题为：关联数据质量评价研究。

类团 4：从图 5 类团 4 的可视化结果，可以看出该类团代表的研究主题为：关联数据相关技术与理论研究。

类团 5：从图 5 类团 5 的可视化结果，可以看出该类团代表的研究主题为：图书馆书目数据的关联数据创建与发布研究。

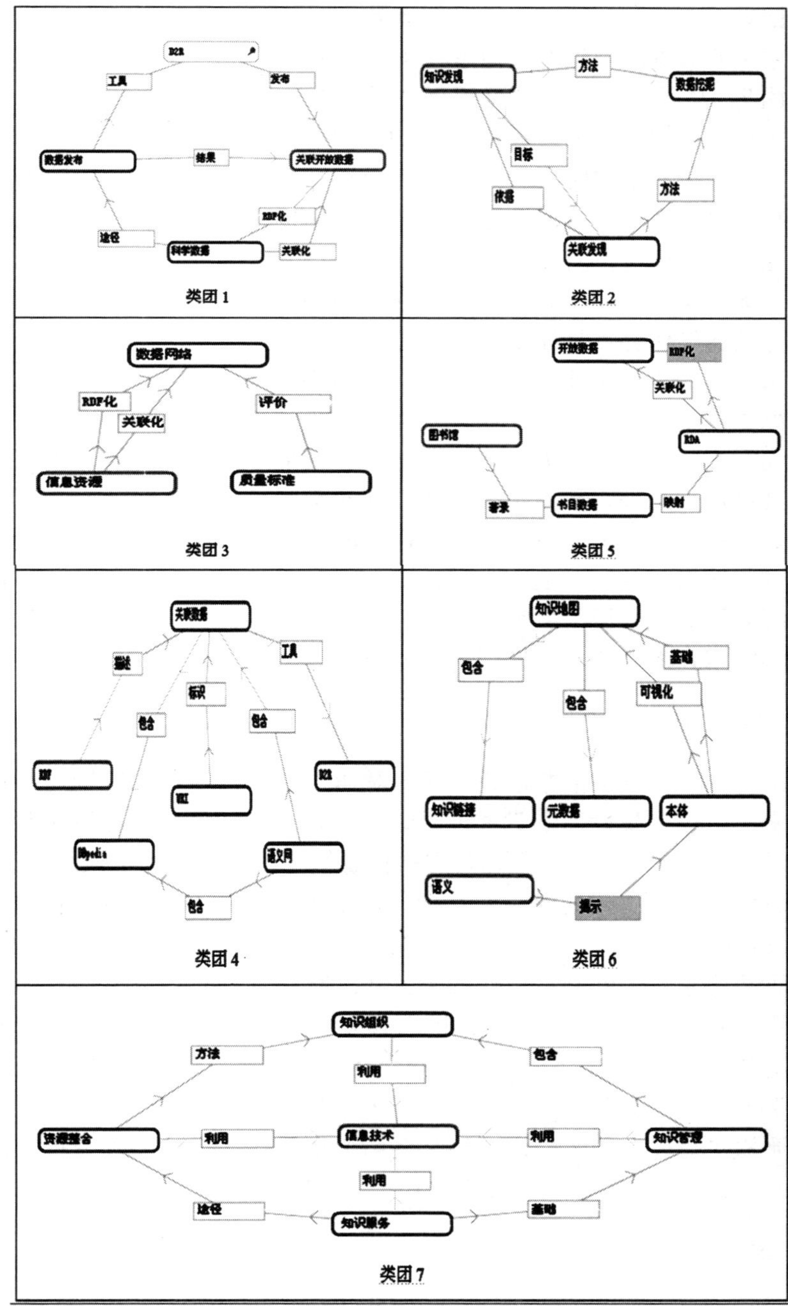
D2R
工具
发布
数据发布
结果
关联开放数据
RDF化
途径
科学数据
关联化
类团1
知识发现
方法
数据挖掘
目标
依据
方法
关联发现
类团2
数据网络
RDF化
关联化
评价
信息资源
质量标准
类团3
开放数据
RDF化
关联化
图书馆
RDA
著录
书目数据
映射
类团5
关联数据
描述
工具
标识
包含
包含
RDF
URI
D2R
语义网
包含
类团4
知识地图
包含
基础
包含
可视化
知识链接
元数据
本体
语义
揭示
类团6
知识组织
方法
包含
利用
资源整合
利用
信息技术
利用
知识管理
利用
途径
知识服务
基础
类团7
图5　类团可视化

类团6：从图5类团6的可视化结果，可以看出该类团代表的研究主题为：基于关联数据的知识地图构建研究。

类团7：从图5类团7的可视化结果，可以看出该类团代表的研究主题为：基于关联数据的图书馆资源整合与服务研究。

综上，通过对细粒度语义共词分析聚类结果与一般共词分析聚类结果的比较分析，可以发现：由于细粒度语义共词分析方法在共现统计单元上进行了碎片化，在共词分析时进行了语义化，故该方法与传统的一般共词分析方法相比，无论是在类团个数、类团所含主题词上，还是在类团主题揭示上都具有一定的比较优势。具体来说，细粒度语义共词分析方法对共现主题词对进行了细粒度的语义关系分析，这一方面使得各类团更细化、专指，类团代表的主题更加鲜明；另一方面使得各类团包含的主题词更加相关，关联度更高，从而在一定程度上解决了共现词对的"同量不同质"问题，提高了共词分析的准确性。此外，更为重要的是，在对类团进行主题分析时，充分发挥了关联数据在语义揭示上的优势，借助关联数据可视化工具RelFinder对各类团包含的主题词、主题词之间的关系、关系类型进行了可视化展示，在很大程度上提高了共词分析结果解释的客观性和科学性，在一定程度上解决了共词分析结果解释的"不一致性"与误差问题。

5 结 语

针对共词分析方法中存在的共现词对的"同量不同质"问题和共词分析结果解释的"不一致性"与误差问题，本文提出了一种细粒度语义共词分析方法。该方法首先借助关联数据将文献信息结构化、细粒度化、语义关联化；而后以关联数据为基础进行共词分析。该方法一方面实现了对主题词对共现统计单元的碎片化，由"文献单元"变为"知识单元"，达到细粒度的目的；另一方面实现了对共词分析方法的语义化，将共现词对的语义信息融入到共词分析的过程之中。最后，本文以国内有关"关联数据"的研究为应用背景，借助该方法进行实证研究，在一定程度上验证了该方法的科学性和有效性。当然，随着图书馆关联数据的应用和发展，将会有更多的图书馆资源以关联数据的形式进行发布和关联，这势必会给文献计量学中的相关分析方法带来新的机遇，这些都有待于进一步深入研究。

参考文献：

[1] Callon M, Courtial J P, Turner W A, et al. From translations to problematic Net-works: An introduction to co-word analysis [J]. Social Science Information, 1983, 22 (2):

191 -235.

[2] Coulter N, Monarch I, Konda S. Software engineering as seen through its research literature: A study in co-word analysis [J]. Journal of the American Society for Information Science, 1998, 49 (13): 1206 -1223.

[3] Rokaya M, Elsayed A, Masao F, et al. Ranking of field association terms using co-word analysis [J]. Information Processing and Management, 2008, 44 (2): 738 -755.

[4] López-Herrera A G, Cobo M J, Herrera-Viedma E, et al. A bibliometric study about the research based on hybridating the fuzzy logic field and the other computational intelligent techniques: A visual approach [J]. International Journal of Hybrid Intelligent Systems, 2010, 7 (1): 17 -32.

[5] He Qin. Knowledge discovery through co-word analysis [J]. Library Trends, 1999, 48 (1): 133 -159.

[6] Law J, Whittaker J. Mapping acidification research: A test of the co-word method [J]. Scientometrics, 1992, 23 (3): 417 -461.

[7] Wang Zhengyi, Li Gang, Li Chunya, et al. Research on the semantic-based co-word analysis [J]. Scientometrics, 2012, 90 (3): 855 -875.

[8] Peters H P F, van Raan A F J. Co-word-based science maps of chemical engineering. Part I: Representations by direct multidimensional scaling [J]. Research Policy, 1993, 22 (1): 23 -45.

[9] Bizer C, Heath T, Berners-Lee T. Linked data-The story so far [J]. International Journal on Semantic Web and Information Systems, 2009, 5 (3): 1 -22.

[10] Sderbck A, Malmsten M. LIBRIS-linked library data [J]. Nodalities, 2008 (5): 19 -20.

[11] Bermeta D, Phipps J. Best practice recipes for publishing RDF vocabularies W3C working draft [EB/OL]. [2014 -08 -27]. http://www.w3.org/TR/swbp-voca-pub/.

[12] Hu Yingjie, Janowicz K, McKenzie G, et al. A linked-data-driven and semantically-enabled journal portal for scientometrics [C] //The Semantic Web-ISWC 2013. Berlin Heidelberg: Springer, 2013: 114 -129.

[13] Glenisson P, Glänzel W, Persson O. Combining full-text analysis and bibliometric indicators. A pilot study [J]. Scientometrics, 2005, 63 (1): 163 -180.

[14] Callon M, Courtial J P, Laville F, et al. Co-word analysis for basic and technological research [J]. Scientmetrics, 1991, 22 (2): 155 -205.

[15] 钟伟金，李佳. 共词分析法研究（一）——共词分析的过程和方式［J］. 情报杂志，2008（5）：70 -72.

作者简介

王玉林，武汉大学信息资源管理研究中心博士研究生；王忠义，华中师范大学信息管理学院讲师，博士，通讯作者，E-mail：wzywzy13579@163.com。

全局视角下的科研领域特色知识点提取

陈果

（武汉大学信息管理学院）

1 引 言

科技论文的关键词是其知识组成的基本单元，能直接反映科研领域内的知识点分布和知识结构[1]。因此在特定研究领域文献集合中，高频词往往被用来表征领域核心知识点[2]，引入时间因素后的频次突发词被用来表征研究前沿[3]。基于这一思路开展领域知识结构分析，是图书馆学情报学（以下简称“图情学”）学科重要的研究方法，目前其应用十分广泛。

然而，任何科研领域都有其所依托的背景学科，领域内研究往往基于若干背景学科中已有的知识基础开展，并在逐渐深入中形成得以区分该领域与其他领域的特色研究。因此，科研领域中的知识点既有其从背景学科继承而来的通用知识基础，又有在领域研究中逐步形成的特色知识点。例如，在“数字图书馆”领域中，既有从图情学科继承而来的“图书馆”、“信息服务”等基础知识点，也有在研究深入中形成的“SAN”、“个人数字图书馆”等特色知识点。相比那些语义过于宽泛的通用基础知识点，特色知识点可以更好地揭示领域的研究特点，并将领域与其背景学科中其他相近领域区分开来，因此在领域知识分析时应重点关注它们。但是，在科技文献关键词标引中，普遍存在标引深度不够、关键词外延过宽、内涵表述等问题[4]，由此导致以往以关键词为对象的领域知识分析研究中，以词频、网络指标（如节点度、中心性）所筛选出的知识点往往偏向于基础知识点[5]，结果空泛、难以深入[6]。本文的研究目标是：如何利用已有文献的关键词信息，提取出更能够表征领域研究特色的知识点？

2 相关研究与本文思路

基于关键词进行领域知识分析，需要从大量关键词中提取出小部分作为分析对象。从本质上讲，这种方法属于数据降维，即从大量数据项中提取最能表征对象特征的少量数据项[7]。因此，图情学科惯用的分析高频词的做法存在天然缺陷，因为在数据降维中，基于词频的方法是最为原始且效果较差的[8]。实际上，一些频次较低的词语反而更能反映对象的特征，故而不应被剔除[9]。在信息检索领域，经典的 TF-IDF 模型[10]即是考虑这一缺陷，对词语的取舍不仅考虑了其频次（TF），还考虑了其在文档外的出现情况（IDF）。与本文思路更为接近的是领域术语抽取研究，为了抽取更能表征领域特征的术语，研究者采用了一种与 TF－IDF 模型相近的思路：优先提取那些在领域内大量出现，同时在领域外又很少出现的词语。相关的代表性指标有领域相关度[11]、领域隶属度[12]。

值得一提的是，在图情学科实践中，已有研究者意识到高频词不能很好地表征领域研究特点，并进行了一些探索。例如，李松等人在构建信息资源管理领域的概念体系时，认为一些热门词语实质上是背景学科的基础概念，因此人工剔除了“图书馆管理”、“互联网”等词语[13]。洪凌子等人将频次为 1 的关键词定义为“独特关键词”，以分析图情学科硕士论文的选题特点[14]。赵辉等人在分析国家自然科学基金材料领域项目演化时，将关键词按照阈值划分为 3 类：以高频词作为常用词，以中频词作为骨干词，以低频词作为弱相关词，并重点分析了其中的骨干词[15]。胡昌平等人为了优化共词分析方法，选用区分高频词差异性时贡献度较高的词语作为特征维度[16]。上述研究虽然取得了一定的成果，但从信息检索、术语抽取的观点来看，却存在一个共同的局限：单纯地依赖于关键词在领域内部的统计特征，而未考虑到它们在领域外部的统计特征。

基于以上论述，可引出本文思路：提取出表征领域研究特征的知识点时，需要从更广泛的全局视角出发，考察关键词在领域内和领域外的出现情况。如果某个关键词频次中，有较高比例是出现于特定领域，并且较少地出现在领域外，则该关键词的研究主要是在该领域内进行，可将其视为该领域的特色知识点。

3 方法与数据

根据上述思路，本文以图情学科为背景，设计一种基于全局视角的特色知识点提取方法；随后以“高校图书馆”领域为例，提取其中的特色知识点，分析它们在揭示“高校图书馆”研究特点时的效果。

3.1 方法：关键词的领域度指标计算

3.1.1 关键词的领域归属率

同一个关键词可能出现在多个领域，对特定领域表征力高的关键词在领域内出现比例高而在领域外出现比例低。因此，关键词对领域特色的表征能力可转化为一个概率事件：论文包含某一关键词时归属于某一领域的概率。其计算方法为：

$$D(i,j) = \frac{doc(i,j)}{doc(i,all)} = \frac{freq(i,j)}{freq(i,all)} \tag{1}$$

其中 D（i，j）为关键词 i 在领域 j 中的归属率；doc（i，j）表示在领域 j 中含关键词 i 的文献数量，可等同为关键词 i 在领域 j 内的频次 freq（i，j）；doc（i，all）表示在所有研究中（现实中，因可操作性需要将其范围限定为背景学科）含关键词 i 的文献数量，可等同为关键词 i 在所有领域中的频次 freq（i，all）。

3.1.2 特定领域的关键词归属率基准值

为了判定关键词在特定领域度归属率的大小，针对每个领域给定一个领域归属率基准值 D（j）。D（j）表示从背景学科随机抽取关键词，以组成一个与特定领域 j 同等规模的科研领域 j’时，关键词抽中的基准概率。由于是随机抽取，这个概率表明的是没有任何领域偏好的知识点的领域归属概率，因此可以作为基准值。D（j）的计算方法为：

$$D(j) = \frac{freq(all,j)}{freq(all,all)} \tag{2}$$

其中 freq（all，j）表示领域 j 的关键词总频次，freq（all，all）表示所有所有领域（即背景学科）中全量关键词的总频次。

3.1.3 关键词的领域度

根据公式（1）和公式（2），可提出一个标准化后的关键词领域度指标 S（i，j）：

$$S(i,j) = \frac{D(i,j)}{D(j)} = \frac{freq(i,j) \times freq(all,all)}{freq(i,all) \times freq(all,j)} \tag{3}$$

当 S（i，j）大于 1 时，关键词 i 在领域 j 中出现的概率高于随机值；表明关键词 i 在领域 j 内受关注程度高于它在整个学科中平均受关注程度，因而它具有一定的领域 j 的研究特色。关键词的 S（i，j）值越大，表明其领域特色越明显。反之亦成立。

针对以上指标计算方法，举例说明如下：

例：已知在“高校图书馆”领域中，文献的关键词累积词频为 30 564；以全部涉及“图书馆”研究的文献为背景，其关键词累积词频为 134 978。现存在一关键词“社会化服务”，它在“高校图书馆”领域中词频为 68，在背景文献集中词频为 76。求：“社会化服务”一词在“高校图书馆”中的领域度为多少？该词是否为“高校图书馆”的特色知识点？

求解：根据公式（1），“社会化服务”在“高校图书馆”中的领域归属率为：68/78 = 0.89；根据公式（2）可知，“高校图书馆”领域内关键词领域归属率的基准值为：30564/134978 = 0.23；根据公式（3）可知，“社会化服务”在“高校图书馆”中的领域度为：0.89/0.23 = 3.95。由于领域度远高于1，可以认为该知识点在“高校图书馆”领域中得到了强化，是其特色知识点。

3.2 数据：领域语料库与背景语料库的构建

领域度指标的计算需要统计关键词在领域内词频和它在背景学科中的词频，因而要构建两个语料库：领域语料库，包含待分析领域的文献关键词集合；背景语料库，包含待分析领域所属学科的文献关键词集合。现实中经常会出现跨学科的研究领域，构建背景语料库时可以根据研究目的选择一个或几个主要的背景学科作为数据来源。

本文实例为揭示“高校图书馆”领域在图书馆学科背景下的研究特色，因此需构建“高校图书馆”领域语料库和图书馆背景语料库。具体数据来源为 CNKI 数据库，选择 2000 – 2013 年间，刊于图情学科核心期刊（在 CNKI 文献来源中，选择“核心期刊”下“第三编”中的“图书馆学，情报学”选项，最终得到 19 本期刊）的正式论文。研究范围的界定采用图情学科的惯用方法：以文献标题和关键词中包含“高校图书馆”、“大学图书馆”等词语的文献集合表征“高校图书馆”领域；以文献标题和关键词中包含“图书馆”的文献集合表征图书馆学科背景。提取关键词数据后需要人工清洗和合并，包括：①剔除因语义过于宽泛而无实际分析意义的词语，如“研究”、“对策”等；②合并同义词以及同一关键词簇的近义词，如｛学科服务、学科化服务｝，｛学科馆员、学科馆员制度｝，｛嵌入式服务、嵌入式学科服务｝，｛读者培训、读者教育、用户教育｝，｛特色数据库、特色数据库建设｝，｛图书采购、采访工作、图书采访、文献采访｝，｛招标、招标采购｝，｛社会化服务、社会化｝等。为了在保障质量的前提下减少人工工作量，仅对两个语料库中词频大于 2 的关键词进行清洗合并。完成该操作后，可以避免将表述不规范的关键词当作领域特色词。两个语料库基本信息如表 1 所示：

表 1　语料库基本信息

语料库	论文数（篇）	关键词数（个）	总词频	领域归属率基准值
高校图书馆	6 753	9 739	30 564	0.23
图书馆	30 328	32 608	134 978	–

4 结果与分析

4.1 特色知识点的提取结果

在实际操作中，为了避免低频关键词的影响，笔者设定了一个低频阈值。低于该阈值的关键词即使有较大概率出现在领域中，但由于在领域内关注度太低而不具备代表意义。综合数据的实际情况和经验判断，本文将低频阈值定为10。在根据公式（3）计算“高校图书馆”领域内频次高于10的关键词领域度后，取数值前50的关键词作为领域特色知识点如表2所示。此外，为公平起见，按照词频排序截取等量（50个）关键词作为领域高频词，相应词频阈值为46。同为特色知识点和高频词的关键词在表2中以下划线标明。

表2 “高校图书馆”领域特色知识点TOP 50

关键词	频次	领域归属率	领域度	关键词	频次	领域归属率	领域度
在线信息素质教育	11	0.93	4.05	文献利用率	10	0.60	2.60
社会化服务	68	0.91	3.95	嵌入式学科服务	22	0.60	2.59
多校区	12	0.87	3.79	招标采购	23	0.59	2.56
学生助理	10	0.85	3.68	资料室	15	0.59	2.55
自建数据库	14	0.84	3.64	用户教育	66	0.58	2.54
研究型大学	13	0.83	3.59	评估指标体系	12	0.58	2.52
学科导航	17	0.78	3.41	科技查新	13	0.57	2.50
校园文化	10	0.78	3.40	读者调查	19	0.57	2.47
学习共享空间	21	0.76	3.31	信息共享空间	108	0.57	2.46
大学生	95	0.73	3.15	图书馆主页	16	0.56	2.44
期刊资源	10	0.73	3.15	社会化	24	0.55	2.41
特色馆藏建设	10	0.73	3.15	数据库建设	43	0.53	2.32
优化配置	10	0.73	3.15	特色数据库	90	0.53	2.30
外文期刊	29	0.72	3.12	采访工作	148	0.53	2.29
重点学科	18	0.70	3.06	机构知识库	23	0.52	2.26

续表

关键词	频次	领域归属率	领域度	关键词	频次	领域归属率	领域度
读者决策采购	11	0.70	3.04	专题数据库	12	0.51	2.21
资源利用	11	0.70	3.04	调研分析	73	0.51	2.20
信息素质教育	56	0.68	2.94	层次分析法	24	0.49	2.13
<u>学科服务</u>	136	0.67	2.90	文献传递服务	17	0.49	2.11
<u>学科馆员</u>	238	0.66	2.86	信息意识	14	0.48	2.10
创新教育	11	0.66	2.86	学科建设	25	0.48	2.09
期刊管理	30	0.65	2.82	导读	11	0.48	2.08
高等教育	18	0.63	2.74	角色定位	10	0.48	2.07
文献检索课	16	0.63	2.72	企业	20	0.48	2.07
参考咨询馆员	10	0.60	2.60	电子期刊	44	0.46	2.01

注：标有下划线的关键词同时也是TOP50高频词。

需要指出的是，使用领域度指标提取的特色知识点，主要用于揭示学术研究中所关注的特色，而非实践中的特有现象。例如，期刊资源在各类图书馆中都是较为基础的资源，并非高校图书馆所特有的；但是，如表2所示，在全部图书馆研究中，“期刊资源”、“外文期刊”等关键词相应的研究有73%、72%出现在“高校图书馆”领域，而“高校图书馆”文献数占图书馆研究的比例只有23%。也就是说，“高校图书馆”领域以不到1/4的文献规模，贡献了图书馆学科中近3/4的“期刊资源”相关研究。这从一个侧面说明，学者对其他类型图书馆中“期刊资源”的研究较少（例如，同时包含“公共图书馆”和“期刊资源”的图情学科核心期刊论文仅有1篇）。

由表2可知，高领域度关键词中，大部分特色知识点并非高频词。在传统基于词频的关键词分析方法中，这些特色知识点往往会被忽略，导致分析结果难以揭示“高校图书馆”领域研究特色。这是本文方法与传统方法的主要区别。

4.2 特色知识点的主题归纳与分析

对表2中关键词进行主题归纳，结果见表3。从表3可看出，“高校图书馆”领域研究中的特色知识点主要分为两个方面：服务方面侧重于面向Elearning 的用户教育与服务、面向学科研究的服务、社会化服务、服务评价；资源建设方面侧重于特色资源建设、面向用户的馆藏资源采配、期刊工作。

表 3 “高校图书馆”领域特色知识点的分类主题归纳

特色主题	关键词
面向 E-learning 的用户教育与服务	在线信息素质教育、信息意识、信息素质教育、大学生、用户教育、文献检索课、导读、创新教育、信息共享空间、学习共享空间
面向学科研究的服务	研究型大学、学科导航、重点学科、学科服务、学科建设、角色定位、嵌入式学科服务、科技查新、文献传递服务、资料室、学科馆员、参考咨询馆员
社会化服务	社会化服务、企业
服务评价	评估指标体、层次分析法
特色资源建设	自建数据库、特色馆藏建设、数据库建设、特色数据库、专题数据库、机构知识库
馆藏资源采购	优化配置、招标采购、采访工作、读者调查、读者决策采购、资源利用、文献利用率
期刊工作	期刊资源、外文期刊、期刊管理、电子期刊
其他	多校区、学生助理、校园文化、图书馆主页、调研分析

4.2.1 高校图书馆服务研究中的特色主题

图书馆开展何种服务是由其用户类型决定的。高校图书馆是高校教学、科研的重要信息保障和服务机构，主要用户为有科研、学习任务的师生，因而其服务具有明显的面向学习和科研的特色，可归纳为以下 4 个方面：

（1）面向 E-learning 的用户教育与服务。信息素养教育是培养终生学习型人才、促进知识灌输型教育向问题解决型教育变革的重要保障[17]。高校图书馆是高校教育的重要组成部分，又有资源、人才和技术优势，因而成为信息素养教育的主阵地[18]。另外，在 E-learning 环境下，仅仅为用户提供资源支持是不够的，高校图书馆服务应融入用户的学习进程[19]。信息共享空间是空间、资源、服务的有机结合体，可以有效地促进用户学习、交流、协作[20]，因而在高校图书馆研究中颇受重视。

（2）面向学科研究的服务。高校图书馆用户需求具有明显的学科专业性，因而面向学科研究的服务是领域研究的热点和特色。学科服务是高校图书馆服务专业化、深入化、知识化、个性化发展的必然途径[21]，不仅需要结合高校学科建设的发展要求，也离不开学科信息素养教育、特色资源建设、图书馆管理机制（特别是学科馆员机制）的完善和信息技术应用等多方面的支撑；学科导航服务、机构知识库建设、嵌入式学科服务是学科化服务的常见方式。本文所提取的特色知识点也反映了学术界对相关问题的关注。

（3）社会化服务。一方面，高校图书馆服务的社会化是用户终生教育和学习型社会建设的需要[22]。当前，非公共图书馆的社会化服务研究几乎全部集中于高校图书馆领域[23]。高校图书馆具有资源、人才、设备、网络、技术和服务等多方面优势，但也存在专业性藏书体系、封闭式管理制度和自身职能定位固化等问题，加之缺乏社会宣传，导致其社会化服务开展理论研究有余而实践乏力[23]。另一方面，企业特别是中小企业是高校图书馆开展社会化服务的重要对象，故相关研究包括资源共建共享的开展、专题科技情报服务的提供和协同知识管理平台的构建等方面。

（4）服务评价。注重服务的评价是高校图书馆研究的另一特点。经过多年发展，高校图书馆的服务评价已经形成较为稳定的体系，特别是定量、半定量方法已被普遍采用，且该主题有较好的发展前景[24]。

4.2.2　高校图书馆资源建设研究中的特色主题

图书馆资源建设不仅是开展服务的基础，还受服务要求的影响。高校图书馆的用户和服务特点决定了其资源建设特色。高校图书馆对资源建设的研究侧重于特色资源建设、面向用户的馆藏资源采购和期刊工作 3 个方面：

（1）特色资源建设。在当前学科交叉、专业细化的背景下，建设特色资源有助于高校图书馆用户快捷、准确地获取信息[25]。特色数据库是 CALIS 的重要组成部分，目前已有多所高校图书馆开展相应的特色资源建设，其主题主要包括学科特色资源、学校特色资源、多媒体资源、地方特色资源和共享的外部资源 5 类[25]。实践中，建设规模小、缺乏有效的资源再加工环节和增值服务、社会化利用率低等一系列问题是值得关注的[26]。最近，机构知识库建设也是高校图书馆领域研究的热点。

（2）面向用户的馆藏资源采购。馆藏资源的采配决定了图书馆资源的质量和利用率。与其他类型图书馆相比，高校图书馆的资源采购工作具有很强的专业性和系统性[27]，因而是研究者重点关注的问题。从表 3 可知，面向用户的馆藏资源采购研究已从早期的“专家选书”转变为融合学科馆员[27]、读者调研、读者荐购、资源利用率等多方面因素的资源采购。

（3）期刊工作。科学研究的最新成果大多首先发表在期刊上，加之学术论著中极高比例的引文源于期刊，因而期刊的情报价值居于图书馆各类资源之首[28]。高校图书馆直接服务于高校教学科研，因而在研究和实践层面比其他类型图书馆更关注期刊工作。其中，电子期刊和外文期刊在订购、管理和利用上有其特殊性，相关研究也是高校图书馆领域侧重关注的。

5 结　语

科研领域中，文献的关键词对领域研究的表征能力存在差异，而单纯关注关键词在领域内部的词频难以揭示这种差异。从科研领域的背景学科出发，以一种全局视角考察关键词与研究领域的关系，融合关键词在领域内、外的词频可以计算关键词的领域度。根据领域度指标提取的特色知识点，相比传统关键词分析方法而言[24,29]，能够帮助研究者更全面、深入和清晰地了解领域的研究特点。

计算论文关键词对科研领域的表征度具有重要的现实意义。一方面，关键词领域度可以作为提取领域中的特色知识点的依据，以便研究者更有针对性地分析领域研究特色、梳理领域与其背景学科的关系、区分相近领域的差异细节。另一方面，论文关键词领域度是一种新的维度，与关键词的热度融合（类似于 TF－IDF 思路）可以综合衡量领域中关键词的重要性，进一步与时间因素融合，可以勾勒出随着时间的演进，领域从其背景学科中继承基础知识点、深入并形成独自的特色知识点、进一步又影响背景学科中其他领域发展等多种情景。推而论之，关键词不仅在研究领域范畴内有特征差异，而且在不同作者、不同研究机构和不同时间段内各有特征差异，这种差异可以为知识分析提供新的视角。

参考文献：

［1］ Su Hsin-ninq, Lee Pei-chun. Mapping knowledge structure by keyword co-occurrence：A first look at journal papers in technology foresight ［J］. Scientometrics, 2010, 85 (1)：65－79.

［2］ 叶鹰，张力，赵星，等. 用共关键词网络揭示领域知识结构的实验研究［J］. 情报学报, 2012 (12)：1245－1251.

［3］ Chen Chaomei. CiteSpace II：Detecting and visualizing emerging trends and transient patterns in scientific literature ［J］. Journal of the American Society for Information Science and Technology, 2006, 57 (3)：359－377.

[4] 王丹丹. 科技论文关键词使用中存在的问题及解决方法 [J]. 出版发行研究, 2013 (4): 102 - 104.

[5] Choi Jinho, Yi Sangyoon, Lee Kunchang. Analysis of keyword networks in MIS research and implications for predicting knowledge evolution [J]. Information & Management, 2011, 48 (8): 371 - 381.

[6] 胡昌平, 陈果. 科技论文关键词特征及其对共词分析的影响 [J]. 情报学报, 2014, 33 (1): 23 - 32.

[7] 吴晓婷, 闫德勤. 数据降维方法分析与研究 [J]. 计算机应用研究, 2009, 26 (8): 2832 - 2835.

[8] 刘涛, 吴功宜, 陈正. 一种高效的用于文本聚类的无监督特征选择算法 [J]. 计算机研究与发展, 2005 (3): 381 - 386.

[9] 张玉芳, 万斌候, 熊忠阳. 文本分类中的特征降维方法研究 [J]. 计算机应用研究, 2012 (7): 2541 - 2543.

[10] Salton G, Buckley C. Term - weighting approaches in automatic text retrieval [J]. Information Processing & Management, 1988, 24 (5): 513 - 523.

[11] Velardi P, Missikoff M, Basili R. Identification of relevant terms to support the construction of Domain Ontologies [C] //Proceedings of the Workshop on Human Language Technology and Knowledge Management - Volume 2001. France: Toulouse, 2001: 18 - 28.

[12] 于娟, 党延忠. 领域特征词的提取方法研究 [J]. 情报学报, 2009 (3): 368 - 373.

[13] 李松, 安小米. 基于 ISO704: 2009 的信息资源管理概念体系构建研究 [J]. 图书情报工作, 2013, 57 (2): 32 - 36.

[14] 洪凌子, 黄国彬. 基于独特关键词的国内图书情报领域硕士学位论文的研究特点分析 [J]. 情报理论与实践, 2013, 36 (7): 85 - 89.

[15] 赵辉, 彭洁, 刘润达, 等. 基于关键词网络的科技项目多角度演化分析 [J]. 情报学报, 2011, 30 (6): 658 - 667.

[16] 胡昌平, 陈果. 共词分析中的词语贡献度特征选择研究 [J]. 现代图书情报技术, 2013 (7/8): 89 - 93.

[17] 肖自力. 信息素养教育和高校图书馆的使命 [J]. 大学图书馆学报, 2005, 23 (3): 2 - 5.

[18] 闵红武. 十年来我国高校图书馆信息素养教育研究综述 [J]. 图书与情报, 2008 (4): 63 - 67.

[19] 刘金涛. 从信息资源支持到融入学习进程——香港高校图书馆信息共享空间建设发展进程考察及启示 [J]. 图书馆论坛, 2014 (4): 135 - 140.

[20] 胡广霞, 周秀会. 信息共享空间: 高校图书馆信息服务的新趋势 [J]. 情报资料工作, 2007 (1): 109 - 111.

[21] 徐恺英，刘佳，班孝林. 高校图书馆学科化知识服务模式研究［J］. 图书情报工作，2007，51（3）：53－55.
[22] 李梅军. 高校图书馆面向社会服务研究［J］. 图书馆工作与研究，2008（5）：87－91.
[23] 李桂兰. 高校图书馆服务社会化若干问题探讨［J］. 图书馆工作与研究，2006（4）：82－84.
[24] 董丽娟. 基于知识地图的我国公共图书馆与高校图书馆对比研究［J］. 图书与情报，2011（3）：27－31.
[25] 鄂丽君. 高校图书馆特色馆藏建设的现状分析［J］. 图书馆建设，2009（12）：19－23.
[26] 刘莹. 我国高校图书馆特色数据库建设现状及发展策略研究［J］. 图书馆学研究，2008（7）：36－38.
[27] 徐诗豪. 高校图书馆文献资源采访模式研究［J］. 图书馆工作与研究，2013（3）：76－79.
[28] 徐金华. 新形势下高校图书馆的期刊工作［J］. 图书馆，2003（5）：76－78.
[29] 余丰民，董珍时，汤江明. 2000－2009 年国内高校图书馆与公共图书馆研究热点概观——基于期刊论文关键词词频统计及共现分析［J］. 图书情报工作，2010，54（19）：32－36.

作者简介

陈果，武汉大学信息管理学院博士研究生，E-mail：delphi1987@qq.com。

基于特色关键词的科研机构研究主题揭示：方法与实证

陈果

（武汉大学信息管理学院）

1 引 言

科研机构是一个国家科技创新工作开展的主体[1]，其发展对确立国家科技竞争优势和提升国家自主创新能力至关重要。对科研机构研究情况的跟踪，不仅可指导机构间合作以实现优势互补，还可以为国家、机构制定科技发展战略、优化资源配置提供决策依据[2]。当前相关研究主要包括宏观层面和微观层面，前者侧重于投入－产出分析，旨在为科技政策制定和科研管理提供依据；后者侧重于对科研机构成果进行计量分析，以揭示其研究的影响、特征和交流情况[3]。学术论文是科研产出的重要载体，对其进行挖掘可揭示机构的研究特点[4]，而当前研究主要集中于发文量和被引次数的分析，对机构研究主题的分析较为欠缺，特别是对机构研究主题特色进行揭示的较少[1]。

科技论文中，关键词是表达研究主题最为直接的内容单元[5]，也是用于区分论文、机构、作者相似性计算的重要特征项。用关键词揭示学科研究的主题特点是图书情报学科常用方法之一[6]，已被应用于科研机构的研究主题分析。田瑞强等对 4 家机构论文进行统计，提取共同热门词以反映多个机构共同关注的主题[7]。钱俐娟等提取了情报学领域 22 个机构的高频词，作为特征项对机构进行聚类分析[4]。安璐等将图书情报学科高频关键词分为图书情报核心领域、经济管理、公共管理、计算机四大类，并依此划分图书情报学科主要研究机构的类型[1]。汤建民通过高频关键词共现和可视化方法，揭示了两个科研机构的研究主题结构[8]。杨良斌等建立了机构与研究主题交叉图，借此揭示机构的研究主题布局和特定主题的机构参与情况[9]。

上述研究虽方法各异，却都是通过高频词来代表机构研究主题。实际上，从特征提取的角度来看，高频词并不适合作为特征项[10]。高频词语义通常过于宽泛，所代表的主题很容易出现歧义，导致结果存在模糊性和随意性；加之高频词往往数量有限，容易忽略大量特色关键词[11]。这些问题在最近取得了一些新的进展。安璐等人在比较中美图书情报机构时，用中美词频均值差较大的受控词来代表“特色研究领域”[1]，但受控词汇数量有限，且均值差指标仍存在改进空间。张发亮等根据机构在各主题上的累积词频、被引次数揭示其重要主题和优势主题，取得了很好的效果[12]，并以此为基础对机构的“特色主题”进行了简述，但以主题为粒度存在进一步细化的空间。

基于上述研究的思路和启示，本文提出一种更为科学的指标，以提取研究机构中的特色关键词，并依此分析机构研究的主题特征和差异。

2 机构特色关键词的定义与相关指标

科研机构通常会侧重于某些研究方向，并形成累积优势。识别这些方向能有效地揭示该机构的定位及其在同类研究中的优势。这一现象可表现为：在该机构产出的文献中，存在一些相对其他机构更为鲜明的“特色关键词”，具体定义为：

定义1 研究机构的特色关键词：在一定研究范畴内，包含某些关键词的所有文献中，较高比例由特定研究机构产出，而较低比例由其他机构产出，则称这些关键词为该机构的特色关键词。

需要说明的是，本文所采用的关键词为作者标注的关键词，因此在“文献-关键词”形式的数据集中，包含某关键词的文献数实际上就是其词频。由此，可以词频为基础，给出一个衡量关键词在研究机构中特色程度的量化指标：关键词的机构归属度。其定义和计算方法如下：

定义2 关键词的机构归属度：在一定研究范畴的文献集合中，某一关键词总词频内由特定机构所贡献比例。机构归属度越大，则关键词越能揭示该机构的研究特色。具体计算公式为：

$$I(i,j) = \frac{freq(i,j)}{freq(i,all)} \tag{1}$$

其中I（i，j）表示关键词i在机构j中的归属度；freq（i，j）表示关键词i在机构j文献集中的词频；freq（i，all）表示关键词i在所有机构文献集中的词频。实际操作中，上述指标可以比较同一研究机构中不同关键词的差异，但揭示不同机构在同一研究主题上优势差异时，受机构的产出规模的影响，直接使用该指标并不公平。举例说明，假设一共有两个研究机构A和B，A机构产出了100篇论文；B机构规模较小，产出了10篇论文。此时有一关键词t，在A机构论文中出现10次，在B机构论文中出现5次，则该词的总词频为15。根据公式1，它在A中归属度为：I（t，A）=10/15=2/3；它在B中归属度为：I（t，B）=5/15=1/3。相比而言，看似机构A在关键词t对应的主题研究中更有优势，但实际上机构 B 比机构 A 更专注于关键词 t（其研究有一半与 t 相关）。因此，在应用关键词的机构归属度比较机构对于关键词的研究优势时，这种专注性需要有所反映。

为了方便、公平地比较多个机构在同一主题上的优势，需要根据机构产出规模对定义 2 中的指标进行标准化。机构产出规模可以用机构文献数与总文献数的比值来表示，因此有：

定义 3　关键词的机构标准归属度：是指关键词的机构归属度与该机构产出规模的比例。计算公式为：

$$SI(i,j) = \frac{I(i,j)}{doc(j)/doc(all)} = \frac{freq(i,j) \times doc(all)}{freq(i,all) \times doc(j)} \tag{2}$$

其中 doc（j）和 doc（all）分别表示机构 j 产出的文献数和全部机构产出文献数。公式（2）中，其分子为某一研究主题在机构内规模占它在所有机构内规模的比例，分母则为机构研究规模占所有机构研究规模的比例。因此，公式（2）有一个潜在含义：SI（i，j）等于 1 时，说明机构对该主题的研究产出与机构自身规模相应，即该机构在研究中既没有侧重于此主题，也没有削弱此主题。同理，SI（i，j）大于 1 或小于 1，则分别表明机构在该主题的研究上有所强化或弱化。SI（i，j）大于 1 时，值越大则越强化；小于 1 时，值越小则越弱化。

3　方法与数据

3.1　方法

基于关键词的机构标准归属度，可以提出一种量化方法，以评估和比较机构研究特点。其思路为：首先从全局的角度出发，计算各关键词在所有机构中的全局频次；其次从研究机构的角度出发，逐一计算其所含关键词频次占该关键词全局频次的比例，并按该机构规模进行标准化；最后根据关键词的机构标准归属度指标，提取机构的特色关键词，以揭示机构研究特点和比较机构间研究差异。相比传统方法而言，本文方法能克服高频词过少且难以揭示具体研究主题的问题。本文方法的流程及其与传统方法的对比如图 1 所示：

3.2　数据

以图书情报学科为例，以 2000－2013 年刊于学科核心期刊的全量文献为数据，选取其中几个主要研究机构为对象，通过实验分析本文方法的效果。

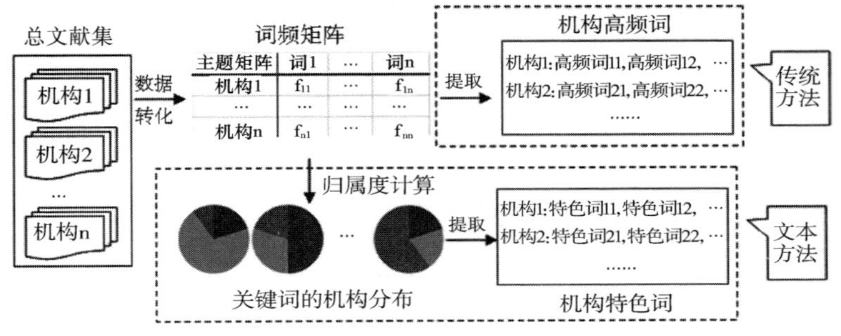

图 1　机构特色关键词提取方法及其与传统词频方法的对比

（1）文献数据获取与清洗。具体数据来源为 CNKI 数据库，选择 2000 - 2013 年时间段内，图书情报学科核心期刊（在 CNKI 文献来源中，选择“核心期刊”下“第三编文化、教育、历史”中的“图书馆事业，信息事业类”选项，最终得到 19 本期刊）中所载文献，剔除其中期刊目录、会议通知等非正式论文，得到文献数据集。从文献数据集中，逐条读出论文关键词数据，清除易造成同义异形词的符号（如书名号、引号等）、统一英文大小写，以累计关键词频次。其后，根据邵作运等提出的关键词处理原则[13]，剔除无实际分析意义的泛指词，合并同义词，得到最终的全量关键词数据。

（2）研究机构的选择和数据集构造。图书情报学科中研究机构较为繁多，但主要研究机构比较集中。有研究者认为，主要研究机构的研究主题能够很好地反映相应学科领域的现状[14]。通常可根据文献数量确定主要研究机构，但同一研究机构可能存在多种表述方式。因此需要对机构进行归并，本文方法是：根据初始统计数据，先对发文量 200 以上的机构进行人工汇总，确定候选机构；随后对这些机构扩大范围进行排查和归并，例如将“武汉大学信息管理学院”扩大为“武汉大学”进行机构检索，对结果中“武汉大学信息资源研究中心”、“武汉大学图书情报学院”等进行归并。由于高校内一些研究中心、基地等往往依托于相应院系，因此予以合并；而高校图书馆与其院系研究相对独立，因而不作合并。机构归并完成后，根据各机构的最终文献数，确立了 8 个机构（排名第 9 的为清华大学图书馆，但其文献数量远低中信所），从其文献集中提取关键词数据，所得实验数据集基本情况如表 1 所示（表中高校名特指其与图书情报研究相关的院、系、所归一后代表的机构，不含其图书馆）：

表 1　各机构数据集基本情况

机构	文献数（篇）	产出比例（%）	关键词数（个）	累积词频（次）
武汉大学	3 722	5.7	7 168	15 839
中国科学院（含文献情报中心、国家科学图书馆）	2 202	3.4	5 327	10 209
南京大学	1 787	2.7	4 537	7 923
北京大学	1 217	1.9	3 147	5 312
吉林大学	872	1.3	2 162	3 698
中山大学	835	1.3	2 120	3 531
华中师范大学	741	1.1	2 058	3 250
中国科学技术信息研究所	735	1.1	2 157	3 470
图书情报学科全量数据	65 653	1	67 786	277 721

（3）机构特色关键词提取。以表 1 中机构数据和全量数据为基础，按照公式（2）计算各机构所含关键词的标准归属度。实际计算中，为了避免低频关键词的干扰，同时为了公平起见，只计算各机构词频前 200 左右的关键词，并提取其中标准归属度大于 1.5 的关键词作为机构特色词。

4　结果与分析

我国图书情报学科主要研究机构的特色关键词如表 2 所示，为方便比较，表 2 中对同一机构内相近关键词进行了人工归纳，并概括出对应方向。在现实中，不同机构对同一关键词的研究侧重点存在差异，因此相同的关键词在不同机构中可能会被归入到不同方向。

表 2　图书情报学科主要研究机构的研究特色

机构	特色研究方向	特色关键词（机构内词频，标准化机构归属度）
武汉大学	公共信息资源管理	增值利用（16，5.4），公共信息部门（11，4.7），再利用（11，3.9），公共部门（10，3.7），公共获取（13，2.7），信息政策（22，2.0），信息资源配置（14，1.9），政府信息资源（23，1.5）
	信息计量与分析技术	信息计量学（23，3.2），网络信息计量学（15，2.2），科学评价（15，2.9），多维尺度分析（10，3.7），信息可视化（52，1.6），内容分析（27，1.6），社会网络分析（32，1.6），知识图谱（25，1.6），共词分析（28，1.5）

续表

机构	特色研究方向	特色关键词（机构内词频，标准化机构归属度）
	信息经济学	信息经济学（20，3.3），信息商品（17，2.6），网络营销（10，1.9），信息市场（14，1.7），博弈论（10，1.5）
	用户与服务	交互式信息服务（45，3.3），用户体验（17，2.2），用户行为（14，1.6）
	出版学	出版业（13，3.5），网络出版（17，3.0），出版（12，2.0）
	学科教育	图书情报教育（11，3.5），图书馆学教育（24，1.8）
	其他	文华图专（17，3.5），档案馆（11，2.5），云服务（11，2.6），知识检索（15，2.4），维基百科（10，2.6），学科信息门户（18，2.3），客户关系管理（11，1.5）
中国科学院	科研服务	国家科学图书馆（29，11.1），中国科学院（32，10.3），科研人员（14，3.6），学科化服务（21，3.4），科学数据（13，3.3），专业图书馆（26，3.0），研究图书馆（8，5.3），学科信息门户（11，2.3），科技文献（9，1.9），e-Science（8，7.9），科技期刊（9，2.1），研究生（8，1.7）
	开放获取	开放出版（9，13.8），长期保存（49，4.4），开放获取（48，4.7），DSpace（8，3.2），机构知识库（43，3.1）
	分类法	分类标准（11，8.4），知识组织体系（16，5.3），分类方法（11，4.9），文献分类（14，4.6），分类体系（14，2.6）
	知识组织技术	互操作（18，2.5），语义网（26，2.4），知识发现（20，2.33），本体（68，1.72），标签（9，1.6），元数据（54，1.5），集成融汇（10，13.8），关联数据（26，3.4），文本挖掘（11，1.8），信息抽取（17，2.6），共词分析（23，2.5），引文分析（37，1.5）
	竞争情报	战略竞争情报（8，11.0），产业竞争情报（8，5.8），情报研究（32，3.6），专利（12，1.67），战略规划（15，2.5），专利分析（19，2.4）
	用户与服务	用户行为（12，2.5），用户服务（16，2.2）
南京大学	人文社会学科评价	CSSCI（37，7.7），引文索引（10，5.7），学术评价（16，4.9），人文社会学科（13，4.8），期刊评价（23，3.2），社会科学（13，3.0），网络影响因子（8，3.7），学术期刊（11，1.7），评价体系（10，1.7），评价指标（22，1.6）

续表

机构	特色研究方向	特色关键词（机构内词频，标准化机构归属度）
	信息分析技术	条件随机场（8，7.2），链接分析（16，3.6），相关性（9，3.3），定量分析（23，3.0），引文分析（29，1.5），知识图谱（16，2.1），社会网络分析（20，2.1），信息可视化（11，1.6），层次分析法（17，1.6）
	竞争情报	竞争情报（85，1.6），反竞争情报（8，3.2），竞争情报系统（14，1.9），情报分析（12，1.9），专利（9，1.5）
	社会信息化	社会化媒体（8，8.0），社会信息化（13，6.3），信息化测度（13，5.7），数字鸿沟（10，1.7），信息社会（8，1.6）
	其他	数字化校园（12，11.3），机构库（8，2.7），数据仓库（12，1.6），全文检索（9，1.7）
北京大学	图书馆事业	建设标准（5，10.4），美国公共图书馆（6，7.5），图书馆学史（8，3.2），美国图书馆协会（6，2.9），基层图书馆（13，2.5），图书馆界（9，1.7），图书馆精神（7，1.5），图书馆事业（25，1.5），网络传播（5，3.1），网络阅读（5，1.7），知识能力（5，13.8），知识援助（6，5.0）
	图书馆政策法规	图书馆法治（7，17.4），图书馆法（16，2.5），信息政策（12，3.3），个人信息保护（6，7.1），图书馆权利（8，2.1），信息网络传播权（5，1.6）
	基础理论	王重民（7，9.7），目录学（13，2.2），文献学（11，2.2），情报学理论（5，3.5），情报学研究（13，5.8），情报研究（9，1.9），文献学家（5，13.8）
	信息产业	数字内容产业（5，9.6），文化产业（5，5.9），信息服务业（7，1.5）
	信息检索	自然语言检索（5，4.2），跨语言信息检索（5，3.5）
	其他	领域分析（6，10.7），人际网络（6，3.8），学科体系（8，3.6），复杂网络（7，4.1），图书馆学教育（11，2.5）
吉林大学	企业信息管理	吸纳能力（6，29.8），商务网站（8，27.8），新创企业（6，26.1），信息供应链（6，26.1），技术市场（6，23.2），保障机制（6，6.7），动力机制（6，6.1），产业集群（7，4.9），企业信息化（14，3.6），竞争优势（9，3.1），信息产业（14，2.4），信息技术（32，2.2），信息环境（7，2.2），影响因素（22，2.1），信息系统（17，2.0），危机管理（7，2.0），信息化（18.1.8），技术创新（6，1.7）

续表

机构	特色研究方向	特色关键词（机构内词频，标准化机构归属度）
	知识管理	知识获取（8，4.5），知识组织（17，1.9），知识转移（15，1.8），知识地图（6，1.8），机构知识库（8，1.5），知识共享（18，1.4）
	知识组织技术	形式概念分析（12，22.0），概念格（16，20.6），语义互联（7，18.7），语义网格（6，12.3），网格（8，3.44），领域本体（9，2.9），数据仓库（9，2.4），数据挖掘（17，1.5）
	信息生态学	信息生态链（13，15.6），信息生态（23，11.0），信息生态系统（20，8.6）
中山大学	图书馆事业	公共图书馆思想（6，24.2），社区信息服务（6，9.1），国际图联（7，6.1），美国图书馆协会（6，4.3），图书馆权利（10，3.9），知识自由（7，3.7），图书馆学史（5，2.9），弱势群体（6，2.0），图书馆史（5，1.8），社区图书馆（9，1.7），美国（20，1.7），图书馆精神（5，1.5）
	用户与服务	可用性评价（5，18.2），可用性（5，5.3），用户满意度（5，2.0），用户研究（6，2.0），推荐系统（6，4.3），参考咨询服务（10，2.2）
	学科教育	专业教育（5，3.5），教学改革（5，1.9），图书馆教育（11，1.5）
	其他	网络信息计量学（19，12.6），网络影响因子（8，7.9），博客（8，2.1），网络舆情（6，2.0）
华中师范大学	信息生态学	网络信息生态链（5，22.7），信息消费者（5，22.7），信息生态位（8，19.3），信息人（7，14.3），信息生态学（7，13.6），信息生态链（6，8.5），信息生态系统（12，6.1），信息生态（6，3.4）
	知识社区	虚拟团队（15，18.1），学术博客（5，12.4），知识共享（27，2.5），知识转移（15，2.2），隐性知识（12，1.7）
	信息经济学	信息消费者（5，22.7），信息消费（19，13.4），满意度（8，6.2），信息商品（6，4.6），信息产品（5，2.8），电子商务（26，2.5）
	其他	张舜徽（5，20.5），点击流（6，20.5），主题图（13，13.0），阅读率（5，12.8），标签（7，3.7），个性化（13，2.5），企业（20，1.9）
中国科学技术信息研究所	词表构建与词语分析	词间关系（8，30），叙词表编制（7，28.9），术语服务（5，18.8），汉语主题词表（5，17.2），词频（5，13.6），叙词表（35，13.4），主题词表（5，5.6），关键词（7，3.11），概念（6，2.9），共词分析（5，1.6）

续表

机构	特色研究方向	特色关键词（机构内词频，标准化机构归属度）
	语言处理	知识抽取（13，26.8），句法分析（5，18.8），机器翻译（6，12.4），自然语言处理（12，9.5），跨语言信息检索（7，8.0）
	科技情报分析与评价	科技评价（7，24.1），科技文献（13，8.1），科技情报（6，8.0），科技信息（5，4.7），学术期刊（11，4.1），科技期刊（5，3.6），影响因子（8，2.4），期刊评价（7，2.4）
	竞争情报	产业竞争情报（12，26.1），专利分析（12，4.6），专利（7，2.9），竞争情报（56，3.0），中小企业（9，4.0），信息分析（3，8）
	知识组织技术	知识链接（8，11.8），维基百科（5，6.7），内容分析（6，3.7），文本挖掘（6，3.0），关联数据（6，2.3），知识组织（17，2.2），本体（26，2.2），互操作（5，2.1），语义网（6，1.6）
	其他	NSTL（11，17.5），知识工程（5，7.6），信息质量管理（7，41.3），信息质量（8，8.5），技术控制（5，22.9）

表2中展示的8所机构研究特色较为鲜明，由于机构自身定位和所处背景的不同，它们一方面相对其他机构而言有特有的研究方向，另一方面在与其他机构有相近方向时也各有侧重。具体分析如下：

（1）武汉大学：在公共信息资源管理、出版学方面有独特优势；在信息计量技术、信息经济学、信息服务、学科教育方面优势明显。侧重于政府信息资源的开发与利用，是武汉大学情报学研究与档案学研究优势相融合的一个体现。信息计量方面：涉及大量技术方法，相比南京大学而言更为广泛；信息服务方面：相比中山大学而言更侧重于用户交互体验。作为图书情报领域的领军者，武汉大学信息管理学院一贯注重学科教育，并取得了研究优势。

（2）中国科学院：在科研服务、开放获取、分类法方面有独特优势，在知识组织技术、竞争情报方面优势明显。其知识组织技术研究相比中国科学技术信息研究所而言侧重于数据的集成融汇、关联挖掘和知识发现；其竞争情报相比南京大学、中国科学技术信息研究所而言更侧重于战略情报研究与规划。这是由其“主要为科技自主创新提供文献信息保障、战略情报研究、公共信息服务平台支撑和科技交流与传播服务”[15]的机构定位所决定的。表2中数据清晰地表明，中国科学院相关研究的开展紧紧围绕着机构定位来确定优势。另一方面，从《中国科学院图书馆分类法》来看，该机构在分类法方面具有的独特优势也就不难理解了。

（3）南京大学：在人文社科学科评价、信息社会化方面有其独特优势，在竞争情报方面优势明显。依托于CSSCI，南京大学的研究在引文索引、期刊评价等多方面展开，着重于指标体系的构建；与中国科学技术信息研究所侧重的科技情报分析评价相比，南京大学相关研究明显偏重于人文社会科学的学术评价。在信息社会化方面，南京大学开展了一系列信息化测度模型与实证研究。在竞争情报方面，相对于中国科学院、中国科学技术信息研究所侧重的应用型研究而言，南京大学更侧重于竞争情报的基础理论和系统研究，反竞争情报研究是其中一个特色。

（4）北京大学：更侧重于图书馆建设、公共事业和传统理论研究，充分体现了其研究者对图书馆精神和人文关怀的追求；与其同样坚守于图书馆事业研究的还有中山大学。另一方面，北京大学在信息产业方面有其独特优势，在信息检索方面亦优势明显。

（5）吉林大学：在企业信息管理及更进一步的知识管理方面具有独特优势，在知识组织技术中有明显优势。吉林大学信息管理系开设于管理学院，具有浓厚的技术经济管理、企业管理研究背景，因而其研究明显侧重于企业应用。在知识组织方面，应用于数字图书馆知识组织的概念格分析、语义网格等技术是其特色。

（6）中山大学：其特色研究包括图书馆事业、用户服务、学科教育3个方面，其研究与北京大学、武汉大学较为相近，其用户服务研究主要侧重于服务的可用性、用户满意度研究。

（7）华中师范大学：在知识社区方面有独特优势，此外在信息经济学、信息生态学上有明显优势，其研究与武汉大学、吉林大学较为相近，特别是关于信息生态学的研究已具规模。

（8）中国科学技术信息研究所：在词表构建与词语分析、语言处理等方面有独特优势，在科技情报分析、竞争情报和知识组织技术方面有明显优势。《中国图书馆分类法》、《汉语主题词表》就是由中国科学技术信息研究所和国家图书馆共同负责编制完成的，因此中国科学技术信息研究所在词表构建和词语分析方面的独特优势毋庸置疑。中国科学技术信息研究所主要“面向我国科技发展事业提供科技决策支持”[16]，这也在其研究中得以体现，表现为其在科技情报分析与评价相关研究中具有优势。另外，在竞争情报方面，相比南京大学、中国科学院，中国科学技术信息研究所在产业竞争情报上形成了特色。

综上分析可知，相比传统基于高频词的机构研究特色分析而言[1,2,7,9]，以机构特色关键词为对象能更为深入、具体地揭示科研机构的研究特色、与其他科研机构的研究差异，乃至在相同主题上的侧重点差异。所揭示结果能很好地切合这些研究机构的自身定位、发展优势和所处背景。

5 结 语

以关键词的机构归属度为依据，可以提取科研机构研究的特色关键词，以此为对象可以很好地揭示科研机构的研究侧重点，比较不同机构的研究异同。与高频关键词相比，特色关键词的语义内涵更为清晰具体，因此所揭示的结果比传统高频词方法所得结果更为深入、具体，并且更符合实际情况。进一步而言，本文方法还可用于揭示科学研究在不同子领域、学术期刊、专家学者乃至时间段内的特色。

本文研究是一种新的探索，因而也存在更待深入的研究点，特别是提取特色关键词时针对各机构一视同仁的做法，虽则看似公平，实际上却会忽略大研究机构在一些小方面的研究优势。后续研究中，机构归属度指标计算可进一步兼顾关键词在机构内的重要程度。总之，从全局视角和差异视角出发开展计量分析，是其科学化、深入化发展的重要前提。

参考文献:

[1] 安璐，余传明，李纲，等．中美图情科研机构研究领域的比较研究［J］．中国图书馆学报，2014（3）：68－80.

[2] 安璐，余传明，杨书会，等．国内图书馆学情报学科研机构研究领域的可视化挖掘［J］．情报资料工作，2013（4）：50－56.

[3] 鲁晶晶，邓勇，陈云伟．引用认同用于科研机构分析的探讨［J］．图书情报工作，2011，55（6）：53－56.

[4] 钱俐娟，张新民，郑彦宁．国外图书情报学领域主要科研机构“共现”现象研究［J］．图书情报工作，2008，52（11）：49－52.

[5] Su H N, Lee P C. Mapping knowledge structure by keyword co-occurrence：A first look at journal papers in Technology Foresight［J］. Scientometrics, 2010, 85（1）: 65－79.

[6] Chen Chaomei. CiteSpace II：Detecting and visualizing emerging trends and transient patterns in scientific literature［J］. Journal of the American Society for Information Science and Technology, 2006, 57（3）: 359－377.

[7] 田瑞强，潘云涛，姚长青．情报学代表性学术机构研究焦点比较分析［J］．情报杂志，2013（2）：12－19，39.

[8] 汤建民．基于文献计量的卓越科研机构描绘方法研究——以国内教育学科为例［J］. 情报杂志，2010（4）：5－9，35.

[9] 杨良斌，杨立英，乔忠华．基因组学领域的学术机构科研活动分析［J］．图书与

情报，2010（1）：93－98.

[10] Chang J S. Domain specific word extraction from hierarchical Web documents：A first step toward building lexicon trees from web corpora［C］//Proceedings of the Fourth SIGHAN Workshop on Chinese Language Learning. Stroudsburg：ACL，2005：64－71.

[11] 胡昌平，陈果．科技论文关键词特征及其对共词分析的影响［J］．情报学报，2014，33（1）：23－32.

[12] 张发亮，谭宗颖，王燕萍．科研机构研究主题的测度——以我国情报学领域为例［J］．图书情报工作，2014，58（8）：85－90.

[13] 邵作运，李秀霞．共词分析中作者关键词规范化研究——以图书馆个性化信息服务研究为例［J］．情报科学，2012（5）：731－735.

[14] 孙海生．国内图书情报研究机构科研产出及合作状况研究［J］．情报杂志，2012（2）：67－74.

[15] 中国科学院文献情报中心介绍［EB/OL］．［2014－05－13］．http：//www.las.cas.cn/gkjj/.

[16] 中国科学技术信息研究所简介［EB/OL］．［2014－05－13］．http：//www.istic.ac.cn/tabid/591/default.aspx.

作者简介

陈果，武汉大学信息管理学院博士研究生，E-mail：delphi1987@qq.com

一种基于共词网络社区的科研主题演化分析框架*

程齐凯　王晓光

（武汉大学信息管理学院）

1　引　言

自20世纪50年代以来，科研产出增长迅速，新兴学科不断产生，学科体系结构日趋复杂，有效获取科研信息的难度逐渐加大。科技管理和科技信息服务机构纷纷加大了情报分析研究的力度，力求从科学文献中尽早发现新兴主题，并评估其发展趋势，以辅助科研决策。由此促使新兴趋势探测（emerging trend detection，ETD）研究成为情报学前沿课题。

随着各种数字图书馆的建设，从海量科学文献中识别科学发展脉络和学科发展趋势的数据基础已经具备。TOAS、ThemeRiver、TimeMine、CiteSpace II等专门用于探测科研发展趋势的软件系统也随之产生，但是囿于对新兴科研主题的浮现机理的认识不足，多数新兴趋势探测系统的效果并不理想。为了开发更有效的探测方法和更高效的探测系统，必须加强科研主题演化规律的基础性研究，只有摸清规律，才能实现探测方法与手段的创新。为了分析科研主题的演化过程，本文提出一种新的基于共词网络的主题演化分析框架。

2　相关研究综述

2.1　新兴趋势探测

A. Kontostathis在2003年提出了新兴趋势（emerging trend）的概念，即随着时间推移逐渐引起人们兴趣并被越来越多的学者讨论的主题领域[1]。新兴趋势探测有两个角度：一个是引文分析，另一个是主题词汇分析[2]。引文分析存在时间滞后性问题，在新兴主题的揭示上不如词汇直观，因此研究者更

---

* 本文系国家自然科学基金项目“基于语义共词网络演化的学科新兴趋势浮现机理与探测研究”（项目编号：71003078）和中央高校基本科研业务费专项资金资助项目（项目编号：2012104010204）研究成果之一。

倾向于使用时效性比较强的主题词汇分析[3-4]。

Le. Minh-Hoang 将 ETD 过程分为三个阶段：主题表示（representation）、主题识别（identification）和主题判定（verification）[5]。主题表示阶段主要利用大规模文献数据集进行主题抽取。这一阶段的关键是从语义上对代表同一概念的词汇进行归一化合并处理，避免因为词形异化导致词频下降而被噪音淹没。在主题识别阶段，研究者常借助相似性计算和层次聚类来发现科研主题。随着数据分析规模扩大和复杂网络思想的引入，部分研究者开始使用动态网络可视化技术进行趋势分析[6]，并利用社区识别方法取代缺陷明显的层次聚类法进行主题识别，推动知识网络可视化分析成为趋势探测的前沿方法[7]。2009 年，M. L. Wallace 等人利用复杂网络层次社区快速展开算法研究了共被引网络内的聚类问题，结果表明社区发现算法在科研主题识别上具有天然的优势[8]。

判定科研主题的状态与趋势是 ETD 的一个难点。除了传统的词频统计法以外，研究者开始利用背景知识或使用更复杂的方法来进行新兴主题的判定。2006 年，Le. Minh-Hoang[5] 提出根据科研主题的 6 个属性值来衡量主题的受关注程度及有用性，在此基础上殷蜀梅于 2008 年提出了一套更全面的用于新兴趋势评估的指标体系[9]。2012 年，Tu Yining 和 Seng Jialang 又提出了新颖指数（NI）和已发表量指数（PVI）两个新型指标，以此来判断新兴主题[10]。

综合国内外研究进展来看，随着知识网络和科学图谱研究的发展，从网络演化计量角度揭示科研主题的发展状态正在成为一种新颖的研究思路。基于以往的科研经验可知，判断一个主题是新兴主题、热门主题、衰退主题还是死亡主题，都必须考虑时间维度，即在考虑主题自身科学价值的同时，也必须考虑该主题及其相关主题在以往的表现情况，即是否出现过、何时出现以及近几年的发展情况。此外，识别一个学科领域的新兴主题，还必须考虑主题之间的关系，从主题演化过程中进行推断。任何科研主题都不是凭空出现的，都与以往曾经出现的其他主题存在或多或少的联系。事实上，很多主题都是在以往的科研基础上逐渐孕育而生的，因此揭示科研主题的演化过程、规律和态势对于新兴主题的探测具有至关重要的意义。

2.2 共词网络与网络社区

从知识网络的形成原理和功能作用来看，知识网络的复杂结构与学科领域结构之间存在天然的对应关系。对知识网络的挖掘不仅可以实现学科潜在知识的发现，还能用于学科前沿的识别和趋势探测。共词网络是以文章关键词这种特殊的知识单元及其共现关系为基础构建的一类知识网络，它与引文网络以及共被引网络一样具有重要的方法论价值[11-12]。

社区（community）是社会网络中的常见现象，它由一群高度聚集、联系紧密的节点聚集组成。社区结构是一种介于宏观和微观之间的网络特征。对于真实网络，同属于一个社区的顶点更有可能具有相似的性质或相近的功能。例如在WWW网络中，同一个社区的页面通常表达相近的主题；在神经网络中，一个社区通常对应一个功能组；在科研合作网络中，同一个社区内的学者有着相近的研究兴趣。网络中的社区结构有助于人们更深刻地理解网络结构和功能之间的关系。

随着网络社区研究的兴起，各种知识网络中的社区现象引起了学者的关注。M. E. J. Girvan 和 M. E. Newman 的研究表明引文网络与合著网络内社区现象十分明显[13]。K. W. Boyack 等人利用期刊引文关系绘制的科学全局地图上也显示出明显的聚集现象[14]。知识网络中社区的普遍存在意味着这些社区不是可有可无的。R. Lambiotte 和 P. Panzarasa 认为知识网络中的社区与学科关系密切，可以被视为一种知识地图领域的划分机制和学科前沿方向标[15]。

2.3 网络社区识别

在信息科学领域，社区识别存在两个方向：一种是基于拓扑关系的社区识别，另外一种是基于主题的社区识别[16]。基于拓扑关系的社区识别主要依赖图论方法。这种识别方法主要依赖于网络拓扑关系，而不考虑网络节点和网络关系的性质，因而适合于任何复杂网络。基于主题的社区识别主要针对那些网络节点是一个或多个文本集合的网络，如博客网络和大学网络。这种识别主要依赖两个节点间拥有的主题相似性，在层次聚类基础上形成一个树状结构，以此显示哪些节点属于一个社区。相对而言，基于拓扑关系的社区识别方法比层次聚类法更有优势，因为它不需要预先设定聚类数目和确定树状图的层次切割点。

目前，理论物理学界和计算机学界已经基于图论思想提出了众多社区识别算法，最有代表性的一类方法是基于优化网络模块度（modularity）的方法。模块度是由 M. E. J. Newman 提出的衡量网络划分好坏的一种指标。模块度值，也叫Q值，其计算方法为：

$$Q = \sum_i (e_{ij} - a_i^2) \tag{1}$$

其中，e_{ij}表示社区i和社区j之间的边数占总边数的比率；$a_i = \sum_j e_{ij}$表示有一个端点在社区i中的边占边总数的比率。从本质上来说，基于模块度的算法是根据边的中介性和模块度的变化来进行社区识别的。提出模块度方法之初，该方法只能适用于无权网络。2004年，M. E. J. Newman 又提出了一种新算法，将模块度算法扩展到了加权网络上[17]。

2008 年，K. W. McCain 利用引文网络和社区发现算法进行了科研主题的识别研究[18]。随后，M. L. Wallace、Y. Gingras 和 R. Duhon 又利用两个案例研究证明了将社区发现方法用于研究方向的识别不仅是可行的，更是一种非常理想的思路，它能比传统的共被引分析揭示更多的知识领域的结构细节[8]。

3　共词网络中的社区及其对应主题的表示

以往的研究表明共词网络内也存在社区现象，这些网络社区与学科体系存在一定的对应关系。不同层次的词汇社区代表了特定的学科、专业以及研究方向，因此共词网络中社区的演化在一定程度上揭示了科研主题的发展过程[11-12]。

在确认了共词网络内的社区具有特定的指示性意义后，下一步就必须确定这些社区代表的主题。由于共词网络中的节点就是文章关键词，确定社区代表主题的过程也就转化为寻找社区核心节点的过程，少数核心节点代表了社区对应的科研主题。

在复杂网络中，节点的重要性指标有很多，除了传统的中心度、声望等指标外，还有 Pagerank 值。这些指标都从网络全局层面进行考虑，计算每一个节点在整个网络中的边数、中介性以及与其他节点的连接情况，进而判断出全局层面的核心节点。这些指标虽然能揭示出每个节点在全局范围的地位，但无法揭示一个节点在一个特定社区内的重要性。

为了寻找社区内的代表性节点，笔者使用了 Z-Value 值。该指标由 R. Guimerà 等人提出[19]，它可以衡量网络节点与其他节点联系的紧密性，是一个在地区层面而非全局层面揭示节点重要性的指标。

Z-Value 定义如下：

$$z_i = \frac{k_{s_i}^i - < k_{s_i}^j >_{j \in s_i}}{\sqrt{< (k_{s_i}^j)^2 >_{j \in s_i} - < k_{s_i}^j >^2{}_{j \in s_i}}} \tag{2}$$

其中，k_s^i 表示节点 i 到社区 s 中其他节点的连接数，s_i 表示 i 所在的社区，$<\cdots>$ 表示平均数。Z-value 值越高，表明节点与其所在社区内其他节点联系越紧密。在使用 Z 值后，根据经验，共词网络中每个社区的代表节点，即对应的主题，就可以由一个或多个 Z-value≥2.5 的节点表示。

4　共词网络中的社区演化

4.1　社区演化过程和社区演化状态

从知识社会学角度来看，知识的创造具有连续性，旧知识常常是新知识产生的基础。在特定的学科领域内，公认的基础理论、广泛传播的研究范式、薪火相传的研究团体等多种社会性因素都会导致知识创造与发展带有遗传式的性状，形成了诸如思想、流派、学说这种表观现象。部分情报学者曾使用“知识基因”、“情报基因”这种类比式的概念，解释这种现象存在的潜在逻辑。然而随着社会环境的变化、科研人员的替代、新物质和新规律的发现、观察实验和经验总结，科研主题在持续发展的同时，也会发生一定的突变，新主题不断产生的同时，旧主题也在不断消亡。新旧主题之间常常关系密切，新主题常在旧主题的消亡过程中孕育产生，这就形成了科研领域常见的研究主题演化现象。

在共词网络中，网络社区不是一成不变的。在不同的时间段内，网络社区的数量、大小、密度、结构等属性并不一致，网络社区的演化既包括社区自身内部节点、关系和结构的变化，也包括社区间关系和位置的变化。参考G. Palla，A. L. Barabási 和 T. Vicsek 的做法[20]，笔者将网络社区的演化过程定义为 6 种形式：

定义 1：产生：指 t 时间段不存在的社区，在 t + 1 时间段产生；

定义 2：消亡：前 t 时间段存在的社区，在 t + 1 时间段没有存在；

定义 3：分裂：前 t 时间段的社区，t + 1 时间段分化成为两个或多个新的社区；

定义 4：合并：前 t 时间段的两个或者多个社区，在 t + 1 时间段合成一个新的社区；

定义 5：扩张：前 t 时间段存在的社区，在 t + 1 时间段继续存在，但规模扩大；

定义 6：收缩：前 t 时间段存在的社区，在 t + 1 时间段继续存在，但规模缩小。

演化过程是在连续时间段的社区关系的基础上定义的，仅仅观察一个时段的社区，则需要对社区在演化中的状态进行定义。受 G. Palla 等[20]和钱铁云等[21]的启发，笔者在上述演化过程定义的基础上进一步定义了社区演化的以下 6 种状态：

定义 7：生成态：t 时段的社区内部形成了两个或者多个相对独立的潜在子社区，并在 t + 1 时段分裂形成多个社区，则该社区处于生成态。如果一个社区处于生成态，去除社区中少数节点，会形成两个或者多个内部密度较大的独立社区。

定义 8：吸收态：t 时段的社区同其他社区产生较大的关联，并在 t + 1 时间段吸收其他社区的节点形成新的社区，如果该社区在新形成的社区内有着显著性的体现，则认为该社区处于吸收态。

一个社区可以同时处于生成态和吸收态，社区在分裂的同时，包含着对其他社区节点显著性的吸收，则该社区同时处于生成态和吸收态。吸收是方向性的，两个社区合并形成新社区的过程可能是以一方为主体的吸收行为，也可能是双方相互吸收融合的结果。

定义9：扩张态：社区在后续时间段得以保持，但后继社区规模出现显著扩张。

定义10：浸润态：社区在后续时间段得以保持，其后继社区规模无显著变化。

定义11：收缩态：社区在后续时间段得以保持，其后继社区规模出现显著收缩。

定义12：消亡态：社区在后续时间段不再存在，既没有分裂形成多个新社区，也没有吸收其他社区节点形成新的社区，则认为该社区处于消亡态。

演化过程和演化状态是对社区演化动态特征和静态特征的分别描述，两者存在着一定的对应关系。演化状态反映了社区在演化过程中的可能性，并在后续时段通过一定的过程实现演化，状态的判定可以用于预测后续演化行为。

无论是演化过程的判定还是演化状态的确定，均涉及对 t 和 t+1 两个连续时间段的社区关系的分析，而这可以进一步简化为为 t 时段的所有网络社区寻找前驱和后继。

4.2　社区前驱后继的发现方法

从“情报基因”的视角来看，社区的前驱后继发现问题，就是寻找相似性状的问题，即寻找 t 时间段和 t+1 时间段内具有相似性的社区的问题。网络相似度计算是一个现实的难题，它既需要考虑节点相似性，也需要考虑关系的相似性。常见计算方法有三种：①点相似度，即前后两个连续时刻的社区之间点的重合度达到某个阈值，就认为这两个社区之间存在演化关系；②关系相似度，即前后两个连续时刻的社区之间关系的重合度达到某个阈值；③综合计算点相似度和关系相似度。第一种方法较为方便快捷；第二种方法对于加权网络来说，如何将权重放入重合度计算公式内是个难题；第三种方法也面临同样的难题。

寻找一个网络社区前驱后继的常用方法有三种，分别为分类方法、语言模型方法、相似度模型方法。这里首先给出一些概念的符号表示：G_t 表示为时间段 t 的网络，M_{ti}表示 G_t 中编号为 i 的社区，G_{t+1}是 G_t对应的下一个时间段的共词网络，*Des*（M_{ti}）表示区社$_{ti}$的后继社区，*Pre*（M_{ti}）表示社区$_{ti}$的前驱社区。

分类方法将前一时间段的社区作为分类的训练集，前一时间段的社区作为分类类目，利用社区内节点的特征训练出分类器，将后续时间段的节点作为分类数据予以分类，从而建立后续时间段社区同前一时间段社区的关联。分类模型可以采用朴素贝叶斯、SVM 等。

语言模型方法利用网络社区的节点构建语言模型，从而将社区相似度的计算转化为语言模型的相似度计算。具体而言，对 $M^{ti} \in G_t$，建立语言模型 LM_{ti}，同样，为时间段 t + 1 的网络 G_{t+1} 的各个社区 $M_{(t+1)j}$ 建立语言模型 $LM_{(t+1)j}$，定义 $M_{(t+1)j}$的前驱为：

$$Pre(M_{(t+1)j}) = (M_{ti} \mid M_{ti} \in G_t, d(LM_{ti}, LM_{(t+1)j}) < \delta) \cup argmi\underset{M_{ti} \in G_t}{n}(d(LM_{ti}, LM_{(t+1)j})) \quad (3)$$

其中，δ 是一个可调节的阀值；*argsMin*（·）表示与 $G_{(t+1)}$ 中与 $M_{(t+1)j}$距离最小的社区，做析取运算可以保证 $G_{(t+1)}$ 中任一社区都能找到一个前驱；*d*（LM_i，LM_j）为语言模型 LM_i 和语言模型 LM_j 的距离函数。一般地，d 使用 KL 距离：

$$KL(P \mid\mid Q) = \sum_{x \in X} P(x) log \frac{P(x)}{Q(x)} \quad (4)$$

相似度模型方法主要计算两个社区节点集合的相似性，如果前后两个连续时间段中的社区相似度超过一定阀值，则认为两个社区存在前驱后继关系，定义社区 $M_{(t+1)j}$的前驱为：

$$Pre(M_{(t+1)m}) = (M_{ti} \mid M_{ti} \in G_t, d(M_{ti}, M_{(t+1)j}) < \delta) \cup argma\underset{M_{ti} \in G_t}{x}(d(LM_{ti}, LM_{(t+1)j})) \quad (5)$$

其中，δ 是可调节的阀值，d 是任意的相似度计算公式，如余弦相似度计算公式、Jaccard 距离、欧几里德距离等。为了确保每个社区都能找到前驱，需要将公式左部（以析取符号隔开）和右部做析取运算。

通过以上三种方法和一定的阈值，可以为任意时间段上的任意网络社区找到前驱与后继，从而揭示其演化路径，确定社区的演化状态。

4.3 社区状态的确定

给出社区演化各种状态的明确指标是非常困难的，但是，可以利用社区的前驱后继性质确定社区所处的状态。

社区生成态意味着社区内部形成了两个或者多个相对独立的潜在子社区，但这些潜在子社区在该时间段却并没有各自独立开来，而在后续时间段分裂。

社区 M_t处于生成态的界定指标为：

$$|Des(M_t)| > 1 \tag{6}$$

社区处于吸收态意味着社区将通过吸收其他社区子节点形成新的社区，且原社区在新社区中有着显著性的体现，社区 Mt 处于吸收态的界定指标为：

$$\exists M_{(t+1)} \in Des(M_t), |Pre(M_{(t+1)})| 1 \text{ and } Sig(M_t, M_{(t+1)}) > \delta \tag{7}$$

其中，δ 是一个阈值参数。Sig（A，B）表示社区 A 在社区 B 中的显著性度量，如果社区 A 的元素显著地表现在社区 B 中，则 Sig（A，B）值较大。Sig（A，B）可以使用 Jaccard 系数简单表示。

社区 M_t在后续时间段继续存在，没有出现分裂、融合或者消亡现象，即 | Des（Mt）| =1，则 M_t可能处在扩张态、浸润态、吸收态三种状态之一。用社区规模函数 g（M_t）来表示 M_t的规模，简单起见，可以令 g（M_t）= | M_t |，| M_t | 表示社区的节点数量。

社区处在扩张态的界定指标为：

$$\begin{cases} |Des(M_t)| = 1 \\ g(M_{t+1}) - g(M_t) > \xi \end{cases} \tag{8}$$

其中，M_{t+1}是 M_t的后继，ξ 是一个阈值参数且 $\xi > 0$，表示社区在后续时间段的扩张幅度。

如果社区处于浸润态，则社区在后续时间段得以保持，且后继社区规模（结构）无显著变化。定义社区浸润态的界定指标为：

$$\begin{cases} |Des(M_t)| = 1 \\ |g(M_{t+1}) - g(M_t)| \leq v \end{cases} \tag{9}$$

其中，v 为阈值参数且 $v \geq 0$。

如果社区处在收缩态，社区在后续时间段得以保持，其后继社区出现显著性的收缩。社区收缩态的界定指标为：

$$\begin{cases} |Des(M_t)| = 1 \\ g(M_t) - g(M_{t+1}) \geq v \end{cases} \tag{10}$$

其中，v 是一个阈值参数且 $v > 0$。

社区处于消亡态，意味着社区不存在后继。显然，社区处于消亡态的界定指标可以定义为：

$$|Des(M_t)| = 0 \tag{11}$$

5 结 语

为了分析科研主题的演化规律，本文提出了一种新的基于共词网络的科研主题演化分析框架，在此框架下给出了网络社区对应主题表示算法，定义了社区演化事件类型、社区演化状态以及社区演化关系的判断算法。与以往的科研主题演化分析思路不同，本文不强调词频的变化，而是将复杂网络和网络演化思想引入情报分析过程，强调词间关系的变化，试图在网络视角下，通过中观层面的网络社区的演化分析发现科研主题发展规律。

无论从情报学角度还是从复杂网络的角度来看，判断两个科研主题是否存在演化关系以及存在何种演化关系都是一个难题。首先从情报学角度来看，对于科研主题之间关系的判断需要结合特定的学科背景，深入分析这两个主题的研究目标、发展历史、研究人员等信息；另一方面，从复杂网络角度来看，对网络社区演化的判断需要详细分析两个社区的节点、边、结构等信息，即使两个社区拥有相似的节点、边和结构，判定两个社区之间的关系类型也不容易。在没有公认的判定标准的条件下，以相似度作为社区演化关系的判定标准是最为可行的方法。但在此过程中，如何设定阈值又是一个难题。阈值的大小将直接决定社区演化关系的判定，对于不同的网络是否设定阈值、设定什么样的阈值，还需在实践过程中摸索确定。

参考文献：

[1] Kontostathis A, Galitsky L M, Pottenger W M, et al. A survey of emerging trend detection in textual data mining [C] //Berry M. A Comprehensive Survey of Text Mining. Heidelberg: Springer-Verlag, 2003: 185 -224.

[2] 陈仕吉. 科学研究前沿探测方法综述 [J]，现代图书情报技术，2009 (9): 28 -33.

[3] Pottenger W M, Yang Tinghao. Detecting emerging concepts in textual data mining [J]. Computational Information Retrieval, 2001, 100 (1): 89 -105.

[4] Roy S, Gevry D, Pottenger W M. Methodologies for trend detection in textual data mining [C/OL]. [2012 -09 -06]. http://www.cse.lehigh.edu/~billp/pubs/ETDMethodologies.pdf.

[5] Le Minh-Hoang, Ho Tu-Bao, Nakamori Y. Detecting emerging trends from scientific corpora [J]. International Journal of Knowledge and Systems Sciences, 2005, 2 (2): 63 -69.

[6] Chen Chaomei. CiteSpace II: Detecting and visualizing emerging trends and transient patterns in scientific literature [J]. Journal of the American Society for Information Science and Technology, 2006, 57 (3): 359 -377.

[7] Börner K, Chen Chaomei, Boyack K W. Visualizing knowledge domains [J]. Annual Review of Information Science & Technology, 2003, 37 (1): 179 -255.

[8] Wallace M L, Gingras Y, Duhon R. A new approach for detecting scientific specialties from raw cocitation networks [J]. Journal of the American Society for Information Science and Technology, 2009, 60 (2): 240 - 246.

[9] 殷蜀梅．判断新兴研究趋势的技术框架研究［J］．图书情报知识，2008（5）：76 - 80.

[10] Tu Yining, Seng Jialang. Indices of novelty for emerging topic detection [J]. Journal of Information Processing and Management, 2012, 48 (2): 303 - 325.

[11] 王晓光．科学知识网络的结构与演化（I）：共词网络方法的提出［J］．情报学报，2009，28（4）：599 - 605.

[12] 王晓光．科学知识网络的结构与演化（II）：共词网络可视化与增长动力学［J］．情报学报，2010，29（2）：314 - 322.

[13] Newman M E J, Girvan M. Finding and evaluating community structure in networks [J]. Physical Review E, 2004, 69 (2): 026113.

[14] Boyack K W, Klavans R, Börner K. Mapping the backbone of science [J]. Scientometrics, 2005, 64 (3): 351 - 374.

[15] Lambiottea R, Panzarasab P. Communities, knowledge creation, and information diffusion [J]. Journal of Informetrics, 2009, 3 (3): 180 - 190.

[16] Ding Ying. Community detection: Topological vs. Topical [J]. Journal of Informetrics, 2011, 5 (4): 498 - 514.

[17] Newman M. Analysis of weighted networks [J]. The American Physical Society, 2004, 70 (5): 56 - 64.

[18] McCain K W. Assessing an author' s influence using time series historic graphic mapping: The oeuvre of Conrad Hal Waddington (1905 - 1975) [J]. Journal of the American Society for Information Science and Technology, 2008, 59 (4): 510 - 525.

[19] Guimer' a R, Sales-Pardo M, Amaral L A. Classes of complex networks defined by role-to-role connectivity profiles [J]. Nature Physics, 2007, 3 (1): 63 - 69.

[20] Palla G, Barabási A, Vicsek T. Quantifying social group evolution [J]. Nature, 2007, 446 (7136): 664 - 667.

[21] 钱铁云，李青，许承瑜．面向科技主题发展分段的社区核心圈技术［J］．计算机科学与探索，2010（2）：170 - 179.

作者简介

程齐凯，武汉大学信息管理学院博士研究生；

王晓光，武汉大学信息管理学院副教授，博士，通讯作者，E-mail：whu_wxg@126.com。

基于形式概念分析的学科知识结构探测[*]
——以图书情报学为例

刘萍　吴琼

（武汉大学信息管理学院）

1 引 言

科技文献是科学研究活动最直接的表达形式，是科研人员研究活动的产物，具有重要的研究意义。通过对科技文献集进行分析能够揭示不同领域的研究现状、知识结构和发展趋势，无论是对微观上的科学研究，还是对宏观上的科技政策制定都有重要的作用[1]。其中，对学科知识结构的探测一直是文献计量学、科学计量学和情报学的研究主题。目前对知识结构的探测多以科技文献出版物的相关特征为基础，包括期刊、作者、关键词、标题、摘要、参考文献等。常用的探测方法主要分为两大类：一类是基于引文的方法，如利用直接引证[2]、文献同被引[3]、引文耦合[4]、作者同被引[5]、作者文献耦合[6]等方法从宏观的角度探测知识结构；另一类是基于内容分析的方法，主要利用共词分析[7]和作者关键词耦合分析[8-9]等方法从微观的角度描述知识结构。

知识结构包括两个要素：内容和结构，内容就是知识节点，结构则体现知识节点的相互关系[10]。通常来说，学科知识结构是指特定学科所包含的知识元素及其相互关联所形成的具有层次结构的知识体系，能够系统地体现该领域知识的基本构成和不同知识之间的关联。J. F. Nicolai 和 P. Torben 强调知识元素不仅仅指显性知识元素（概括其主题的某些基本概念），也包括隐性知识元素（作为知识生命载体的人）[11]。B. Kedrov 在“学科的组织和发展中的知识结构”[12]一文中明确指出科学知识的一般结构应包括下述几个方面：作

* 本文系国家自然科学基金项目“面向知识创新的科研组织知识社区挖掘——从社会资本角度”（项目编号：71203164）研究成果之一。

为一切科学家共同从事的一项活动而言的一般科学、科学的各个具体分支，以及每个科学家进行科学活动的狭窄领域。这样便形成了一个简单的三分系列：一般科学—具体分支—作为个体的科学家。个体科学家在单独研究过程中的发现融化在特定学科内，该学科内各科学家的成就决定着学科整体知识的发展。因此，学科知识结构是不同类型知识元在学科发展中相互融合、相互作用形成的复杂关联关系。不仅仅包含主题概念和它们的层次关系，还应包括学者以及他们所关联的学术主题。

基于“概念由外延和内涵组成的思想单元”这一哲学上的理解，德国学者 R. Wille 教授于 1982 年开创了形式概念分析（formal concept analysis，FCA）研究领域[13]。形式概念分析理论是一种建立在数学基础之上，用于对数据集中的概念结构的识别、排序和显示的数据分析理论。形式概念分析强调以人的认知为中心[14]，提供了一种与传统的、统计的数据分析和知识表示完全不同的方法，使得它在知识发现过程中具有独特的优势。在过去的几年间，FCA 已被应用于多个领域[15]，包括数学[16]、医学[17]、生物[18]、社会学[19]、心理学[20]和经济学[21]等，尤其在计算机科学[22]和信息科学[23]中有着广泛的应用。研究最为热门的主题包括 Web 挖掘[24]、信息检索[25]、软件工程[26]、本体构建与合并[27-28]等。但利用 FCA 来探测学科知识结构的研究很少，虽然本体和知识结构的目标都是捕获相关领域的知识，形成对该领域知识的共同理解，但在知识结构探测中，概念的外延（学者）和内涵（主题）是同样重要的两方面，而本体则更强调概念的内涵部分。本文拓展经典形式概念分析理论并将其应用于学科知识结构的探测，以揭示学科内不同层次的主题概念、学者以及概念和学者之间的复杂关联关系。具体来说，着重研究以下问题：① 基于 FCA 的学科知识结构定义和表示模型；② 基于 FCA 的学科知识结构构建方法；③ 以图书情报学科为例，对基于 FCA 的学科知识结构探测进行实证研究。

2　基于形式概念分析的学科知识结构

定义及表示模型

形式概念分析是以数学化的概念和概念层次为基础来对数据进行分析和知识处理的方法。在形式概念分析中，概念被理解为由外延和内涵两个部分所组成的思想单元，概念的外延被理解为属于这个概念的所有对象的集合，而内涵则被认为是所有这些对象所共有的特征集。概念集和概念间的泛化和例化关系可以构成一个概念格。形式概念分析通过概念格对概念及其层次结构、本质和依赖关系进行形象化的描述。由于学科知识结构是由学者和知识主题及其相互关联所形成的具有层次结构的知识体系，本文引入形式概念分析的原理和方法，将作者视为对象，关键词视为属性，将概念视为由作者集合（外延）和关键词集合（内涵）所组成的知识结构单元。它们之间的关联关系则成为学科知识结构的形式背景，而通过属性偏序结构图原理生成的具有层次关系的概念格能够很好地反映概念的聚类和关联特性，将学科知识结构可视化地展示出来。下面给出基于 FCA 的学科知识结构相关定义。

表 1　形式背景举例（由 8 个作者和 9 个关键词生成）

	k_1	k_2	k_3	k_4	k_5	k_6	k_7	k_8	k_9
a_1	×	×					×		
a_2	×	×					×	×	
a_3	×	×	×				×	×	
a_4	×		×				×	×	×
a_5	×	×		×		×			
a_6	×	×	×	×		×			
a_7	×		×	×	×				
a_8	×		×	×		×			

定义 1：学科知识结构的形式背景是一个三元组 KS =（A，K，R），其中 A 是作者（对象）的集合，K 是主题关键词（属性）的集合，R 是 A 和 K 之间的一个二元关系，即 $R \subseteq A \times K$。aRk 表示 $a \in A$ 与 $k \in K$ 之间存在关系 R，读作作者（对象）a 具有关键词（属性）k。表 1 是一个由 8 个作者和他们在论文中使用过的 9 个关键词所构成的形式背景。其中，“×”表示作者 a_i 标注了关键词 k_j，空格表示作者 a_i 未使用关键词 k_j（下同）。

定义 2：设 P 是作者集合 A 的一个子集，定义 $f(P) = \{k \in K \mid \forall a \in P, aRk\}$，表示 P 中作者共同关键词的集合；相应地，设 T 是主题关键词集合 K 的一个子集，定义 $g(T) = \{a \in P \mid \forall k \in T, aRk\}$，表示具有 T 中所有关键词的作者集合。以表 1 为例，设 $P_1 = \{a_1, a_2\}$，则 $f(P_1) = \{k_1, k_2, k_7\}$；设 $T_1 = \{k_1, k_2, k_7\}$，则 $g(T_1) = \{a_1, a_2, a_3\}$。

定义 3：形式背景（A，K，R）上的一个形式概念（formal concept）是二元组（P，T），其中 $P \subseteq A$，$T \subseteq K$，且满足 $f(P) = T$ 和 $g(T) = P$。我们称 P 是形式概念（P，T）的外延，T 是形式概念（P，T）的内涵。在定义 2

的例子中，f（P_1）＝T_1，但 g（T_1）≠P_1，所以（P_1，T_1）不是形式概念。但若设 P_2＝｛a_1，a_2，a_3｝，T_2＝｛k_1，k_2，k_7｝，则 f（P_2）＝T_2，g（T_2）＝P_2，所以（P_2，T_2）是形式概念。

定义4：若（P_1，T_1）、（P_2，T_2）是某个形式背景（A，K，R）上的两个概念，如果 $P_1 \subseteq P_2$（或 $T_2 \subseteq T_1$），那么（P_1，T_1）被称为（P_2，T_2）的子概念，（P_2，T_2）被称为（P_1，T_1）的超概念，并将其记作（P_1，T_1）≤（P_2，T_2）。关系≤被称为形式概念之间的偏序关系。超概念与子概念的关系是所有形式概念集合上的偏序关系。例如在表1中，以概念 C_1＝（｛a_2，a_3｝，｛k_1，k_2，k_7，k_8｝）和概念 C_2＝（｛a_1，a_2，a_3｝，｛k_1，k_2，k_7｝）为例，因为概念 C_1 的外延｛a_2，a_3｝⊆概念 C_2 的外延｛a_1，a_2，a_3｝，而同时概念 C_2 的内涵｛k_1，k_2，k_7｝⊆概念 C_1 的内涵｛k_1，k_2，k_7，k_8｝，所以概念 C_1 是概念 C_2 的子概念，概念 C_2 是概念 C_1 的超概念。

定义5：按上述方式，有序的（A，K，R）所有形式概念的集合被表示为β（A，K，R），并且被称为形式背景（A，K，R）上的概念格。由于所有概念按偏序关系排列，概念格可以通过线性图可视化地呈现出来，图1所展示的是由表1的形式背景所生成的完整概念格。

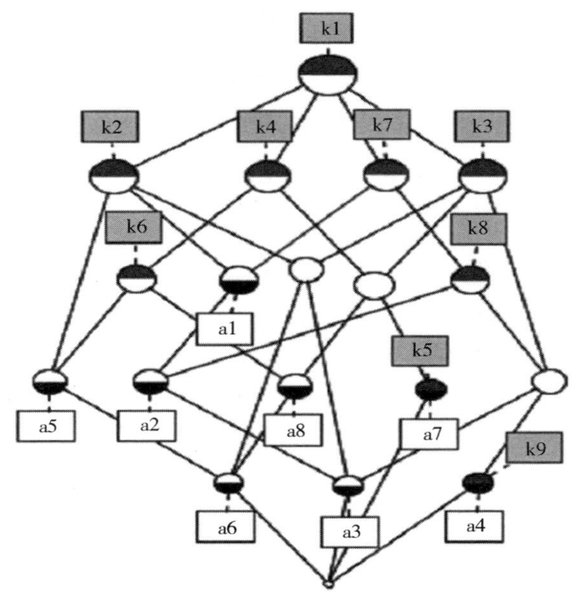

图1　表1对应的概念格 Hasse 图

3　基于 FCA 的学科知识结构的构建方法

基于 FCA 的学科知识结构构建模型见图 2，该模型体现了学科知识结构的整体构建流程，具体包括：首先对学科代表期刊的文献进行收集和预处理；然后从预处理过的期刊文献中识别核心作者；针对核心作者所标注的关键词，进行同义词合并以及高频词的筛选；以作者为形式概念的对象，以作者标注的关键词为形式概念的属性，根据对象与属性的关联关系构造学科领域形式背景，进而生成概念格；最后利用 Hasse 图展示学科知识结构。

3.1　期刊文献的收集

首先选取某个数据库（如 Web of Science）作为数据来源，在检索平台中设置检索条件（如来源期刊、文献类型、入库时间等），检索得到相应的文献；然后选定所需的题录内容（如题名、作者、摘要、关键词、出版期刊、出版年、参考文献等）下载期刊题录数据。

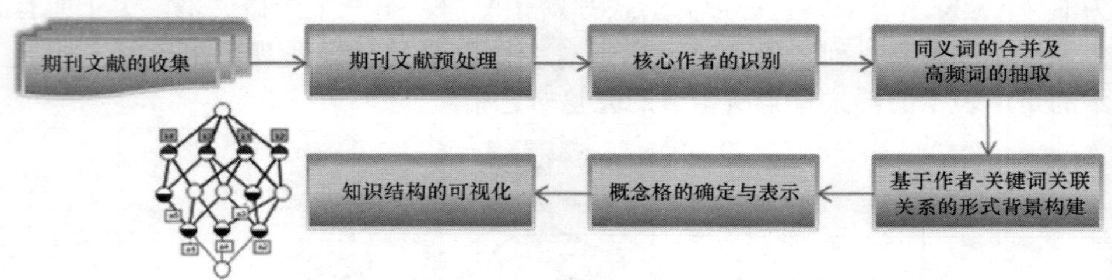

图 2　学科知识结构的构建模型

3.2　期刊文献预处理

在收集到的文献数据集中，会出现同人不同名或同名不同人的姓名著录不规范的情况，例如：Ortega. JL、Luis Ortega. Jose 和 Ortega. Jose Luis 指向的是同一位作者；Brown. C 指的是不同作者 Brown. Caroline 和 Brown. Cecelia。因而需要借助于文献中的作者姓名全称以及机构、邮箱地址等信息来判断作者确切身份信息，并进行作者名的统一。

3.3　核心作者的识别

在学科核心作者选取方法上目前还没有一个统一的标准，主要选择指标包括作者发表文章的数量以及作者文章的被引频次。D. J. S. Price[29] 提出高产作者发文量的阈值可以利用公式来计算：$N = 0.749 * (\eta_{max})^{1/2}$，其中 η_{max} 表示发文量最多的作者的论文数。而作者文章的被引频次则是指某位学者在选定的数据集中所有文章被引用频次的总和。核心作者的选取以发文量作为主要指标，以作者被引频次作为辅助指标。

3.4 同义词的合并及高频词的抽取

在确定学科核心作者后，得到这些作者标注的关键词集合。由于不同的关键词可能表达相同的含义，因此需将同义词进行合并，还应将单复数、全称与缩写、连字符进行合并统一处理。另外，要删除不足以代表学科主题的词汇，比如地名。最后从词汇中删除出现频率低的词，保留高频词，作为关键词集合。

3.5 基于作者－关键词关联关系的形式背景构建

通过上述两个步骤所识别的核心作者与提取的关键词集合构成了对象集合 $A=\{a_1, a_2, \cdots, a_m\}$ 和属性集合 $K=\{k_1, k_2, \cdots, k_n\}$，任一作者标注的关键词集合代表了该对象拥有的属性，于是通过作者关键词关联关系矩阵生成学科知识结构的形式背景，如表 2 所示：

表 2　作者关键词关联矩阵（形式背景）

	k_1	k_2	…	k_n
a_1	×		…	×
a_2		×	…	×
…	…	…		…
a_m	×	×	…	

3.6 概念格的确定与表示

概念格作为形式概念分析中核心的数据结构，本质上描述了对象和属性之间的联系，表明了概念之间的泛化和特化关系。生成概念格的过程实质上就是概念聚类的过程，选用合适的概念格构造算法将形式背景中的对象及其属性转换成概念格中具有偏序层次的概念节点。现有的概念格构造算法大致分为两种：批处理构造算法和渐进式构造算法[30]。无论选用哪一种算法，同一个形式背景生成的概念格是唯一的，即概念格的构造结果不受数据排列次序的影响。

3.7 知识结构的可视化

为有效地显示概念格的结构，为读者呈现出美观、可读性强的格图，通常用 Hasse 图作为概念格的图形化表示。概念格 Hasse 图绘制为概念层次结构的萃取提供了一个通用的机制，是概念节点偏序关系的简明而有效的表示，实现了对知识结构的可视化描述。Hasse 图中每一个节点代表了知识结构的每一个概念，每个概念都由外延（学者）和内涵（关键词）组成，每条边揭示了概念之间的层次关系。Hasse 图中每个节点的外延涵盖了其下层节点中的所有对象，同时节点的内涵继承了其上层节点的所有属性。随着层次的升高，概念越泛化，其节点包含的子概念越多，就越具有概括性，也就是被越多作者所拥有的关键词越处于概念格的上层。反之，随着层次的降低，概念得到特化，越下层的概念继承的属性越多，就越具有特殊性。拥有越多关键词的作者相对就越少。最上层节点包含了所有的概念，最底层节点包含了所有的内涵。相对传统的树图，概念格 Hasse 图能更合理地展示知识结构的复杂性和交互性。

4 实 验

为验证基于 FCA 的学科领域知识结构探测方法，本文选取图书情报学做实证分析，以科学引文索引（SCI）与社会科学引文索引（SSCI）收录的 16 种图书情报学期刊在 2001 - 2013 年的数据为样本，以作者为对象，以关键词为属性，来探测新世纪以来图书情报学的知识结构。

4.1 图书情报学期刊文献的获取

图情领域有 16 种国际期刊被公认为重要期刊[31-35]，所刊载文献能够反映图书情报学的主要研究成果和前沿动态。本文从 SCI 和 SSCI 下载该 16 种核心期刊 2001 - 2013 年间的文献题录数据，保留综述、论文与会议论文 3 类文献，共计 10 648 篇。表 3 列出了所选取的 16 种核心期刊以及载文数量的分布情况。

表 3 16 种图书情报学核心期刊载文量分布情况（2001 - 2013 年）

期刊名	载文量（篇）	比例（%）
Annual Review of Information Science and Technology（*ARIST*）	133	1.2
Information Processing & Management（*IPM*）	935	8.8
Scientometrics（*SciMetr*）	1 995	18.7
Journal of Information Science（*JIS*）	614	5.9
Journal of Documentation（*JDoc*）	482	4.5

续表

期刊名	载文量（篇）	比例（%）
Journal of the American Society for Information Science and Technology（JASIST）	2 007	18. 8
Online Information Review（OIR）	590	5. 5
Journal of Informetrics（J INFORMETR）	389	3. 7
Library Resources & Technical Services（LRTS）	232	2. 2
Program – Electronic Library and Information Systems（ELECTRON LIB）	310	2. 9
Library & Information Science Research（LIBR INF SCI RES）	354	3. 3
Journal of Academic Librarianship（JAL）	741	7. 0
College & Research Libraries（CRL）	402	3. 8
Electronic Library（EL）	676	6. 3
Library Trends（LT）	545	5. 1
Library Quarterly（LQ）	243	2. 3
总计	10 648	100

4. 2　图书情报学文献预处理

针对下载的 16 种期刊的题录数据进行分析，发现仅有 10 种期刊包含关键词，有 6 种期刊共 4 579 篇文献的题录数据中缺少关键词这一字段，考察发现原文中就不包含关键词。于是使用从文献标题和摘要信息中抽取特征词的方法，对缺失的关键词数据进行补充。

接着，针对题录数据中作者同名不同人（如将 *Zhang. J* 分为 *Zhang. Jin* 和 *Zhang. Jie*）和同人不同名（如将 *Xie. HI*、*Xie. H* 与 *Xie. I* 统一为 *Xie. HI*）的情况按 3. 2 节的方法对作者名进行了规范统一。最终得到 6 058 位作者，其中超过 70%（共 4 442 位）的作者只发文 1 篇。

4. 3　图书情报学核心作者的识别

根据 *D. J. S. Price* 的理论，$N = 0.749 * (\eta_{max})^{1/2}$，在本实验数据中 $\eta_{max} = 97$，也就是最大发文量为 97 篇（作者 *Egghe. L*），计算可得 $N = 7.4$，则初步筛选发文量大于等于 8 篇的作者，共有 117 位。结合这些作者的文献被引频次，最终选取总被引频次在 85 次以上的作者作为图书情报学的核心作者，共有 60 位，见表 4。

表4　识别出的核心作者(共60位)

作者姓名	发文篇数	总被引频次	作者姓名	发文篇数	总被引频次	作者姓名	发文篇数	总被引频次	作者姓名	发文篇数	总被引频次
Egghe. L	97	1 238	Vaughan. L	21	535	Lariviere. V	14	228	Kretschmer. H	11	129
Jacso. P	69	527	Hjorland. B	21	464	Liang. LM	14	154	Julien. H	11	125
Thelwall. M	64	1 346	Waltman. L	20	257	Schubert. A	13	248	Walters. WH	11	100
Leydesdorff. L	62	1 705	Cronin. B	19	632	Xie. HI	13	115	Yang. CC	11	88
Bornmann. L	57	1 235	Schreiber. M	19	187	Jaeger. PT	13	91	Moed. HF	10	307
Glanzel. W	39	1 453	Zhang. Jin	17	118	White. HD	12	400	Davis. PM	10	306
Abramo. G	39	244	Huang. MH	17	102	Braun. T	12	312	Vakkari. P	10	297
Bar – Ilan. J	37	823	Vinkler. P	16	247	Kousha. K	12	258	Zitt. M	10	274
Nicholas. D	31	389	Kostoff. RN	16	191	Ford. N	12	209	Meyer. M	10	265
Burrell. Q L	26	368	Frandsen. TF	15	123	Hernon. P	12	112	Small. H	10	198
Spink. A	24	857	Ortega. JL	15	114	Campanario. JM	12	105	Zhao. DZ	10	167
Pinto. M	24	100	Yu. G	15	91	Shachaf. P	12	87	Franceschet. M	10	139
Rousseau. R	23	258	van Raan. AFJ	14	716	Costas. R	11	214	Bilal. D	9	280
Jansen. B J	22	909	Chen. CM	14	410	Guan. JC	11	148	Stvilia. B	9	154
Savolainen. R	22	278	Ding. Y	14	275	Lewison. G	11	137	Kim. KS	9	153

4.4 图书情报学高频关键词的获取

在60位作者共计1 224篇文献中，共获取关键词4 147个。对关键词进行预处理，包括去除重复词，合并同义词，对单复数、缩写全称、连字符进行统一后，得到1 379个关键词。统计发现约有1/4的关键词只出现一次。从中选择高频词作为学科主题描述词，当词频大于等于5次时，得到101个关键词，累计词频达到2 559次（约占总词频的54%），最终选取这101个关键词作为代表词汇，见表5。

4.5 图书情报学形式背景的构建

以识别出的60位核心作者为对象，以获取的101个高频关键词为属性，通过对象与属性关联关系生成学科形式背景，见表6。

4.6 图书情报学知识结构的展示

根据图书情报学形式背景生成的概念格见图3。在该概念格中，和节点相连的阴影的方框表示概念的内涵（关键词），无阴影的方框表示概念的外延（作者）。在*Hasse*图中隐含了继承的关键词和涵盖的作者，节点的外延涵盖了其下层节点中的所有作者，同时节点的内涵继承了其上层节点的所有关键词。

整个*Hasse*图合理地展现了图书情报学的知识结构。由于上层概念的内涵（关键词）被下层概念所继承，因此最上层概念节点的内涵（主题关键词）能作为学科的主要研究领域，随着概念节点层次的加深，其内涵越丰富，也就是各个研究主题不断细分主题概念，每个主题的关联关键词则可通过与之相连的下层概念的内涵描述出来。而每个主题的关联学者则通过该概念的外延展示出来。越上层的概念主题越宽泛，关联作者越多；越下层的概念主题越具体，关联学者越少。从第一层的概念格可以得到图书情报学的九大研究主题，以下分别进行详细分析。

4.6.1 三计学（文献计量学、信息计量学、科学计量学）

图4展示了三计学的知识结构（*a*是同时显示词和学者的*Hasse*图，*b*是显示词和词在该主题关联学者中分布情况的*Hasse*图），包括三计学相关的概念层次关系以及对应的学者分布。该主题学者众多，包含34位作者，其中，涉及文献计量学研究的学者有31位，占该领域学者的91%，涉及科学计量学和信息计量学研究的学者分别有10位（占29%）和5位（占14%）。该领域的核心关键词主要有合著（16人/47%）、科研合作（10人/29%）、专利（6人/18%）、学术交流（5人/15%）、绩效评估（4人/12%）、模型（4人/

表 5 获取的高频关键词(共 101 个)

关键词	词频	关键词	词频	关键词	词频	关键词	词频
information retrieval	111	patent	28	cluster analysis	14	citation behavior	8
h-index	109	g-index	28	r-index	14	retrieval effectiveness	8
bibliometrics	95	relevance	27	user behavior	14	evaluation criteria	8
search engines	84	information services	24	information retrieval system	13	ontology	8
impact factor	82	self-citations	24	google scholar	13	information sources	8
databases	67	web of science	23	skills	13	co-link analysis	8
worldwide web	62	research performance	22	social network analysis	12	knowledge organization	8
co-authorship	46	scientometrics	22	scientometric indicators	12	scientific collaboration	8
science mapping	45	citation disbributions	21	patent citations	12	electronic publishing	7
web sites	45	electronic journals	21	research collaboration	12	modelling	7
citation analysis	43	link analysis	20	log analysis	12	web links	7
information seeking	43	information literacy	20	citation network	11	web citations	7
libraries	43	information seeking behavior	18	citation window	11	catalogues	6
peer review	43	indexing	18	metadata	11	crown indicator	6
journal impact	42	abstracting	18	librarians	11	co-authorship networks	6
information behavior	41	scholarly communication	17	recall	10	journal rankings	5
web searching	41	open access	17	citation pattern	10	search strategies	5

续表

关键词	词频	关键词	词频	关键词	词频	关键词	词频
research evaluation	37	content analysis	17	performance evaluation	10	knowledge management	5
informetrics	37	scopus	16	reference services	10	university rankings	5
citation impact	34	co-citation analysis	16	source normalization	9	text retrieval	5
user studies	32	similarity measure	16	field normalization	9	network analysis	5
information searches	30	digital libraries	16	information organization	9	quantitative research	5
webometrics	30	social networks	16	precision	9	quality indicators	5
query	28	power laws	15	data mining	9	user interfaces	5
bibliometric indicators	28	information systems	14	collaboration patterns	9	interface design	5
information visualization	28	–	–	–	–	–	–

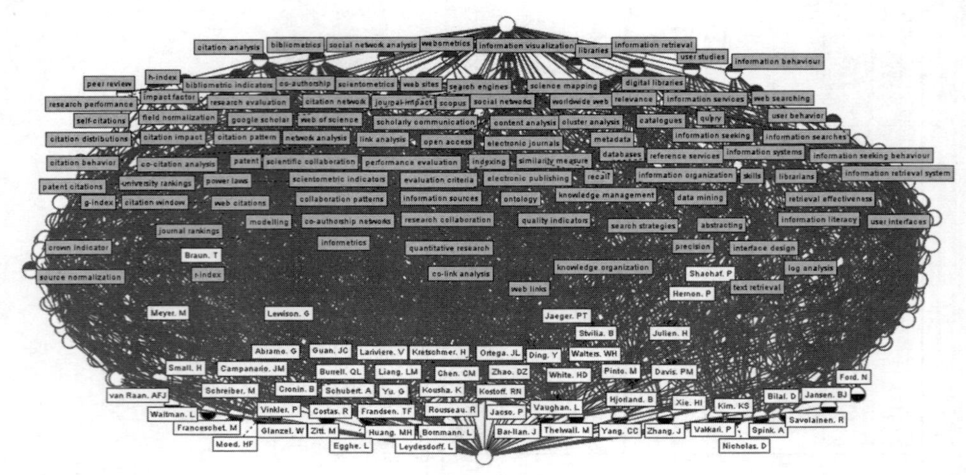

图 3　图书情报学学科知识结构的 *Hasse* 图

12%）、定量分析（3 人/9%）等。可见，该主题的热点内容是对于科研合作、专利、学术交流和绩效评估的研究。

表 6　基于作者－关键词关联关系的学科形式背景（部分）

作者＼关键词	citation analysis	user studies	information behaviour	information visualization	webometrics	libraries	patent	relevance
Leydesdorff. L	X			X			X	X
Glanzel. W	X						X	X
Thelwall. M	X	X			X			
Egghe. L	X							
Bornmann. L	X			X				X
Jansen. BJ		X	X					X
Spink. A			X					X
Bar-Ilan. J	X	X	X		X			
van Raan. AFJ	X							
Cronin. B	X							
Vaughan. L	X				X			
Jacso. P	X			X		X		
Hjorland. B	X	X	X			X		X
Chen. CM				X			X	
White. HD				X				X
Nicholas. D		X	X			X		X
Burrell. QL	X							
Braun. T								
Moed. HF	X							
Davis. PM		X	X			X		
Vakkari. P		X				X		X
Bilal. D			X					
Savolainen. R		X	X					X

Hasse 图揭示了计量学的知识结构概念，由于篇幅关系，表 7 只展示了部分概念的内涵与外延。以科学合作为例，通过 C1 概念的内涵和外延可以看出 Abramo. G 等 10 位学者从事科学合作的研究。通过 C2 概念的内涵和外延可以看出，这 10 位学者中 Franceschet. M 等 8 位学者专注于科学合作特别是合著的

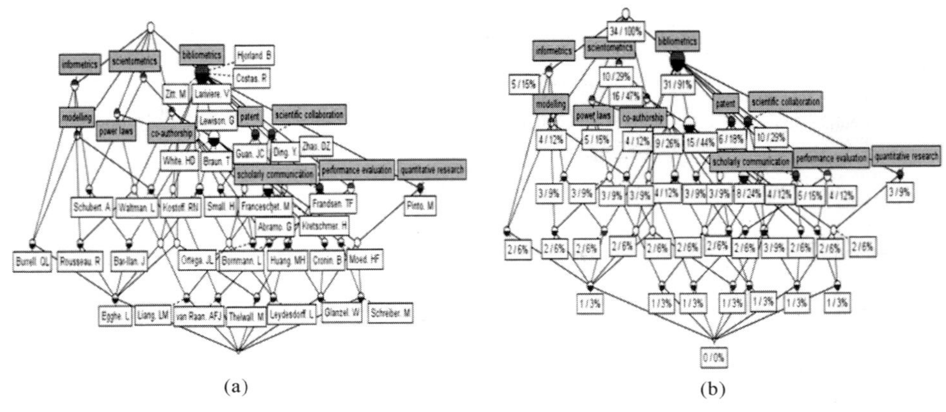

图 4　三计学的 Hasse 图

计量学研究。通过 C3 概念的内涵和外延可以看出其中 Glanzel. W 等 4 位学者专注于科学合作特别是专利的计量学研究。C4 这个概念的内涵包括了 C2 和 C3 的内涵，同时 C2 和 C3 的外延都包括了 C4 的外延，于是可以得到 C4 既是 C2 又是 C3 概念的下层概念，C4 的内涵相对 C2 和 C3 更丰富，而外延则比 C2 和 C3 都要少，只有 Leydesdorff. L、Glanzel. W 和 Huang. MH 这 3 位学者同时对合著和专利都有研究。通过概念的下层概念的外延和内涵可以将该概念外延包含的学者进一步细分，并探测到学者更细粒度共同的研究关注点。

表 7　计量学的概念节点（部分）

概念号	内涵（关键词）	外延（学者）
C1	bibliometrics，scientific collaboration（10）	Leydesdorff. L，Glanzel. W，Cronin. B，Ding. Y，Abramo. G，Liang. LM，Franceschet. M，Kretschmer. H，Ortega. JL，Huang. MH
C2	bibliometrics，scientific collaboration，co-authorship（8）	Leydesdorff. L，Glanzel. W，Cronin. B，Abramo. G，Liang. LM，Franceschet. M，Kretschmer. H，Huang. MH
C3	bibliometrics，scientific collaboration，patent（4）	Leydesdorff. L，Glanzel. W，Ortega. JL，Huang. MH
C4	bibliometrics，scientific collaboration，co-authorship，patent（3）	Leydesdorff. L，Glanzel. W，Huang. MH

续表

概念号	内涵（关键词）	外延（学者）
C5	bibliometrics，performance evaluation（4）	Bornmann. L， van Raan. AFJ， Moed. HF， Schreiber. M
C6	bibliometrics，quantitative research（3）	Glanzel. W，Schreiber. M，Pinto. M
C7	informetrics，modeling（2）	Burrell. QL，Egghe. L
C8	informetrics，power laws，co-authorship（2）	Egghe. L，Rousseau. R

注：表中内涵括号中的数字表示共享该概念节点内涵所包含的关键词的学者数，即对应的外延中的学者数量，下同。

4.6.2 引文分析

图5展示了引文分析的知识结构。该主题包含30位作者，占作者总数的50%。该主题的核心关键词主要有影响因子（21人/70%）、h－指数（18人/60%）、期刊影响力（16人/53%）、自引（13人/43%）、引文分布（12人/40%）、引文窗（6人/20%）、专利引用（4人/13%）等。可以看出该主题的核心研究内容是对于影响因子、h－指数及其衍生指标、引文分布等的研究。

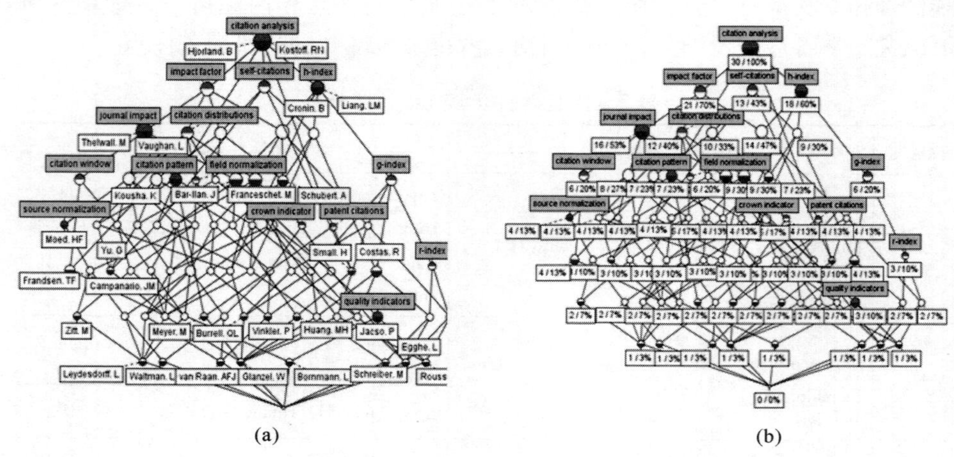

图5　引文分析的Hasse图

表8展示了引文分析部分概念的内涵与外延。通过C1和C2概念的内涵和外延可以看出，除了传统的影响因子研究，h-指数也吸引了众多学者的注

意力。C3 概念是 C2 概念的下层概念，显示出 C3 概念外延所包含的 Burrell. QL 等 6 位学者比 C2 概念外延包含的其他学者多共享主题词——g-指数，表明 6 位学者不但研究 h-指数，还对其衍生指标——g-指数做了进一步研究；C4 概念是 C3 概念的下层概念，揭示出其中 Egghe. L 等 3 位学者拥有更多相似的研究兴趣——关注于 r-指数的研究。C6 概念显示除了影响因子、h-指数，Bornmann. L 等 3 位学者也研究质量指标。可见引文分析领域的学者一直探索新的评价指数来衡量学者、期刊、科研机构等在其学科领域的相对重要性、权威性与影响力，这些新探索将发文篇数、施引期刊的影响力、引文的时间段等因素也纳入考察的范畴，突破传统指标用一个数值只能描述一种数量特征的局限；C8 和 C9 概念显示 van Raan. AFJ 等 6 位学者还关注引文数据来源、引用规范化的研究。

表 8　引文分析的概念节点（部分）

概念号	内涵（关键词）	外延（学者）
C1	citation analysis，impact factor（21）	Leydesdorff. L，Glanzel. W，Thelwall. M，Egghe. L，Bornmann. L，Bar-Ilan. J，van Raan. AFJ，Vaughan. L，Jacso. P，Burrell. QL，Moed. HF，Zitt. M，Rousseau. R，Waltman. L，Schubert. A，Vinkler. P，Franceschet. M，Frandsen. TF，Campanario. JM，Huang. MH，Yu. G
C2	citation analysis，h-index（18）	Leydesdorff. L，Glanzel. W，Egghe. L，Bornmann. L，Bar-Ilan. J，van Raan. AFJ，Cronin. B，Jacso. P，Burrell. QL，Rousseau. R，Waltman. L，Schubert. A，Vinkler. P，Costas. R，Schreiber. M，Liang. LM，Franceschet. M，Huang. MH
C3	citation analysis，h-index，g-index（6）	Burrell. QL，Glanzel. W，Egghe. L，Rousseau. R，Costas. R，Schreiber. M
C4	citation analysis，h-index，g-index，r-index（3）	Egghe. L，Rousseau. R，Schreiber. M
C5	citation analysis，impact factor，h-index（14）	Leydesdorff. L，Glanzel. W，Egghe. L，Bornmann. L，Bar-Ilan. J，van Raan. AFJ，Jacso. P，Burrell. QL，Rousseau. R，Waltman. L，Schubert. A，Vinkler. P，Franceschet. M，Huang. MH
C6	citation analysis，impact factor，h-index，quality indicators（3）	Bornmann. L，Jacso. P，Rousseau. R

续表

概念号	内涵（关键词）	外延（学者）
C7	citation analysis，impact factor，citation distributions（12）	Leydesdorff. L，Glanzel. W，Egghe. L，Bornmann. L，van Raan. AFJ，Burrell. QL，Moed. HF，Zitt. M，Waltman. L，Vinkler. P，Franceschet. M，Yu. G
C8	citation analysis，impact factor，citation distributions，field normalization（6）	van Raan. AFJ，Leydesdorff. L，Bornmann. L，Zitt. M，Waltman. L，Vinkler. P，Jacso. P
C9	citation analysis，impact factor，citation distributions，field normalization，source normalization（3）	Leydesdorff. L，Zitt. M，Waltman. L
C10	citation analysis，impact factor，citation window（6）	Leydesdorff. L，Glanzel. W，Bornmann. L，Zitt. M，Frandsen. TF，Campanario. JM
C11	citation analysis，impact factor，self-citations（10）	Leydesdorff. L，Glanzel. W，Egghe. L，van Raan. AFJ，Schubert. A，Vinkler. P，Frandsen. TF，Campanario. JM，Huang. MH，Yu. G

4.6.3 信息检索

图6展示了信息检索的知识结构。该主题包含18位作者，占作者总数的30%。信息检索一直是图书情报学的核心研究领域，该主题的核心关键词主要有搜索引擎（14人/78%）、信息搜索（11人/61%）、查询词（10人/56%）、网络检索（9人/50%）、相关性（10人/56%）、信息检索系统（6人/33%）、用户搜寻行为（8人/44%）、检索有效性（7人/39%）等。可以看出信息检索的核心研究内容是对于搜索引擎的研究。

表9展示了信息检索部分概念的内涵与外延。通过C1概念的内涵和外延可以看出Jansen. BJ等14位学者的研究内容是搜索引擎的评价和优化，其中，C2、C3、C4概念分别是C1概念的下层概念，揭示出群体内部学者更详细的研究关注点，Kim. KS、Xie. HI和Vaughan. L这3位学者通过探寻对搜索引擎、信息检索系统的有效评价标准来提高搜索引擎的性能；Yang. CC、Kim. KS等8位学者针对用户的搜寻行为进行研究；而Zhang. J等7位学者重点关注不同搜索引擎检索有效性的对比分析。C5概念是C1概念的下层关键词，C6是C5的下层关键词，显示出Jansen. BJ和Spink. A等7位学者的研究内容涉及用户对于相关性的隐形反馈，其中Ford. N、Xie. HI和Yang. CC还对

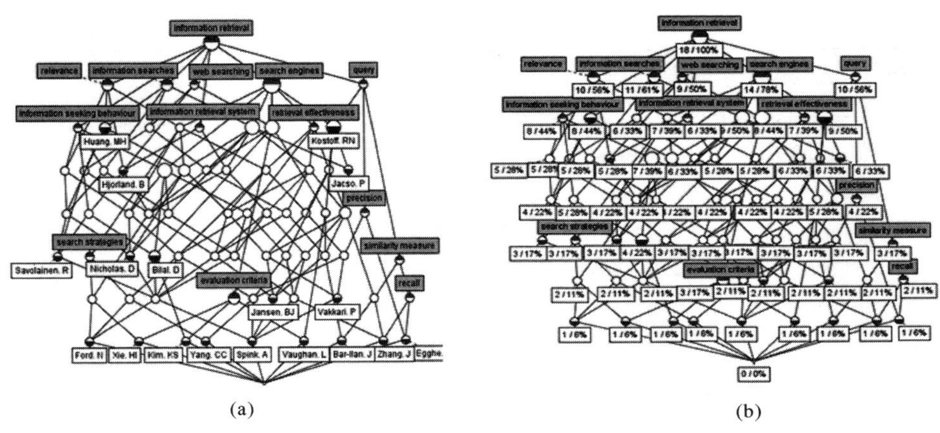

图 6　信息检索的 Hasse 图

协助用户制定检索策略等做了深入研究。同样，C7 概念是 C1 概念的下层概念，C8 概念是 C7 概念的下层概念，Vakkari. P、Jansen. BJ 等 9 位学者对于用户提交的检索提问式进行研究，其中 Egghe. L、Bar-Ilan. J 和 Zhang. J 还研究了相似性测度。

表 9　信息检索的概念节点（部分）

概念号	内涵（关键词）	外延（学者）
C1	information retrieval，search engines（14）	Jansen. BJ，Spink. A，Bar – Ilan. J，Vaughan. L，Jacso. P，Nicholas. D，Vakkari. P，Bilal. D，Ford. N，Kostoff. RN，Kim. KS，Zhang. J，Xie. HI，Yang. CC
C2	information retrieval，search engines，web searching，evaluation criteria（3）	Kim. KS，Xie. HI，Vaughan. L
C3	information retrieval，search engines，retrieval effectiveness（7）	Zhang. J，Jansen. BJ，Spink. A，Bar – Ilan. J，Vakkari. P，Ford. N，Yang. CC
C4	information retrieval，search engines，information seeking behaviour（8）	Spink. A，Nicholas. D，Bilal. D，Savolainen. R，Ford. N，Kim. KS，Zhang. J，Yang. CC
C5	information retrieval，search engines，relevance（7）	Jansen. BJ，Spink. A，Nicholas. D，Vakkari. P，Ford. N，Xie. HI，Yang. CC
C6	information retrieval，search engines，relevance，search strategies（3）	Ford. N，Xie. HI，Yang. CC

续表

概念号	内涵（关键词）	外延（学者）
C7	information retrieval，search engines，query（9）	Jansen. BJ，Spink. A，Bar – Ilan. J，Vaughan. L，Jacso. P，Vakkari. P，Kostoff. RN，Zhang. J，Yang. CC
C8	information retrieval，query，similarity measure（3）	Egghe. L，Bar – Ilan. J，Zhang. J

4.6.4　行为研究

图 7 展示了行为研究的知识结构。该主题包含 18 位作者，占作者总数的 30%。该主题的核心关键词主要有信息行为（14 人/78%）、用户行为（10 人/56%）、信息搜寻行为（9 人/50%）、信息搜索（8 人/44%）、元数据（4 人/22%）、日志分析（3 人/17%）、电子出版（3 人/17%）等。可以看出行为研究的核心研究内容是对于用户行为、信息搜寻行为等的研究。行为研究中信息使用者、信息环境、信息资源以及信息获取渠道都可以作为分析要素，涵盖面广。

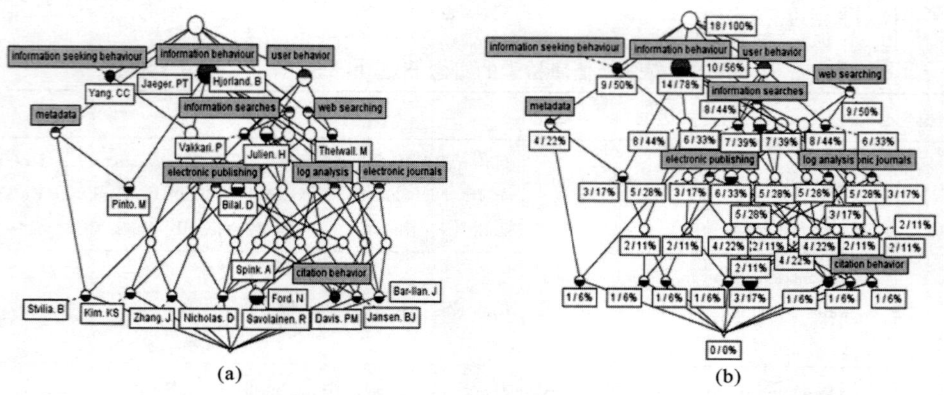

图 7　行为研究的 Hasse 图

表 10 展示了行为研究部分概念的内涵与外延。通过 C1、C2、C3 概念的内涵和外延可以看出研究信息行为、用户行为、信息搜寻行为的学者分布。其中，C4 概念是 C1 概念的下层概念，显示出信息行为研究中 Zhang. J、Pinto. M 和 Kim. KS 关注元数据使用行为；C5 概念同时是 C4 和 C3 概念的下层概念，表明 Zhang. J 和 Kim. KS 同时关注元数据和信息搜寻行为的研究，元数据可被用来帮助搜索引擎设计者提高对于网页标引和检索的能力。C6 概念同时

是 C1 和 C2 概念的下层概念，可以看出 Nicholas. D 和 Davis. PM 使用日志分析技术来分析用户在线行为。C7 是 C1 概念的下层概念，Zhang. J、Nicholas. D 和 Bar – Ilan. J 3 位学者还共享主题词信息搜索和电子出版，从事网络出版行为的研究。

表 10　行为研究的概念节点（部分）

概念号	内涵（关键词）	外延（学者）
C1	information behavior（14）	Zhang. J, Spink. A, Savolainen. R, Pinto. M, Nicholas. D, Kim. KS, Julien. H, Jansen. BJ, Jaeger. PT, Hjorland. B, Ford. N, Davis. PM, Bilal. D, Bar – Ilan. J
C2	user behavior（10）	Vakkari. P, Thelwall. M, Stvilia. B, Spink. A, Savolainen. R, Nicholas. D, Julien. H, Jansen. BJ, Ford. N, Davis. PM
C3	information seeking behaviour（9）	Zhang. J, Kim. KS, Yang. CC, Spink. A, Bilal. D, Savolainen. R, Nicholas. D, Ford. N, Davis. PM
C4	information behaviour, metadata（3）	Zhang. J, Pinto. M, Kim. KS
C5	information behaviour, metadata, information seeking behaviour（2）	Zhang. J, Kim. KS
C6	information behaviour, user behavior, log analysis（3）	Nicholas. D, Jansen. BJ, Davis. PM
C7	information behavior, information searches, electronic publishing（3）	Zhang. J, Nicholas. D, Bar – Ilan. J

4.6.5　图书馆

图 8 展示了图书馆学的知识结构。该主题包含 14 位作者，占作者总数的 23%。该主题的核心关键词主要有图书馆（13 人/93%）、图书馆馆员（6 人/43%）、信息搜寻（6 人/43%）、信息服务（5 人/36%）、数字图书馆（5 人/36%）、参考咨询服务（4 人/29%）、电子期刊（4 人/29%）、信息组织（3 人/21%）等。可以看出图书馆学的核心研究内容是对于图书馆信息搜寻、信息服务、数字图书馆、信息组织等的研究。

表 11 展示了图书馆学部分概念的内涵与外延。通过 C1 概念的内涵和外延可以看出 Jacso. P 和 Xie. HI 等 5 位学者的共同研究兴趣是图书馆检索技巧；通过 C2 概念的内涵和外延可以看出 Jacso. P 和 Walters. WH 等 4 位学者

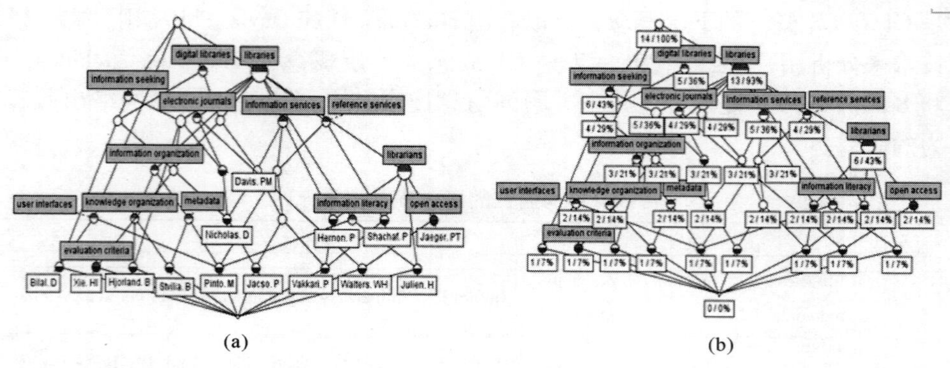

图 8　图书馆学的 Hasse 图

的共同研究兴趣是图书馆电子期刊的研究；C3 同时是 C1 和 C2 概念的下层概念，通过查看 C3 概念外延和内涵，发现同时关注图书馆信息检索和电子期刊研究的是 Jacso. P、Nicholas. D、Davis. PM；又通过 C3 的下层概念 C4 概念发现 Jacso. P 和 Nicholas. D 研究兴趣更为相近，还从事信息服务的研究。另外 3 位学者 Xie. HI、Hjorland. B 和 Walters. WH 的其他研究关注点可以分别通过 C5、C6、C13 概念探测到，其中 Xie. HI 更关注于图书馆信息检索的评价准则的研究，认为评估准则的制定应注重用户视角；Hjorland. B 对于信息组织进行研究；Walters. WH 则主要研究开放获取环境下电子期刊成本问题。

表 11　图书馆学的概念节点（部分）

概念号	内涵（关键词）	外延（学者）
C1	libraries，information seeking（5）	Jacso. P，Nicholas. D，Davis. PM，Hjorland. B，Xie. HI
C2	libraries，electronic journals（4）	Jacso. P，Nicholas. D，Davis. PM，Walters. WH
C3	libraries，information seeking，electronic journals（3）	Jacso. P，Nicholas. D，Davis. PM
C4	libraries，digital libraries，information seeking，electronic journals，information services	Jacso. P，Nicholas. D
C5	libraries，digital libraries，information seeking ，evaluation criteria	Xie. HI

续表

概念号	内涵（关键词）	外延（学者）
C6	libraries, information organization（3）	Hjorland. B, Stvilia. B, Pinto. M
C7	libraries, information organization, knowledge organization（2）	Hjorland. B, Stvilia. B
C8	libraries, information organization, metadata（2）	Stvilia. B, Pinto. M
C9	libraries, librarians（6）	Julien. H, Vakkari. P, Hernon. P, Walters. WH, Jaeger. PT, Shachaf. P
C10	libraries, librarians, information services（2）	Hernon. P, Vakkari. P
C11	libraries, librarians, reference services（2）	Vakkari. P, Shachaf. P
C12	libraries, librarians, information literacy（1）	Julien. H
C13	libraries, librarians, open access（2）	Walters. WH, Jaeger. PT

同样地，通过 C6 及其下层概念 C7、C8 概念的内涵和外延可以看出 Pinto. M 等 3 位学者从事信息组织的研究，其中 Hjorland. B 和 Stvilia. B 同时研究知识组织，而 Pinto. M 和 Stvilia. B 关注元数据的研究。通过 C9 及其下层概念 C10 – C12 概念的内涵和外延可以看出 Julien. H 等 6 位学者专注于图书馆馆员的研究，其中 Hernon. P，Vakkari. P 和 Shachaf. P 同时关注信息服务，而 Julien. H 则关注信息素养的研究。

4.6.6 用户研究

图 9 展示了用户研究的知识结构。该主题包含 12 位作者，占作者总数的 20%。该主题的核心关键词主要有用户研究（12/100%）、用户行为（8 人/67%）、搜索引擎（8 人/67%）、网络搜索（7 人/58%）、信息检索系统（5 人/42%）、图书馆（6 人/50%）、用户接口（3 人/25%）等。可以看出用户研究的核心研究内容与信息检索、图书馆研究关联密切。用户是图书馆的受众，在数字环境下，每位用户都是检索终端的使用者，研究用户的需求和行为对于促进图书馆的发展、提供更好的检索服务是十分必要的，图书情报学

一直重视对于用户的研究。

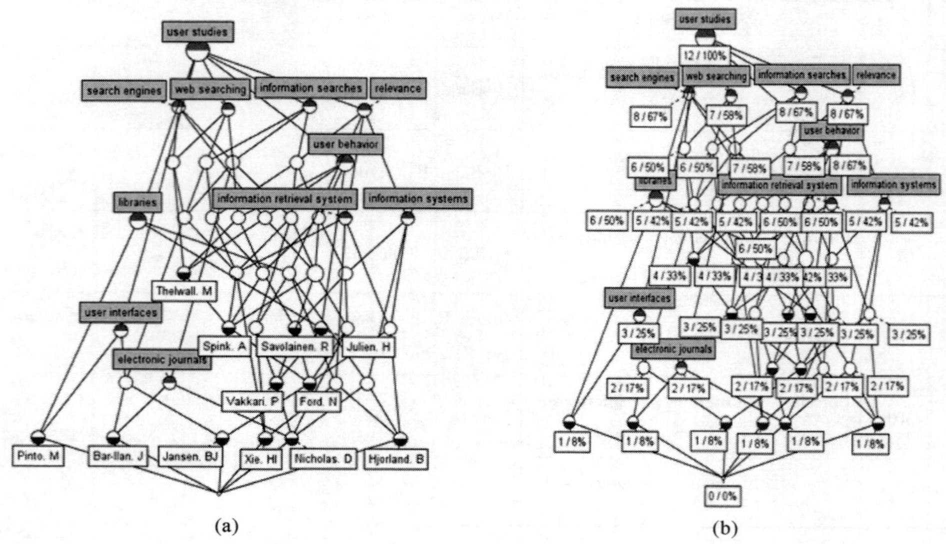

图 9　用户研究的 Hasse 图

表 12 展示了用户研究部分概念的内涵与外延。通过 C1 概念的内涵和外延可以看出 Bar-Ilan. J 等 7 位学者主要通过用户研究来优化搜索引擎设计，其中 C2、C3、C4 是 C1 概念的下层概念，细分 7 位作者并展示出他们各自的研究侧重点，Bar-Ilan. J 和 Nicholas. D 研究电子期刊使用情况；Bar-Ilan. J 和 Jansen. BJ 通过比较不同搜索界面的易用性与有用性来评估不同搜索引擎。C4 概念显示除了 Bar-Ilan. J，包括 Vakkari. P 在内的其他 6 位学者关注于通过网络搜索中用户对于相关性进行判断，来评价搜索结果，通过 C4 的下层概念 C5 – C7 概念探测到这 6 位学者中，Jansen. BJ 等 5 位学者对用户行为进行分析；Spink. A 等 4 位学者关注以用户为中心优化用户与信息检索系统的交互；Vakkari. P 等 3 位学者同时从事图书馆的研究。

表 12　用户研究的概念节点（部分）

概念号	内涵（关键词）	外延（学者）
C1	user studies，search engines，information searches（7）	Bar – Ilan. J，Ford. N，Jansen. BJ，Nicholas. D，Spink. A，Vakkari. P，Xie. HI
C2	user studies，search engines，information searches，electronic journals（2）	Bar – Ilan. J，Nicholas. D

续表

概念号	内涵（关键词）	外延（学者）
C3	user studies, search engines, information searches, web searching, user interfaces (2)	Bar – Ilan. J, Jansen. BJ
C4	user studies, search engines, information searches, relevance (6)	Vakkari. P, Spink. A, Nicholas. D, Jansen. BJ, Ford. N, Xie. HI
C5	user studies, search engines, information searches, relevance, user behavior (5)	Vakkari. P, Spink. A, Nicholas. D, Jansen. BJ, Ford. N
C6	user studies, search engines, information searches, relevance, web searching, information retrieval system (4)	Spink. A, Jansen. BJ, Ford. N, Xie. HI
C7	user studies, search engines, information searches, relevance, libraries (3)	Nicholas. D, Vakkari. P, Xie. HI

4.6.7 社会网络分析

图 10 展示了社会网络分析的知识结构。该主题包含 12 位作者，占作者总数的 20%。该主题的核心关键词主要有社会网络分析（10 人/83%）、社会网络（7 人/58%）、科研合作（6 人/50%）、聚类分析（6 人/50%）、引文网络（5 人/42%）、协作模式（4 人/33%）、网络分析（3 人/25%）、合著网络（3 人/25%）、共被引分析（2 人/17%）等。可以看出社会网络分析的核心研究内容包含对于学术合作网络、引文网络、作者共被引网络等的研究。

表 13 展示了社会网络分析部分概念的内涵与外延。通过 C1 概念的内涵和外延可以看出 Leydesdorff. L 等 6 位学者形成以社会网络分析研究科学合作为主题的学术团体，其中 C2 – C4 概念是 C1 概念的下层概念，可以进一步探测到 Glanzel. W 和 Huang. MH 从事专利引文网络的研究；Glanzel. W 和 Kretschmer. H 通过合作网络的拓扑结构来发现科学协作模式；Leydesdorff. L、Ding. Y 和 Kretschmer. H 则关注合著网络的研究，由 C4 的下层概念 C5 概念发现 Leydesdorff. L 和 Ding. Y 还对引文网络、作者共被引网络进行了研究。另外，通过 C6 概念的内涵和外延可以看出 Waltman. L 等 6 位学者将聚类技术应用于社会网络分析中，C7 概念显示 Rousseau. R 和 Kretschmer. H 关注网络中指标的研究。可见，社会网络分析逐渐成为研究复杂关系的有力工具，学者对以往的作者同被引、合著等从新的角度进行了研究，对于主题探测、社团

发现、协作模式发现、影响力分析等都提出了新的研究方法。

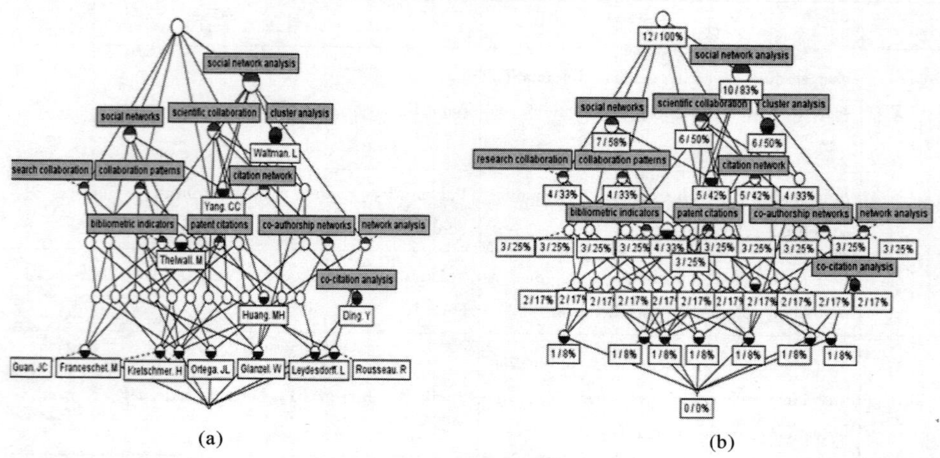

图 10　社会网络分析的 Hasse 图

表 13　社会网络分析的概念节点（部分）

概念号	内涵（关键词）	外延（学者）
C1	social network analysis，scientific collaboration（6）	Leydesdorff. L，Glanzel. W，Ding. Y，Franceschet. M，Kretschmer. H，Huang. MH
C2	social network analysis，scientific collaboration，patent citations（2）	Glanzel. W，Huang. MH
C3	social network analysis，scientific collaboration，collaboration patterns（2）	Glanzel. W，Kretschmer. H
C4	social network analysis，scientific collaboration，co－authorship networks（3）	Leydesdorff. L，Ding. Y，Kretschmer. H
C5	social network analysis，scientific collaboration，co－authorship networks，co－citation analysis，citation network（2）	Leydesdorff. L，Ding. Y
C6	social network analysis，cluster analysis（6）	Waltman. L，Ding. Y，Leydesdorff. L，Glanzel. W，Franceschet. M，Ortega. JL
C7	social network analysis，social networks，bibliometric indicators（2）	Rousseau. R，Kretschmer. H

4.6.8 信息可视化

图 11 展示了信息可视化的知识结构。该主题包含 12 位作者，占作者总数的 20%。该主题的核心关键词主要有信息可视化（12 人/100%）、科学图谱（10 人/83%）、聚类分析（5 人/42%）、共被引分析（5 人/42%）、合著（4 人/33%）、信息搜索（2 人/17%）等。可以看到信息可视化的主要研究内容包含可视化用于展现学科领域结构以及支持信息检索的研究。

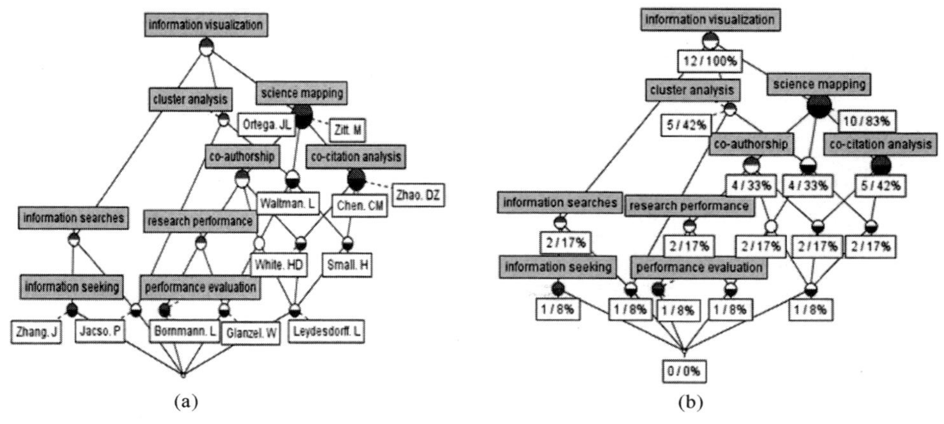

图 11　信息可视化的 Hasse 图

表 14 展示了信息可视化部分概念的内涵与外延。通过 C1 概念的内涵和外延可以发现 Zhang. J 和 Jacso. P 主要将可视化应用于信息检索中。信息检索在网络环境中所面临的问题是，搜索引擎不断扩大自身的规模，索引页面量的暴增，使得用户无法高效率地搜索到有效信息。针对这个难题，Zhang. J 和 Jacso. P 利用人可以对可视模式快速识别的自然能力（远优于对于文本的识别能力），探索将数据信息转化为视觉形式来帮助人们更有效获取所需信息。

表 14　信息可视化的概念节点（部分）

概念号	内涵（关键词）	外延（学者）
C1	information visualization，information searches	Zhang. J，Jacso. P
C2	information visualization，science mapping	Bornmann. L，Chen. CM，Leydesdorff. L，Ortega. JL，Small. H，Waltman. L，White. HD，Zhao. DZ，Zitt. M，Glanzel. W

续表

概念号	内涵（关键词）	外延（学者）
C3	information visualization，cluster analysis	Jacso. P，Leydesdorff. L，Small. H，Waltman. L，Glanzel. W
C4	information visualization，science mapping，cluster analysis	Waltman. L，Leydesdorff. L，Small. H，Glanzel. W
C5	information visualization，science mapping，co－citation analysis	Chen. CM，Zhao. DZ，Leydesdorff. L，Small. H，White. HD
C6	information visualization，co－authorship	White. HD，Bornmann. L，Leydesdorff. L，Glanzel. W
C7	information visualization，co－authorship，research performance（2）	Bornmann. L，Glanzel. W

通过 C2 概念的内涵和外延可以发现 Bornmann. L 等 10 位学者对于将可视化用于学科知识结构的研究做了大量有益的探索工作。其中 C5 和 C6 概念是 C2 概念的下层概念，显示 Chen. CM、White. HD 等学者对共被引、合著关系及其可视化表示进行了探索研究，有效地探测和展现了学科知识结构。C7 是 C6 概念的下层概念，显示 Bornmann. L 和 Glanzel. W 还同时关注绩效评估的研究。这些信息可视化探索，如追踪知识扩散过程，探测学科领域前沿，揭示权威机构、研究实力强的地区、一流大学等，使得结果一目了然，还有助于发现分析单元间的隐含关系以及分布规律。

4.6.9　网络计量学

图 12 展示了网络计量学的知识结构。该主题包含 5 位作者，占作者总数的 8%。该主题的核心关键词主要有网络计量学（5 人/100%）、网络引用（5 人/100%）、搜索引擎（4 人/80%）、学术交流（3 人/60%）、研究合作（3 人/60%）、链接分析（3 人/60%）、网址（3 人/60%）、共链分析（2 人/40%）等。可以看出网络计量学的核心研究内容是建立在对于网络链接、共链、搜索引擎、网址等研究的基础之上的，网络计量学继承和变通三计学相关理论，如网络计量学中网络链接可以形成引用关系；共链类似于文献计量中的共引；搜索引擎用来获取数据资料，如匹配某个查询的页面数量，可以从不同的网络资源或网络访问流量数据中获得引用次数；网址用作分析对象等。

表 15 展示了网络计量学部分概念的内涵与外延。通过 C2 概念的内涵和

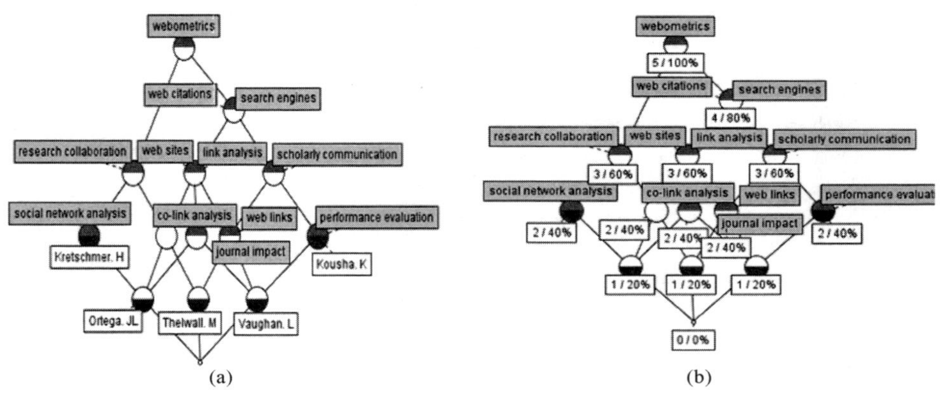

图 12　网络计量学的 Hasse 图

外延可以看出 Thelwall. M 等 3 位作者专注于网络环境下的合作研究，不同于传统计量学中通过探测合著关系来进行科学合作研究，网络链接和网络可见性被用作研究合作关系的指标。C3 概念是 C2 概念的下层概念，显示 3 位作者中的 Kretschmer. H 和 Ortega. JL 还将社会网络分析方法融合于网络计量学的研究中。同样地，通过 C4 概念的内涵和外延可以看出 Kousha. K 等 3 位学者关注在线非正式学术交流，而通过分析 C4 的下层概念 C5 概念，进一步发现其中 Kousha. K 和 Vaughan. L 还对学术网站等进行绩效评估。网络计量学的研究对象包含各种电子文献、面向研究的网站（大学、研究机构等）和个人主页等，引文数据的来源拓展至谷歌图书、博客、PPT 等中的引用，借由网络数据，学者对于网络学术活动与成果进行了比较深入的研究。

表 15　网络计量学的概念节点（部分）

概念号	内涵（关键词）	外延（学者）
C1	webometrics	Thelwall. M，Vaughan. L，Kousha. K，Kretschmer. H，Ortega. JL
C2	webometrics，research collaboration	Thelwall. M，Kretschmer. H，Ortega. JL
C3	webometrics，research collaboration，social network analysis	Kretschmer. H，Ortega. JL
C4	webometrics，search engines，web citations，scholarly communication	Kousha. K ，Vaughan. L，Thelwall. M

续表

概念号	内涵（关键词）	外延（学者）
C5	webometrics，search engines，web citations，scholarly communication，performance evaluation	Kousha. K，Vaughan. L
C6	webometrics，search engines，web citations，web sites，web links	Thelwall. M，Vaughan. L，Ortega. JL

4.7 实验结果评价与讨论

在过去的20年间已有不少研究人员对于图书情报学领域的知识结构进行了探测，主要采用作者共被引、共词和文献耦合方法[34,36-40]，分析技术以聚类、多维尺度分析（multidimensional scaling，MDS）为主，辅助以自组织地图神经网络算法（self-organization map neural network algorithm，SOM）和相似度可视化方法（visualization of similarity，VOS）等方法，研究结果显示不同研究人员总结出的知识结构不尽相同，研究主题从3个到16个不等。由于数据选取不完全一致、时间跨度不同和研究方法主观性较强，因此还未发现可作为评价黄金标准的统一的学科知识结构。与本文数据搜集较为相近的是Zhao Dangzhi和A. Strotmann[40]的研究，他们采用的是作者共被引分析法（author co-citation analysis，ACA）得到12个研究主题，与本文探测到的主题80%能对应。其中有3个主题（引文分析、用户研究、网络计量学）是完全相同的，另外有5个主题（三计学、信息检索、行为研究、图书馆、信息可视化）是相似或相近的。Zhao Dangzhi的研究结果中有两个主题——“科学交流”和“结构化摘要”没有出现在本文探测出的第一层的知识结构中，其中“科学交流”在本文的实验研究中处于三计学和网络计量学的下层位置。“结构化摘要”作为信息检索和图书馆的间接下层词。另外，本文的实验结果展示出一个较新的研究主题——“社会网络分析”，之前涉及到这个主题的图书情报学者不多，所以在之前的知识结构探测结果中，社会网络分析未作为单独的主题出现。可以说，本文的探测结果和基于ACA的主观判断结果是比较接近的。之前的知识结构探测很少能体现层次结构，而且学者和主题的匹配很多需要人工主观判定，即便如此，也只能得到一个大方向的匹配，很难细分。相比来说，基于FCA的方法能更客观地揭示研究主题、每个主题下的核心词汇以及每个研究主题的活跃作者，并且通过下层概念节点的外延和内涵可以将该主题的学者进行更近一步的划分，从不同粒度上揭示学者共同关注的研究领域，客观地探测到学者的多个研究兴趣。

形式概念分析是应用数学的一个分支，它是建立在概念和概念层次的数学化基础之上的。与传统的知识结构探测方法不同，形式概念分析提供了一种新的方法去发现概念、识别概念之间的交互与继承关系，这些概念是通过外延和内涵组成的，概念之间的关系是通过内涵来决定的。该方法不仅提供了一种更新颖和简便的方式来组织词汇和学者，还能利用 Hasse 图便捷、直观地展示学者和词汇之间的关联关系，相比传统的树状图更能体现知识之间的交互性。由于该方法能同时将学者和词汇进行聚类，因此该方法还适用于学术社区的识别、查询关联词的推荐等任务，并能为学科知识地图的构建提供帮助。

5 结 语

对学科知识结构的探测一直是图书情报学的热点研究问题。当前针对知识结构的探测主要采用的是引文分析方法以及共词分析方法。本文创新性地提出了基于形式概念分析的知识结构探测方法，以人的认知为中心，以作者（集）作为概念的外延，以作者集共享的关键词作为概念的内涵，对学科的概念结构进行识别、排序和展示。根据对图书情报学的实证分析，证实基于 FCA 的知识结构探测能更好地揭示学科内不同层次的主题概念、学者以及概念和学者之间的复杂关联关系。

相较于作者共被引分析、作者文献耦合分析和共词分析等传统的研究方法，FCA 在揭示学科知识结构上的优势在于：①通过同时对作者和关键词进行形式背景构建，可以将作者及其关键词分解到不同的子模块间，能揭示细粒度的知识结构；②通过分析概念格中不同部分的相似性，可以在不同的层次上研究作者研究领域间的异同；③所构建的学科结构客观真实，减少了人为主观因素，同时避免了引用的时滞局限，在揭示学科新兴研究主题方面更具优势。

本文的研究仍存一些不足：①大量的概念使得概念格结构相对复杂，需利用粗糙集理论和概念稳定性判断等方法对概念进行约简；②针对对象的属性选取问题，目前采用的是一旦某个作者标注了某个高频关键词，则形式背景中对应值设为 1，没有考虑作者标注该词的频率。下一步将比较多值形式背景和单值形式背景的异同，以选择更加合理的形式背景构建方式。

参考文献：

[1] 刘志辉，张志强．研究领域分析方法研究述评［J］．图书情报知识，2009（4）：

81 – 88.

[2] Persson O. Identifying research themes with weighted direct citation links [J]. Journal of Informetrics, 2010, 4 (3): 415 – 422.

[3] Gao Jiping, Ding Kun, Teng Li, et al. Hybrid documents co-citation analysis: Making sense of the interaction between science and technology in technology diffusion [J]. Scientometrics, 2012, 93 (2): 459 – 471.

[4] 肖明，李国俊，袁浩. 基于引文耦合的数字图书馆研究结构可视化分析 [J]. 图书情报工作，2010，54 (7): 51 – 54.

[5] Chen Liangchu, Lien Yenhsuan. Using author co-citation analysis to examine the intellectual structure of e-learning: A MIS perspective [J]. Scientometrics, 2011, 89 (3): 867 – 886.

[6] Ma Ruimin. Author bibliographic coupling analysis: A test based on a Chinese academic database [J]. Journal of Informetrics, 2012, 6 (4): 532 – 542.

[7] Assefa S G, Rorissa A. A bibliometric mapping of the structure of STEM education using co-word analysis [J]. Journal of the American Society for Information Science and Technology, 2013, 64 (12): 2513 – 2536.

[8] 刘志辉，张志强. 作者关键词耦合分析方法及实证研究 [J]. 情报学报，2010，29 (2): 268 – 275.

[9] 刘志辉. 作者关键词耦合分析及其在研究领域分析中的应用研究 [D]. 北京：中国科学院文献情报中心，2010.

[10] 念闯玲. 基于组织知识结构的知识缺口识别方法研究 [D]. 大连：大连理工大学，2010.

[11] Nicolai J F, Torben P. The MNC as a knowledge structure: The roles of knowledge sources and organizational instruments in MNC knowledge management [J]. Danish Research Unit for Industrial Dynamics, 2003 (5): 1 – 33.

[12] 克德罗夫. 学科的组织和发展中的知识结构 [J]. 徐瑞方，译. 国外社会科学文摘，1987 (9): 43 – 45.

[13] Wille R. Restructuring lattice theory: An approach based on hierarchies of concepts [C] //The Ordered sets. Dordrecht-Boston: Reidel Publishing Company, 1982: 445 – 470.

[14] Wille R. Formal concept analysis as mathematical theory of concepts and concept hierarchies [M] //Formal Concept Analysis. Berlin Heidelberg: Springer-verlag, 2005: 1 – 33.

[15] Škopljanac-Mačina F, Blaćkovi B. Formal concept analysis-overview and applications [J]. Procedia Engineering, 2014, 69 (3): 1258 – 1267.

[16] Onishchenko A A, Gurov S I. Classification based on formal concept analysis and biclustering: Possibilities of the approach [J]. Computational Mathematics and Modeling,

2012, 23 (3): 329 - 336.

[17] Liu Xulong, Hong Wenxue, Song Jialin, et al. Using formal concept analysis to visualize relationships of syndromes in traditional Chinese medicine [M]. Berlin Heidelberg: Springer-verlag, 2010: 315 - 324.

[18] Khor S. Inferring domain-domain interactions from protein-protein interactions with formal concept analysis [J]. PLoS One, 2014, 9 (2): e88943.

[19] Üstündaü A, Bal M. Evaluating market basket data with formal concept analysis [M] // Chaos, Complexity and Leadership 2012. Netherlands: Springer, 2014: 113 - 118.

[20] Spoto A, Stefanutti L, Vidotto G. Knowledge space theory, formal concept analysis, and computerized psychological assessment [J]. Behavior Research Methods, 2010, 42 (1): 342 - 350.

[21] Watmough M. Discovering the hidden semantics in enterprise resource planning data through formal concept analysis [M] //Inter-cooperative Collective Intelligence: Techniques and Applications. Berlin Heidelberg: Springer, 2014: 291 - 314.

[22] He Liujie, Wang Qingtuan. Construction of ontology information system based on formal concept analysis [M] //Advances in Computer Science, Intelligent System and Environment. Berlin Heidelberg: Springer, 2011: 83 - 88.

[23] Liu Zhangang. An advanced exchange infomation model based on formal concept analysis oriented intelligent computing [C] //Advanced Technology in Teaching – Proceedings of the 2009 3rd International Conference on Teaching and Computational Science. Berlin Heidelberg: Springer, 2012: 59 - 66.

[24] Maio C D, Fenza G, Gaeta M, et al. RSS-based e-learning recommendations exploiting fuzzy FCA for knowledge modeling [J]. Applied Soft Computing, 2012, 12 (1): 113 - 124.

[25] Djouadi Y. Extended Galois derivation operators for information retrieval based on fuzzy formal concept lattice [M] //Scalable Uncertainty Management. Berlin Heidelberg: Springer, 2011: 346 - 358.

[26] Ra' Fat A L, Seriai A, Huchard M, et al. Feature location in a collection of software product variants using formal concept analysis [M] //Safe and Secure Software Reuse. Berlin Heidelberg: Springer, 2013: 302 - 307.

[27] Curé O. Merging expressive spatial ontologies using formal concept analysis with uncertainty considerations [M] //Methods for Handling Imperfect Spatial Information. Berlin Heidelberg: Springer, 2010: 189 - 209.

[28] Hou Lixin, Zheng Shanhong, He Haitao, et al. Chinese domain ontology learning based on semantic dependency and formal concept analysis [M]. Switzerland : Springer, 2014: 489 - 497.

[29] Price D J S. The scientific foundations of science policy [J]. Nature, 1965, 206 (4):

233 – 238.

[30] 王绍斐. 概念格构造算法的研究及其在本体中的应用［D］. 大连：大连交通大学，2010.

[31] Blessinger K，Hrycaj P. Highly cited articles in library and information science：An analysis of content and authorship trends［J］. Library & Information Science Research，2010，32（2）：156 – 162.

[32] Chang Yuwei，Huang Muhsuan. A study of the evolution of interdisciplinarity in library and information science：Using three bibliometric methods［J］. Journal of the American Society for Information Science and Technology，2012，63（1）：22 – 33.

[33] Tseng Yuenhsien，Tsay Mingyueh. Journal clustering of library and information science for subfield delineation using the bibliometric analysis toolkit：CATAR［J］. Scientometrics，2013，95（2）：503 – 528.

[34] Milojević S，Sugimoto C R，Yan Erjia，et al. The cognitive structure of library and information science：Analysis of article title words［J］. Journal of the American Society for Information Science and Technology，2011，62（10）：1933 – 1953.

[35] Larivière V，Sugimoto C R，Cronin B. A bibliometric chronicling of library and information science's first hundred years［J］. Journal of the American Society for Information Science and Technology，2012，63（5）：997 – 1016.

[36] Åström F. Visualizing library and information science concept spaces through keyword and citation based maps and clusters［C］//Emerging Frameworks and Methods：Proceedings of the Fourth International Conference on Conceptions of Library and Information Science. Englewood，CO：Libraries Unlimited，2002：185 – 197.

[37] Moya-Anegón F，Herrero-Solana V，Jiménez-Contreras E. A connectionist and multivariate approach to science maps：The SOM，clustering and mDS applied to library and information science research［J］. Journal of Information Science，2006，32（1）：63 – 77.

[38] Janssens F，Leta J，Glänzel W，et al. Towards mapping library and information science［J］. Information Processing & Management，2006，42（6）：1614 – 1642.

[39] Zhao Dangzhi，Strotmann A. The knowledge base and research front of information science 2006 – 2010：An author cocitation and bibliographic coupling analysis［J］. Journal of the Association for Information Science and Technology，2014，65（5）：995 – 1006.

[40] Zhao Dangzhi，Strotmann A. Information science during the first decade of the web：An enriched author cocitation analysis［J］. Journal of the American Society for Information Science and Technology，2008，59（6）：916 – 937.

作者简介

刘萍，武汉大学信息管理学院副教授，E-mail：p. liu@ whu. edu. cn；

吴琼，武汉大学信息管理学院硕士研究生。

科研合作视角下的学科知识流动分析方法研究

——以药物化学学科为例

徐晓艺　杨立英

（中国科学院文献情报中心、中国科学院大学）

1　概　述

在全球知识经济不断发展的过程中，学科知识成为一种重要的生产要素和资源。没有任何一种学科知识主体能够长期单独生存，它与其知识集合的内部环境和外部环境通过知识信息的交流融合，构成一个相互作用、相互依赖以及共同发展的知识整体[1]。面对当今科学所取得的突破无一不是出自跨领域合作与多学科协同的事实，美国科学促进协会（AAAS）主席 A. Leshner 断言："单一领域科学已不复存在[2]。同时，科学技术的发展使得学科知识的密集程度越来越高，彻底改变了传统的知识载体形式[3]，这也使得学科知识信息的交流不再仅仅局限于有限的本地资源和印本信息，其知识信息的扩散行为和扩散流动方式也更加多样且广泛。大科学时代的到来，让我们更加认识到学科知识的交叉融合对于学科本身发展的重要性，学科知识的流动比学科知识本身更为重要。从科学交流角度出发，学科知识流动的内涵是"来自不同的学科知识背景的科学主体参与者（科研学者或科研机构）"将其所携带的"可信的学科知识资源"以一种"有效的流动方式或渠道"进行融合，最终达到"解决科学发展中或科研活动中的问题"的过程，进而促进科学知识的创新以及学科结构的发展。

在学科知识流动的研究中，"有效的沟通方式或渠道"主要包含正式渠道（科研合作、学术引用）与非正式渠道（参加学术会议、学术研讨等）两种方式。目前，学科知识流动的定量测度主要集中在基于正式渠道中的"学术引用"的测度，且常用的测度指标的设计也偏向于引用关系的指标，其中包括：R. Rousseau、Liu Yuxian 等人从引用关系出发、基于 ESI 的学科分类定义了学科扩散强度、广度、速度等指标[4-5]；英国伦敦大学的 I. Rowlands 教授提出了基于学术引用的期刊扩散指数 JDI[6]；丹麦皇家图书馆的 T. F. Frandsen 在 JDI 基础上提出了基于引用关系的期刊扩散指数 FJDI[7]，L. Egghe 从数学的角度推导了 I. Rowlands 提出的 JDF 和 T. F. Frandsen 修正的 JDF 之间的关系[8]。其学科知识流动的定量研究甚少涉及从合作渠道进行的知识流动。同时，在科研合作的相关研究中也涉及一部分学科知识方面的量化表现，但其并没有从学科知识流动角度出发进行专门的分析。一部分学者针对科研合作中产生的这些多学科现象和跨学科现象进行了定量研究，包括：A. L. Porter 等提出的跨学科测度指标 specialization 指数和 integration 指数[9]；基于引文关系的跨学科引用指数（citations outside categories）[10]、Brillouin 指数（Brillouin index）[11]；I. Rafols 和 M. Meyer 将 Stirling 提出的多样性框架应用于文献计量学，根据 Stirling 的多样性指标（variety、balance、disparity）和网络凝聚性来研究学科交叉等[9]。进而，以学科知识流动的定量研究与科研合作的定量研究的交叉点——“学科流动表现”为基点的定量研究目前尚不够完善和全面。

因此，从科研合作的视角出发，利用和调整现有的基于“引用关系”的学科流动指标和科研合作中的多学科、跨学科指标，以定量的数据分析为主，以独立研究中的学科知识流动表现为基础，对比分析合作科研中学科知识的流动表现，有助于从知识流动的起源来挖掘普适性特征，有利于从流动主体的视角理解知识流动的本质，同时也是对科学合作特征相关研究的有益补充。

2 科研合作视角的学科知识流动分析方法

2.1 分析理论

在科学活动中，学科知识流动不仅仅体现为本学科内的知识流动的变化，同时也体现为学科交融中出现的多学科流动及学科间的知识变动。在本学科内部，学科知识流动可以通过对本学科知识的积累和吸收来体现；在本学科之外，学科知识流动则可以通过与不同的学科知识相融合，引入或流向其他不同的学科来体现。而对于本学科知识整体来讲，学科内与学科间的知识流动行为带动了本学科知识结构的巨大变化，即本学科知识出现一种集中趋势或扩散趋势。因此，本文针对学科知识流动的表现的研究如图 1 中表现部分所示：

由于学科知识流动可以贯穿于科学活动中每个环节，故其流动的表现有很多。无论其表现有何不同，科研学者对于学科知识的学习与理解、融合与交流最终都会体现在科学研究的最终科研成果中（包含学术论文、专利报告、

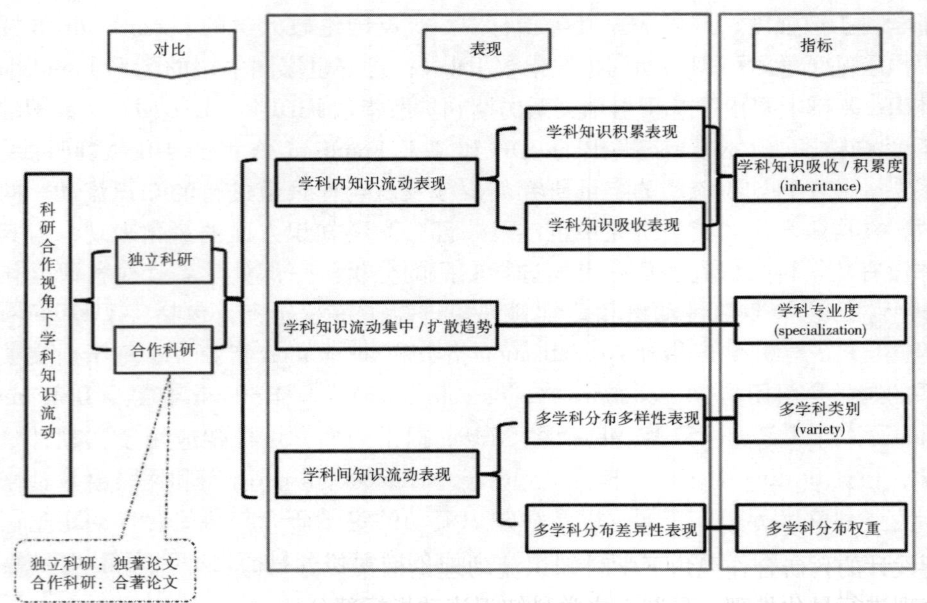

图1　科研合作学科知识流动研究体系框架

学术报告、学位论文、会议论文等形式）。因此，科研成果在很大程度上可以反映学科知识流动的若干特征。

因此，利用科研成果的学科知识表现，从学科内部知识流动和学科间知识流动两个方面出发，从学科知识流动的积累/吸收、多学科分布多样性、多学科分布差异性、学科知识结构变化等角度分析科研合作视角下的学科知识流动，是本文的理论基础。

2.2　分析方法

科研活动过程中，无论是合作科研模式还是独立科研模式，学科知识都存在流动扩散现象。而学科知识流动是一种动态的变化现象，为了更客观、准确地测度科研合作中产生的这种变化现象，本文的主要研究思路是以独立科研过程中学科知识的流动表现为基础，对比分析科研合作带来的学科知识流动。

首先，在科研成果中，期刊论文是对科研合作和学术交流所产生的研究成果较为理性的阐述与总结，发表的期刊论文也是评价作者、地区或机构之间科研合作与学术交流水平的一个重要指标[12]。根据研究内容的需求，本文选取发表在国际重要期刊上的学术论文作为科研合作中学科知识流动的研究对象。

其次，由于论文参考文献的本质是作者在撰写论文的过程中吸收或者利用参考文献中的部分知识，阐述自身论文的研究内容，代表作者科研工作过程中吸收到的各个学科的知识点，有利于确认科研合作中论文的学科属性，本文利用学术论文的参考文献反映的学科知识情况来分析科研合作中学科知识流动的表现。

基于以上观点，本研究以科研成果（学术论文）中的独著论文及其参考文献作为独立科研行为的学科知识流动的数据来源，以合著论文及其参考文献作为合作科研中学科知识流动的数据来源。通过对比独立科研中的学科知识表现，分析科研合作中其学科知识是否存在流动以及其具体的流动表现。

2.3 分析指标

由于本文需要分析的是科研合作过程中产生的本学科的知识流动表现以及本学科涉及的多学科知识流动表现，即学科间的知识流动，笔者需要按照所设计的科研合作视角下学科知识流动理论框架设定特定的指标数据以对其表现进行量化处理，见图 1 之学科知识流动指标部分。

2.3.1 学科知识积累/吸收度（inheritance）

科研学者在科学研究和科研论文撰写过程中，需要吸收自己未知的、他人的知识或者理论[13]。在判定科研合作中学科知识流动的过程中，需要确定在合作之前科研学者已经吸收到的本学科知识程度（例如：独立科研过程中对于“药物化学”知识的吸收和应用占独立科研中对所有学科知识的吸收的百分比）以及科研合作后科研学者是否对本学科知识有所吸收以及吸收的程度。因此，本文根据独著论文的参考文献的学科分布，确定在独立研究过程中学者已知的、已学习到的本学科知识容量，从而判定科研合作对于本学科知识的吸收能力、对于学科知识的需求程度。同时，利用本学科的合著论文的参考文献所属学科分布，确定合著论文在内容上所吸收到的学科知识分布，即：

$$\text{学科知识积累度 SR-S} = \frac{\text{独著论文的参考文献中本学科的引文数 n}}{\text{独著论文的总参考文献数 N}} * 100\% \tag{1}$$

$$\text{学科知识吸收度 SR-C} = \frac{\text{合著论文的参考文献中本学科的引文数 n}}{\text{合著论文的总参考文献数 N}} \tag{2}$$

当 SR-S 值越大，表明其已经学习到的本学科知识越多，本领域的研究能力越高；同时，对于其他学科知识的了解有限，因而需求较大。SR-C 值越大，表明通过科研合作，对于本学科知识的吸收力越高，即科研合作促进了本学科的深入学习。

2.3.2 学科流动多样性分布指标（variety）

在研究学科多样性的非参数模型时，Stirling 从生物多样性角度出发，指出多样性概念包含 3 个基本的特性：分类数（variety）、类分布的均衡性（balance）和类的相异性（disparity）或相似性（similarity）。I. Rafols 和 M. Meyer 将 Stirling 的多样性框架应用于文献计量学，基于 Stirling 的多样性和网络凝聚性理论来研究学科交叉[14]。由于学科间的知识流动也属于多学科交叉的研究范畴，科研合作不仅对本学科知识的流动产生影响，同时也对本学科外的知识产生影响。在多样性指标中，分类数（variety）是指系统中元素所涉及类的数量。根据 M. Meyer 的理论，通过计算论文的参考文献所在的期刊的学科分布表现出的论文的学科属性种类（variety），从而得知科研合作带来的学科多样性变化情况。同时，Liu Yuxian、R. Rousseau 等人界定的学科扩散广度（field diffusion breadth）也是类似的理念，即对于指定的一组论文，施引论文所属的 ESI 学科数量就是这组论文的学科扩散广度。此类针对学科流动的多样性是从施引文献的学科角度出发，本文则是根据论文的参考文献总体情况确定的论文本身的多学科属性角度出发。因此，本文引用 R. Rousseau 等基于引用关系对于学科知识流动多样性的界定，确定学科知识流动广度的相关指标。

2.3.3 学科流动差异性份额分布

在 Stirling 的多样性描述中，balance 是描述元素在类之间的分布情况的指标。同时，从 Liu Yuxian 和 R. Rousseau 的“指定的一组论文，某个 ESI 学科范围内的施引论文的数量就是这组论文在该 ESI 学科范围内的扩散强度”出发，本文中的学科知识流动的差异性可以从合著论文中各个学科融入本论文的程度的角度来测度其学科知识流动的强度。因此，在学科流动分布差异性分析时引用此理论，利用论文的参考文献的多学科属性，即分布在各个学科的份额比重得到学科流动差异性份额分布 SM，即：

$$SM = \frac{\text{参考文献中分布到学科 i 的论文数 mi}}{\text{本学科参考文献总数 M}} * 100\% \qquad (3)$$

此公式可以从学科角度展示流动的类别变化以及每个学科的份额，从而得出本学科研究过程中学科知识流动的方向、最关注的合作学科，并通过对比得出合作是否对学科的关注度产生影响。SM 值越大，表明本学科研究中涉及的学科内容越多，即两个学科的合作越多，此学科间知识流动越多。

2.3.4　学科专业度

A. L. Porter 等认为，专业度是相对于特定的科研学者或者机构而言的，指其发表的文章在所属学科类别中的集中程度或专业化程度[9]。那么，学科专业度可以是发表在这个学科中的所有文章在其所属的学科类别中的集中或专业化程度。由于 A. L. Porter 教授是根据科研学者的所有论文所在的期刊确定其学科分布、最后确定学者的科研专业度，本文在其设计的专业度指标公式基础上进行调整，以便测度学科专业度：

$$\text{学科专业度 SC} = \frac{m_1^2 + m_2^2 + \cdots + m_i^2}{(m^1 + m_2 + \cdots + m_i)^2} \quad (0 < i < 176) \tag{4}$$

此公式中 m_i 表示本学科论文中所属学科 i 的参考文献数。SC 越大，表明在本学科研究的论文中涉及的学科 1、学科 2、…、学科 i 的分布越不均匀，越集中于某个或者几个学科类别[15]。

本文在独著论文、合著论文及其参考文献的其他相关基础数据之外，利用以上几个相关定量指标，在确定本学科科研实力的基础上分析其科研合作对于学科知识流动的影响。

3　实证分析

以药物化学学科在 5 年内发表在 SCI、SSCI 期刊上的论文为例，利用以上分析方法，定量分析药物化学学科在科研合作中体现出的学科知识流动表现。

3.1　数据来源与数据处理

利用汤森路透集团的 Web of Science 数据平台，选取 SCI 和 SSCI 两个数据库，采用高级检索方式，学科类别选取“药物化学（chemistry，medicinal）”，时间跨度为 2009 – 2013 年，文献类型为“article”，进行检索，得到 5 9231 条结果，检索日期为 2014 年 3 月 6 日。

将所得数据集利用预先编制的相关程序整理成论文、学科、机构等列表信息，并导入 SQL 数据库，进行数据清理处理。其中，根据引文数据的特性排除引用数据集中的专利、报告等类型的引用信息以及部分因客观原因而无法确定对应期刊学科的信息。利用 SQL 语句，可以得出独著论文与合著论文的国家分布、独著论文与合著论文的参考文献的学科分布、在各个国家中的多学科分布等信息，从而利用语句计算出药物化学学科的上述 4 个测度公式的数值。之后根据基础数据指标和 4 个指标的数据，利用数据库和统计软件进行结果分析。

3.2 科研合作中药物化学学科知识流动的整体表现

对于一门发展中的学科而言，其研究往往不仅涉及本学科的知识，还需要在本学科知识研究的基础上与其他学科知识协作、相互融合，从而进行深入和精确的研究。在科研过程中，由于学者本身的多学科知识的积累、合作中相互产生的多学科知识交流，其论文会包含部分其他学科的知识，因而这些文献可能同时属于其他的学科。根据论文的参考文献所属期刊的学科类别划分，可以得到药物化学学科研究中涉及的多学科分布。

对上述59 231篇论文进行分析可知：药物化学学科的知识流动分布广泛，涉及JCR期刊分类包括的176个学科类别。其中，除却药物化学以外，以药学（335 386）、生化与分子生物学（316 736）、有机化学（186 676）这3个学科占据的份额为最大，分别占所有论文总数的21.38%、20.19%和11.90%。如图2所示：

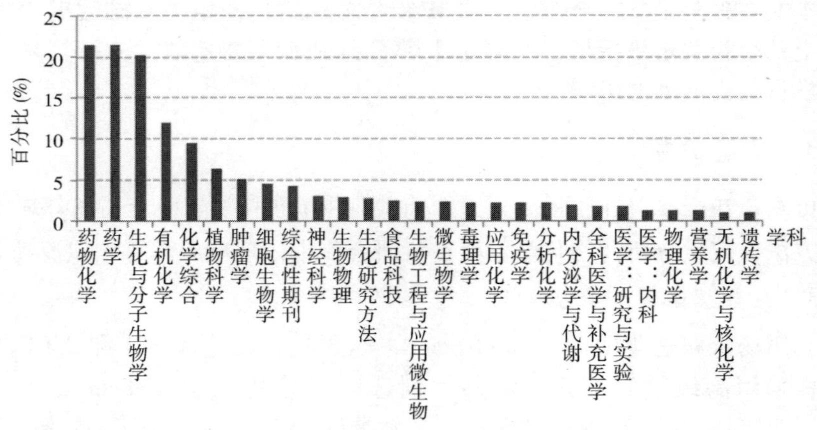

图2　2009－2013年药物化学领域多学科知识流动分布（份额在1%以上的学科列表）

图2仅反映了药物化学学科总体的学科知识流动分布现象，那么从本文的科研合作中学科知识流动定量分析方法出发，以独著论文和合著论文进行对比，是否能够看出科研合作对于药物化学学科知识流动产生的实际影响呢？利用本文的研究方法和统计指标，以独著论文的数据表现为基础，可以明显看出：科研合作致使药物化学学科知识与其他学科的知识交流和融合发生了变化。如表1所示：

表 1　基于科研合作的药物化学学科知识流动量化指标

独著论文		合作论文	
论文数	949（篇）	论文数	58 282（篇）
学科知识积累度 SR-S	0. 161 0	学科知识吸收度 SR-C	0. 215 9
学科多样性分布 C-S	153（个）	学科多样性分布 C-C	176（个）
学科专业度 SC-S	0. 050 0	学科专业度 SC-C	0. 064 3

首先，在学科分布多样性方面，独著论文中药物化学学科与多学科知识融合的现象已经较为明显，分布于除药物化学以外的 153 个学科，但是科研合作使其学科知识流向了新的 23 个学科（如运筹学与管理科学（302）、机械工程（191）等），表明通过科研合作，在药物化学研究中融入了新的学科知识，即从学科多样性方面体现了科研合作促进了药物化学学科知识与其他学科知识间的流动。

其次，在本学科知识积累吸收方面，独著论文对于药物化学学科的知识积累度 SR-S 为0. 161 0，表明在涉及药物化学的科研中，独立科研对于本学科的知识吸收与积累程度。通过科研合作，不仅仅使其涉及的学科类别更多，同时也强化了本学科知识的吸收度（SR-C 为 0. 215 9）。这个过程既是知识在学科间流动的过程，同时也是学科知识在药物化学学科内流动的过程。与独立科研对比，可看出科研合作状态促进了对本学科知识的深入研究。

其次，在学科专业度方面，可以看出科研合作的过程使得药物化学学科的专业度有所提升。由于学科专业度表明了论文对本学科知识研究的集中度，这也反映出通过科研合作，涉及药物化学的研究越来越集中于本学科或者某几个学科的流动和合作。

学科专业度表明科研合作使得学科知识产生了流动，而它在本学科和某几个学科中的集中流动情况，可以通过论文涉及的学科份额变化来反映，如图 3 所示：

除却新增的 23 个学科之外，其他学科，尤其是具有集中趋势的学科的份额都有明显的变化：一方面，科研合作促进了本学科知识的集中度，由原先的 16. 1% 升至目前的 21. 59%；另一方面，其强化了药学、生化与分子生物学、有机化学等多个学科的知识流动趋势，而减弱了肿瘤学、毒理学等学科的流动趋势。

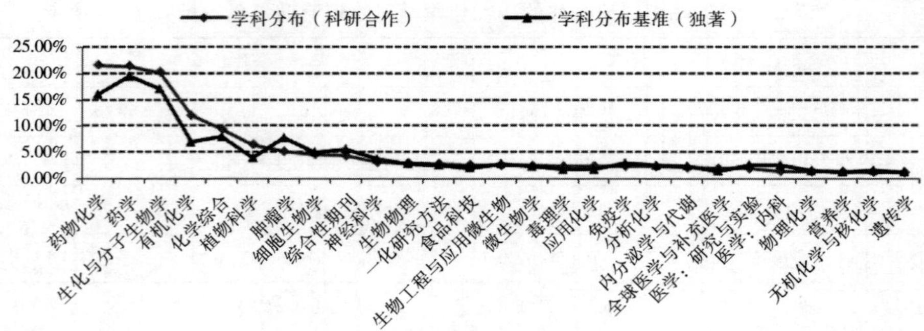

图 3　药物化学学科独著与科研合作中学科差异性比较

（份额在 1% 以上的学科列表）

3.3　科研合作中药物化学学科知识流动的各国表现

每个国家在药物化学学科的研究起点、研究内容以及研究政策等方面的科研表现都有所不同，那么他们在学科知识流动上的表现是否也存在相应的特点？从国家层面出发，根据药物化学学科的论文总量、独著论文总量、合作论文总量 3 个基础数据的 TOP20 列表得知，有 15 个国家进入了 3 个列表的 TOP20。因此，选取此 15 个国家为代表对药物化学学科知识在不同国家中的流动表现进行分析。此 15 个国家包括：美国、中国、印度、日本、韩国、德国、意大利、英国、法国、西班牙、俄国、埃及、伊朗、瑞士、土耳其。

利用公式（1）–（4），计算以上 15 个国家在科研合作中的学科知识流动指标，结果如表 2 所示：

表 2　15 国药物化学学科知识流动量化分析

国家	独著论文				合著论文			
	论文数（篇）	学科知识积累度	学科分布（个）	学科专业度	论文数（篇）	学科知识积累度	学科分布（个）	学科专业度
所有国家	949	0.161 0	153	0.050 0	58 282	0.215 9	176	0.064 3
美国	226	0.154 0	130	0.051 3	12 680	0.190 4	172	0.065 4
中国	33	0.121 4	81	0.053 2	10 306	0.234 3	171	0.067 5
印度	36	0.216 1	74	0.059 8	5 229	0.295 5	163	0.079 8
日本	22	0.076 4	65	0.072 5	4 384	0.192 1	159	0.069 9
韩国	30	0.123 1	67	0.069 3	3 558	0.175 4	160	0.057 3

续表

国家	独著论文				合著论文			
	论文数（篇）	学科知识积累度	学科分布（个）	学科专业度	论文数（篇）	学科知识积累度	学科分布（个）	学科专业度
德国	54	0.113 2	89	0.052 0	3 291	0.189 5	166	0.065 5
意大利	38	0.171 8	89	0.060 5	3 192	0.224 9	164	0.067 0
英国	73	0.182 8	92	0.059 7	2 524	0.212 7	165	0.068 0
法国	18	0.178 9	60	0.058 6	2 033	0.215 4	159	0.070 0
西班牙	15	0.100 6	60	0.071 4	1 461	0.207 6	159	0.064 2
俄罗斯	24	0.185 4	59	0.073 9	1 153	0.221 1	134	0.067 8
埃及	56	0.356 8	80	0.101 7	1 019	0.333 4	146	0.090 7
伊朗	31	0.174 2	62	0.059 7	1 027	0.212 4	157	0.054 4
瑞士	16	0.123 0	60	0.062 1	1 007	0.200 0	151	0.065 9
土耳其	19	0.153 3	61	0.056 3	944	0.282 9	141	0.068 6

为了进一步深入分析学科知识在国家层面的流动表现，需要对不同国家在此领域中表现出来的学科知识流动差异进行分析，展示各个国家药物化学领域的学科知识流向及其研究动态变化。

3.4 科研合作中中、美、日 3 国药物化学学科知识流动对比

由国家特征、学科地位特征以及表 3 中学科知识流动的表现出发，从 15 个国家中选取中国、美国、日本 3 国，从学科整体科研表现、本学科知识表现、学科分布多样性、学科专业度以及多学科分布差异性 5 个方面对其学科流动表现进行分析对比，以考察这 3 个国家药物化学学科的研究现状、交流融洽的学科类别以及其未来可以提升的空间。

表 3　中、美、日 3 国药物化学学科知识流动量化分析

国家	独著论文					合著论文				
	论文数（篇）	份额	学科知识积累度	学科分布（个）	学科专业度	论文数（篇）	份额	学科知识积累度	学科分布（个）	学科专业度
美国	226	23.81%	0.154 0	130	0.051 3	12 680	21.76%	0.190 4	172	0.065 4
中国	33	3.48%	0.121 4	81	0.053 2	10 306	17.68%	0.234 3	171	0.067 5
日本	22	2.32%	0.076 4	65	0.072 5	4 384	7.52%	0.192 1	159	0.069 9
所有国家	949	100.00%	0.161 0	153	0.050 0	58 282	100.00%	0.215 9	176	0.064 3

根据本文的学科知识流动研究方法中的计量指标，计算出中、美、日 3 国的相关量化表现，见图 4。

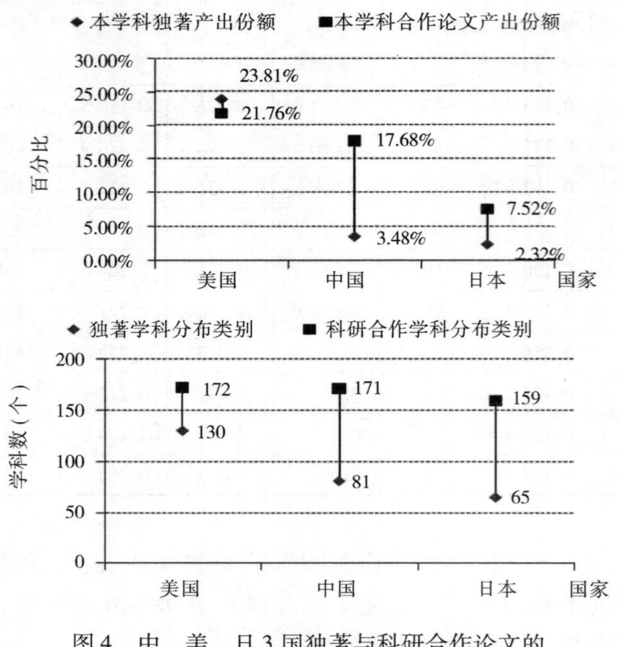

图 4　中、美、日 3 国独著与科研合作论文的产出份额、学科多样性对比

3.4.1　药物化学领域 3 国的整体科研水平

在药物化学领域，以期刊论文产出量为基准，中国为第 2 高产国家，但是独著论文产量处于第 7 名，科研合作方面则排在第 2 名，其差异性最为明显。这表明中国在药物化学领域的研究以科研合作为主，通过多学科的知识融合来提升其研究水平。日本的论文产出排名在中国之后（位于第 4），其独著论文中的排序未进入前 10（第 11 名），但通过科研合作，其排名大幅上升，这表明日本对药物化学领域的科研合作的重视程度高于中国，其科研产出也相应地快速增多。美国则相反，虽然其独著论文的排名位于第 1，科研合作科研产出也位列第 1，但是其合作论文份额较独著论文低 2 个百分点。这既表明美国在药物化学领域的独立研究和科研合作均处于优势地位，同时也反映出其科研合作程度稍稍低于独立研究。

3.4.2　3 国在本学科内的知识流动变化

本学科知识积累度表现的是独立科研过程中对于药物化学知识的吸收和

应用占整个独立科研学科知识结构的百分比。同样，本学科知识吸收度表现的是科研合作过程中对于本学科知识的理解和吸收占整个论文学科知识结构的百分比。由于两者表现的都是本学科知识在科研过程中的变化情况，通过对比积累度和吸收度可以分析本学科内的知识流动。

由表3 可知，在独立科研过程中，中、美、日 3 国对于药物化学知识的利用与积累度均低于世界平均水平（0.161），日本甚至比世界水平的一半还要低。但是在合作科研中显示出的本学科知识吸收度方面，3 国都有大幅的提升，且均贴近于世界基线（0.215 9），中国和日本差不多翻了一倍，且中国的知识吸收力超过了世界平均水平。数据显示，科研合作加大了 3 国对药物化学本学科知识的吸收，促进了本学科知识的流动。

3.4.3　3 国在学科间的知识流动变化 – 学科类别分布多样性

从数值上看，药物化学整体学科分布的变化值仅为 23，但是各个国家在这个学科多样性分布却非常明显。如图 4 所示，在涉及此学科的自主研究中，中国的学科知识分布多样性值为 81。这表明在独立研究中，中国药物化学领域研究中涉及到了其他 80 个学科的知识，即 80 个学科的知识已融入药物化学学科的研究之中。通过科研合作，中国的学科多样性表现值达到 171，这表明科研合作加大了药物化学学科知识与其他学科知识的融合度，即学科知识产生了相互流动的现象。科研合作使中国药物化学学科知识流动到 90 个新的学科当中，日本也通过科研合作使其学科知识多样性值由 65 变为 159。而美国原本独立科研的学科多样性最接近于世界整体基准水平，但是科研合作仍使其增加了 42 个学科的知识流入。

3 国当中，虽然以日本的学科流动多样性值发生的变化最大，表明日本在科研合作过程中逐渐关注多学科知识融合和学科研究的全面性，但不可否认的是，这种巨大变化与日本原本的多学科融合研究的底子弱也有很大的关系。

从学科类别表现来讲，虽然 3 个国家药物化学领域的多学科流动现象均非常明显，但是其涉及的学科类别则各有特点。如表 4 中，美国是唯一在独著中将寄生虫学、皮肤病学、呼吸系统、热带医学等学科的知识与药物化学融合的，且其在后续的科研合作中也一直保持这个方面的优势地位。对于日本而言，其独著论文中“药物化学与物理：粒子与场物理”、“数学跨学科应用”等学科的知识相互流动是其特色，但在科研合作过程中却被中、美赶超。而对于中国，其与药理学的知识融合优势也同样在科研合作中被日本抢占。

同样，从表 4 可以看出：中、美、日 3 国在独立研究中有一些处于相对劣势的学科，例如中国的晶体学、公共环境和日本的生物学、光谱学等，但

表 4　中、美、日 3 国药物化学独著论文与科研合作论文的学科类别多样性分布(部分)

学科分布	独著			科研合作论文			学科分布	独著			科研合作论文		
	美国	中国	日本	美国	中国	日本		美国	中国	日本	美国	中国	日本
晶体学	2.38%	空	0.28%	0.62%	0.38%	0.55%	老年医学	0.18%	0.38%	空	0.13%	0.18%	0.18%
精神病学	1.30%	0.38%	0.83%	0.71%	0.39%	0.53%	妇产科学	0.38%	0.25%	空	0.12%	0.19%	0.10%
病毒学	0.55%	0.13%	0.14%	0.75%	0.50%	0.43%	风湿病学	0.14%	空	空	0.17%	0.21%	0.17%
生物学	0.67%	0.38%	空	0.49%	0.44%	0.35%	眼科学	0.27%	0.25%	空	0.22%	0.12%	0.15%
物理:原子、分子和化学物理	1.79%	0.76%	0.56%	0.56%	0.27%	0.40%	应用物理	0.10%	0.13%	0.14%	0.18%	0.15%	0.19%
环境科学	0.59%	0.13%	0.28%	0.49%	0.44%	0.31%	危重病医学	0.11%	0.13%	空	0.14%	0.17%	0.15%
公共卫生、环境卫生与职业卫生	1.54%	空	0.14%	0.52%	0.24%	0.20%	过敏	0.04%	0.13%	空	0.08%	0.12%	0.13%
光谱学	0.17%	0.38%	空	0.41%	0.42%	0.36%	物理:凝聚态物理	0.10%	0.13%	0.14%	0.15%	0.13%	0.16%
材料科学:综合	1.29%	0.25%	0.14%	0.41%	0.34%	0.42%	农艺学	0.02%	0.13%	空	0.04%	0.16%	0.04%
病理学	0.34%	1.14%	1.11%	0.38%	0.41%	0.38%	兽医学	0.06%	0.25%	空	0.09%	0.12%	0.07%
泌尿学与肾脏学	0.66%	0.13%	空	0.33%	0.55%	0.42%	昆虫学	0.07%	空	空	0.06%	0.19%	0.09%
寄生虫学	0.25%	空	空	0.37%	0.11%	0.10%	统计学与概率论	0.09%	空	空	0.08%	0.11%	0.11%
皮肤病学	0.23%	空	空	0.26%	0.23%	0.38%	动物学	0.06%	0.25%	0.97%	0.10%	0.09%	0.09%
数学与计算生物学	1.01%	0.13%	0.42%	0.33%	0.34%	0.18%	仪器仪表	0.09%	空	空	0.09%	0.09%	0.14%
计算机:信息系统	0.93%	0.38%	0.28%	0.36%	0.23%	0.19%	计算机:人工智能	0.14%	空	空	0.05%	0.12%	0.10%

续表

学科分布	独著			科研合作论文			学科分布	独著			科研合作论文		
	美国	中国	日本	美国	中国	日本		美国	中国	日本	美国	中国	日本
工程:化工	0. 08%	0. 51%	0. 14%	0. 27%	0. 30%	0. 23%	牙科与口腔外科	0. 05%	空	空	0. 05%	0. 07%	0. 06%
高分子科学	0. 06%	1. 52%	空	0. 22%	0. 45%	0. 39%	数学跨学科应用	0. 32%	空	0. 14%	0. 07%	0. 08%	0. 09%
呼吸系统	0. 34%	空	空	0. 32%	0. 26%	0. 26%	核科学技术	0. 28%	0. 13%	0. 14%	0. 11%	0. 05%	0. 12%
外科	0. 34%	空	0. 14%	0. 28%	0. 41%	0. 27%	生殖生物学	0. 17%	0. 13%	空	0. 06%	0. 12%	0. 07%
医学实验技术	0. 15%	0. 38%	0. 42%	0. 17%	0. 26%	0. 19%	儿科	0. 15%	空	空	0. 08%	0. 09%	0. 07%
生态学	0. 07%	0. 25%	空	0. 14%	0. 21%	0. 13%	工程:环境	0. 04%	空	空	0. 10%	0. 12%	0. 09%
行为科学	0. 66%	空	0. 69%	0. 22%	0. 25%	0. 18%	移植	0. 09%	空	空	0. 11%	0. 09%	0. 09%
发育生物学	0. 24%	0. 38%	2. 36%	0. 30%	0. 23%	0. 28%	真菌学	0. 01%	空	空	0. 04%	0. 06%	0. 06%
纳米科技	0. 14%	0. 38%	0. 14%	0. 24%	0. 24%	0. 21%	自动化与控制系统	0. 06%	空	空	0. 04%	0. 07%	0. 09%
材料科学:生物材料	0. 05%	0. 13%	0. 14%	0. 15%	0. 34%	0. 21%	电化学	0. 03%	空	空	0. 05%	0. 06%	0. 05%
热带医学	0. 06%	空	空	0. 19%	0. 04%	0. 05%	农业工程	空	空	空	0. 01%	0. 07%	0. 02%
工程:生物医学	0. 04%	0. 13%	空	0. 17%	0. 32%	0. 21%	园艺	0. 02%	0. 25%	0. 14%	0. 01%	0. 05%	0. 02%
海洋与淡水生物学	空	空	空	0. 13%	0. 12%	0. 07%	能源与燃料	空	空	空	0. 02%	0. 07%	0. 03%
医学:法	0. 26%	0. 13%	0. 28%	0. 25%	0. 11%	0. 19%	运动科学	0. 15%	1. 90%	0. 28%	0. 03%	0. 05%	0. 04%
麻醉学	0. 21%	0. 13%	空	0. 19%	0. 12%	0. 11%	药物滥用	0. 14%	0. 63%	空	0. 07%	0. 04%	0. 03%
进化生物学	0. 08%	0. 38%	空	0. 08%	0. 19%	0. 13%							

是通过科研合作，这些原先薄弱的学科知识也被补充进来（其份额甚至高于原本处于优势的国家），完善了各国药物化学学科的研究。因此，可以相应地得出结论：科研合作促进了涉及药物化学学科的知识的流动。

3.4.4 3 国学科知识专业度表现

学科知识专业度体现的是在本学科研究领域的论文中，针对本学科知识研究内容的集中度，同时也可以表现出其涉及多学科分布差异性。专业度值越大，表明其涉及的其他学科知识分布越不均衡，越集中于本学科或者其他个别学科。

在独立科研的学科专业度中，中、美、日 3 国的表现均高于世界平均水平（世界基准为 0.05）；在科研合作的学科专业度表现中，3 国同样也高于世界水平（0.064）。这表明 3 国的药物化学学科研究处于优势地位。但是通过科研合作，3 个国家的专业度均发生了不同程度的变化，其中变化最大的为中国（增加了0.134）。这表明通过科研合作，中国对于药物化学学科的研究更加集中，其学科流动表现更靠近本学科和个别其他学科（即其涉及的多学科研究份额比重差异更大）。日本的学科专业度则有所降低，其学科知识流动表现与中国相反。如图 5 所示：

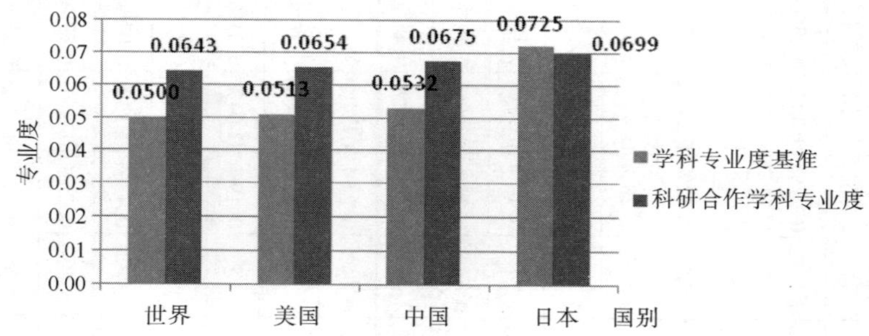

图5　中、美、日 3 国药物化学学科专业度对比

从学科类别表现上看，如表 5 所示，虽然在独立科研的学科专业度中，3 个国家涉及的学科个数有明显的差异，但是共有的学科类别程度却非常高。通过科研合作，中、美、日分别补充了自身药物化学研究的学科知识结构，大大缩减了在学科类别上的区分度。尤其是中国，其学科种类近似等于美国的 172 个学科，且学科类别高度重合（除却“工程：地质”、“工程：海洋”、“机器人学”3 个学科）。

通过学科专业度的测度公式的数学规律可知，在学科类别数近似相等的情况下，两者学科专业度值的大小与其分布在每个学科的权重有直接的联系。

由于中美两国在学科分布个数上近似相等，且类别也基本一致（不一致的学科其份额低于千分之一，可以忽略其作用），可以确定：中国与美国相比，其专业度的大小与其多学科份额差异性变化非常相关。

表5　中、美、日3国药物化学学科独著与科研合作论文的多学科权重分布（部分）

学科分布	独著			科研合作论文		
	美国	中国	日本	美国	中国	日本
药物化学	15.40%	12.14%	7.64%	19.04%	23.43%	19.21%
药学	19.40%	12.14%	7.78%	18.29%	24.23%	21.39%
生化与分子生物学	16.22%	25.79%	23.61%	21.59%	19.18%	22.34%
有机化学	5.59%	6.57%	13.06%	11.26%	12.59%	14.43%
化学综合	9.41%	6.83%	12.64%	9.21%	10.35%	13.11%
植物科学	0.97%	4.93%	1.11%	2.40%	10.11%	6.26%
肿瘤学	8.51%	7.33%	16.53%	6.71%	5.40%	4.52%
细胞生物学	5.28%	5.94%	7.36%	5.72%	4.44%	4.88%
综合性期刊	6.67%	5.18%	7.22%	6.13%	3.56%	4.98%
神经科学	4.79%	1.14%	4.03%	3.77%	2.59%	2.75%
生物物理	2.99%	3.29%	2.36%	3.36%	2.42%	3.43%
生化研究方法	2.70%	3.16%	2.22%	2.92%	2.87%	2.44%
食品科技	0.56%	4.93%	0.28%	0.98%	2.78%	2.16%
生物工程与应用微生物	2.33%	1.39%	2.92%	2.58%	2.40%	2.78%
微生物学	3.33%	0.63%	0.97%	2.75%	1.88%	1.98%
毒理学	1.79%	1.77%	0.69%	2.84%	2.06%	1.96%
应用化学	0.65%	4.93%	0.42%	1.01%	3.10%	2.16%
免疫学	2.59%	4.30%	0.56%	2.28%	2.46%	2.25%
分析化学	1.89%	3.03%	1.81%	1.96%	2.89%	2.05%
内分泌学与代谢	3.48%	1.39%	0.83%	1.81%	2.19%	2.37%

3.4.5　3国学科外知识流动－多学科权重分布差异性比较

将中、美、日3国在药物化学领域的科研合作中涉及到的多学科分布按照多学科的权重份额进行数据处理，得到表5。从表5可知：虽然3国在学科的类别分布上并没很大的差异，但是涉及的多学科的学科知识流动力度却有一定的差异。例如，在科研合作中的多学科知识流动表现中，虽然中国药物化学研究与植物科学、食品科技、应用化学等学科间的知识流动强于另外两国，但是其目前最为关注的是与药学的学科间知识融合。日本虽然在有机化学、化学综合等学科中的知识流动相对其他两国明显，但是其最为关注的是生化与分子生物学。美国虽然在生化与分子生物学学科知识的融合方面研究最为深入，但其流动力度还是低于日本（22.34%）。同时它在肿瘤学、细胞生物学等学科的流动力度明显高于中、日两国。

3个国家多学科知识流动的力度虽然表现不同，但是却有一定的相似性，即最终都将重点落到药学和生化与分子生物学等学科之上。

4 结 论

以药物化学为例，通过本文的研究方法进行定量分析可知：① 与独立科研相比，科研合作在其基础上促使药物化学学科的知识流入了新的23个学科（如运筹学与管理科学（302）、机械工程（191）等）；② 独立科研对于本学科的知识吸收积累程度为0.161，科研合作不仅仅使其涉及的学科类别更多，同时还强化了本学科知识的吸收度（深度值为0.215 9）；③ 与独立科研相比，科研合作相对强化了药物化学学科与药学、生化与分子生物学、有机化学等学科知识的流动，弱化了药物化学学科与肿瘤学、毒理学等学科之间的流动；④ 科研合作使得药物化学学科的专业度有所提升（0.05上升为0.064 3），表明合作使其学科类别增加，同时对于本学科结构的专业程度也产生了促进作用。药物化学学科与生化与分子生物学、有机化学的流动越来越频繁。同时，不同国家药物化学学科的知识流动表现也不尽相同。

在科学研究领域，爆发的科学信息、便捷的学术交流方式、复杂的科研需求不断提醒科研学者在科研活动中存在学科知识流动这一现象。在此过程中，无论是自主研究还是科研合作，其中所发生的学科知识流动都是一种集中、强化、双向的交流活动，且以科研合作中的学科知识流动最为明显。从知识整体角度出发，不同学科的知识流动有益于解决交叉科学问题，有利于发展一个新鲜的、流动且稳定的知识整体；从学科知识主体角度，不同学科知识的交流，有助于丰富各学科的知识体系；从科研学者角度，有利于激发和启迪学者的开拓性思维，促进重大科学创新的产生。

参考文献：

[1] 谢守美．知识生态系统知识流动的生态学分析［J］．图书馆学研究，2009（5）：7－10.

[2] 张树良．研究领域的多学科属性度量及多学科结构揭示［D］．北京：中国科学院研究生院，中国科学院文献情报中心，2008.

[3] 庞杰．知识流动理论框架下的科学前沿与技术前沿研究——以太阳能电池领域的计量研究为例［D］．大连：大连理工大学，2011.

[4] Rousseau R. Robert fairthorne and the empirical powerlaws［J］. Journal of Documentation, 2005, 61（2）: 194－205.

[5] Liu Yuxian, Rousseau R. Knowledge diffusion through publications and citations: A case study using ESI-fields as unit of diffusion［J］. Journal of the American Society for Information Science and Technology, 2010, 61（2）: 340－351.

[6] Rowlands I. Journal diffusion factor: A new approach to measuring research influence［J］. Aslib Proceedings, 2002, 54（2）: 77－84.

[7] Frandsen T F. Journal diffusion factors: A measure of diffusion?［J］. Aslib Proceedings, 2004, 56（1）: 5－11.

[8] Egghe L. Journal diffusion factors and their mathematical relations with the number of citations and with the impact factor［C］//Ingwersen P, Larsen B. Proceedings of ISSI 2005. Stockholm: Karolinska University Press, 2005: 109－120.

[9] Porter A L, Cohen A S, Roessner J D, et al. Measuring researcher interdisciplinarity［J］. Scientometrics, 2007, 72（1）: 117－147.

[10] Porter A L, Chubin D E. An indicator of cross-disciplinary research［J］. Scientometrics, 1985, 8（3/4）: 161－176.

[11] Brillouin L. Science and information theory［M］. New York: Academic Press, 1956: 125.

[12] 林莉．科研论文合著网络结构与合作关系研究［D］．长春：吉林大学，2010.

[13] 赵星．谭旻．余小萍．等．我国文科领域知识扩散之引文网络探析［J］．中国图书馆学报，2012（9）：59－67.

[14] Rafols I, Meyer M. Diversity and network coherence as indicators of interdisciplinarity: Case studies in bionanoscience［J］. Scientometrics, 2010, 82（2）: 263－287.

[15] 杨良斌．周秋菊．金碧辉．基于文献计量的跨学科测度及实证研究［J］．图书情报工作，2009，53（5）：87－90.

作者简介

徐晓艺，中国科学院文献情报中心、中国科学院大学硕士研究生，E-mail：xuxy@mail.las.ac.cn；

杨立英，中国科学院文献情报中心副研究员。

优化战略坐标方法在科研选题中的应用研究*

——以那他霉素纳米乳新型纳米乳创制为例

李雅　侯海燕　杜香莉　芮弦　欧阳五庆　张歆杰

（西北农林科技大学图书馆）

在“知识爆炸”的今天，如何迅速、准确、有效地检索与分析文献，掌握科学发展新动态，确定科研选题方向，成为科学研究者面临的巨大挑战[1]。据调查，科研人员在进行前期文献调研时，面对海量文献信息，由于缺乏科学有效的文献分析方法，选题创新性往往不足，出现实验失败或换题的情况[2]。知识图谱方法被认为是解决这一困境的有效方法[3]，它通过可视化分析，揭示科学知识发展进程与结构关系[4]。战略坐标分析通过二维坐标图表征某领域各研究方向的热点程度，按照知识图谱定义及在实际应用中被科研人员广泛认可程度推论，属于重要的知识图谱方法。已有战略坐标方法的研究，较多涉及主题词、关键词遴选、预处理和战略坐标分析法应用等，对其中的知识分类方法、数据处理方法和在科研选题中的应用等讨论较少。目前许多学科领域前沿动态分析多是从个人视角展开的，采用经验、定性的方法，缺乏客观性、全面性和系统性。为此，本研究以那他霉素新型纳米药剂研发为例，通过协同检索有效构筑知识基础，采用因子分析进行知识分类，通过数据逐步验证、程序化运算等方法优化战略坐标分析，探索科学前沿演进规律，以期为科研决策提供科学、客观、有效和多视角科学观察的新思维。

1　文献述评

国内外已有研究中，对知识图谱法中战略坐标法的研究主要集中于以下4

* 本文系陕西省社会科学基金“基于科研项目的知识图谱方法应用模式研究”（项目编号：12M020）和国家社会科学基金重大项目“高科技伦理问题研究”（项目编号：12&ZD117）研究成果之一。

个方面：

• 第一，战略坐标分析数据预处理方法研究。战略坐标法前期数据处理所用Bibexcel是针对Web of Science（以下称WoS）设计的数据挖掘软件。姜春林、李雨洪等[5-6]将中文数据进行预处理，使之符合Bibexcel数据处理要求，为中文数据可视化提供了有效途径。

• 第二，主题词遴选法的改进。为提高战略坐标分析的有效性，较多学者强调战略坐标研究应精确筛选主题词，探索聚类分析方法，以提高战略坐标分析效能[7-9]。

• 第三，战略坐标分析法与其他方法整合。E. Jimenez-Contreras等[10]尝试将共词分析、多维尺度分析和古典战略坐标方法进行组合。Y. Yang等[11]将聚类分析、战略坐标分析和社会网络分析等方法有效整合，王凌燕、崔雷等[12-13]在文本聚类的基础上，以某学科为例进行战略坐标方法研究。

• 第四，战略坐标法的应用。战略坐标法应用于机器人技术开发、知识管理、数字图书馆、信息科学、网络保护区、专家群分析[14-19]等领域，描述领域热点主题及其发展态势，识别相关领域内科学家间的联系及其影响力。

以上研究的不足之处在于：① 某一研究领域宏观、中观层面研究居多，微观层面研究较少，缺乏数据验证过程。② 科技创新往往涉及多学科，需要相关学科文献专业检索构筑知识基础的共同支持，上述研究多采用若干主题词分别检索或单一检索式构建知识基础，缺乏系统性和协同性。③ 对战略坐标分析前期的主题词遴选研究较多，而对战略坐标分析中知识分类、梳理、表征局限于聚类分析和学科发展时点的描述，缺乏对科学演进态势的探讨，密度、向心度也多采取手工计算方式。因此，有必要对战略坐标法各环节进行优化和改进，以有效提升其表征科学前沿演进的信度和效度。

2 研究数据、步骤与方法

2.1 研究数据

那他霉素是一种高效、低毒、广谱的真菌抑制剂，可有效防治由真菌引起的疾病，但它在水中溶解度极低，抗菌活性对环境比较敏感，纳米乳新型药物载体对难溶性药物具有强大的增溶作用、明显的缓释性、靶向性及较高的生物利用度等优点[20]，其理论和药用价值受到了学界的广泛关注。

本研究以WoS和CNKI为数据源，以那他霉素为主题，以“纳米乳”、“那他霉素”、“动物、猪、马、牛、羊、鸡”为检索点，以那他霉素在生物医药、生物防腐领域应用及目标真菌为观察点，通过学科精炼去除无关内容，当交叉学科中出现无关内容时，在矩阵数据整理时有效规避。纳米乳文献主要以 Web of Science（WoS）为数据源。本研究检索的时间跨度为 1990 - 2013 年，检索时间为 2014 年 3 月 26 日，检索式如表 1 所示：

表 1　中英文检索式

检索式	结果篇数
TS = （natamycin） 精炼依据：学科类别 = （OPHTHALMOLOGY OR FOOD SCIENCE TECHNOLOGY OR MICROBIOLOGY OR VETERINARY SCIENCES OR BIOTECHNOLOGY APPLIED MICROBIOLOGY OR PHARMACOLOGY PHARMACY OR MYCOLOGY OR GENERAL INTERNAL MEDICINE OR INFECTIOUS DISEASES OR DERMATOLOGY）数据库 = SCI - EXPANDED，SSCI，CPCI - S，CPCI - SSH，CCR - EXPANDED，IC 时间跨度 = 所有年份词形还原 = 打开	244
TS = （Natamycin and（animal or chicken or chook or chick or cattle or cow or ox or sheep or mutton）） 数据库 = SCI - EXPANDED，SSCI，CPCI - S，CPCI - SSH，CCR - EXPANDED，IC 时间跨度 = 所有年份词形还原 = 打开	19
TI = （Nanoemulsion or Nano - emulsion or Micro - emulsion or Microemulsion） 精炼依据：学科类别 = （PHARMACOLOGY PHARMACY OR POLYMER SCIENCE OR BIOTECHNOLOGY APPLIED MICROBIOLOGY OR FOOD SCIENCE TECHNOLOGY OR CARDIOVASCULAR SYSTEM CARDIOLOGY OR BIOPHYSICS OR UROLOGY NEPHROLOGY OR DERMATOLOGY OR GASTROENTEROLOGY HEPATOLOGY OR TOXICOLOGY OR ONCOLOGY OR GENERAL INTERNAL MEDICINE OR RESEARCH EXPERIMENTAL MEDICINE OR RESPIRATORY SYSTEM OR AGRICULTURE OR HEMATOLOGY OR LIFE SCIENCES BIOMEDICINE OTHER TOPICS OR NUTRITION DIETETICS OR MEDICAL LABORATORY TECHNOLOGY OR NEUROSCIENCES NEUROLOGY OR OPHTHALMOLOGY OR RHEUMATOLOGY OR INFECTIOUS DISEASES OR OBSTETRICS GYNECOLOGY OR DENTISTRY ORAL SURGERY MEDICINE OR HEALTH CARE SCIENCES SERVICES OR ALLERGY OR PATHOLOGY OR VETERINARY SCIENCES OR PARASITOLOGY OR PHYSIOLOGY OR VIROLOGY OR ENDOCRINOLOGY METABOLISM OR MYCOLOGY OR OTORHINOLARYNGOLOGY OR PUBLIC ENVIRONMENTAL OCCUPATIONAL HEALTH OR REPRODUCTIVE BIOLOGY OR TROPICAL MEDICINE） 数据库 = SCI - EXPANDED，SSCI，CPCI - S，CPCI - SSH，CCR - EXPANDED，IC 时间跨度 = 1990 - 2013 词形还原 = 打开	1 179
关键词 = （那他霉素 + 那他霉素 + 霉克 + 游霉素 + 游霉菌素）and HX = Y	142
关键词 = （那他霉素 + 那他霉素 + 霉克 + 游霉素 + 游霉菌素）*（鸡 + 牛 + 鸭 + 动物）and HX = Y	24

2.2　研究步骤与方法

2.2.1　研究步骤

（1）第一步，文献专业检索，获取样本资料。全面、系统、准确的文献专业检索是科学研究的基础。本研究首先根据研究目标和专业背景选择检索点和观察点，按照检索点之间的逻辑关系构建检索式，经过“检索—观察—调整—再检索”，确定检索点和检索式。其次，确立协同检索式，关注主题词上下位类的扩（缩）检及其全称、简称、缩写和同一主题词不同表述等问题，直到检索文献通过信度、效度检验。

（2）第二步，根据检索文献数量变化划分时间段，处理数据。文献数量变化是预测科学知识增长、推断学科发展阶段的重要标志。图1是年度论文发展趋势。从图1可以看出：1992－1999年是国际那他霉素研究的萌芽期；2000年开始进入快速发展期；2006年以后呈现出蓬勃发展势头。国内那他霉素论文数量在2004年以前缓慢增长；2005年后增加较快。据此，将WOS研究分为3个阶段、CNKI研究分为2个阶段。选取检索文献集合中共现频次≥2、约占16%的高频关键词，同时选取该专业特别关注关键词作为因子分析、战略坐标分析和词频分析样本。

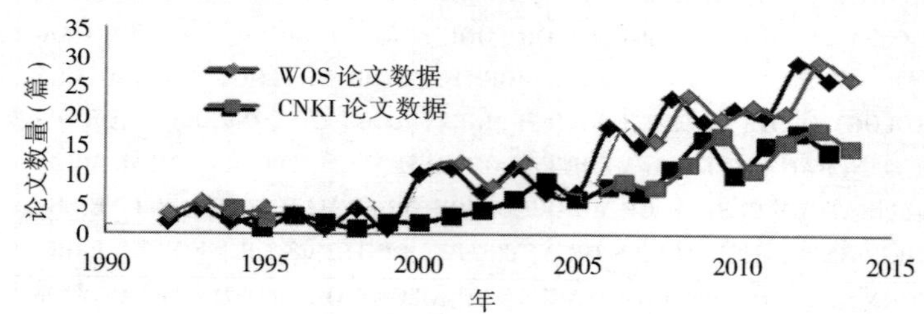

图1　1992－2013年Wos、CNKI那他霉素研究论文年度变化趋势

（3）第三步，按照文献时间段提取检索项信息、梳理数据，构建共现矩阵。具体为：①用Bibexcel软件对WoS文本中检索项（如关键词等）数据进行“信息提取、排序和共现（生成.out、.cit和.coc文件）——数据转换（生成.net文件，而不是.ma2[5-6]文件）——通过Pajek、Matable转化为文本数据——生成共现矩阵”。②用中国医科大学信息管理与信息系统（医学）系崔雷教授开发的Bicomb软件处理CNKI关键词检索项数据，通过“项目——选择、提取文档——统计”等步骤，生成共现矩阵。③清理矩阵数据，

合并同义词，去除高频通用词后，选择高频关键词和该项研究特别关注的关键词数据。

（4）第四步，通过关键词因子分析进行知识分类，按照因子方差贡献率揭示主流学术群体。采用最大方差正交旋转，将具有错综复杂关系的变量综合为少数几个因子，做到既减少计算量，又不会导致信息丢失和变量多重共线性，着重反映因子（即研究方向）之间的联系和结构[21]。以因子方差贡献率5%为界，低于5%为非主流研究区域，5% –15%为主流研究区域，高于15%为高主流研究区域[4]。

（5）第五步，以因子分析为基础，进行战略坐标分析，以确立研究领域内各研究方向热点程度及其联系。战略坐标图由J. Law于1988年提出，其中X轴为向心度，表示类团（研究方向）间相互影响的程度。Y轴为密度，表示某类团内部各主题连接强度。坐标原点位于密度、向心度平均值处[22]。它将二维坐标空间划分为4个象限，按顺时针旋转，第一象限中各研究主题的密度和向心度值均高，内外联系紧密，研究趋于成熟，是整个领域的中心。第二象限中研究主题内部结构不紧密，研究尚不成熟，但正在吸收其他研究的理论、实验方法或技术，具有潜在发展优势；第三象限研究主题的密度和向心度均低，内部结构松散，处于该研究领域边缘地位，当它影响到整个领域发展时，需要重视其中存在的问题；第四象限各研究主题内部连接紧密，而与领域内其他主题联系密切，需加强与领域内其他研究方向联系中走向成熟。

（6）第六步，论文中高频关键词及其内容分析。关键词能鲜明而直观地体现研究主题，前几步初步选题需要具体实验方案和技术路线的支持，因此本研究通过相关学科纳米乳论文关键词分类、排序和频次统计，进行选题的创新性、可靠性实验指标选取、检测和评价。

2.2.2　战略坐标分析

（1）向心度、密度计算。向心度通过某研究方向所有关键词与领域内其他研究方向的关键词之间连接的总和、平方和的开平方加以计算。密度通过该研究方向内关键词之间连接的总和、平方和开平方进行计算[22]。本文选用每个研究方向与其他研究方向的链接总和的均值计算该研究方向的向心度，采取每个研究方向内部链接总和的均值计算该研究方向的密度。并采用编程方法，通过Matlab软件平台，按照一定路径选取Excel文件中矩阵数据，计算各研究方向向心度、密度数据。

（2）各研究方向历年战略坐标分析。以该领域内各研究阶段为行变量，研究方向为列变量，做图连接各时段，各研究方向的向心度、密度时点数据，即在一幅二维坐标图中得到随时间推移的研究主线和研究热点轨迹。

（3）学科分化组合及学科非延续现象战略坐标分析。学科分化、组合现象是在战略坐标图中通过重复学科分化点向心度、密度时点数据表征，这种数据重复次数与学科分化数一致；学科非延续现象通过重复学科非延续点密度、向心度时点数据实现。

3 研究结果

3.1 国内外那他霉素论文关键词因子分析

3.1.1 WoS 那他霉素论文关键词因子分析

1992－2000 年，那他霉素眼部真菌病治疗研究、眼部真菌病原真菌研究和马属动物真菌病治疗为三大高主流研究方向。2000－2005 年，按方差贡献率排序，那他霉素抗真菌研究虽然还在高主流研究领域，但从第一位降至第三位，让位于伏立康唑抑制真菌研究和若干眼部疾病抗真菌药物研究。2005－2013 年，那他霉素治疗眼部疾病研究进一步减少，已退出高主流研究区域，但该领域真菌病研究一直处于高主流区域，说明真菌病广泛存在，且危害大（见表 2）。

3.1.2 CNKI 那他霉素论文关键词因子分析

1992－2004 年，那他霉素有关眼部、皮肤真菌病治疗和生物防腐研究属于该领域高主流学术群体（注：领域内高主流学术群体是因子分析中方差贡献率高的研究方向）。2005 年以后，食品防腐应用及其效果比较研究进入高主流区域，由于那他霉素本身的性质、国家政策和相关行业协会的影响，那他霉素真菌病治疗研究退出主流研究领域（见表 3）。

3.2 国内外那他霉素研究发展态势的战略坐标分析

以上借助因子分析从一维视角揭示了国内外那他霉素研究的主流研究及其变化，在此基础上还应了解各研究方向之间的联系，战略坐标法可从二维视角形象地展示这种联系、变化和发展。

3.2.1 国际那他霉素研究发展态势的战略坐标分析

图 2 是 1992－2013 年国际上那他霉素相关研究情况，总体上分为真菌病研究（方向 1）、眼部病原真菌病及其治疗研究（方向 2）、那他霉素抗真菌研究（方向 3）。其中：

（1）方向 1（1－1、1－2 和 1－3）始终处于第三象限，属于领域内边缘

表 2 Web of Science 那他霉素论文关键词因子分析

主成分	第一阶段			第二阶段			第三阶段		
	研究方向编码	1992－2000 年	方差贡献率/%	研究方向编码	2001－2005 年	方差贡献率/%	研究方向编码	2006－2013 年	方差贡献率/%
方向 1	1－1	马属动物真菌病的治疗	24.649	1－2	真菌类疾病研究	10.262	1－3	动物真菌病研究	19.282
方向 2	2－1	眼部真菌病的病原真菌	25.993	2.1－2	若干眼部真菌病抗真菌药物	23.380	2.1－3	抗真菌药物研究	9.626
				2.2－2	伏立康唑抑杀真菌效果研究	38.947	2.2－3	两性霉素眼部真菌病研究	13.825
方向 3	3－1	那他霉素治疗眼部真菌病	28.231	3－2	那他霉素治疗眼部真菌病	16.293	3.1－3	那他霉素食品防腐	38.768
							3.2－3	那他霉素角膜真菌病治疗	5.65
							3.3－3	那他霉素制备研究	4.087
累计			78.873			88.882			91.239

表 3 CNKI 那他霉素论文关键词因子分析

主成分	第一阶段			第二阶段		
	研究方向编码	1992－2004 年	方差贡献率/%	研究方向编码	2005－2013 年	方差贡献率/%
方向 1	1－1	那他霉素治疗眼部真菌疾病研究	35.945			
方向 2	2－1	那他霉素治疗皮肤真菌疾病研究	31.439			
方向 3	3－1	那他霉素生物防腐研究	26.675			
				3.1－2	那他霉素等食品防腐研究	31.159
				3.2－2	那他霉素生物防腐应用	19.005
				3.3－2	那他霉素鸡毒支原体应用	11.188
				3.4－2	那他霉素食品防腐比较研究	27.759
合计			94.059			89.111

化研究。

（2）方向2研究轨迹分布于坐标原点周围。2001－2005年，眼部真菌病病原真菌研究（方向2－1）分化出其他药物眼部真菌病治疗研究（方向2.1－2）和伏立康唑等对照药物抑杀真菌研究（方向2.2－2）。2006－2013年研究转向眼部真菌病研究（方向2.1－3）和抗真菌药物研究（方向2.2－3）。

（3）方向3研究热点轨迹变化较大。1992－2000年那他霉素治疗眼部真菌病（方向3－1）处于第四象限靠近Y轴处，该研究方向内部联系较紧密，与领域内其他研究联系不紧密。2001－2005年，该研究加强了与其他研究方向的联系，跃入第一象限，成为整个领域的研究中心（方向3－2），2006－2013年该研究分化出3个研究方向：其中那他霉素食品防腐研究迅速加强内部连接至第四象限（方向3.1－3）；那他霉素眼部真菌病治疗研究内外连接迅速减弱至第三象限（方向3.2－3）；那他霉素制备研究迅速加强与外部联系至第二象限（3.3－3），说明那他霉素制备研究正在吸收领域内其他研究成果，具有发展潜力。

值得关注的是，真菌病研究和眼部真菌病及其治疗同处于一个椭圆形区域内，热点程度差异不大，不是领域内研究中心。

3.2.2 国内那他霉素研究发展态势的战略坐标分析

1994－2013年，国内那他霉素研究总体上分为那他霉素真菌病治疗研究（方向1）、那他霉素皮肤真菌病治疗（方向2）及其防腐研究（方向3）三方面（见图3）。

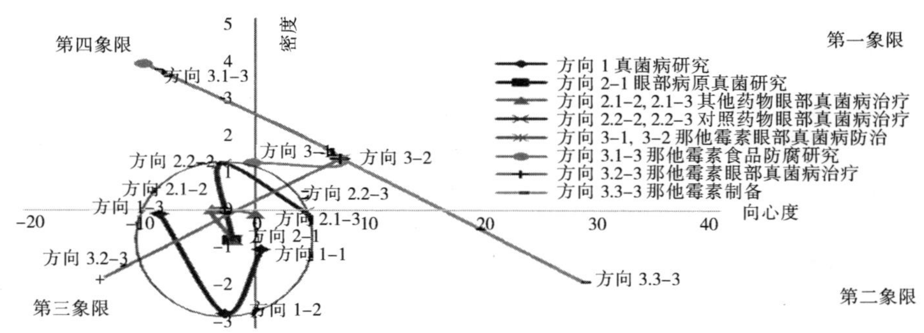

图2　国际那他霉素研究发展态势战略坐标图（1992－2013年）

注：图例中的研究方向编码与表2中一致，各坐标点研究方向标注于前，研究时段标注于后

（1）1994－2004年，该领域集中于3个方面：那他霉素生物防腐（方向3－1）位于第一象限，是整个领域的研究中心，而那他霉素眼部真菌治疗

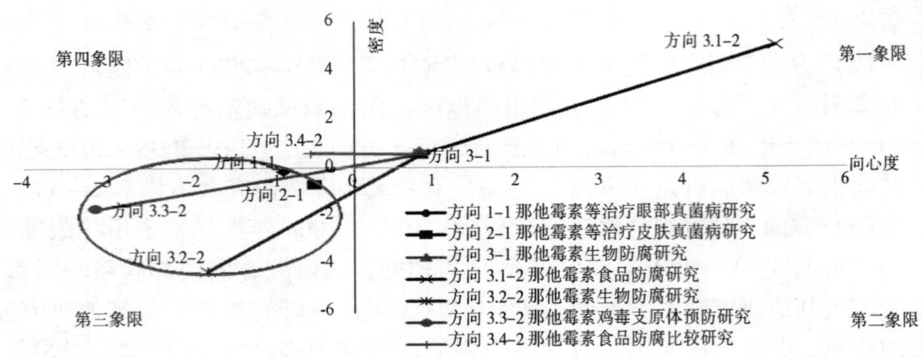

图 3　国内那他霉素研究发展态势战略坐标图（1994 – 2013 年）

注：图例中的研究方向编码与表 3 中一致，各坐标点研究方向标注于前，研究时段标注于后

（方向 1 – 1）和那他霉素皮肤真菌病治疗研究（方向 2 – 1）位于第三象限，属于领域内边缘化研究。

（2）2005 – 2013 年，那他霉素生物防腐研究分化出 4 个研究方向，其中那他霉素食品防腐研究（方向 3.1 – 2）迅速发展为该领域研究中心；那他霉素食品防腐比较研究（方向 3.4 – 2）处于第四象限，虽然有明确的主题，但具有边缘化倾向；那他霉素一般生物防腐（方向 3.2 – 2）及其对鸡毒支原体预防研究（方向 3.3 – 2）内外连接迅速减弱至第三象限，而那他霉素皮肤和眼部抗真菌研究则从第三象限退出热点研究领域。

1996 年我国食品添加剂委员会建议批准使用那他霉素；1997 年 3 月，我国卫生部批准那他霉素为食品防腐剂；2008 年 3 月卫生部列出那他霉素为食品添加剂的使用标准。从图 3 可以看出，1996 年后我国那他霉素食品防腐研究跃入主流学术研究领域，说明国家政策及其专业委员会指导对那他霉素研究有重要影响。

那他霉素眼部、皮肤真菌病研究、生物防腐及其支原体预防研究同处于第三象限椭圆形区域内，处于该领域内边缘化地位，表 2 显示，动物真菌病研究一直处于高主流研究区域，说明真菌病广泛存在，且危害大。因此，要发挥那他霉素高效、低毒、广谱的抑杀病原真菌的作用，应从改良其水溶性差抗菌活性敏感的性质入手，以获得新的突破。

3.3　纳米乳研究高频关键词计量分析

如表 4 所示，本文在纳米乳评价体系中，稳定性、药物的溶解度、粒径尺寸等是基本质量检测指标；生物利用度、药物动力学、药物传递以及经皮渗透性等是药效评价的重要指标；未见国内外选择纳米乳为那他霉素药物载体的研究，因此那他霉素纳米乳研究具有创新性。

表 4　纳米乳论文中高频关键词及其研究内容分类

研究内容	高频关键词（词频）
质量评价指标	stability（19）；solubility（13）；solubilization（7）；conductivity（6）；microstructure（6）；particle size（6）；phase inversion temperature（4）
药效学评价指标	bioavailability（31）；pharmacokinetics（29）；drug delivery（10）；skin permeation（7）；biodistribution（5）；cytotoxicity（5）；safety（5）；toxicity（5）；permeability（5）；antifungal activity（4）
理论基础	microemulsion polymerization（26）；phase diagram（24）；emulsionpolymerization（11）；phase behavior（9）；atom transfer radical polymerization（5）；nanotechnology（4）
纳米乳组成成分	core-shell polymer（33）；surfactant（12）；polypyrrole（7）；cosurfactant（6）；acrylamide（5）；antioxidant（5）；nonionicsurfactant（5）；polyaniline（5）；polystyrene（5）；chitosan（4）；emulsifier（4）；glycerol monolaurate（4）；water ~ soluble polymers（4）；oleic acid（4）
研究方法	transdermal delivery（42）；differential microemulsion polymerization（6）；DSC（5）；dynamic light scattering（5）；esterification（5）；intranasal（4）；microemulsion electrokinetic chromatography（4）
实验药物	propofol（6）；celecoxib（5）；Ibuprofen（5）；quercetin（5）；cyclosporinA（4）；ketoprofen（4）；paclitaxel（4）；Ramipril（4）

由上述可视化、定量和定性分析可知，那他霉素纳米乳制备和药效评价研究具有创新性和前瞻性。首先，从配方筛选、活性剂优化到药物比例等考虑制备那他霉素纳米乳，并评价其粒径尺寸、形态、长期稳定性；其次，以雏鸡霉菌性角膜炎为病理模型，对那他霉素纳米乳及其原料药混悬液临床药效进行比较；最后，以伏立康唑、两性霉素 B 等为阳性药物参照，将抑菌试验、药敏试验、安全试验、生物利用度和体内残留试验等检测指标纳入实验方案。

4　结论与讨论

4.1　结　论

（1）在明确科研背景、目标、学科范围的基础上，进行多学科协同的文献专业检索，跟踪科研进程，适时调整检索点、观察点和检索式是贴近科研实际、构筑知识基础的有效途径。

（2）通过因子分析和优化战略坐标分析可选择更加符合那他霉素科研实际的知识分类，能够分别从一维、二维视角直观表征学科结构及其分化、组合、转移和非延续现象，多视角揭示知识间的联系、变化和发展。以此分析科研发展态势及诸影响因素（如国家政策、行业重大事件等），对于国家政策的理性预期、科研基金申请及一般科研选题等都具有重要的辅助决策作用；对科研人员，尤其是对于科研积淀不深的年轻学者，把握科研态势，迅速走向科学前沿更加有利。

（3）在战略坐标分析过程中，采用自编程序及相关软件（MATLAB）进行数据自动化处理，使得过程更加简便，结果更加准确。

（4）结果表明，以优化战略坐标分析法为核心，通过多学科文献专业检索——数据挖掘——数据清洗——因子分析——可视化分析等步骤，以那他霉素药物剂型改造为切入点，通过高频关键词及其研究内容分类，确认目标动物、真菌疾病、病原真菌、相关实验检测指标和技术路线，制定实验方案，其结果与该研究传统方法选题结果基本一致[20]，而且观察更加系统、全面、迅速和直观。这种可视化、定量和定性分析相结合的多视角科学观察，有利于围绕主题展开协同研究，形成多视角研发新思维，提高科研选题的有效性和创新性。

4.2 讨 论

科学研究始于问题的发现和表达。海森堡、李四光和科学哲学家波普尔都曾指出：准确提出一个问题，问题就解决了一半。其中正确分解问题预示着课题将会以什么方式和步骤解决，克服哪些基本难点等，这将直接影响科研成败[23]。

传统选题方式多为科研人员从专业视角出发，以定性的方法进行，知识图谱方法能够根据知识间的关联度系统、直观地表征相关领域的前沿演进。其中优化战略坐标分析则是战略坐标方法更加广泛深入的实际应用，这使得知识梳理、数据处理、学科分化组合以及学科非延续等现象的表征更加方便快捷、多元化，更加贴近科研实际。在优化战略坐标分析过程中，需关注以下几方面问题：

4.2.1 跟踪科研进程，多学科构筑知识基础

那他霉素纳米乳的研究涉及药学、微生物学和纳米药物学等学科，它早期用于角膜真菌病等治疗，但由于本身性质局限及新用途的发现，其主流研

究向食品防腐转移。因此药学专业需要进一步精炼学科，关注那他霉素剂型及其抑杀真菌效果研究；食品专业相关研究则需调整检索点和观察点，形成新的检索式，如："那他霉素"、"那他霉素 and 目标食品" 等。

4.2.2 信息分步提取，数据逐级验证、梳理

目前一些软件从信息提取到图谱绘制一步完成，其优点是减少中间环节，节省时间，但难以进行同义词的归并，不利于按需要选词和灵活处理数据。笔者在数据验证中发现在 .coc 文件共现数据与 .ma2 文件[5-6]矩阵中，行、列交叉点数据不一致，经过反复推断、转换数据，才获得共现矩阵。因此分步提取信息，逐级验证数据，合理选择数据，是保证数据贴近科研实际的重要步骤。本研究采用计算机编程和矩阵软件运算方式，提高了密度和向心度计算速度和准确性，但在数据清理与关键词合并过程中还存在手工操作的情况，因此如何提高数据整理效率，尚需进一步探讨。

4.2.3 调整知识分类，优化战略分析

目前战略坐标分析[7-19]均以聚类分析为基础，这虽然避免了专家分类的主观性，但其中各类别之间没有主次之分，也未顾及词间概念的逻辑联系，有可能将概念不太相关的词聚在一类；在聚类过程中，一个主题词只能归入一个类目，而科研实际中一个主题词可能与多个子领域具有联系[9]，因此聚类不一定反映学科实际，而因子分析既能保持概念间的逻辑关系和各因子（研究方向）间的独立，又可反映一个主题词变量被若干因子解释的客观实际（在此过程中该主题词变量存在灰度阶段），还可通过方差贡献率表征各研究方向的主流程度。本研究以因子分析为基础，更加合理地绘制战略坐标图，构建随时间推移该领域研究热点纵向谱系，揭示学科分化、组合、转移和非延续现象。而面对科研实际，聚类分析和因子分析在知识分类中适用条件的研究，尚需要进一步探讨。

4.2.4 多视角信息分析相辅相成

通过因子分析从一维视角按照方差贡献率分时段揭示各主流研究结构及其态势，在此基础上进行战略坐标分析，则可分别从一维、二维视角分时段揭示该领域内各研究方向的主流程度及其联系、变化和发展趋势，验证那他霉素剂型亟待改进的判断。纳米乳的材料多，用途广，影响因素众多，通过词频分类可揭示纳米乳研究主要实验检测指标，有利于选题中实验方案的制定，当文献量不大时仍可采取定性分析的方法。

参考文献：

[1] 张晓林. 颠覆数字图书馆的大趋势［J］. 中国图书馆学报，2011（9）：4－11.

[2] 李雅，黄亚娟，杨明明，等 . 知识图谱方法科学前沿进展实证分析——以动物肠道纤维素酶基因工程研究为例［J］. 情报学报，2012（5）：479－486.

[3] 廖胜姣，肖仙桃 . 科学知识图谱应用研究概述［J］. 情报理论与实践，2009（1）：123－125.

[4] 刘则渊，陈悦，侯海燕，等 . 科学知识图谱方法与应用［M］. 北京：人民出版社，2008.

[5] 姜春林，陈玉光 . CSSCI 数据导入 Bibexcel 实现共现矩阵的方法及实证研究［J］. 图书馆杂志，2010（4）：58－64.

[6] 李雨洪 . 基于共词分析的国内竞争情报领域研究现状分析［D］. 南京：南京信息工程大学，2008.

[7] An X Y，Wu Q Q. Co-word analysis of the trends in stem cells field based on subject heading weighting［J］. Scientometrics，2011，88（1）：133－144.

[8] 沈君，王续琨，陈悦，等 . 战略坐标视角下的专利技术主题分析——以第三代移动通信技术为例［J］. 情报杂志，2012（11）：88－94.

[9] 钟伟金 . 共词分析法应用的规范化研究——主题词和关键词的聚类效果对比分析［J］. 图书情报工作，2011，55（6）：114－118.

[10] Jiménez-Contreras E，Delgado-Lózar E，Ruiz-Pérez R，et al. Co-network analysis［C］//ISSI 2005：Proceedings of the 10th International Conference of the International Society for Scientometrics and Informetrics. Stockholm：Karolinska University Press，2005.

[11] Yang Y，Wu M Z，Cui L. Integration of three visualization methods based on co－word analysis［J］. Scientometrics，2012，90（2）：659－673.

[12] 王凌燕，方曙，季培培 . 利用专利文献识别新兴技术主题的技术框架研究［J］. 图书情报工作，2011，55（18）：74－78，23.

[13] 崔雷，杨颖，王孝宁 . 重点学科发展战略情报研究（二）——共词战略坐标［J］. 情报理论与实践，2009（7）：29－31.

[14] Lee B，Jeong Y I. Mapping Korea's national R&D domain of robot technology by using the co－word analysis［J］. Scientometrics，2008，77（1）：3－19.

[15] Lee M R，Chen T T. Revealing research themes and trends in knowledge management：From 1995 to 2010［J］. Knowledge－Based Systems，2012，28：47－58.

[16] Liu Gaoyong，Hu Jiming，Wang Huiling. A co-word analysis of digital library field in China［J］. Scientometrics，2012，91（1）：203－217.

[17] Zong QianJin，Shen Hongzhou，Yuan Qinjian，et al. Doctoral dissertations of library and information science in China：A co－word analysis［J］. Scientometrics，2013，94

(2): 781 -799.

[18] Pino-Diaz, Jimenez-Contreras E, Ruiz-Banos R, et al, Evaluation of techno - scientific networks: A Spanish network on protected areas, according to the Web of Science [J]. Revista Espanola De Documentacion Cientifica, 2011, 34 (3): 301 -333.

[19] Ozel B. Cognitive structures and collaboration patterns in academia [C] //Proceedings of the 13th Conference of the International - Society - for - Scientometrics - and - Informetrics. Durban: ISSI, 2011.

[20] 芮弦. 那他霉素纳米乳的研制及药效评价 [D]. 杨凌: 西北农林科技大学, 2012.

[21] 张文彤, 董伟. SPSS统计分析高级教程 [M]. 北京: 高等教育出版社, 2004.

[22] Law J, Baurin S, Courtial J, et al. Policy and the mapping of scientific change: A co-word analysis of research into environment acidification [J]. Scientometrics, 1988, 14 (3): 251 -264.

[23] 郭日生, 周元, 周海林, 等. 科学研究中的方法创新 [M]. 北京: 社会科学出版社, 2011.

作者简介

李雅, 西北农林科技大学图书馆研究馆员;

侯海燕, 大连理工大学网络 - 信息 - 科学 - 经济计量实验室副教授;

杜香莉, 西北农林科技大学图书馆研究馆员;

芮弦, 西北农林科技大学动物医学院硕士研究生;

欧阳五庆, 西北农林科技大学动物医学院教授, 博士生导师, 通讯作者, E-mail: oywq506@ sina. com;

张歆杰, 西北农林科技大学图书馆助理馆员。

典型农业前瞻案例中情景分析法的应用分析*

邢颖　董瑜　袁建霞　张博　杨艳萍　张薇

（中国科学院文献情报中心）

近年来，由于人口增加、资源短缺及气候变化，全球农业和粮食系统面临巨大的挑战和冲击，如何在未来供养全球人口是摆在各国决策者面前的重大问题。为了探讨未来粮食系统的可能前景及相应的发展路径，国际上一些农业研究及相关战略研究机构先后开展了若干农业前瞻研究。前瞻研究是一种审慎的研究与思考活动，通过展现一系列未来可能路径以扩大认识的范围、扩展对新问题和新形势的认知，并支持战略思考和决策[1]。前瞻研究的主要方法包括文献回顾法、情景分析法、趋势外推法、SWOT 法、技术路线图法、德尔菲法、头脑风暴法等[2]。其中情景分析法（scenario analysis）是一种重要的前瞻研究方法。

情景分析法是在对经济、产业或技术的重大演变提出各种关键假设的基础上，通过详细、严密地对未来进行推理和描述来构想未来各种可能的方案[3]。情景分析法能有效描绘未来变化的进程，在战略规划、政策分析、决策管理等领域有很大的适用性。近年来，情景分析法越来越多地应用于具有高度复杂性和不确定性的全球性问题，在社会、经济、生态环境、农业和可持续发展前瞻研究中产生了一些代表性成果。

本文选择近期农业前瞻研究作为典型案例，分析总结情景分析法在农业前瞻实践中的应用特点，包括情景研究的类型、情景分析流程及情景构建技术等。

1　典型农业前瞻案例概述

本文选择 2009 年至今国际知名农业研究与战略研究机构开展的 6 个针对

* 本文系中国科学院重点部署项目“保障粮食安全和现代农业发展的政策研究”（项目编号：KSZD－EW－Z－021）研究成果之一。

粮食安全和农业发展的代表性前瞻研究进行分析。6个案例均以情景分析法作为核心方法，分析预测了未来远期全球粮食供应与消费、粮食贸易、饥饿风险的可能趋势，分析了气候变化、资源限制、技术发展可能带来的影响，探讨了未来粮食系统的可能前景及发展路径。各案例的背景及情景分析概况见表1。

从表1可以看出，这些农业前瞻研究的时间跨度都很长——至2050年或更远的未来；地理范围都覆盖了全球。构建的情景层次有的较简单，只有2个主情景；有的较复杂，有主情景和子情景，甚至还构建了敏感性情景、特别情景、参考情景等。

2 情景分析分类

情景分析有多种分类角度，本文选择3个分类角度对前瞻研究案例进行剖析。

2.1 定性定量分类法

情景发展过程中如果以定性的文字、资料描述分析为主，则为定性情景分析；如果较多地使用了数字化信息和模型模拟，则为定量情景分析。

农业前瞻研究案例中，SCAR前瞻和SLU前瞻属于定性情景分析，IFPRI前瞻、Foresight前瞻和IIASA前瞻则是定量情景分析，均采用模型进行定量模拟。如IFPRI前瞻综合利用了3个生物物理和社会经济模型，包括农业技术转移决策支持系统（DSSAT）模型和水文模型估算不同管理体系和气候变化情景下的作物产量，并将结果输入国际农业商品和贸易政策分析（IMPACT）模型，模拟未来全球市场各种农产品的生产、需求和价格。Foresight前瞻采用了两个模型模拟粮食系统：IMPACT模型模拟不同主情景和子情景下全球粮价和营养不良人口数量，全球经济系统（GLOBE）模型分析特别情景中贸易政策和其他外部过程等驱动力的变化如何影响粮食系统。IIASA前瞻主要采用了世界粮食系统（WFS）模型计算使全球需求和供应达到平衡的国际市场结算价格。上述模型或为单独使用，或为综合利用，一个模型的输出结果作为另一个模型的输入信息，或为并行使用，同一案例根据研究问题的不同使用功能相同、原理和特点不同的模型。Agrimonde前瞻属于定性和定量相结合的情景分析，利用了Agribiom模型分析计算粮食资源与利用间的平衡，并利用定性假设补充定量分析的结果。

2.2 目标分类法

按照实施情景分析的目标来分，回答“将发生什么”这一问题为预测性

表 1　主要国际农业和粮食前瞻研究案例

序号	项目	实施机构	发布年份	简称	预测期	地理范围	构建的情景
1	《至 2050 年粮食安全、农业和气候变化:情景、结果和政策选择》[4]	国际粮食政策研究所(IFPRI)	2010	IFPRI 前瞻	2050 年	全球各政治单元	主情景有 3 个,分别是乐观、基准和悲观情景;每种情景还分为 5 个气候子情景,分别为 2 种较暖湿、2 种较干冷及 1 种气候不变子情景;总计形成 15 个未来情景
2	《Agrimonde,在 2050 年供养全球的情景与挑战》[5]	法国国家农业研究院(INRA)与法国国际农业发展研究中心(CIRAD)	2009	Agrimonde 前瞻	2050 年	全球 6 个主要地理区间	有 2 个情景,分别是积极情景 Agrimonde GO 和规范情景 Agrimonde 1
3	《至 2050 年的 5 个情景——农业和土地利用状况》[6]	瑞典农业科学大学(SLU)	2011	SLU 前瞻	2050 年	全球和欧洲	有 5 个情景,分别是过度开发的世界、均衡的世界、国际力量平衡变化的世界、觉醒的世界和破碎的世界,每个情景都有全球情景和欧洲情景两部分。其中,针对国际力量分布和自然资源两个驱动力还构建了亚情景
4	《资源约束条件下可持续粮食消费和生产》[7]	欧盟委员会农业研究常设委员会(SCAR)	2011	SCAR 前瞻	2050 年	全球和欧洲	有 2 个情景,分别是以“经济增长是人类发展的唯一途径”作为主要假设的生产力情景和以“农业创新、行为变化等使粮食满足需求”作为主要假设的丰足情景

续表

序号	项目	实施机构	发布年份	简称	预测期	地理范围	构建的情景
5	《全球粮食与农业的未来:实现可持续性的挑战与选择》[8]	英国政府科技办公室(GO－Science)	2011	Foresight前瞻	2050年	全球	主情景有3个,分别是乐观、基准和悲观情景;每个主情景还有5个气候变化子情景,分别代表较暖湿、较干冷及不变的气候未来;特别情景为针对特定地区粮食生产、需求和治理的10个不同情景
6	《气候变化和生物燃料如何改变粮食和农业的长期未来》[9]	国际应用系统分析研究所(IIASA)	2011	IIASA前瞻	2080年	全球	共有14个情景。其中,气候情景有4个;生物燃料发展情景有6个,第一代生物燃料利用的敏感性情景有4个

情景（predictive scenarios），回答“能发生什么”为探索性情景（explorative scenarios），回答“如何实现一个具体的目标”为规范性情景（normative scenarios）[10]。

根据这一分类法，IFPRI 前瞻、Foresight 前瞻和 IIASA 前瞻是预测性情景分析。3 个研究都是在设定的情景条件下，利用定量模型模拟分析未来粮食系统的变化，预测未来主要农作物的产量、价格、国际贸易量、耕地面积、日均卡路里消费、5 岁以下营养不良儿童比例等指标的变化情况。SLU 前瞻对影响全球粮食未来的重要驱动因素进行了鉴别、分析和赋值，分析不同因素不同状态的组合，并由专家小组进一步研讨确定未来情景，属于探索性情景分析。SCAR 前瞻研究利用专家小组构建了两个情景，在这两种情景框架下，识别了向可持续粮食消费和生产系统转变的 3 个主要途径，为规范性情景分析。Agrimonde 前瞻构建的 AGO 和 AG1 情景分别采用了两种情景分析类型。其中 AGO 情景假定在完全自由的情况下，世界粮食生物量生产和使用按照历史发展特征向前发展，其分析为探索性分析；AG1 情景先假设了到 2050 年需实现的可持续性目标，再探讨实现这一目标所需采取的行动，是规范性情景分析。

2.3 情景轮分类法

国际一体化研究中心（International Central for Integrative Systems，ICIS）发展了一种综合分类方法[10]，该方法有 3 个分类标准：情景分析的功能是探究性研究还是决策支持，情景分析程序是客观的（如采用模型或某种规范程序）还是依赖主观直觉；情景分析实施过程是复杂的（如涉及多个工作组或多次分析）还是简单的。根据这一分类法，本研究对案例前瞻进行了分类，并采用情景轮给予展示，如图 1 所示：

6 个案例前瞻都开展了较为复杂的情景分析，且以客观分析、探究性研究为主。其中，IFPRI 前瞻、Foresight 前瞻、SLU 前瞻的情景分析都属于采用客观方法的探究性研究，Agrimonde 前瞻属于兼有主客观性的探究性研究，SCAR 前瞻为主观性的探究性研究，而 IIASA 前瞻则为较客观的决策支持研究。

以不同的分类角度对案例前瞻研究案例进行剖析表明，这些案例的情景分析类型多样，各项研究间目标、功能、主客观程度、定性或定量程度都各具特色，既有定量情景分析，也有定性情景分析，并以客观分析、探究性研究为主。

3 情景分析流程

本研究中农业前瞻应用的情景分析过程可归纳为 4 个主要阶段：第一阶

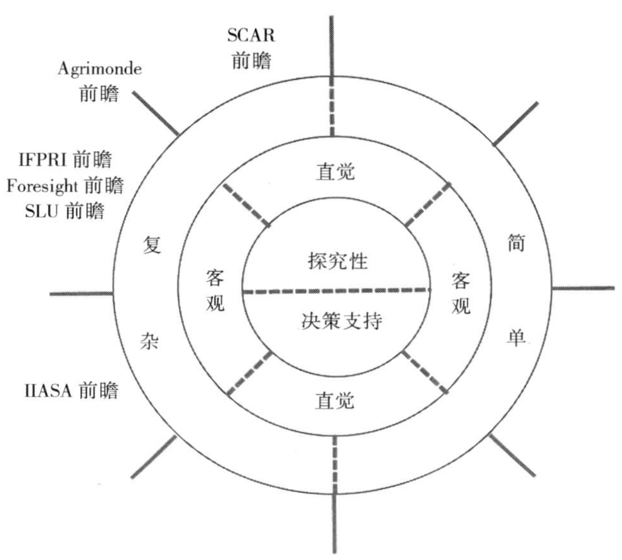

图 1　农业前瞻案例的情景轮分类

段是确定情景分析问题，包括分析历史文献，确定情景的类型和范围，选择利益相关方和参与者，明确情景分析的主题，识别关键指标和潜在的影响政策；第二阶段为情景构建阶段，包括分析关键驱动力、讨论面临的不确定性、构建情景框架等；第三阶段为情景发展阶段，包括发展情景故事、进行定量分析、路径评估等；第四阶段是情景完善、提出情景方案和政策选择。

农业前瞻依定性和定量情景分析的不同在流程上有所差异（见表 2）。法国 Agrimonde 前瞻采用了定性和定量相结合的情景分析方法，分析流程与其他农业前瞻差异较大。其他情景分析更多采用单向、线性的流程，各阶段有相互独立的操作内容。Agrimonde 前瞻情景的构建与发展融合在一起，定量分析和定性分析形成了反馈和循环迭代过程以描述完整的情景。

综上，农业前瞻案例中，定量情景分析的流程比定性分析复杂一些，主要体现在根据定量研究的需要增加了数据获取步骤和定量模拟分析步骤。定性与定量相结合的情景分析研究过程最为复杂——定性分析与定量分析互为补充，以充分利用二者的优势。

表2　定性情景和定量情景分析在情景分析各阶段的差异

分析阶段	定性情景分析（SCAR前瞻、SLU前瞻）	定量情景分析（IFPRI前瞻、Foresight前瞻和IIASA前瞻）	定性定量结合情景分析（Agrimonde前瞻）
阶段一：确定问题	对文献进行回顾分析，识别关键指标用以做下一步分析和情景构建的基础。指标为非量化指标	对文献进行大量综合评价以提取情景构建和定量分析所需的数据，包括各种社会经济统计信息、农艺参数数据、各种量化指标等	对文献进行大量综合评价以提取情景构建和定量分析所需的数据，包括各种社会经济统计信息、农艺参数数据、各种量化指标等
阶段二：构建情景	分析关键驱动力、构建情景框架	分析关键驱动力、构建情景框架	选择情景构建原则，对不同情景进行定量假设；为变量赋值并输入Agribiom模型，模拟分析未来各种生物量；计算粮食资源与利用间的平衡，如不平衡调整假设；专家检验定量分析的一致性，利用定性假设补充定量情景以呼应不同路径；明确情景启示，反馈调整初始定量假设，并再次模拟，重复上述过程
阶段三：情景发展	利用定性资料进行详细的、令人信服的情景描述	应用定量分析模型计算、评估和预测各农业指标的未来值，提出具体的、有科学依据的结果	
阶段四：情景完善	提出情景方案和政策选择	提出情景方案和政策选择	描述完整情景，分析讨论假设及经验教训

4　情景的构建

情景的构建是情景分析法的核心。情景的构建有多种技术，本研究通过案例分析，归纳出所选农业前瞻中情景的构建主要有5种技术：基于驱动力分析构建情景、参考已有情景构建新情景、通过模型构建情景、根据分析问题的需要构建情景、通过专家参与构建情景。

4.1　基于驱动力分析构建情景

粮食系统的驱动力主要包括人口数量、GDP增长率、人均收入、粮食消费量等社会经济驱动力，土地利用、水资源量、气候变化等自然资源驱动力，技术开发、扩散等技术驱动力以及管理驱动力等。基于不同驱动力在未来发展的不同假设，可以构建情景，作为分析的起点。

6个前瞻研究案例都采用了驱动力分析的方法构建情景。IFPRI前瞻和英国 Foresight 前瞻的主情景都基于世界人口增长和 GDP 增长等主要社会经济驱动力而构建，子情景则基于未来气候变化的假设而构建。SCAR 前瞻基于人口增长、农业生产与消费、资源限制、粮食安全状况、技术进展等的不同未来构建情景。IIASA 前瞻情景构建所依据的主要驱动力是社会经济驱动力及气候变化、生物燃料的利用等。瑞典 SLU 前瞻全球情景的构建基于 8 个主要因素，包括人口增长、国际力量分布、经济发展、气候变化、自然资源、能源获取、新技术的开发和扩散、消费模式。Agrimonde 前瞻以粮食获取和分配、饮食习惯的改变、非粮食产品的需求、经济自由化与国际贸易、环境管制、维持过去增产的能力及气候变化等因素为驱动力形成未来情景。

4.2 参考已有情景构建新情景

已有的代表性前瞻研究如千年生态系统评估（MA）、政府间气候变化专门委员会（IPCC）排放情景特别报告（SRES）等利用情景分析法构建了社会经济、资源发展、气候变化专门情景，并具有重要的研究影响力，被广泛认可，可以在此基础上进一步构建农业发展情景。

法国 Agrimonde 前瞻构建了两个情景，其中 Agrimonde GO（AGO）情景以 MA 的全球协同情景为基础从粮食和农业的角度构建，Agrimonde 1（AG1）情景基于 Griffon 于 2006 年提出的一种情景并进一步完善而构建。IFPRI 前瞻和 Foresight 前瞻在气候变化子情景的构建中引用了 IPCC SRES 的 A1B 和 B1 排放情景来模拟未来的温度和降水。IIASA 前瞻气候情景的构建则利用了 IPCC SRES 的 A2 排放情景；其生物能源发展情景的构建利用了国际能源机构 2008 年发布的世界能源展望的参考情景；此外，IIASA 前瞻的基准情景也利用了联合国粮农组织的两个已有情景。

4.3 通过模型构建情景

模型的应用在情景构建中发挥了重要作用。SLU 前瞻利用了综合形态学分析模型构建了 5 个未来情景：首先利用模型识别影响粮食生产的不同驱动力（因素），并确定各因素不同假设状态的取值，关联所有因素的状态值并评估他们的内部一致性，分析选择内部一致的状态值组合，以此作为构建情景的基础。Agrimonde 前瞻利用 Agribiom 模型分析评估粮食生物量的生产、贸易和使用及其过去与未来的平衡，结合定量假设可构建出定量情景。IIASA 前瞻中空间气候情景的构建利用了 FAO/IIASA 的农业生态区（Agro - Ecological Zone，AEZ）模型。模型将气候变化参数与观测数据相结合产生未来的温度、降水、光照等气候数据，进一步计算得出变化气候下作物适宜性评估和单产潜力，并基于耕作的自发性调适和 CO2 对作物单产肥效作用的不同假设构建空间气候变化情景。

4.4 基于问题需要构建情景

Foresight 前瞻在 3 个主情景和 15 个子情景外，还针对全球特定地区粮食生产、需求和治理的不同状况，如南亚干旱、发展中国家灌溉效率改善等假设，开发了 10 个特别情景进行模拟来验证粮食安全对各种可能冲击事件的敏感性。IIASA 前瞻在生物能源发展情景的构建中，为分析第一代生物燃料的生产对粮食系统的影响，根据第一代生物燃料在运输能源中的比重构建了 4 个敏感性情景。

4.5 通过专家参与构建情景

Agrimonde 前瞻组建了由各种背景、专长和学科的专家组成的工作组，以及由 20 个来自法国粮食系统相关机构的代表组成的专家咨询委员会。工作组和专家委员会检验定量分析的一致性，进一步构建定性假设，并通过将定性假设整合入定量假设，形成完整情景。SCAR 前瞻研究由专家小组在基于文献的元分析、回顾其他前瞻研究的基础上通过专家讨论构建了两个相互对比的叙事情景。SLU 前瞻项目成立了一个由来自不同领域的研究人员和不同组织的代表组成的专业小组，通过召开研讨会，识别影响粮食生产的驱动力、确定各驱动力的取值、进行交叉影响评估、识别备选情景。

前瞻研究案例中，情景的构建根据研究的过程和分析的问题综合采取 2－4 种技术（见表 3）。其中，基于驱动力分析构建情景是重要的情景构建技术，6 个前瞻研究案例都采用了驱动力分析法，具有高不确定性、高影响力的驱动力是影响情景变化的关键因素。

表 3　农业前瞻案例的情景构建技术

情景构建方法	基于驱动力分析	参考已有情景	利用模型	根据特定问题	专家参与
IFPRI 前瞻	★	★			
Agrimonde 前瞻	★	★	★		★
SLU 前瞻	★		★		★
SCAR 前瞻	★				★
Foresight 前瞻	★	★		★	
IIASA 前瞻	★	★	★	★	

5 结 论

基于以上对近期国际重要机构典型农业和粮食前瞻案例的分析，笔者认为农业前瞻实践中情景分析法的应用具有如下主要特征：①情景分析类型多样，各项研究间目标、功能、主客观程度、定性或定量程度各具特点，既有定量情景分析，也有定性情景分析，并以客观分析、探究性研究为主。②情景分析流程随定性或定量分析类别不同有所差异，主要体现在分析数据的获取及是否利用了定量模型进行模拟，定性与定量情景分析相结合的研究过程较复杂。③农业前瞻研究的情景构建采用了包括基于驱动力分析、参考已有情景、利用模型、根据问题需要、专家参与等5种技术，驱动力分析法采用较多，其他技术往往与驱动力分析法结合使用来共同构建情景。④模型应用在情景的构建和分析中发挥着重要作用。模型不仅应用于定量情景分析的情景发展，还应用于定性情景分析的情景构建；模型或单独使用，或多个模型结合利用；同一分析根据研究问题的不同还使用了功能相同而原理和特点不同的模型。

情景分析法是一种仍在发展中的前瞻研究方法，随着其在实践中越来越多的应用，相关理论也在不断探讨中得以丰富。分析情景分析法在特定领域如农业领域应用的不同模式和特征，有助于更好地利用该方法为战略决策提供帮助。

参考文献：

[1] Habegger B. Strategic foresight in public policy: Reviewing the experiences of the UK, Singapore, and the Netherlands [J]. Futures, 2010, 42 (1): 49 - 58.

[2] 纪凯龄. 前瞻方法论初探 [J]. 科技发展政策报导，2008 (5): 87 - 91.

[3] 岳珍，赖茂生. 国外“情景分析”方法的进展 [J]. 情报杂志，2006，25 (7): 59 - 60，64.

[4] International Food Policy Research Institute. Food security, farming, and climate change to 2050: Scenarios, results, policy options [EB/OL]. [2013 - 01 - 14]. http://www.ifpri.org/sites/default/files/publications/rr172.pdf.

[5] French National Institute for Agricultural Research, French Agricultural Research Centre for International Development. Agrimonde scenarios and challenges for feeding the world in 2050 [EB/OL]. [2013 - 01 - 14]. http://www.agrimonde.org/agrimonde/Agrimonde-Phase-1/Goals.

[6] Swedish University of Agricultural Sciences. Five scenarios for 2050——Conditions for agriculture and land use [EB/OL]. [2013 - 01 - 14]. http://www.slu.se/en/collabo-

rative-centres-and-projects/future-agriculture/activities/scenarios/europe/.

[7] European Commission - Standing Committee on Agricultural Research. Sustainable food consumption and production in a resource-constrained world [EB/OL]. [2013-01-14]. http://ec.europa.eu/research/agriculture/scar/index_en.cfm?p=3_foresight.

[8] The Government Office for Science, UK. The future of food and farming: Challenges and choices for global sustainability [EB/OL]. [2013-01-14]. http://www.bis.gov.uk/foresight/our-work/projects/published-projects/global-food-and-farming-futures.

[9] International Institute for Applied Systems Analysis. How can climate change and the development of bioenergy alter the long-term outlook for food and agriculture [EB/OL]. [2013-01-14]. http://www.fao.org/docrep/014/i2280e/i2280e00.htm, http://www.fao.org/economic/esa/esa-activities/perspectives/en/.

[10] 娄伟. 情景分析理论与方法 [M]. 北京: 社会科学文献出版社, 2012: 103, 104.

作者简介

邢颖，中国科学院文献情报中心助理研究员，E-mail：xingy@mail.las.ac.cn；

董瑜，中国科学院文献情报中心副研究员，E-mail：dongy@mail.las.ac.cn；

袁建霞，中国科学院文献情报中心副研究员；

张博，中国科学院文献情报中心助理研究员；

杨艳萍，中国科学院文献情报中心助理研究员；

张薇，中国科学院文献情报中心副主任，研究员。

面向情报获取的主题采集工具设计与实现*

谷俊　翁佳　许鑫

（上海宝山钢铁股份有限公司）

1　引　言

大数据时代，伴随着互联网上信息爆炸式的增长，依靠传统的人工手段越来越难以从互联网上快速准确地获取所需信息。另一方面，随着企业对竞争情报的愈发重视，互联网上的信息采集、整理与分析也成为了企业情报部门较为重要的一项工作。面对上述矛盾，如何在耗费较少资源的前提下，从互联网上快速准确地获取主题信息成为了企业情报部门急需解决的问题，情报人员也迫切希望面向主题的互联网信息获取工具能够达到更完备的领域信息搜集、更快的更新速度等目的，而且情报人员还希望其具有自动发现领域内的主要资源的能力[1]。

针对这一问题，本文设计了一套互联网信息采集工具，尝试以链接分析与网页文本分析为基础，以用户提出的检索词为匹配条件，实现互联网信息的定题采集。

2　相关研究

互联网主题信息采集指的是根据用户指定的主题内容在有限的网络空间内，选择性地对那些与预先定义好的主题集相关的页面进行采集，发现与主题相关的信息资源，为用户提供专业化、个性化的信息服务[2]。

目前国外这方面的研究成果较为丰富，S. Chakrabarti 等人提出了一种基于主题的网络采集工具，该工具通过对样本网页的学习获取采集主题，并以此为依据进行互联网采集[3]；C. C. Aggarwal 等人提出了根据页面之间的链接

* 本文系上海市科技发展基金软科学研究项目“大数据环境下基于领域本体的情报处理分析方法研究——以钢铁行业为例”（项目编号：14692107100）研究成果之一。

关系进行 Web 主题信息采集的方法[4]；Nie Zaiqing 等人提出了一种对象级链接分析模型——PopRank，用于判定网页链接的重要程度，相对于传统的 PageRank 算法，该模型的准确性更高[5]。

而在国内，从事主题采集方面研究的学者也较多，杜义华等人通过建立网页资源库，结合网络爬虫、内容分析等技术，实现了互联网信息采集系统，并能够对所采集信息进行规整和分类[6]；宫进等人首先为待下载的站点定制一套下载模板，再根据模板进行网页下载和内容抽取，并实现了自动更新的功能[7]；罗立宏等人针对通用搜索引擎采集结果不够准确的问题，提出了基于规则的智能网络蜘蛛搜索方法并予以实现[8]；许鑫等人采用通用搜索引擎与垂直搜索引擎相结合的互联网主题信息采集策略，结合基于文本密度的网页正文抽取方法设计并实现了一个针对侨情的互联网主题信息采集系统[9]；姚双良提出了一种基于主题的 Deep Web 聚焦爬虫框架，该框架能够很好地适应特定主题的结构化 Deep Web 信息采集，提高了采集效率[10]。

面对企业情报部门日益强烈的互联网主题信息采集需求，笔者结合工作实践，在已有互联网信息采集方法的基础上，提出一套适用于企业竞争情报采集的信息采集方法与工具，以提高情报人员的工作效率。

3 系统设计

互联网主题采集工具的主要原理是根据用户输入的检索词及其权重，自动匹配互联网上相关网页，并对采集结果进行文本提取。采集工具主要包括系统管理及采集准备、URL 分析与提取、模板学习、正文内容抽取等模块。其流程为通过分析用户输入的检索词集合及其权重，利用用户给定种子 URL 进行扩展抓取，对于抓取到的网页，通过模板学习，自动识别出内容抽取模板，并根据模板提取相关网页内容，再按照检索词和权重，对采集到的内容进行筛选，最后将结果返回给用户，如图 1 所示：

3.1 系统管理及采集准备模块

主要负责转换用户的采集需求，包括采集种子 URL，是否使用搜索引擎，采集深度、采集用检索词及权重等内容。如果用户选择了使用搜索引擎，则系统会在采集准备阶段利用检索词对百度和谷歌两大搜索引擎进行检索，并根据设定抽取前若干页的 URL 作为种子 URL。

3.2 URL 分析与提取模块

该部分根据当前页面上的 URL 格式、位置和锚文本，判断其是否符合正文页面采集规则，并将符合规则的 URL 放入待采集队列中进行处理。如果碰

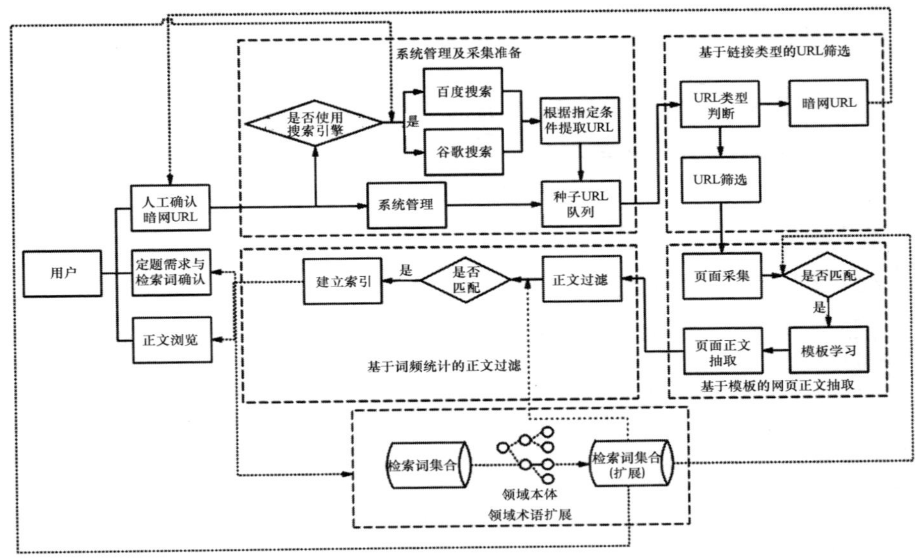

图1　主题采集工具流程

到了暗网链接，则直接把结果反馈给用户，让用户进一步确认是否采集。

3.3　模板学习模块

该部分从队列中随机抽取2个页面HTML源码作为样本进行对比，利用改进的DSE算法进行模板学习，形成网页正文内容的抽取模板。

3.4　正文抽取模块

该部分根据抽取模板的定义，剔除待抽取网页上的广告、相关推荐、网站地图、网站菜单等干扰文字信息，抽取其中的标题、正文等主要内容，并将其提交给Solr搜索引擎工具构建全文索引，最终将结果返回给用户。

3.5　检索词集合

检索词集合是用户在创建采集任务时提交给系统的主题相关关键词及其权重，主要作用为：① 采集准备阶段将检索词提交给搜索引擎处理；② 为避免占用计算机硬盘资源，在模板学习之前系统按照关键词匹配的方式对需要采集的网页进行初步筛选，符合条件的网页才能够进行抓取和模板学习等工作；③ 在内容抽取模块中，系统会根据检索词及其权重对采集的内容进行进一步筛选后再返回给用户，以确保采集结果的准确性。

4 关键技术研究

互联网主题采集中，需要解决的主要问题包括正文 URL 筛选、模板构建与内容抽取、网页正文筛选等，本文通过基于链接类型的 URL 筛选、基于模板的网页正文抽取和基于词频统计的正文过滤来解决上述问题。

4.1 基于链接类型的 URL 筛选

4.1.1 网页链接的分类

网站 URL 的生成方法并没有统一的规定，每个网站中所提供的 URL 形式也都不尽相同，但是现有的绝大部分行业门户网站出于提高访问速度、防止黑客攻击等目的，通常会按照一定的目录结构为动态网站创建静态页面，辅以固定格式的 URL。对这些 URL 进行深度分析后，有些学者[11]发现貌似无规律的网站 URL 其实也有章可循，如图 2 所示：

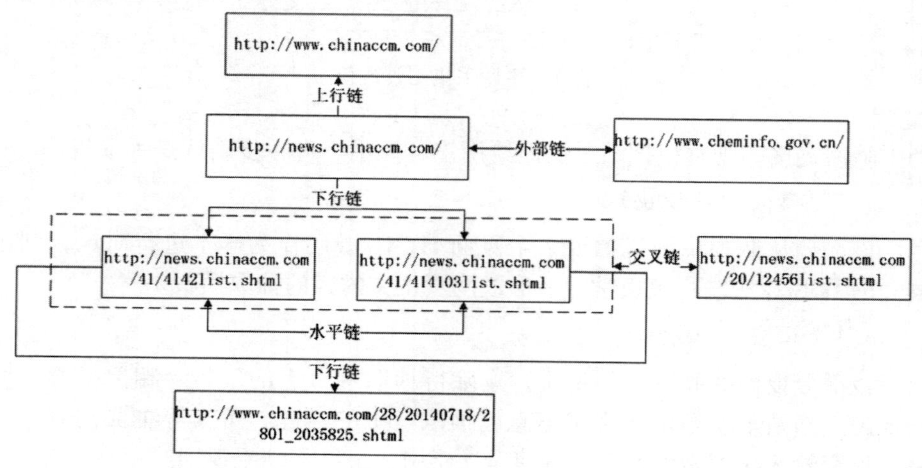

图 2 网站链接类型

图 2 以中华商务网为例，展示了一般网站的基本链接类型，包括下行链、水平链、上行链、外部链和交叉链。

（1）下行链。目标页面是当前页面的下级页面，通常是提供更详细的列表或者正文的页面，在 URL 格式上表现为当前页面的子目录。

（2）水平链。目标页面与当前页面处于同一级目录中。一般来说，如果两个页面之间的链接关系为水平链，通常有几种可能性：①两个页面同为列表页面，页面上显示为同一个大栏目下的子栏目列表；②同为内容页面；③

由于有些网站目录结构不太清晰，不同类型的网页有时会放在同一目录下，无法直接判断出网页之间的关系，需要进一步加以区分，此类链接也属于水平链的范畴。

（3）上行链。目标页面为当前页面的上级页面，在URL格式上表现为当前页面的上级目录，或者当前域名的上级域名，例如http：//www. abc. com与http：//news. abc. com。

（4）外部链。目标页面不是当前页面所在网站，在URL格式上表现为与当前页面的一级域名不同。这种链接所指向的网页一般与用户所需的内容关联不大，通常为广告链接或者友情链接等。

（5）交叉链。目标页面不属于当前页面所在目录，但是与当前页面的路径深度相同。因此，如果当前页面为内容页面，那么交叉链所指向的目标页面极有可能也是内容页面。

另外，在网页链接中还存在框架链和暗网链。其中，框架链一般以<iframe></iframe>的形式存在，比较容易识别。但经笔者的观察，一般新闻动态类网站不太会采用此类链接来展示信息，因此本文不予考虑；暗网链接[12]一般以<form></form>形式出现，在action属性中指向了form提交的地址，一般出现在专利、论文或标准检索平台中。对于此类链接，需要使用用户提供的检索词集合进行模拟检索，并将检索结果以样例的形式反馈给用户，由用户最终确定是否采集。这方面的工作笔者将另行撰文，在此不再赘述。

4.1.2 链接提取规则

主题信息采集的主要目标是抓取互联网上含有正文内容的页面，剔除非列表或索引页面。用户在输入种子URL时，通常会指定采集目标网站的主站地址，例如：http：//www. abc. com；同时，为了提高采集结果的召回率，利用搜索引擎检索时，系统也会将搜索引擎匹配到的URL转换为该目标网站的顶级URL后再进行采集。因此，外部链指向的网页基本不符合用户的采集主题需求，可以舍弃。

通过观察，笔者发现在网页采集过程中，下行链、水平链和交叉链极有可能成为正文网页的首选链接。以网站首页为例（见图3）：①首页页面中通常包含栏目（菜单）页面、内容页面、广告以及友情链接等几种类型的链接，栏目页面链接和正文页面链接相对于首页均为下行链，需要保留；②在栏目页面中，包含栏目页面、正文页面、广告等类型的URL，其中栏目页面的链接属于水平链或交叉链，而正文页面的链接属于下行链，需要经过URL去重判断后保留；③在正文页面中，除指向首页和栏目页面的上行链之外，还包括了指向其他内容页面的水平链和交叉链，因此，水平链和交叉链需要保留，而上行链也需要进行重复检测，判断其是否已经在待采集队列中。

图 3　网站首页链接类型分布

另外，单纯的链接规则抽取一般无法达到较高的准确性，还需要通过对链接的上下文进行分析，才能进一步提高链接抽取的准确率。本文主要对链接中的文本进行判定，确定其为正文网页还是列表网页，再确定其提取方法。网页链接的类型，如表 1 所示：

表 1　网页链接类型

序号	网页类型	链接类型	链接文字	URL
LINK_ B	当前网页		日常信息列表	http: //www. abc. com/41/414103list. shtml
LINK_ 1	目标网页	下行链	［板材］澳大利亚正式废除碳税矿山受益	http: //www. abc. com/41/20140718/2302_ 2036759. shtml
LINK_ 2	目标网页	下行链	钢价反弹仍需基本面持续好转	http: //www. abc. com/41/20140717/4142_ 2032513. shtml
LINK_ 3	目标网页	下行链	行情智库	http: //www. abc. com/41/01/ServicePage01. shtml

续表

序号	网页类型	链接类型	链接文字	URL
LINK_ 4	目标网页	水平链	定制报告	http：//www. abc. com/41/414103list. shtml
LINK_ 5	目标网页	上行链	中华商务网	http：//www. abc. com/index. aspx
LINK_ 6	目标网页	交叉链	中商视点	http：//www. abc. com/42/4142list. shtml

从表1可以看出，LINK_ 1、LINK_ 2 和 LINK_ 3 均为当前网页的下行链，但是 LINK_ 1 和 LINK_ 2 属于正文页面，而 LINK_ 3 属于列表页面，如果依然按正文页面的方式处理，则会把不相关的内容下载到本地，因此，还需要对这些链接进行区分。通常门户网站中指向正文的链接都会包含一个比较长的锚文本（即标题），因此，笔者认为可以利用链接中的文本长度进行区分，文字长度超过一定阈值的链接处理为内容网页链接，同时与用户提供的检索词进行匹配，将符合条件的放入下载列表中，而将长度小于阈值的链接处理为列表网页链接，放入监控队列进一步处理。由此，通过指定深度的采集，能够提取出目标网站的所有正文页面。

4.1.3　链接提取方法

根据上述链接提取规则，可以利用种子 URL 对网站进行链接提取。具体过程为：

定义1：LinkCollection 存储属于下行链、水平链和交叉链的 URL 集合，同时包括这些 URL 的链接文字、链接类型等信息。

定义2：PageUrlCollection 存储指向内容页面的 URL 集合，这些 URL 可以直接进行下载、模板学习等后续处理。

定义3：NodeUrlCollection 存储指向列表页面的 URL 集合，这些 URL 可以根据用户设定的采集深度确定是否需要继续提取该页面上的 URL。

具体过程为：①判断目标网站是否需要登录，如果需要登录，则进行网站登录操作，并记录 Session；②访问种子 URL，提取页面中的所有链接，判断其链接类型，符合链接提取规则的存入 LinkCollection 中；③递归访问 Link-Collection 中的 URL，根据链接提取规则，提取页面上属于下行链、水平链和交叉链的 URL，存入 LinkCollection 中；④对 LinkCollection 进行循环访问，判定其是否属于内容页面链接。若属于内容页面链接，则放入 PageUrlCollection 中，否则放入 NodeUrlCollection 中；⑤对于 PageUrlCollection 中的 URL，可以保留下来，用于后续步骤的处理，NodeUrlCollection 中的链接，则根据用户设定的网站采集深度，确定是否需要进一步提取 URL。

4.2　基于模板的网页正文抽取

经过 URL 的筛选和提取，PageUrlCollection 中的 URL 基本都指向了正文页面，可以直接下载下来。但是这些页面上除了有正文信息外，还包含了大量的广告、栏目链接、脚本、网页样式等不相关的内容，会导致用户的检索结果不准确，需要将其剔除，仅保留标题、内容等主要信息。

现在绝大多数网站是通过一套或几套网页模板来生成动态或静态网页，在这种网页中，其页面结构基本没有变化，只是网页中的正文内容是从数据库中调出的[13]，显示会有所不同，见图 4。

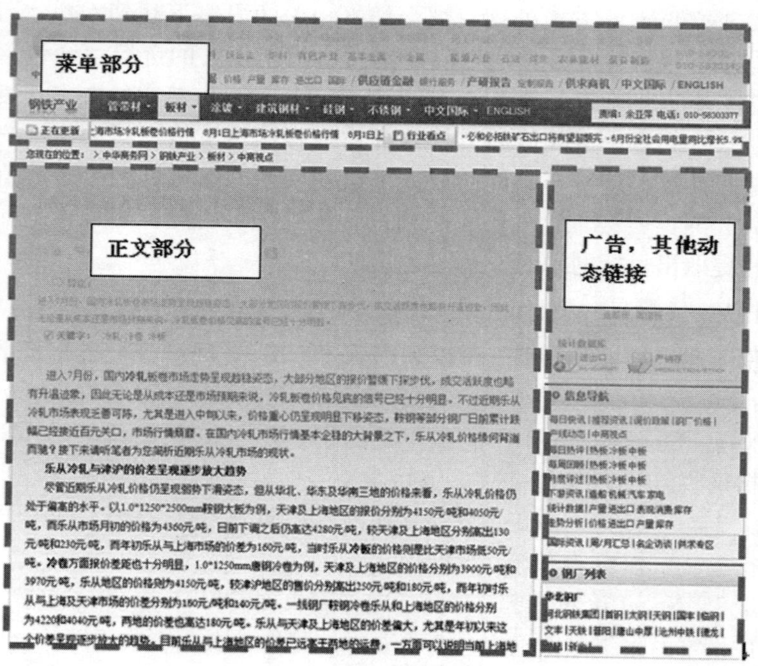

图 4　中华商务网正文页面结构

以中华商务网为例，该网站所发布的正文页面包括四大主体部分。页面的顶部属于页面头（top），包括菜单、登录区域等；右侧包含广告和其他推荐资讯等链接；左侧为正文部分，也是需要进行抽取的主要部分；页面的下方是页面尾（bottom），包括网站地图链接和版权声明。由此可见，通过模板的学习，生成一个或一系列目标网站的正文抽取模板，可以实现对目标网站页面内容的抽取。

在前面的步骤中，已经将指向网页内容的URL提取了出来，因此本模块的主要作用便是通过对这些URL的访问，形成正文抽取模板，并根据模板实现正文抽取，具体流程，如图5所示：

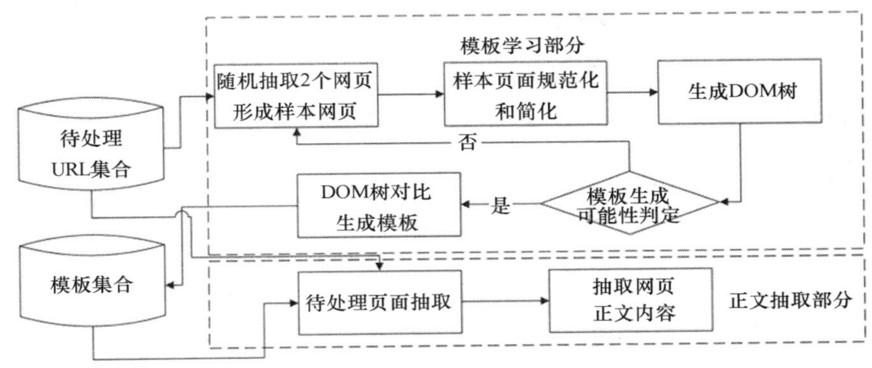

图5 模板学习与正文抽取流程

4.2.1 预处理

在预处理部分，系统从待处理URL集合中随机抽取2个URL并访问，对得到的源码进行规范化和简化处理，供后续步骤使用。预处理包括编码转换和噪音信息过滤两个步骤。

（1）编码转换。互联网上网页的常见编码方式包括gb2312、unicode、utf－8、gbk、big－5等，系统访问网页时，需要将其转换为默认编码，否则在读取时会出现乱码的情况。系统在转换编码方式时采用两种方法：①在用户提交种子URL时，填入采集站点的字符编码，字符编码可以从<meta http－equiv＝"Content－Type" content＝"text/html；charset＝utf－8"/>中获取；②如果用户未提供站点的编码，或者通过搜索引擎获取的URL无法直接给出站点编码时，采集工具则会从目标页面返回的HttpResponse头信息中自行获取。系统根据站点的编码信息访问网页并将其转换为系统默认编码，以实现采集网页编码格式的统一。

（2）噪音信息过滤。噪音信息过滤的主要目的是将网页上与正文内容无关的标签进行筛选和过滤，提高后续模板学习的效率。噪音信息主要包括<link>、<script>、<style>、<input>、<object>等标签及其包含的内容。需要说明的是，<img>标签中所包含的是图片信息，图片信息可能出现在网页结构中，也可能出现在正文中。但由于本文研究的主要内容是提取网页正文并交给搜索引擎工具处理，最终向用户展示的是检索结果和目标网页的链接，无需包含正文中的图片，因此，<img>标签也可以作为噪音信息进行过滤。本文使用正则表达式匹配的方式剔除噪音信息。

4.2.2 模板学习

经过预处理后的网页 HTML 源码可以利用 HtmlAgilityPack 工具包转换为 DOM 树。HtmlAgilityPack 工具包[14]是.NET 下的一个 HTML 解析类库，可以将 HTML 源码直接转换为 DOM 树，同时，还支持用 XPath 来解析 HTML，处理 HTML 非常便捷。通过遍历 DOM 树，对样本网页进行比较，即可得到正文的抽取模板。

（1）节点类型。如图 4 所示，出于提高网页美观程度、增加广告和访问量等目的，互联网上的 Web 站点会在正文页面展示一些辅助信息，这些信息与正文内容并无太大关系。这些内容所在的节点在 HTML 表示中通常是不太发生变化的，而正文内容则会根据页面的不同而不同。因此，笔者认为 HTML 源码中的 DOM 节点可以分为静态节点、动态节点和混合节点。

定义 4：静态节点（STATIC）为对比的两个样本网页中，从叶子节点开始到当前节点属性和内容均相同的节点。

定义 5：动态节点（DYNAMIC）为对比的两个样本网页中，当前节点属性或内容不同的节点。如果动态节点过多，则可能表示随机抽取的两个网页分属于不同的模板，需要回到前面的步骤中重新抽取 URL。

定义 6：混合节点（MIX）为对比的两个样本网页中，既包含静态子节点也包含动态子节点的节点。

其中，判定为静态节点的部分属于两个样本网页的相同部分，可以作为模板节点，动态节点的部分可能包含了需要抽取的正文内容，而混合节点需要进一步判定。

（2）节点比较与模板生成。Wang Jiying 和 F. H. Lochovsky 提出了基于模板的网页内容抽取 DSE 算法[15]，这是一种基于文档对象模型的方法，抽取效率较高，但还存在一些不足：①DSE 算法认为，如果节点的标签名和属性相同，则两个节点完全相同，这种方法脱离了网页的内容。比如现有网站很多是使用标签<p></p>或<div></div>为正文进行分段的，如果按照 DES 算法，标签和属性均相同即属于相同节点，则会在正文抽取部分丢失真正的正文信息；②DES 算法会把相同节点剔除，也增加了丢失正文的可能性。因此，本文对其进行了改进，增加了内容判定的部分，并保留相同节点，确保信息抽取的完整性和准确性。节点比较样例如图 6 所示：

图 6 是一个简化的节点比较和模板学习示意图，通过节点比较，会生成

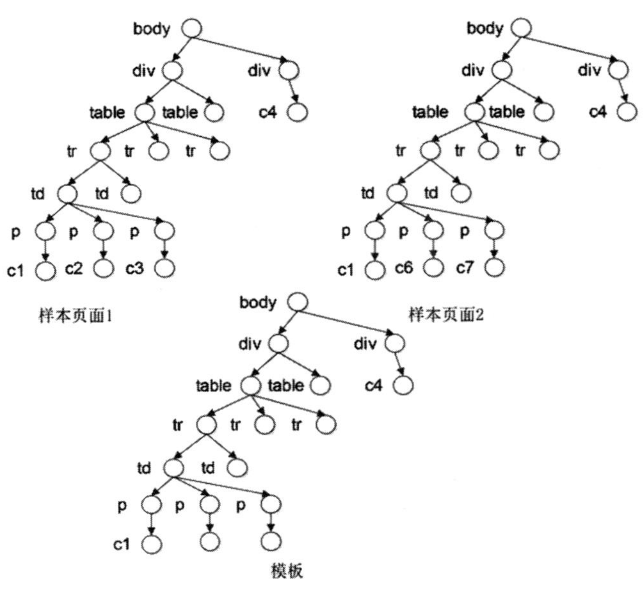

图 6　模板学习示意

包含 STATIC、MIX 和 DYNAMIC 三类节点的网页抽取模板，而其中 DYNAMIC 型节点即为需要进行正文内容抽取的节点。具体比较过程如下：①（$body_1$，$body_2$）节点为父节点，因此暂定该节点为 MIX 类型。②（div_{11}，div_{21}）节点也为父节点，暂定为 MIX 类型，而（div_{12}，div_{22}）中有相同的文本内容 C_4，因此可以界定为 STATIC 类型节点。③（$table_{11}$，$table_{21}$）为父节点，定为 MIX 类型；右侧（$table_{12}$，$table_{22}$）节点为叶子节点，节点标签与属性相同，且该节点中并没有文本内容，因此定为 STATIC 类型节点。④同理，（tr_{11}，tr_{21}）、（td_{11}，td_{21}）均为 MIX 类型节点；（p_{11}，p_{21}）的标签名、属性和文本内容均相同，定为 STATIC 节点；（p_{12}，p_{22}）和（p_{13}，p_{23}）节点虽然标签和属性相同，但是文本内容不同，为 DYNAMIC 类型节点。

经过第一轮判定后，DOM 树中的节点类型基本可以确定。但是在第一轮判定中有子节点的父节点均被定为 MIX 类型节点，这是不合理的，会影响正文抽取的精度。因此，还需要对 MIX 类型的节点重新梳理，即遍历 MIX 类型节点的子节点，如果这些子节点及其下级节点均为 STATIC 类型，那么该父节点则需要调整为 STATIC 类型。这样，就可以生成用于目标网站内容的抽取模板，以 XML 格式保存。

4.2.3 正文抽取

基于正文抽取模板，便可以开展网页中正文内容的抽取工作。抽取过程与模板生成的过程类似，具体步骤为：①提取待采集队列中的一个 URL 进行访问，返回 HTML 源码；②对 HTML 源码进行编码转化和噪音信息过滤；③根据 HTML 生成 DOM 树；④用模板的 DOM 树与待处理 DOM 树进行匹配，抽取 DYNAMIC 类型节点中的正文内容。

另外，为了提高不同类型页面的区分度，一个综合性的行业门户网站通常会使用2-3 套模板来发布不同类型的新闻[16]，那么使用上述抽取方法时可能出现无法匹配的情况，说明待处理页面可能需要使用新的模板进行正文抽取，因此，系统会将该页面单列出来，再进行一次模板学习，生成新的模板后再进行正文抽取。

情报分析工作具有快速及时的特点，因此互联网信息采集也必须遵循快速获取的规则。传统的基于自然语言处理的正文抽取方法，虽然抽取准确率较高，但是比较耗费时间，对于计算机的资源需求也较高，不太适用于快速采集。而本文所采用的基于模板匹配的方法，不管是模板学习还是模板匹配部分，仅需要比较 DOM 树上的同级节点即可。若 DOM 树的高度为 H，每层节点的最大数量为 N，那么最大计算次数也仅为 H^N 次。如果在比较过程中碰到了不同节点，会直接将该节点标记为 DYNAMIC 类型节点，无需对其子节点进行比较，因此实际计算次数远小于 H^N 次，其速度相对快于基于自然语言的方法。另外，基于自然语言的抽取方法需要人工配合进行语料的学习，也会耽误大量的采集时间，而本文所提出的模板学习方法则不需要太多的人工干预，可节约采集时间，符合情报工作的要求。

4.3 基于词频统计的正文过滤

对于检索词集合的处理，本文使用了笔者的研究成果[17]，将用户输入的检索词放入了钢铁领域本体中进行了进一步拓展，形成了较为全面的领域术语集合。对于扩展后术语集，再由人工确定每个术语的权重，并增加至检索词集合中。

在 URL 提取部分，系统将符合用户检索词的 URL 全部放入了待采集队列。匹配规则为：如果 URL 的指向页面中的文本（含正文文本、锚文本、广告文本等）匹配到检索词集合中的任意一个词，均表示该网页符合采集要求，可以采集。这种做法能够确保最大限度地抓取与用户检索意图相关的网页，但是也会带来大量的非主题相关网页。主要原因是：①检索词可能会出现在锚文本或广告文本里而非正文中；②即使检索词出现在了正文中，正文也极有可能是一笔带过，并非代表了文章的主旨。

如果对这些网页不加筛选地进行采集，会造成采集结果不准确，不仅加重情报人员辨识有效信息的负担，也会浪费计算机资源。因此，需要在存储和索引所采集的网页之前，再进行一次筛选，以确保所采集信息的准确性。

一般说来，某个词在正文中出现的频次越多，越能说明它代表了文章的主题。但是正文的内容长短不一，网页上发布的消息报道短的可能只有几十个词，而较长的研究报告可能有几百上千个词，利用简单的词频统计则极有可能过滤掉比较重要的网页。因此，需要将检索词的词频与正文中术语的总数放在一起考虑正文的匹配度。

另外，用户在添加检索词时，会根据所采集主题的需求为每个检索词赋予权重值，例如"（不锈钢，0.9）、（设备，0.5）、（产线，0.3）"，其权重代表了检索词在正文中的重要程度，也可以作为正文筛选的重要依据。具体过程为：

（1）对于已经抽取的网页正文部分，使用 ICTCLAS 中文分词工具[18]进行分词处理，去除"的"、"了"等无意义的虚词，形成正文词汇集合 T，计算正文词汇总数 Count（T）。

（2）对用户检索词集合中的项目进行遍历，计算每个检索词在文中出现的频次，记为 Count（t_i）。

（3）如果用户提供的检索词 t_i 在正文词汇集合 T 中没有出现，则有两种可能：①t_i 不在分词工具的词库中，因此无法识别；②正文文本中本身就没有词语 t_i。因此，针对第一种情况，采用字符串比对的方式进行第二次匹配，如果还无法得到 Count（t_i），说明正文中没有 t_i，那么 t_i 得分为 0。

（4）利用公式 1 计算网页得分，超过一定阈值的网页则允许下载和进一步处理。

$$Score(p) = \sum_{i=1}^{n} \frac{Count(t_i)}{Count(T)} * r_{ti} \quad \text{（公式 1）}$$

其中，*Count*（t_i）表示第 i 个检索词的词频，*Count*（T）表示页面正文中所有词的总数，r_{ti} 表示第 i 个检索词用户设定的权重。

正文过滤的结果会与已下载的页面以及页面的 URL 一起提交给 Solr 搜索引擎工具生成索引，供情报人员检索浏览，完成整个主题信息采集流程。

5 系统实现与结果分析

5.1 系统实现

系统实现以 C#作为开发语言，为了提高系统的使用效率，使其能够适应多用户、多任务运行模式，系统配置与管理部分采用B/S架构，拥有系统账号的用户均可以访问Web管理平台，在平台上进行设定采集任务、配置采集类型、查看采集进度和采集结果等操作；在服务器端，系统使用单机版采集程序，该程序可监控用户提交的采集任务并进行采集，实时返回采集结果，如图7所示：

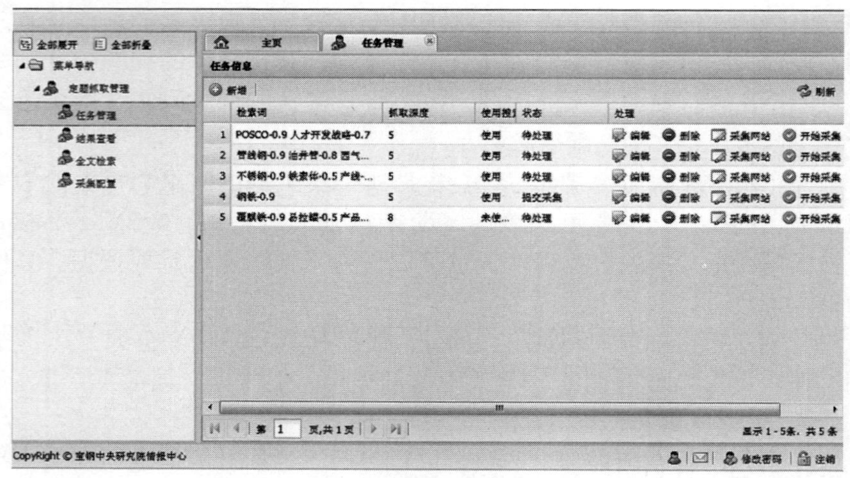

图7　主题采集工具配置界面

此外，为了提高采集速度，采集程序部分使用了多线程的采集方法，最大可同时运行100个采集线程，对计算机的硬件配置要求较高。因此，使用一台服务器执行采集任务，硬件配置为2路双核CPU，频率为2.51GHz，硬盘为1T，内存为16G，操作系统为Windows 2008 Server，数据库管理系统为SQL Server 2008 R2。

5.2　结果分析

目前该工具已经应用于某国有大型钢铁企业的情报工作，到目前为止，共设定了采集任务241个，用户自行提供的领域检索词1 000余个，经本体扩展后的检索词共计6 000余个。为了验证该工具的采集效果，笔者随机提取了5个已经运行的采集任务，分别从URL识别和最终的正文过滤两个部分各自提取1 000条结果进行人工判断。其中，对URL识别的正文页面进行分析，可以判定本文所提出的内容网页URL识别方法的准确性；对正文过滤的结果进行分析，则可以了解按检索词及其权重进行筛选的准确率。结果如表2所示：

表 2　主题采集准确率

任务编号	URL 筛选网页数（个）	正确网页数（个）	准确率（%）	正文过滤网页数（个）	正确网页数（个）	准确率（%）	综合准确率（%）
1	1 000	956	95. 60	1 000	988	98. 80	94. 45
2	1 000	981	98. 10	1 000	979	97. 90	96. 04
3	1 000	985	98. 50	1 000	983	98. 30	96. 83
4	1 000	974	97. 40	1 000	996	99. 60	97. 01
5	1 000	959	95. 90	1 000	985	98. 50	94. 46
平均	–	971	97. 10	–	986. 2	98. 62	95. 76

从表 2 可以看出，本系统所使用的方法无论是在 URL 筛选还是正文过滤方面准确率都较高。其中 URL 筛选部分，准确抽取含正文的内容网页 971 个，平均准确率达到了 97. 10%；在关键词正文过滤部分，准确过滤的网页达到了 986. 2 个，平均准确率达到 98. 62%。综合准确率反映了本系统的整体采集效果，平均为 95. 76%，处于较高水平，基本适用于企业的互联网主题信息采集工作。

5. 3　系统特点

本文所提出系统是根据笔者在情报工作实践中遇到的主题采集方面的问题来设计与实现的，主要满足情报人员快速准确地采集主题信息的要求。相对于传统互联网主题采集工具，具有以下特点：

5. 3. 1　关键词语义扩展

传统互联网主题采集工具需要人工制定抓取策略，始终无法避免与信息检索相同的“忠实表达”、“表达差异”和“词汇孤岛”[19]等问题，易导致采集结果不全，精度难以保证。本文所提出系统利用已有的领域本体对用户提出的关键词集合进行语义扩展，有效地增加用于主题匹配的词汇数量，使得抓取结果相对全面。

5. 3. 2　主题相似度匹配更准确

传统的互联网主题采集在关键词匹配方面，将关键词在网页标题和正文中的匹配结果赋予不同的权重进行计算，有助于筛选掉相关性不大的页面，这种匹配方式更加适用于门户网站等综合类网站。而对于企业情报部门来说，除了需要关注上述网站外，还需要关注收费的行业网站、竞争对手的企业网站等，这些网站的页面组织形式并不标准，不太适用于传统的主题采集。就笔者观察来看，主要有以下两种情况：①在<title>标签中的标题仅仅显示网站的名称，不显示所展示内容的标题，例如 http：//www. baosteel. com/group/contents/1670/76510. html，这种页面在企业门户的新闻网页中比较常见；②<title>标签中不仅显示正文标题，还显示当前所在栏目和网站名称等信息，例如 http：//www. metalinfo. com. cn/db/db005/201408/t20140821_295494. htm，这种页面在付费的行业网站中比较常见。

对于上述情况，如果使用传统的主题采集方法，从<title></title>标签中提取网页标题，由于干扰信息的存在，有可能造成采集结果的不准确。因此，本文将标题与正文合并在一起考虑，将抓取结果提交给情报人员，由情报人员人工筛选，确保采集结果的准确性。

5.3.3 采集速度更快

目前的主题采集方法中，利用自然语言处理方法进行主题相关性判断方面的研究也较多。但是这种方法需要大量的语料积累，并需要耗费较长时间进行处理。对于企业情报搜集来说，搜集速度是情报人员面临的一个重要问题，特别是当情报搜集任务比较紧，而且情报人员对于任务所涉及领域并没有过多研究时，如果通过自然语言处理方法进行主题相关性判断，则会大大影响信息采集和处理的速度。本文所提出的利用关键词权重直接匹配计算的方法则能够在较短时间内快速抓取互联网上相关页面，比较适用于企业的情报实践。

5.3.4 利用公共搜索引擎扩大主题采集范围

传统主题采集工具会利用目标网站中展示的外部链接来进行扩展采集，达到同一主题网络信息抓取的目的。这种方法可以最大限度地抓取某一主题所有网页，但是网页遍历的过程比较耗时，同样不太适用于企业情报工作。本文所提出的方法一方面抓取用户定义好的网站；另一方面将用户提出的匹配关键词经本体进行语义扩展后提交给搜索引擎进行检索后抓取，可以在较短的时间内抓取主题相关网页，能够及时为情报人员提供主题相关的抓取结果。

6 结 语

互联网上信息的日益丰富，一方面为情报人员全面获取信息提供了保障，另一方面也给他们快速准确地获取所需信息带来了挑战。如何快速准确地从互联网上按主题获取信息，成为企业情报人员工作的一个难点。本文设计并实现了一套面向互联网的主题采集工具，通过 URL 筛选、抽取模板学习、正文抽取和过滤等步骤，完成互联网上信息的有效采集利用，为提高情报工作的效率提供了帮助。

但是本文所提出的采集工具还存在一些不足，主要包括：

（1）采集和正文过滤的依据是用户提供的检索词及其权重，虽然本文通过领域本体对检索词列表进行了扩展，但是扩展后检索词的权重依然依靠人工方式确定，易出现采集结果不全的问题；

（2）该系统的主要采集对象是网页上发布的文本信息，其实在互联网上还有以 PDF、Word、PPT 等文件形式存在的产品手册、可持续发展报告、年报、季报等丰富的情报资源。仅仅采集文本信息必然会丢失大量的信息，导致采集结果不够全面。

因此，在下一步的工作中，笔者将一方面尝试设计基于领域本体的互联网信息采集工具，同时通过本体中概念间的关系，扩充用户的检索词，同时通过本体中术语之间的关系来调整检索词的权重，使其更加符合采集主题的需求；另一方面，通过对互联网上二进制文件资源的分析，增加 PDF、Word、PPT 等资源的采集方法，提高工具的采集效果。

参考文献：

[1] 李晓明，闫宏飞，王继民．搜索引擎——原理、技术与系统［M］．北京：科学出版社，2005.

[2] 许鑫，黄仲清，邓三鸿．互联网侨情信息采集系统设计与实现［J］．现代图书情报技术，2010（Z1）：95－101.

[3] Chakrabarti S, Van Den Berg M, Dom B. Focused crawling: A new approach to topic－specific Web resource discovery［J］. Computer Networks, 1999（11）：1623－1640.

[4] Aggarwal C C, Al-Garawi F, Yu Philip S. Intelligent crawling on the World Wide Web with arbitrary predicates［C］//Proceedings of the 10th International Conference on World Wide Web. Hong Kong: ACM, 2001：96－105.

[5] Nie Zaiqing, Zhang Yuanzhi, Wen Jirong, et al. Object-level ranking: Bringing order to Web objects［C］//Proceedings of the 14th International Conference on World Wide Web. New York: ACM, 2005：567－574.

[6] 杜义华，及俊川．通用互联网信息采集系统的设计与初步实现［J］．计算机应用研究，2005（1）：187－189.

[7] 宫进，胡长军，曾广平．互联网信息定向采集系统的设计与实现［J］．计算机应用，2007（S1）：16－17.

[8] 罗立宏，陈志．基于语义分析的垂直搜索网络蜘蛛［J］．计算机工程与设计，2008（18）：4662－4665.
[9] 许鑫，黄仲清．垂直搜索引擎应用中的若干策略探讨——以12580餐饮垂直搜索为例［J］．现代图书情报技术，2009（2）：62－70.
[10] 姚双良．基于主题的Deep Web聚焦爬虫研究与设计［J］．西北师范大学学报（自然科学版），2013（2）：40－48.
[11] 余智华．WWW站点的分析与分类［D］．北京：中国科学院计算技术研究所，1999.
[12] 暗网［EB/OL］．［2014－06－20］．http：//zh.wikipedia.org/wiki/%E6%9A%97%E7%BD%91.
[13] Arasu A，Garcia－Molina H. Extracting structured data from Web pages［C］//Proceedings of the 2003 ACM SIGMOD International Conference on Management of Data. San Diego：ACM，2003：337－348.
[14] Html Agility Pack Home［EB/OL］．［2014－07－12］．http：//htmlagilitypack.codeplex.com/.
[15] Wang Jiying，Lochovsky F H. Data-rich section extraction from HTML pages［C］//Proceedings of the Third International Conference on Web Information Systems Engineering. WISE 2002. Singapore：IEEE，2002：313－322.
[16] 万晶．Web网页正文抽取方法研究［D］．南昌：南昌大学，2010.
[17] 谷俊．中文专利本体半自动构建系统设计［J］．图书情报工作，2013，57（3）：105－111，146.
[18] ICTCLAS简介［EB/OL］．［2014－06－18］．http：//ictclas.org/ictclas_feature.html.
[19] 董慧．基于本体论和数字图书馆的信息检索［J］．情报学报，2003（6）：648－652.

作者简介

谷俊，上海宝山钢铁股份有限公司工程师，博士；

翁佳，上海理工大学图书馆馆员，硕士，通讯作者，E-mail：tzwj1329@163.com；

许鑫，华东师范大学商学院信息学系副教授，博士。

一种基于时序主题模型的网络热点话题演化分析系统*

廖君华　孙克迎　钟丽霞

（山东理工大学科技信息研究所）

1 引 言

随着互联网的快速发展，网络媒体作为一种新的信息传播形式，已深入人们的日常生活。随着时间的发展，网络新闻话题的内容随之发生变化，强度也会经历一个从高潮到低潮的过程。如何有效地组织这些大规模文档，并且按时间顺序来获取文本集合中话题的演化，从而帮助用户追踪感兴趣的话题，具有实际意义。更重要的是，网络言论已达到前所未有的程度，不论是国内还是国际重大事件，都能马上形成网上舆论，表达观点、传播思想，进而产生巨大的舆论压力，达到任何部门、机构都无法忽视的地步。在突发事件发生后，或者热点话题出现后，政府和企业相关职能部门如何以最快速度收集网上相关舆情信息，跟踪事态发展，及时向有关部门通报，快速应对处理等，都是亟需解决的问题。因此，话题演化研究具有现实的应用背景。

话题检测与追踪（topic detection and tracking，TDT）的任务以及评测体系是由美国国防高级研究项目局（DARPA）、马萨诸塞大学、卡耐基 - 梅隆大学和 Dragon Systems 公司联合制定和设计完成的。来自这些单位的学者历经一年的时间对 TDT 进行了前瞻性的研究（1996 - 1997, pilot study）。TDT 评测会议对“话题”进行了定义：所谓话题（topic），就是一个核心事件或活动以及与之直接相关的事件或活动。而一个事件（event）通常由某些原因、条件引起，发生在特定时间、地点，涉及某些对象（人或物），并可能伴随某些必然结果。通常情况下，可以简单地认为话题就是若干对某事件相关报道的集合。“话题检测与跟踪”则被定义为“在新闻专线（newswire）和广播新闻等

* 本文系山东理工大学 2012 年学生工作研究立项课题“新媒体时代大学生信息行为研究”研究成果之一。

来源的数据流中自动发现主题并把主题相关的内容联系在一起的技术”[1]。

话题检测与追踪可以从数据源、实现模型、数据时间划分三个角度进行研究。

1.1 从数据源研究角度看

主要使用博客、微博、新闻数据和网友评论数据。具有代表性的研究有：余传明等提出了潜在狄利克雷分布模型与自然语言处理技术相结合的一种挖掘用户评论热点的方法。他们以 22 157 篇餐馆评论为样本，利用 Gibbs 抽样计算模型参数，获取了评论热点及相应的热点词语。实验获得的 9 个主题内容较好地反映了餐馆评论中的热点，与现实生活中用户所关心的餐饮热点基本吻合[2]。刁宇峰等针对博客本身的特点，使用规则初步过滤垃圾评论，然后利用 latent Dirichlet allocation（LDA）对博客中的博文进行主题提取，并结合主题信息进行判断，从而识别博客空间的垃圾评论[3]。

1.2 从话题识别与演化模型研究角度看

主要运用聚类方法、基于概率的主题模型方法和社会网络分析方法。代表性研究有：楚克明等提出了一种挖掘话题随时间变化的方法，通过话题抽取和话题关联实现话题的演化，对不同时间段的文集进行话题的自动抽取，话题数目在不同时间段是可变的；计算相邻时间段中任意两个话题的分布距离和话题的特征向量相似度实现话题的关联[4]。胡艳丽等分析了网络舆情信息的特点，在此基础上使用话题模型抽象描述文本内容的隐含语义，建立文本流在时间序列上的关联模型，进而提出基于 OLDA 的话题演化方法，针对舆情信息的特点，建立不同时间片话题间的关联[5]。洪娜等对文本流中词的生命周期和背景词簇环境进行了研究，提炼出词演化过程中的现象以及网络内容演化趋势的影响因素，提出网络内容演化趋势预测的思路与方法[6]。李保利等提出一种从科技文献中获得研究主题特征词并展现其演化趋势的方法，利用 LDA 模型对不同时间片内的话题进行自动抽取，得到不同数量的话题，然后通过话题过滤剔除意义有限的话题，并借助简单启发式规则选择种子话题，最后利用语义相关度将相邻时间片内内容相近的种子话题联系起来，以得到研究主题的演化趋势[7]。赵旭剑针对新闻话题动态演化研究中的理论性问题与技术挑战，以中文新闻为基础，对新闻话题动态演化中的若干关键问题进行了深入研究，提出一种面向中文网络新闻的话题信息抽取方法，同时给出一种针对真实新闻文本的时态表达规范化处理算法[8]。

1.3 从数据时间划分角度看

可以简单地分成两大类：一类是将时间视为随机变量，从而进行连续时间的建模[9]；另一类是把时间离散化为一系列时间戳，进而对离散化的时间点构建动态贝叶斯网络[10]。C. Wang 等把第二类方法推广到极限情况来处理连续时间的动态主题跟踪问题[11]。此外，还有一些研究工作是使用狄利克雷过程构建动态演化主题模型进行主题跟踪[12]。由于狄利克雷过程作为先验的聚类或主题模型在某种意义上可以自动确定主题个数，因此这类模型自然地可以发现主题的出现和消亡，从而帮助用户自动检测关键兴趣点。

综上所述，针对话题检测与追踪的研究集中在话题的识别与追踪算法设计上。然而，由于研究对象的新颖性和复杂性，这些研究没有给出网络话题检测与追踪的整体系统性研究。他们要么通过对不同数据源采用经典机器学习算法进行主题识别，要么将研究重点集中在主题识别与演化方法上，而且没有对主题演化情况给出直观的可视化表示。考虑到目前关于网络热点话题发现与分析的整体研究较少，而深入内部把握突发事件网络舆情演变路径、态势、规律、机理的成果更少，笔者设计了一个基于网络数据的时序主题演化系统 Hot Topics Analysis System（HTAS）。该系统采用 LAMP（Linux + Apache + MySQL + PHP）开发框架，可以自动定制网络热点话题数据源，自动获取并存储话题数据；针对中文话题分析，还集成了 Google 的开源分词系统 IKAnalyzer，批量处理中文文档。HTAS 采用 LDA 主题模型对网络热点话题主题进行提取，并利用时间标签发现热点话题，通过图标形式可视化地展示其演化规律。

2　主题模型

话题检测与追踪用到的最主要的技术是主题模型（topic modeling），通过主题模型将自由文本中的主题提取出来再进行分析。主题模型也是近年来文本挖掘领域的热点。它能够发现文档 - 词语之间所蕴含的潜在语义关系（即主题）——将文档看成一组主题的混合分布，而主题又是词语的概率分布——从而将高维度的“文档 - 词语”向量空间映射到低维度的“文档 - 主题”和“主题 - 词语”空间，有效提高了文本信息处理的性能。

主题模型起源于 S. C. Deerwester 等 1990 年提出的隐性语义索引（latent semantic indexing，LSI）[13]。隐性语义索引并不是概率模型，因此也算不上一个主题模型，但是其基本思想为主题模型的发展奠定了基础。在 LSI 的基础上，1999 年 T. Hofmann[14] 提出了概率隐性语义索引（probabilistic latent semantic indexing，PLSI），该模型被看成是一个真正意义上的主题模型。D. M. Blei 等 2003 年[15] 提出的 LDA 又在 PLSI 的基础上进行了扩展，得到一个更为完全的概率生成模型。几年来，与特定的应用场景相结合，出现了越来越多的基于 LDA 的概率模型。

LDA 是一种非监督机器学习技术，可以用来识别大规模文档集或语料库中潜在的主题信息。LDA 采用的是词袋（bag of words）模型，该模型将每一篇文档视为一个词频向量以便于数学模型处理。但是，词袋模型没有考虑词与词之间的顺序，现实世界不是这样的，这也是 LDA 模型的缺陷之一。LDA 模型认为每一篇文档代表了一些主题所构成的一个概率分布，而每一个主题又代表了很多单词所构成的一个概率分布（见图 1）。

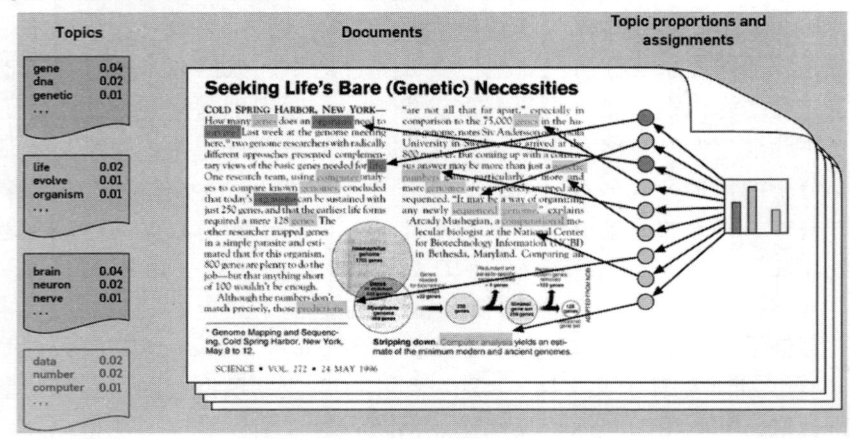

图 1　主题模型[16]

对于语料库中的每篇文档，LDA 定义了如下生成过程：①对每一篇文档，从主题分布中抽取一个主题；②从上述被抽到的主题所对应的单词分布中抽取一个单词；③重复上述过程直至遍历文档中的每一个单词。

更形式化一点说，语料库中的每一篇文档与 T 个主题的一个多项分布相对应，将该多项分布记为 θ。每个主题又与词汇表中的 V 个单词的一个多项分布相对应，将这个多项分布记为 $\emptyset$。词汇表由语料库中所有文档中的所有互异单词组成，但实际建模的时候要剔除一些停用词（stopword），还要进行一些词干化（stemming）处理等。θ 和 $\emptyset$ 分别有一个带有超参数（hyperparameter）$\boldsymbol{\alpha}$ 和 $\boldsymbol{\beta}$ 的狄利克雷先验分布。对于一篇文档 d 中的每一个单词，从该文档所对应的多项分布 θ 中抽取一个主题 z，然后再从主题 z 所对应的多项分布 $\emptyset$ 中抽取一个单词 w。将这个过程重复 Nd 次，就产生了文档 d，这里的 Nd 是文档 d 的单词总数。这个生成过程可以用图 2 表示：

这个模型表示法也称作“盘子表示法”（plate notation）。图中的阴影圆圈表示可观测变量，非阴影圆圈表示潜在变量，箭头表示两变量间的条件依赖

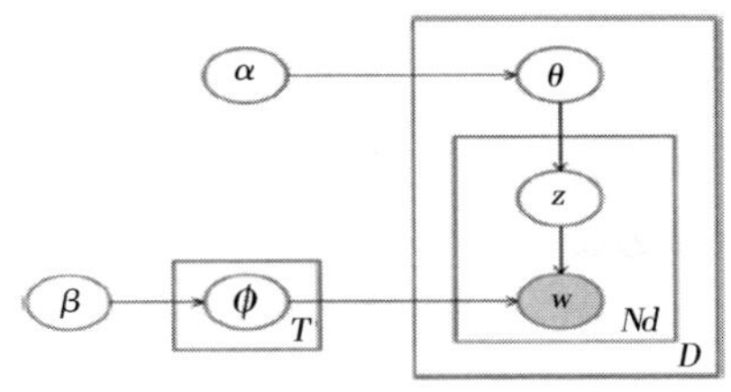

图 2　LDA 模型

性，方框表示重复抽样，重复次数在方框的右下角。

该模型有两个参数需要推断：一个是“文档－主题”分布 θ，另外是 T 个“主题－单词”分布 $\emptyset$。通过学习（learn）这两个参数，可以知道文档作者感兴趣的主题以及每篇文档所涵盖的主题比例等。推断方法主要有 LDA 模型作者提出的变分 EM 算法，还有现在常用的 Gibbs 抽样法。

目前主题模型的主要实现工具见表 1[17]。

表 1　主题模型主要实现工具

名称	模型/算法	实现语言	作者
LDA-C	latent Dirichlet allocation	C	D. M. Blei
class-SLDA	supervised topic models for classifiation	C + +	C. Wang
LDA	R package for Gibbs sampling in many models	R	J. Chang
online LDA	online inference for LDA	Python	M. Hoffman
online HDP	online inference for the HDP	Python	C. Wang
TMVE（online）	topic model visualization engine	Python	A. Chaney
CTR	collaborative modeling for recommendation	C + +	C. Wang
DTM	dynamic topic models and the influence model	C + +	S. Gerrish
HDP	hierarchical Dirichlet processes	C + +	C. Wang
CTM－Cc	correlated topic models	C	D. M. Blei
DILN	discrete infinite logistic normal	C	J. Paisley
HLDA	hierarchical latent Dirichlet allocation	C	D. M. Blei
Turbo topics	Turbo topics	Python	D. M. Blei

3 热点话题演化分析系统

为了实现网络热点话题自动收集、存储、主题识别以及演化趋势分析，笔者设计了一个基于时序主题模型的网络热点话题演化分析系统（hot topics analysis system，HTAS），HTAS 系统框架如图 3 所示：

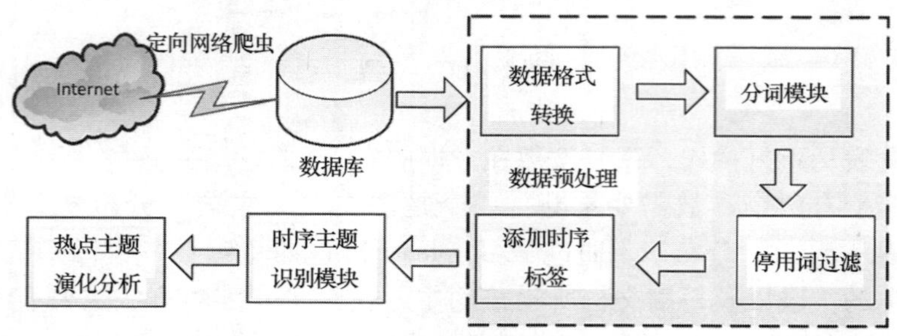

图 3 基于时序主题模型的网络热点话题演化分析系统（HTAS）

HTAS 系统主要由 4 个模块组成，即热点话题自动获取模块、数据预处理模块、主题识别模块和热点主题分析模块。

热点话题自动获取模块的主要功能是自动定制热点话题数据源，制定获取规则，实现定时、定向采集网络热点话题数据，将获取的数据存储到关系型数据库。

数据预处理模块包括编码格式转换、分词、停用词过滤三个部分。编码格式转换主要针对不同编码文件进行统一转换，如将 Big5、UTF-8、GBK 等编码格式文件统一转化为 UTF-8 格式，便于统一分词处理。分词模块实现中文数据分词功能。为了保证主题识别的准确性，预处理模块还需要实现高频词、停用词过滤。

主题识别模块将自动获取的数据通过主题模型（如 LDA）实现主题识别。通过此模块可以得到热点话题讨论的具体内容与方向。

热点主题分析模块将识别出的主题添加时序标签，进而发现主题发展演化情况。比如甄别对哪些主题的讨论随时间变化而越来越热烈，哪些主题的讨论随时间变化而逐渐变冷。对这些情况的判断可以帮助有关部门更好地把握网络热点话题的发展方向，从而采用相应措施。

4 实 验

根据 HTAS 系统框架，本文选择“钓鱼岛事件”为数据源，自主开发实现了各个模块的功能。

4.1 热点话题自动获取

采用 PHP + MYSQL 平台设计了一套热点话题定向自动获取、定时采集系统。

首先，制定采集规则采集热点话题数据。用户可以自由设定规则名称，指定任意需要采集的网站。通过分析需要获取网页的源代码，制定采集规则。通过采集规则的制定，可以自动获取热点话题网页的标题、发布时间、作者、来源、主要内容以及关键字等信息。

制定好采集规则后，HTAS 系统提供定时采集功能。可以设定具体时间，HTAS 会在设定的时间进行自动采集。可以按每天设定，也可以按星期设定，还可以设定两次采集间隔时间。参数设定灵活多样，可满足不同采集情景的需要，大大提高采集效率，如图 4 所示：

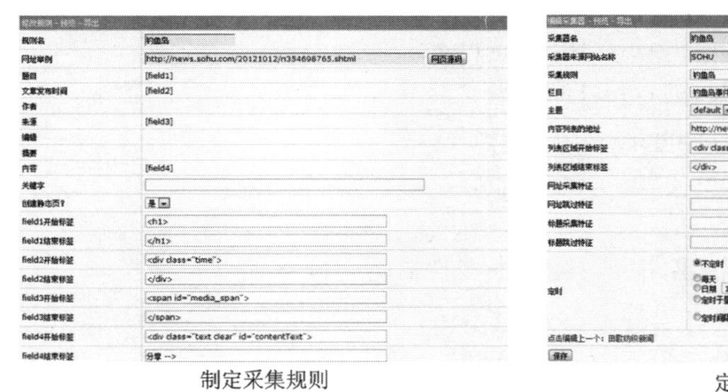

制定采集规则　　　　定时采集设定

图 4 热点话题自动获取规则制定与定时采集

HTAS 系统将采集的数据自动存储到 MySQL 数据库中，也可以存储成静态页面，如 HTML 格式文件，还可以存储成 WORD 格式。

通过设定关键词“钓鱼岛”，以搜狐和网易两大门户网站关于“钓鱼岛”事件的专题报道为数据源，共采集到 2 510 条记录。

4.2 数据预处理

编码格式转换：由于网络上的网页编码格式多种多样，为统一处理，需要将不同编码格式的文件进行转换。HTAS 采用豆葵编码转换系统，该系统可以在UTF-8、GBK、GB2312之间任意转换。

分词：针对中文数据源，HTAS系统集成了Google的开源分词软件IKAnalyzer。IKAnalyzer是一个开源的、基于Java语言开发的轻量级的中文分词工具包。从2006年12月推出1.0版开始，IKAnalyzer已经推出了三大版本。最初，它是以开源项目Lucene为应用主体的，结合词典分词和文法分析算法的中文分词组件。最近刚刚发布了3.1.1稳定版本，新版本的IKAnalyzer则发展为面向Java的公用分词组件，独立于Lucene项目，同时提供了对Lucene的默认优化实现。其主要性能特点是：采用了特有的“正向迭代最细粒度切分算法”，具有80万字/秒的高速处理能力；采用了多子处理器分析模式，支持英文字母（IP地址、Email、URL）、数字（日期、常用中文数量词、罗马数字、科学计数法）、中文词汇（姓名、地名处理）等分词处理；优化的词典存储，更小的内存占用；支持用户词典扩展定义。HTAS实现了IKAnalyzer的批量文件自动分词，具体实现代码如下：

批量分词算法：

```
package Class;
import java. io. * ;
importorg. wltea. analyzer. core. IKSegmenter;
importorg. wltea. analyzer. core. Lexeme;
public classSDUTSegmenter {
public static void main (Stringargs [ ]) {
  try {
    //修改输入和输出路径，纯文本文件需为UTF-8格式
    String inputpath = " E: /output";
    String outputpath = " E: /segment";
    File f = new File (inputpath);
    File [ ] inputFiles = f. listFiles ( );
    for (int i =0; i < inputFiles. length; i + + ) {
          System. out. println ( " Segmenting " + inputFiles [ i ]
. getAbsolutePath ( ));
        FileReader fr = new FileReader (inputFiles [ i ] . getAbsolutePath
( ));
      IKSegmenter seg = new IKSegmenter (fr, true);
      Lexeme lexem = seg. next ( );
        StringBuilder sb = new StringBuilder ( );
```

```
            while ( (lexem = seg.next ()) ! = null) {
                sb.append (lexem.getLexemeText ()) .append (" ");
            }
            PrintWriter pw = new PrintWriter (outputpath + " /" + inputFiles
[i] .getName ());
            pw.print (sb.toString ());
            pw.flush ();
        }
    } catch (Exception e) {
        e.printStackTrace ();
    }
  }
}
```

过滤停用词、高频词：HTAS 系统采用哈尔滨工业大学发布的中文停用词表扩展版，该词表包含 767 个中文停用词，可用于自然语言处理及信息检索中对查询进行无关词过滤等用途[18]。过滤停用词后 HTAS 还将没有实际意义的高频词过滤掉。HTAS 采用 Knime[19]系统进行停用词与高频词过滤，根据多次实验结果，结合经验，参数设定为 TF 阈值 min = 0.06，max = 1.07。经过此步骤处理后，HTAS 系统实现了标签云，通过标签云的展示，可以清楚地看到与“钓鱼岛”有关的主要关键词。具体流程和标签云结果分别见图 5、图 6。

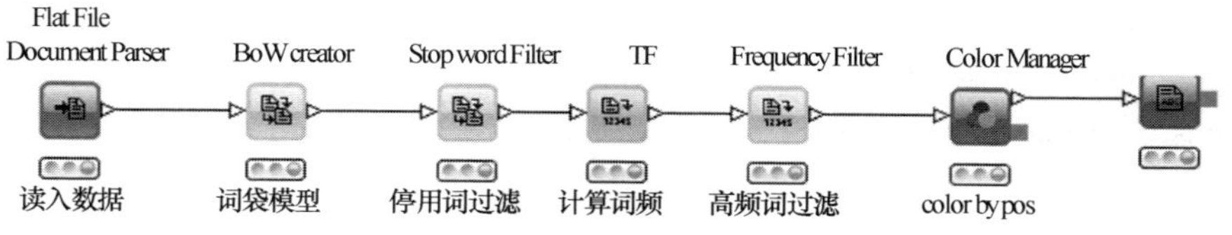

图 5　停用词高频词过滤

4.3　热点主题识别

HTAS 系统采用 Stanford Topic Modeling Toolbox[20]进行主题识别功能。在 LDA 模型阈值选择方面，LDA 模型需要设定其主题的数量。由于数据源不同，主题数量也随之不同，在事先未知的数据源样本下，设定合适的主题数量参数一直是 LDA 模型面临的难题。笔者采取反复实验，观察实验结果，然后确定参数的策略进行主题数量的设定。实验从 numTopics = 5 开始，每步增加 5，进行了 4 次实验，发现当 numTopics = 5 时不能完全反映样本的主题，而

图6 “钓鱼岛”主题标签云

当 numTopics > 10 时主题太过泛滥，出现许多毫无意义的主题，所以设定 numTopics = 10。其他详细参数设定如下：

LDA 模型详细参数设置：

```
    val tokenizer = {
SimpleEnglishTokenizer () ~ >
// tokenize on space and punctuation
CaseFolder () ~ >
// lowercase everything
WordsAndNumbersOnlyFilter () ~ >
// ignore non - words and non - numbers
MinimumLengthFilter (3)
// take terms with > =3 characters
}
val text = {
  source ~ >
// read from the source file
  Column (4) ~ >
// select column containing text
TokenizeWith (tokenizer) ~ >
// tokenize with tokenizer above
```

```
TermCounter () ~>
// collect counts (needed below)
TermMinimumDocumentCountFilter (4) ~>
// filter terms in <4 docs
TermDynamicStopListFilter (30) ~>
// filter out 30 most common terms
DocumentMinimumLengthFilter (5)
// take only docs with >=5 terms
}
// turn the text into a dataset ready to be used with LDA
val dataset = LDADataset (text);
//define the model parameters
val params = LDAModelParams (numTopics =10,
dataset = dataset, topicSmoothing = 0.01,
termSmoothing = 0.01);
```

经过 TMT4.0LDA 工具运算，最终得到 10 个主题如图 7 所示：

与每个主题最相关的 20 个词通过计算得出。每个词后面的数字是对该主题的贡献度。按贡献度大小顺序排列。通过对结果分析，可以看出有些词虽然权重较高，但是对主题划分和描述没有实际意义。如“磊”、“丹”、“羽”、“郎”等是人名的一部分，这是在中文分词时出现的误差。“系”、“但”、“其”、“从”等对主题划分也无实际意义，这些误差需要从词的过滤方面进行改进。

通过实验结果发现与“钓鱼岛”有关的主题主要有：

Topic 00：中国外交部对“钓鱼岛事件”的看法

Topic 01：日本在华企业经济状况

Topic 02：中日两国领土争端介绍

Topic 03：日本外务省对“钓鱼岛事件”的看法

Topic 04：中国海监船海上维权情况报道

Topic 05：日本“钓鱼岛国有化”报道

Topic 06：日本调查右翼分子非法登岛的报道

Topic 07：这个识别出的主题没有具体实际意义

Topic 08：中国爱国热情高涨，抵制日货游行，出现打砸行为报道

Topic 09：香港保钓登岛报道

Topic 00	31049.270975483945	Topic 01	38442.80983037014	Topic 02	64305.53602221454
磊	578.755683442073	系	482.296426279442	争端	502.162787373 4029
洪	578.5763715374654	企业	350.649422075555	认为	481.9831010120583
外交部	431.35342721093843	车	300.9414367030612	但	404.09043287538316
发言人	267.0487856186802	汽车	289.09771375582875	而	387.2446326253599
问	246.37131848482602	在华	274.32502707021746	战略	290.4552856806794
对此	240.78889921760924	影响	274.0704078002363	争议	282.5951499751827
非法	234.91032848820822	丰田	239.7659793458292	领土	281.75245772642774
有关	220.10100018395565	工厂	233.90322216467527	中	263.09528504249334
采取	215.8023809390105	销售	221.0400894198984	如果	249.32804775079063
回到	210.8452832063322	出口	219.56842559487043	其	243.12441684238138
谈判	208.4125562665877	企	197.23657723675205	文章	237.30343824449187
购	199.48072661921896	贸易	189.22344367835592	两国	227.83480078094163
记者	191.3911276392452	销量	189.17046478236534	题上	224.63593043726576
上来	190.83508395989384	经济	188.56321431422535	经济	222.5109631371357
例行	188.02902803453878	增长	186.429474771 3574	政治	216.41300234228902
领土	187.77843920341695	记者	182.5701383007641	问	214.0295295906315
中日关系	186.50750579563982	等	178.1128379864614	国家	213.00712537490702
行动	184.23446448826064	目前	168.08906814118913	从	208.85997631139386
双方	177.98927791963047	品牌	163.60343744214666	不	208.76390849077333
就	170.45465569029727	下降	162.36890080149632	解决	205.37480033488984

Topic 03	24127.009141855426	Topic 04	33997.31590261217	Topic 05	49028.263069565866
丹	289.4441208805103	船	1507.1095200969605	田	1249.1117238448749
羽	277.92069386480455	监	1300.843202372911	野	1221.8749811435616
大使	263.8676405301548	中国海	790.864028123759	国有化	874.429204297887
一	258.98588907142914	巡航	752.8044695511182	购	639.8877909640535
驻华大使	242.1590687813685	海	577.3845561858275	报道	476.1096375035028
西宫	200.9794036873621	维权	409.7863126853745	彦	462.4971554000924
他	175.91711358427108	执法	370.5934489164729	佳	430.86017005780235
外务省	165.11132637723102	海上	365.3834245443968	石原	417.7475424211354
伸	139.45423963873867	渔船	360.55707457117984	政府	370.10789070478296
郎	126.86817938380378	进入	347.4675255991059	11日	328.6367643086984
宇	102.74059022928029	附近	324.38709413751656	所谓	320.43786166603536
任	102.59575625586055	渔政	312.36425001675144	购买	305.4555893493848
被	102.2479773568428	船只	256.1650996896568	来源	282.63821755992717
关系	100.87126842690296	保安厅	238.91879657093054	据	264.86186935465264
菲律宾	100.25853445654053	编队	237.1364237975312	就	254.99404400298206
日中	96.02906281027636	艘	233.5528868235705	内阁	241.6106676721301
而	90.92912744015389	进行	233.30402986515463	慎	238.83530369909568
驻	89.64098483858801	渔民	230.09581837933746	太郎	238.3554433634017
外交	87.97973755438426	领海	222.67815545351485	东京都	237.9065590047133
这样	83.2919222676055	我国	216.94350081973775	2012年	237.51476068414257

Topic 06	28810.573283204612	Topic 07	52228.13098071758	Topic 08	33991.29097293177	Topic 09	17670.240059426917
登	561.319770217317	我	960.3496384015593	爱国	649.4168609162878	保钓	362.99785321497234
东京都	411.47321880512493	一个	780.8504213515829	警方	365.3502939880974	香港	246.73468207528197
调查	333.65842159188514	这个	750.5163677365024	理性	338.1878350073212	丰	148.33928525005405
右翼	267.5155374136277	他	688.1374091507258	打砸	333.30205593805607	人士	147.91197292968852
海上	265.9412154558744	这样	500.2949388167043	表达	288.30733363254114	启	146.9859251942519
据	251.81237746201825	但是	379.65815641728403	行为	275.3262651248579	二号	144.09599029170045
报道	243.01052745295672	一些	379.6415106907605	被	265.7933894958637	监测	132.04303607067584
登上	238.79095198072517	就是	359.99001039501644	系	244.7029771280358	保	123.69823874330378
非法	228.49123227016185	因为	345.50341821772184	微	240.18858601953838	钓船	120.25157969379279
政府	216.40902121523743	说	331.78787219026594	李	222.78398273721075	卫星	109.4073217087653
调查团	203.89572659007956	现在	313.1010660436193	游行	216.44674341991688	海洋	103.28120356537187
保安厅	188.03073100540746	你	305.13202469137127	车	214.82105605720116	位于	94.17642025762768
石	174.08146267403583	他们	304.62514476655116	中	210.12634193732234	船	85.15666626508101
进行	173.4595768698754	要	286.2881213896808	博	208.45564601896666	及	81.7879165279985
人士	164.4917548875207	来	273.05927103111185	爱国热情	178.4661439221612	行动	80.23316354239296
来源	161.19057157976164	所以	268.1546404959229	抗议	172.3751893000413	21日	77.6373783260703
分子	156.12761936024518	这	267.608587129401	日货	170.90983002276909	被	77.63179602019093
sohu	153.69849422662662	还是	266.1659631189188	活动	161.1766963446975	监视	73.40945693473844
2012年	151.7878135662405	它	264.3673347125023	抵制	157.46931339974984	来源	72.35231548286706
19日	149.41546860207873	自己	247.36733299816737	建	156.68612215818132	登	72.11408974095875

图 7　与“钓鱼岛”话题有关的主题

4.4　热点主题演化分析

主题识别出来之后，加入时序标签和数据源标签，可以发现各个主题随时间的演化情况和各媒体对“钓鱼岛事件”报道的侧重点。通过图 8 可看出，Topic 05主题“日本‘钓鱼岛国有化’报道”，在 2012 年 9 月 11 日达到顶峰，这符合 9 月 10 日日本政府会议确定购岛方针当时事实情况。Topic 04 主题

"中国海监船海上维权情况报道"，从9月10日起持有续高强度报道，这与当时两国争端进入白热化相符。Topic 08 主题"中国爱国热情高涨，抵制日货游行，出现打砸行为报道"，从9月16日开始频繁出现，究其原因是由 Topic 05 主题引起的。从图8中还可以清晰地看出从9月10日至9月20日，是"钓鱼岛事件"受关注最强烈的阶段。随后各主题逐渐减弱，但 Topic 04 主题持续报道强度明显比其他主题大，说明中国海上维权一直持续。

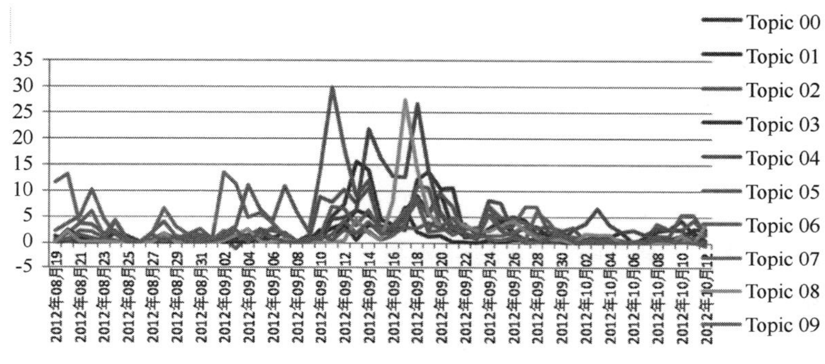

图8　与"钓鱼岛"有关各主题随时间演化情况

HTAS 系统还针对报道"钓鱼岛"话题的各媒体关注得主题进行了展示，从图9中可以看出环球时报－环球网、人民网、新华网以及中国网对"钓鱼岛"话题关注的最多。但各媒体关注的主题不尽相同，如环球时报－环球网重点关注了 Topic 00、Topic 05 和 Topic 06，人民网重点报道了 Topic 05、Topic 06 和 Topic 08，新华网关注了 Topic 04、Topic 05、Topic 06 和 Topic 09，中国网关注的主题是 Topic 05、Topic 06 和 Topic 09。由此可以看出各媒体有几个共同关注的主题，如对 Topic 05 和 Topic 06 都进行了高度关注。

5　结　论

本文从热点话题追踪与演化分析入手，分析、设计并实现了一种基于网络数据的时序主题演化系统 HTAS。HTAS 采用目前流行的自然语言处理技术中的分词技术、主题模型技术（LDA）等，实现了网络热点话题自动定制、获取与存储、编码转换、中文批量分词、停用词高频词过滤、标签云展示、时序主题演化分析和媒体报道分析等功能。

对"钓鱼岛"话题的实验证明，HTAS 系统可以很好地分析"钓鱼岛"话题中的各主题分布情况：哪些主题是重点主题，各主题随时间的演化情况以及媒体对各主题的关注热度。通过这些数据的分析，政府和企业相关职能

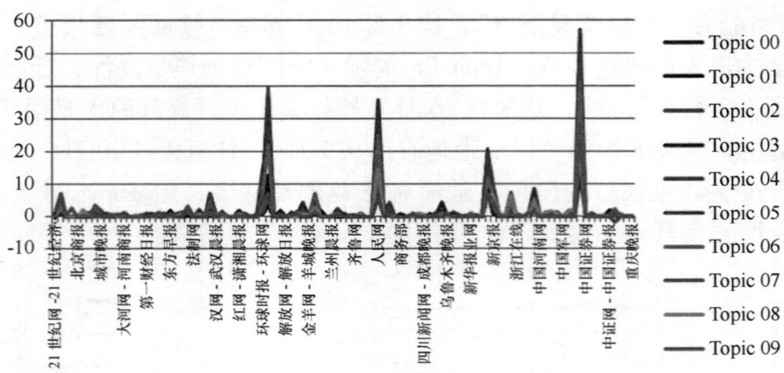

图 9　与“钓鱼岛”有关各主题的媒体报道情况

部门可以最快速度了解相关话题的最新舆情信息，跟踪事态发展，及时向有关部门通报，以便快速应对处理。

HTAS 系统的主要问题是受到分词精度的影响，有些噪音词会混入 LDA 主题模型中处理，造成结果误差；还有就是主题模型本身的缺陷，即使用词袋（bag of words）模型，假设各个词项之间是独立的，这样就会割裂部分语义信息。这些都是以后改进的方向。

参考文献：

［1］ Allan J, Carbonell J, Doddington G, et al. Topic detection and tracking pilot study: Final report［C］//Proceedings of the DARPA Broadcast News Transcription and Understanding Workshop. San Francisco: Morgan Kaufmann, 1998.

［2］ 余传明，张小青，陈雷．基于 LDA 模型的评论热点挖掘：原理与实现［J］．情报理论与实践，2010（5）：103－106.

［3］ 刁宇峰，杨亮，林鸿飞．基于 LDA 模型的博客垃圾评论发现［J］．中文信息学报，2011（1）：41－47.

［4］ 楚克明，李芳．基于 LDA 话题关联的话题演化［J］．上海交通大学学报，2010（11）：1496－1500.

［5］ 胡艳丽，白亮，张维明．网络舆情中一种基于 OLDA 的在线话题演化方法［J］．国防科技大学学报，2012（1）：150－154.

［6］ 洪娜，钱庆，李亚子，等．网络内容演化趋势影响因素分析——从词的生命周期和背景词簇环境中挖掘演化线索［J］．情报理论与实践，2012（6）：44－48.

［7］ 李保利，杨星．基于 LDA 模型和话题过滤的研究主题演化分析［J］．小型微型计算机系统，2012（12）：2738－2743.

［8］ 赵旭剑．中文新闻话题动态演化及其关键技术研究［D］．合肥：中国科学技术大

学，2012.

[9] Wang X，McCailum A. Topics over time：A non-Markov continuous time model of topical trends [C] //Proceedings of the ACM S1GKDD International Conference on Knowledge Discovery and Data Mining. New York：ACM Press，2006：424－433.

[10] Blei D M，Lafferty J D. Dynamic topic models [C] //Proceedings of the Annual International Conference on Machine Learning. New York：ACM Press，2006：113－120.

[11] Wang C，Blei D M，Heckerman D. Continuous time dynamic topic models [C] // Proceedings of the Conference on Uncertainty in Artificial Intelligence. Arlington：AUAI Press，2008：579－588.

[12] Ahmed A，Xing E P. Timeline：A dynamic hierarchical Dirichlet process model for recovering birth/death and evolution of topics in text stream [C] //Proceedings of the Conference on Uncertainty in Artificial Intelligence. Arlington：AUAI Press，2010：20－29.

[13] Deerwester S C，Dumais S T，Landauer T K，et al. Indexing by latent semantic analysis [J]. Journal of the American Society for Information Science，1990，41 (6)：391－407.

[14] Hofmann T. Probabilistic latent semantic indexing [C] //Proceedings of the 22nd Annual International SIGIR Conference. New York：ACM Press，1999：50－57.

[15] Blei D M，Ng A，Jordan M，Latent Dirichlet allocation [J]. Journal of Machine Learning Research，2003，3 (5)：993－1022.

[16] Blei D M，Probabilistic topic models [J]. Communications of the ACM，2012，55 (4)：77－84.

[17] Blei D M. Topic modeling [EB/OL]. [2012－02－02]. http：//www. cs. princeton. edu/～blei/topicmodeling. html.

[18] 哈工大信息检索研究中心论坛. 下载中文停用词词表 [EB/OL]. [2012－02－02] http：//ir. hit. edu. cn/bbs/viewthread. php? tid＝20.

[19] Knime [EB/OL]. [2012－02－02]. http：//www. knime. org/.

[20] The Stanford Natural Language Processing Group. Stanford topic modeling toolbox [EB/OL]. [2012－02－02] http：//nlp. stanford. edu/software/tmt/tmt－0. 4/.

作者简介

廖君华，山东理工大学科技信息研究所讲师，E-mail：ljhbrj @ sdut. edu. cn；

孙克迎，山东理工大学科技信息研究所副教授；

钟丽霞，山东理工大学科技信息研究所讲师。

应 用 篇

专利与技术创新的关系研究

徐迎 张薇

（中国科学院国家科学图书馆、中国科学院大学）

创新无处不在。创新体现在文学艺术作品和商业产品中，也在科学技术、经济管理、社会科学、人文科学等领域得到了广泛深入的研究与讨论。创新更是大众、媒体和公共政策所关注的焦点。如今，创新已成为社会各界的热点话题。虽然不同领域关注和研究创新的视角存在一定的差异，但社会学家、经济学家、科技政策研究人员等都致力于对创新进行有效的度量，以更好地定位现状和设计未来。

众多现有的创新研究大多都直接使用专利来衡量技术创新与产出，缺乏关于技术创新和专利间关系的深入研究，如专利和技术创新的概念是如何发展的，专利和技术创新之间的互动关系是什么，利用专利测度技术创新是否可靠以及可从哪些维度进行测度。本文将围绕这几个问题进行讨论。

1 创新与技术创新

1.1 创新的三大概念阶段

正如 Q. Skinner 所说："词标记的是社会对世界的理解，新词的出现是社会价值改变的反映"[1]。笔者首先拟从"创新"这一概念词汇的发展沿革出发探讨创新的内涵。

创新这一概念自中世纪代表新奇的事物（novelty）之后，一直在随着社会、经济环境的改变而不断变化。创新的发展，主要经历了三大概念阶段：模仿（imitation）、发明（invention）和创新（innovation）（见图 1）。模仿是一种对自然界的诠释，是选择性吸收和创造性复制的过程及成果[2]。模仿还一度被看作发明的一部分，但到了 18 世纪中叶模仿开始仅被视为复制，原创性成为发明最基本的要素之一。14 世纪末，特权和专利法的出现使发明得到了制度保护。19 世纪末大型实验室的建立又将促进产业颠覆性发展的发明推向风口浪尖。也正是在充斥着发明创造的世界，创新（innovation）理论首先由法国社会学家 G. Tarde 在 19 世纪末的社会变革研究中提出[3]。随后，心理学家 V. Pareto 等人也开始研究个人层面的创新问题[4]。与社会学和心理学不同的是，经济活动上的创新一直都不是经济学研究的基本内容，它强调的是一种平衡。直到当经济学家们意识到技术成为经济增长的主要推动力时，才开始了经济创新研究。奥地利演化经济学家 J. A. Schumpeter 率先将创新带入经济学研究之中——创新是一种经济上的决策，是企业将发明吸收、应用到生产过程中的过程。创新成为经济发展的一个重要维度[5]，自此，创新逐渐渗透到各学科领域。

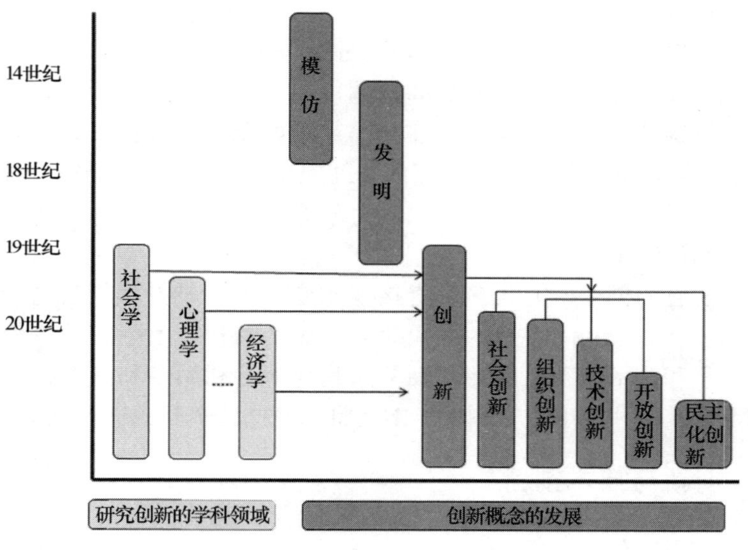

图 1　创新概念的发展

1.2　技术创新概念的出现和发展

1937 年，社会学家 B. J. Stern 最早提到了技术变革，后由麻省理工学院的经济史学家 W. R. Maclaurin 在其 20 世纪四五十年代的系列著作中系统研究了技术创新这一理论[6]。J. A. Schumpeter 定义技术创新为生产资料的全新组合，即从生产要素（投入）到产品生产（产出）流程中的创新。他同时强调企业——特别是大企业是技术创新的主要力量，并且其“技术创新是商业周期的重要推动力”这一论述在经济学中产生了重大的影响[4]。

在这一时期的创新研究中，技术创新主导了创新这一概念，并且在经济学界形成了著名的从基础研究到应用研究再到商业化的技术创新理论和线性创新模型[7]。这一模型曾对经济政策的研究和制定产生了重要影响，促使更多的研究资源流向科研院所和企业的基础研发部门。B. Godin 认为政治经济环境的改变、产业和消费者革命、技术对个人与社会产生的巨大影响、技术成为经济增长的重要来源以及通过专利测度技术创新和用 R&D 投入衡量产业发展等是技术创新得到广泛讨论的几大原因[4]。

随着信息通信技术的发展，科学研究和知识传播突破了传统的瓶颈，技术对各个行业和群体产生的影响也加速和深化了创新本身的发展。学者们相继提出了创新 2.0、社会创新、开放创新[8]、创新民主化[9]等概念，开始强调技术创新不仅从实验室或研发中产生，而更多地源于组织和用户[10]。从最新版本的《奥斯陆手册》将组织创新和市场创新等纳入创新评估中的这一转变也可看出创新概念在技术创新上的延伸。可以预见未来的《奥斯陆手册》将不仅限于企业内部，而可能将公共领域的创新纳入创新的评价体系当中。另外，心理学家、社会学家、经济学家、管理学家、情报研究人员等在各自的领域研究社会创新、制度创新、组织创新的同时，也在合力为政府提供有关社会改革、经济增长等的建设性创新方案，其中包括几个著名的概念框架——信息经济、知识经济、国家创新系统[11]等。

2 专利

2.1 专利制度的沿革

16 和 17 世纪的专利及其在 15 世纪的前身——信函（letters）和特权（privileges）最初都不是授予发明人而是发明的引进者的[4]，因为当时模仿盛行，能为地区的经济发展带来直接收益的才是最有价值、值得保护的。直到 18 世纪末期第一部现代专利法的出台，才开始赋予专利发明人以权利，并规定授权专利的三大特性：新颖性、优先性和实用性[12]。这促使了专利必须具备提升生产力水平的潜力，也将其焦点集中在技术创新之上。专利法保护的客体在最初的几百年中主要为机器、产品等[13]。随着计算机技术的发展，以前由杠杆、齿轮等构成的硬件机器现在更多地被循环、树等构成的软件所替代[14]。专利系统虽然仍想保持其稳定性，但也不得不进行长期而富有争议的改革以适应时代的发展，如计算机软件专利，从需要将其和电脑实体结合起来才能申请专利到直接可对软件进行专利保护的转变；目前关于专利法对人类基因、转基因授权与否的争论也引起了对专利本质及其创新影响的讨论。

2.2 专利信息的应用

专利信息包含了法律、经济、行业、技术等的全方位数据，是研究和分析经济活动以及技术创新的常见指标，在政府决策、科技规划、资源配置、行业发展、企业经营等领域有重要价值。

作为经济活动的指标，专利信息主要用来研究企业、国家的竞争地位以及技术研发和经济效益之间的关系等。如构建专利分类系统与经济活动构成、产业分类间的联系；利用专利数量和有效专利等评估 R&D 的投入产出效益；衡量单个专利或者专利集合的市场价值；利用专利引用关系分析知识溢出和区域经济；利用专利信息研究区域间、国家间经济增长的技术差距模型等。早在 20 世纪 60 年代，经济学家 J. Schmookler 就开始利用专利统计分析方法来研究经济问题[15]。

作为技术创新指标，虽与经济活动的研究内容存在一定程度的重合，专利信息仍在关键技术领域、技术发展态势、技术融合、技术扩散、技术预测等领域中得到广泛的使用，并在国家、区域、企业等多个层面作为关键指标开展了定量研究和定性分析。第二次世界大战时期就开始有学者运用专利数据对技术变革进行定量研究[16]。

同时，经济活动的发展越来越依靠技术创新，专利信息作为通往两者的窗口，在信息技术得到快速发展及专利制度、专利数据不断完善的状况下，作为重要的技术创新和经济指标得到了广泛的应用，其应用范围和领域见图 2。

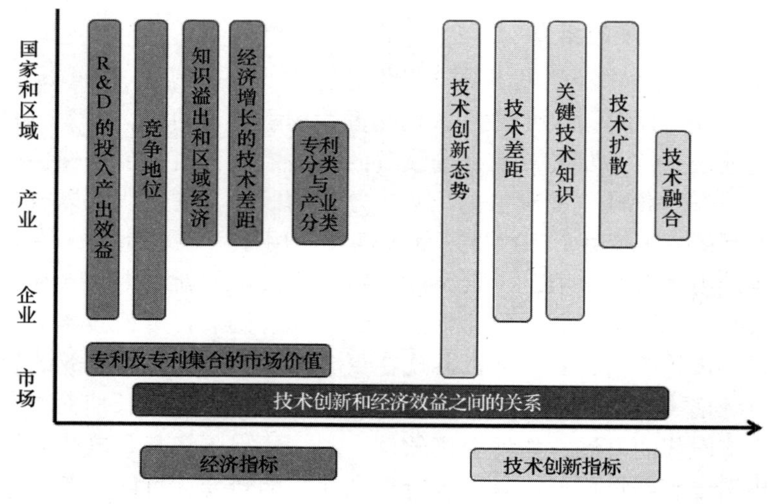

图 2　专利信息的应用

3　专利推动技术创新

技术创新被认为是近半个世纪以来决定社会发展速度以满足人类需求（如健康、娱乐、教育、环境等方面）的最重要的因素[17]，是在市场需求和科技发展的推动下将研究开发市场化为新技术、新产品的过程。专利制度最初就是为了推动、保护和传播技术创新这一过程而制定的。它依据专利法授予创新以专利权并公开专利信息服务以促进信息交流和技术转让。各个国家或地区通过法律手段构建了独特的专利制度体系，虽然专利法的地域性显著，但都基于一个核心思想，即刺激创新。专利可以理解为发明人和公众之间的一种交换，发明人为了获得在一定时期内独占的专利权，必须在专利说明书中公开详细的专利内容，并在保护期后无条件向公众开放使用[18]。这促使专利持有者在专利保护期内尽最大可能地使专利商品化和产业化，从而最大限度地获得商业回报。同时，公众在专利保护期内研究专利文献并在这些先进技术的基础上尝试进一步创造[19]，这一交换的过程就是创新的重要摇篮。

但专利制度的演变也引起了社会各界对于其公平性和对创新的激励作用等方面的质疑，并且企业界、专利局、经济学家等都纷纷献言进策，如美国经济学家 A. B. Jaffe 和 J. Lerner 研究专利 20 年后在其《创新及其不满》一书中认为，美国专利系统在美国的创新之轮中已不再作为润滑剂而是沙粒存在，20 世纪 80 年代进行的制度变革使本应孕育创新的专利系统给创新者、企业甚至整个经济社会的创新过程都造成了很大的打击，专利诉讼案件急速增加、授权专利的数量攀升而质量却直线下降[17]。

社会对于专利制度的讨论随着近年来科技的快速发展，特别是苹果公司和三星公司的专利之战之后，越发得到公众和学者们的关注，对于专利政策的制定者和改革者来说更是到了关键时刻，他们讨论的焦点主要集中在专利是否促进了创新。虽然专利制度建立的出发点以及后续改革围绕的中心点都是提升竞争、促进创新，但从现代专利法出现后的历史中都可以看到围绕着专利产生的矛盾情形。存在于专利体系中的一个大问题即是专利覆盖的科学领域的边界界定问题，因此不免有多个不同专利权人的专利领域存在重合的情况，这就导致了专利侵权诉讼的增加，从而阻碍新技术的产生并阻碍创新的发展。专利池的出现即是为了解决这一阻碍性专利的专利之争的问题，但当各专利权人将专利集中在专利池中时可能会削弱其创新的力度。专利池的建立是希望激励企业加速专利的申请以构建更完善、成员间受益的专利池，但不免也会出现搭便车的情形，并且造成研发的重合以及专利战略缺乏的状况。美国 1917 年建立航天产业专利池到 1975 年取消这一专利池的过程可以很好地反映出专利制度和创新之间的博弈改进过程[20]。另外，强制许可是在没有专利权人许可的情况下授予有竞争力的公司以专利使用权，从而削弱专利权人垄断地位的一种机制。TRIPS（与贸易有关的知识产权协定）通过将一些专利，如拯救生命的药品专利，授权给急需此技术的发展中国家从而促进自由贸易的开展。专利推动技术创新的过程，如图3所示：

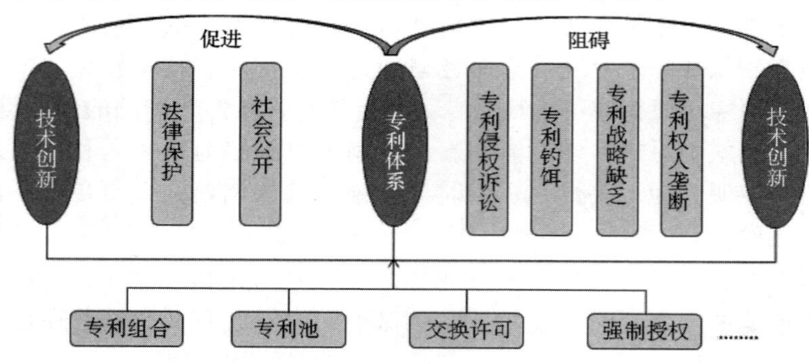

图3　专利推动技术创新的互动关系

4　专利衡量技术创新

无论专利制度在技术创新的过程中扮演的角色是促进还是阻碍，整个社会对其的共识还是改革、完善和利用现有专利体系以服务于社会和经济的快速健康发展。因而，专利作为测度技术创新的重要指标，一直被嵌入各类技术创新能力的评估体系之中。

4.1　利用专利信息研究技术创新的优势和局限

技术创新强调效果（创新价值和R&D产出）[21]，评估技术创新成果在衡量企业、区域、国家等创新能力中显得尤为重要。对技术创新能力进行测度一直是经济学家、公共政策研究人员等研究的关键领域，一般多从R&D投入、人力资源、创新产出、环境因素等多个角度在企业、产业、区域、国家[22-24]层面展开。如自1992年起，欧盟27个成员国和欧洲自由贸易联盟中的3个国家根据《奥斯陆手册》进行企业级的社会创新调查，并最终通过欧洲创新记分牌报告对各国年度创新成果从多个维度进行评估、分类和排名（该报告从2010年起更名为创新联合记分牌，并将调查范围扩展到了其他欧洲七国和全球十大竞争者）[25]。欧洲参与创新调查的各国根据《奥斯陆手册》中的各项要求和操作规范等提供了详细而真实的数据，这为创新研究的开展提供了很大的便利。但要在更大范围内或者其他区域开展技术创新的定量研究则可能会受到数据的统一性、可获得性等因素的约束而无法开展。同时，当 R&D 投入、人力资源状况、新产品上市等具体数据无法获得和建立统一标准时，专利数据凸显出了其独特的优势：数据公开透明、内容客观翔实、领域覆盖面广、分类标准统一、专利数据库资源丰富等。

然而，专利作为技术创新重要指标的应用研究一直没有得到深入的挖掘，主要的原因有两个方面：一方面是创新定量研究的复杂性。S. Kuznets 在 R. Nelson 编著的《发明活动的速度和方向》[26]一书中从定义和测度发明的困难、发明的成本和其创造的价值的测度以及利用专利文献信息进行专利统计的优势和劣势等角度详细阐述了这一复杂性。另一方面是专利的局限性：①专利并不能保证成功的产品创新，也很有可能不会带来巨大的市场价值。②不同产业的专利活动存在巨大的差别，如医药产业广泛地对其产品申请专利保护，但其他行业如信息技术行业由于其创新过程太快而来不及通过耗时较长的专利过程获得法律保护，另外有一些行业会选择商业秘密来保护其产品[27]。③有些公司将专利作为阻碍竞争者创新的手段而不是保护其发明和产品的方式。④并不是所有的创新都能以专利体现，如一些公司的竞争力在于其商业战略、供应链关系、市场策略等不能用专利量化的方面。⑤专利的质量差别较大。不仅是区域之间的专利质量参差不齐，更显著的是随着时间的推移专利申请的整体水平都有所下降[28]。⑥专利制度受到质疑。鉴于此，目前的创新测度系统中多仅使用专利的数量、地理位置、发明人等数据，但专利数据作为定量测度指标还有非常大的潜力亟待挖掘。

4.2 利用专利信息测度技术创新的可靠性

创新的复杂本质使对其的测度面临巨大挑战。即使在创新很大程度上被定位到产品创新、重大创新、技术发明等时，仍然很难构建普适性的测度方法。但这并不影响专利作为研究技术创新的核心指标的地位。

专利法中规定的申请要求等的稳定性以及各国和区域致力于构建的专利数据库的完整性和稳定性使得利用专利信息对技术创新进行长期的时间序列分析具有一定的可靠性。国际专利分类体系的统一性也使得技术创新的深入研究得以开展。长时期积累的大量专利文献所形成的专利引用网络也是研究创新溢出、技术演化和技术预测等的可靠数据。

测度指标、样本、数据库、产业结构、创新方向、区域差异、国家差异等构成要素的多样性使得在技术创新的内容和测度方法等问题上难以达成清晰的共识，相应地，不同的研究体系会得出不同的结论。但也正因如此，一些学者一直在积极致力于寻求标准的、普适性的测度指标。如 J. Hagedoorn 和 M. Cloodt 从 R&D 投入、专利数量、专利被引率、新产品发布 4 个指标角度对世界范围内 1 200 个高科技公司的创新能力进行了定量的统计分析，认为 4 个指标具有很强的统计相关度，使用其中一个或多个指标组合即可测度技术创新能力[29]。

4.3 利用专利信息测度技术创新的维度

专利数据的时间性、地域性、领域性、可获得性等特征使其成为测度技术创新的重要来源。解构技术创新的内涵又可将其分别从规模、质量、效率和环境 4 个维度来测度。

4.3.1 利用专利信息测度技术创新的规模

20 世纪 80 年代，国际上开始利用专利信息对技术创新进行具体的测度。为了降低技术创新研究的复杂性，研究多仅从专利数量出发，如通过统计企业拥有的专利数量研究企业的创新产出，通过分析时间序列上专利数量的变化研究创新能力的发展，通过研究某领域专利技术分类的变迁研究技术的发展过程、速度及规律，通过分析地理位置上的专利数量来研究不同区域、国家的技术竞争地位，通过计算专利所涉及的国际专利分类号（International Patent Classification，IPC）研究技术创新的范围和广度等。测度技术创新规模的常见专利指标如表 1 所示：

表 1 衡量技术创新规模的专利指标

维度	指标名称	指标计算方法	指标内涵
技术创新规模	专利授权量	具有专利权的发明专利数量	反映特定主体技术创新的规模
	专利申请量	提交给专利部门的发明专利数量	反映特定主体技术创新活跃度
	专利成长率	某年的专利授权量相较于上一年度专利授权量的增长速度	反映特定主体技术创新规模随时间的演变和趋势状况
	专利领域数	专利所涉及的 IPC 分类号数量	反映特定主体的技术创新范围和领域重心

4.3.2 利用专利信息测度技术创新的质量

随着研究的推进，学者们逐渐认识到仅使用专利的数量信息研究创新相当于忽略了对专利质量的衡量。通过将专利信息看作文献，引入文献计量学中的引文分析法等为专利信息分析开启了另一扇大门。研究表明，专利被引率与专利数量同样和生产率增长有很大的联系[30]，利用专利被引量衡量专利质量是技术创新能力评价的一个重要维度。专利之间的引用关系还被用来深入研究专利发明人、专利权人、地理位置等维度之间的关系以及技术创新的溢出效应、专利影响力等。由引用产生的知识流转化到生产力的提升以及技术创新的商业联系等，专利间的引用关系能有效地反映R&D 投入到创新产出的过程和联系。测度技术创新影响力的常见的专利指标如表 2 所示：

4.3.3 利用专利信息测度技术创新的效率

技术创新效率是投入和产出之间的互动效果，反映着单位技术创新资源对技术创新成果的贡献程度，即资源的配置效率。世界知识产权组织提供了三种衡量指标：人口密度指标、国内生产总值指标（GDP）和研发投入指标（R&D）。从专利这一产出成果的角度测度技术创新效率的指标如表 3 所示：

表 2　衡量技术创新质量的专利指标

维度	指标名称	指标计算方法	指标内涵
技术创新质量	专利被引数	授权专利被其他专利的引用次数总和	反映特定主体技术创新的影响力水平
	专利即时影响指数	前 5 年授权专利在当年的被引次数除以所有同期专利的平均被引次数	反映特定主体技术创新的即时影响力水平
	有效专利数	保护期内授权专利维持有效的专利数量	反映特定主体技术创新战略的实施水平
	专利寿命	有效专利的维持年限	反映特定主体技术创新的市场价值大小
	专利族大小	具有相同优先权的在不同国家或国际专利组织申请专利的个数	反映特定主体技术创新的重视程度和市场的覆盖力度
	专利授权/申请比例	授权专利数与专利申请数之比	反映特定主体技术创新的法律

表 3　衡量技术创新效率的专利指标

维度	指标名称	指标计算方法	指标内涵
技术创新效率	专利研发效率	专利授权量与专利发明人数量的比值	通过发明人研发效率反映特定主体的平均技术创新产出效率
	每万人口专利授权量	专利授权量与每万人口数值的比值	通过每万人口的专利拥有量衡量特定区域技术创新效率的高低
	每亿元 R&D 投入的专利授权量	专利授权量与 R&D 投入的比值	通过 R&D 投入的专利产出量衡量特定主体研发效率的高低
	每亿元 GDP 投入的专利授权量	专利授权量与 GDP 值的比值	通过 GDP 投入的专利产出量衡量特定区域研发效率的高低

4.3.4　利用专利信息测度技术创新的环境

技术创新环境是指在一定区域范围内，影响主体技术创新规模、质量和效率的支撑因素，它强调企业、科研院所、政府、中介机构等主体之间的互相关联、互相协调，以形成具有地域特色的技术创新系统。政府可通过金融支持、财政补贴、税收优惠、产权保障、技术转移通道构建等渠道支撑技术创新环境建设；企业和科研院所可利用政府提供的有利保障，并结合自身的资源优势创建有利于技术创新的小环境；中介机构等则充当环境中的润滑剂和加速器。三者的作用和表现形式可从侧面反映技术创新环境的完善程度。目前国际上通用的用来衡量支撑技术创新的环境指标很少，并大多集中于 R&D，如政府 R&D 投入量，以及 OECD（经济合作与发展组织）"B index" 中单位 R&D 的税收补贴率[31]；另外还有针对特定领域的政策环境指标，如提升中小企业创新能力的政策范围（包括技术吸收、技术转移、商业化、直接投资、出口扶持等在内的政策类型个数）[32]。围绕专利的政策保护、研发投入、创新管理和产品产出等活动所构建的技术创新支撑环境，如表 4 所示：

表 4　衡量技术创新环境的专利指标

维度	指标名称	指标计算方法	指标内涵
技术创新环境	知识产权政策体系	国家或地区知识产权配套政策类型的数量占所有知识产权政策类型总数的比重	通过知识产权政策的覆盖范围来反映技术创新的政策环境的完善程度
	高新技术产业补贴	国家或地区对于高新技术产业的补贴总额	通过政府对高新技术产业的财政补贴反映其对技术创新的支持力度
	专利代理企业数量	国家或地区内所拥有的专利代理企业数量	通过专利代理企业的数量反映国家或地区技术创新管理活动的活跃程度
	企业授权专利占比	国家或地区内企业的授权专利占所有授权专利的比例	通过企业授权专利的占比可反映国家或地区的技术创新环境对企业这一主体的影响程度

5　结　语

在技术创新为主导的经济增长时代，需要对技术创新的来源、发展、趋势等进行准确的定位，以适应并带动经济高效快速的发展。专利信息作为前沿技术信息的宝库，是定性和定量分析的数据来源。由于技术创新内涵及表现形式的多样性以及专利的多元可解读性，对技术创新和专利间的关系进行深入分析是研究的首要步骤，也是笔者从技术创新的发展、专利制度的作用、专利信息的利用以及进行两者之间关系研究的可靠性进行深入剖析的原因。笔者还构建了测度技术创新的专利指标体系，为直观有效地定位国家、区域、企业等的技术创新能力提供可靠的评价方式，亦为后续的实证研究提供扎实的理论基础。

参考文献：

[1]　Skinner Q. Language and social change [M]. Princeton: Princeton University Press, 1988.

[2]　Bannet E. Quixotes, imitations, and transatlantic genres [J]. Eighteenth-Century Studies, 2007, 40 (4): 553 – 569.

[3]　Gabriel Tarde. Gabriel tarde on communication and social Influence: Selected Papers [M]. Chicago: University of Chicago Press, 2011.

[4]　Godin B. Innovation the history of a category [EB/OL]. [2012 – 11 – 23]. http://

www. csiic. ca/PDF/IntellectualNo1. pdf.

[5] 周霞，张海鸥．发展专利战略，提高我国的技术创新能力［J］．经济师，2003（2）：21－22.

[6] Godin B. In the shadow of Schumpeter：W. Rupert Maclaurin and the study of technological innovation［J］. Minerva，2008（46）：343－360.

[7] Godin B. The linear model of innovation：The historical construction of an analytical framework［J］. Science，Technology，and Human Values，2006，31（6）：639－667.

[8] Chesbrough H. Open innovation：The new imperative for creating and profiting from technology［M］. Boston：Harvard Business School Press，2003.

[9] Von Hippel F. Democratizing innovation［M］. Lambridgei The MIT Press，2005.

[10] Flowers S. The new inventors：How users are changing the rules of innovation［EB/OL］.［2012－12－15］. http：//www. nesta. org. uk/library/documents/Report%2015%20－%20New%20Inventors%20v6. pdf.

[11] Freeman C. The national system of innovation in history perspective［J］. Cambridge Journal of Economics，1995，19（1）：5－24.

[12] Long P O. Openness，secrecy，authorship：Technical arts and the culture of knowledge from antiquity to the renaissance［M］. Baltimore：Johns Hopkins University Press，2001.

[13] Han S S. Analyzing the patentability of "intangible" yet "physical" subject matter［EB/OL］.［2012－12－12］. http：//papers. ssrn. com/sol3/papers. cfm? abstract_id＝1374691.

[14] Graham P. Are software patents evil?［EB/OL］.［2012－12－15］. http：//www. paulgraham. com/softwarepatents. html.

[15] Schmookler J. Patents，invention，and economic change：Data and selected essays［M］. Cambridge：Harvard University Press，1972.

[16] Jaffe A B，Trajtenberg M，Romer P M. Patents，citations，and innovation：A window on the knowledge economy［M］. Cambridge：MIT Press，2002.

[17] Jaffe A B，Lerner J. Innovation and its discontents：How our broken patent system is endangering innovation and progress，and what to do about it［M］. Princeton：Princeton University Press，2006.

[18] The "Broken Patent System"：How we got here and how to fix it［EB/OL］.［2012－12－20］. http：//www. theverge. com/2011/08/11/broken－patent－system/.

[19] 吴志鹏，方伟珠，包海波．专利制度对技术创新激励机制微观安排的三个维度［J］．科技政策研究，2003（1）：52－56.

[20] Moser P. Patents and innovation：Evidence from economic history［J］. Journal of Economic Perspectives，2003，27（1）：23－44.

[21] 方曙．基于专利信息分析的技术创新能力研究［D］．成都：西南交通大学，2007.

[22] Desai M, Fukuda-Parr S, Johansson C, et al. Measuring the technology achievement of nations and the capacity to participate in the network age [J]. Journal of Human Development, 2002, 3 (1): 95 – 122.

[23] Archibugi D, Coco A. Measuring technological capabilities at the country level: A survey and a menu for choice [J]. Research policy, 2005 (34): 175 – 194.

[24] Furman J L, Porter M E, Stern S. The determinants of national innovative capacity [J]. Research Policy, 2002, 31 (6): 899 – 933.

[25] Innovation union scoreboard [EB/OL]. [2012 – 12 – 18]. http: //ec. europa. eu/enterprise/policies/innovation/facts – figures – analysis/innovation-scoreboard/index_ en. htm.

[26] Nelson R. The rate and direction of inventive activity [M]. Princeton: Princeton Press, 1962.

[27] Griliches Z. Patent statistics as economic indicators: A survey [J]. Journal of Economic Literature, 1990 (28): 1661 – 1697.

[28] OECD Science, technology and industry scoreboard 2011: Innovation and growth in knowledge economies [EB/OL]. [2013 – 09 – 15]. http: //www. oecd. org/sti/oecdsciencetechnologyandindustryscoreboa
rd2011innovationandgrowthinknowledgeeconomies. htm#about.

[29] Hagedoorn J, Cloodt M. Measuring innovation performance: Is there an advantage in using multiple indicators? [J]. Policy Research, 2003, 32 (8): 1365 – 1379.

[30] Aghion P, Bloom N, Blundell R, et al. Competition and innovation: A inverted-U relationship [J]. The Quarterly Journal of Economics, 2005, 120 (2): 701 – 728.

[31] What indicators for science, technology and innovation policies in the 21st century? Blue Sky II Forum – Background 1 [EB/OL]. [2013 – 09 – 17]. http: //www. oecd. org/science/inno/37082579. pdf.

[32] International benchmarking of countries' policies and programs supporting SME manufactures [EB/OL]. [2013 – 09 – 17]. http: //www. nist. gov/mep/upload/International – Benchmarking – of – Countries – SME – Support – Programs – and – Policies – 2. pdf.

作者简介

徐迎，中国科学院国家科学图书馆、中国科学院大学硕士研究生，E-mail：xuying@ mail. las. ac. cn；

张薇，中国科学院国家科学图书馆副馆长，研究员。

国内外图书情报学认知结构比较研究*

张斌　贾茜

（武汉大学信息资源研究中）

将图书情报学（Library and Information Science，LIS）视为一门学科时，人们通常会问：图书情报学的核心内容是什么？这一问题显然跟该学科对学术研究的理论创新和社会发展的实践问题有很大关系。在我国，图书情报学被纳入一级学科——图书馆、情报与档案管理之下，近些年来开始实践专业学位教育；在国外，20 世纪 60 年代末，由于计算机在文献加工处理中的应用，美国的很多图书馆学院在其名字中加入了信息一词，由此变为图书馆与信息学院，或者图书情报学院，并在 2005 年推动了 iSchools 的建立。到目前为止，图书情报学的学科结构虽然不是一致的，但却相对稳定[1]。笔者认为，一门学科的学科结构可由整个科学共同体的认知结构推出。因此，本文另辟蹊径，借助中国社会科学引文索引（CSSCI）的数据得出我国图书情报学认知结构，并与 S. Milojević等[2]基于 16 种重要国际期刊论文数据分析得出的图书情报学认知结构进行对比，深入探究国内外图书情报学认知结构的共性与差异，为改善学科结构提供依据并指出今后的努力方向。

1　相关研究回顾

一门学科的核心内容是指该学科特有的，其他学科没有或者具有但不如该学科强，其他学科难以模仿、难以形成竞争性的关键内容。F. L. Miksa[3]在回顾图书情报学发展历史时，认为可以将其归结为图书馆学和情报学这两个研究范式。前者关注图书馆事业，把图书馆当成社会机构看待，研究方向更多地偏向社会科学；后者则关注信息及其交流情况，研究方向更多地偏向信息传播的数学理论和模型构建。当然，学者们也观察到了图书情报学的“转向”问题，如：B. Cronin[4]讨论了图书情报学的社会学转向，尤其是认知观

* 本文系国家自然科学基金项目“知识网络的形成机制及演化规律研究”（项目编号：71173249）研究成果之一。

点强调个人知识状态，而这会导致人们忽视社会关系和社会结构的认识论意义；J. Nolin 和 F. Åström[5]认为图书情报学处于一种支离破碎的危机中，缺少理论层面的发展，并列举了若干转向（认知转向、信息转向、以用户为中心、认识论转向、历史学转向、语用学转向）；鉴于“信息社会”使得信息在不同研究领域中都成为了热点，因此“信息转向”会使得我们在研究合作中处于强势地位。

叶继元[6]认为图书情报学的核心内容是以各学科专家生产出的知识为对象，广泛利用现代技术，通过评价、筛选、组织、传播知识，满足个人和社会的需要。知识、人员、技术和管理是核心内容的四大要素，其中，技术和管理是方法性因素，知识和人员则是核心要素。从图书情报学发展历程来看，对知识的研究和思考是从学科萌芽伊始就伴随着学科的成长而发展的，中途也经历过相对淡化期，但从 20 世纪 90 年代初开始，随着人类社会宏观层面上知识经济和知识社会的来临，微观层面上企业知识管理的兴起，以知识为基本命题的研究在图书情报学中日益凸显，已成为研究的主流趋势之一[7]。当前的研究呈现出两种基本取向：一是对企业知识管理理论的引进、消化和吸收；二是对图书情报学“知识传统”的复兴。这两者都直接指向了现代社会中的知识生产、利用和再创造活动。

实际上，关于图书情报学核心内容的讨论一直都在进行中。2005 年后兴起的 iSchools 运动，强调“信息、人和技术”，其学科来源包括计算机科学、商业与管理，但大部分成员来自传统的图书情报学，这一方面可以看成对单纯强调信息技术的一种反思；另一方面也可以看成对传统图书情报学研究的一种坚持。吴丹等[8]对 iSchools 中教师的背景、研究兴趣、发文期刊、高频关键词、资助基金等以及开展的研究生教育进行过广泛统计，认为“信息”在 iSchools 中扮演了最为本质的角色；图书情报学领域是 iSchools 最主要的来源；情报理论、信息资源管理和信息检索是排名前列的研究兴趣；情报学和图书馆学是最常见的期刊分类；“信息”是 iSchools 硕士生和博士生最流行课程名称的一部分。

V. Larivière 等[9]分析了 1900 – 2010 年间 160 种期刊约96 000篇论文，从中勾勒出图书情报学领域学术生产方面的历史轨迹，认为其间主要经历了两次结构性转变：其一是在 1960 年，图书情报学从一个专注图书馆事业的专业领域转变为关注信息及其使用的学术领域；其二是在 1990 年，图书情报学开始被其他学科越来越多地引用，特别是来计算机科学和管理学领域，并发现从文献归属角度看待图书情报学领域的作者数量急剧增加。显然，这一结论和吴丹等[8]对 iSchools 的调查结果较为吻合，也说明随着全球信息化、网络化、知识化的迅速发展，图书情报学有因外延扩大而“泛化”的趋势，但将哪些研究内容作为核心内容仍值得思考。

苏娜等[10]搜集了 WOS 和 CNKI 在 2000－2009 年间的图书情报学核心期刊题录数据，利用高频词及其共现关系对研究主题进行了分析和比较，结果发现数字图书馆、知识管理、科学计量学等是国内外共同关注的研究热点。刘海霞等[11]以情报学为主题搜集了来自 WOS 和 CSSCI 数据库中的相关文献，利用 CiteSpace 进行分析并加以对比，结论是国内外在情报学研究中的研究热点很相似，但又各具特色，有些研究热点存在时间先后顺序，整体来看处于同步发展中。向剑勤和赵蓉英[12]通过作者共被引（ACA）来绘制国内外图书情报学研究主题知识图谱，从学科结构组成、分支主题（学术群体）之间关系与最具影响的学术群体等 3 个方面对国内外图书情报学进行比较分析，揭示出学科主题分布存在的差异：① 国内形成了以情报学与图书馆学为基础，在数字图书馆与知识管理这一新领域存在广泛交叉的局面，而国外形成了三计学、信息检索、信息系统这 3 个研究主题相互交叉的局面；② 国内图书情报学各学术群体交叉较多，联系更为紧密；③ 国内影响最大的研究群体是情报学基础研究群体，国外则是三计学研究群体，且国外在网络计量学、信息技术的应用与用户研究、信息检索、数据挖掘与电子商务等新领域形成了有影响力的独立研究群体，而国内在这些领域的研究力量较弱。

在近期的一篇文章中，S. Milojević等[2]回顾了研究学术期刊论文标题词语功能的相关文献。标题词语和文章关键词、索引词一样，具有信号功能，它们能提醒读者该学术文本中的内容或者某个特殊研究取向。他们分析了 1988－2007 年间 16 种重要的图书情报学国际期刊论文标题词语，用词语在时间维度的分布结构跟踪话题的形成过程和构建学科的认知结构。显然，较利用高频词间的共现关系识别研究主题结构，这一方法可以从结构和演化两个方面深入到一门学科的内容和认知层面。

2 研究设计

本研究是通过分析科学共同体在已发表论文中所使用的概念术语来确定共享的概念系统，进而辨识学科认知结构的。不言而喻，需要对论文样本对象进行分词和抽取，并有目的地收集一段时间内高频出现的表征图书情报学的概念术语。这里的概念术语是一种模糊指代，反映在学者们撰写文档时对标题词语和文章关键词的选取上。由于英文单词是由空格隔开的，抽取单词相对容易，而对于中文来说，需要设定一种分词原则或者处理原则。

显然，很多概念术语会成对出现，比如信息检索。S. Milojević等将其作为一个独立的知识单元处理，并进行词频统计和后续分析。在国内，大多数期刊对文章关键词是有要求的，而由文章关键词及其共现关系形成的共词网络为绘制“知识结构”提供了一种有效的工具[13-14]，并取得了很大成功[15]。但对于中文来说，文章关键词更多地是以短语（词组）形式出现，还不是最小知识单元（词是最小的能够独立运用的语言单位）[16]，因此用以分析更为微观的认知结构并不合适。

在笔者的研究中，为了探究图书情报学的认知结构，利用了信息检索中的“前方一致”原则对文章关键词进行合并处理。“前方一致”是指截词检索中右截断或者后截断（the right truncation method）。研究基于的假设是：文章关键词表现为词组形式，一组特定的关键词在语义和认知关联上会更为紧密。简单来讲，就是将具有相同前缀词的短语（词组）进行合并，比如：信息检索、信息服务、信息查询、信息收集、信息检索系统等，都是“信息”+“其他词或词组”的形式，将这些关键词合并为“信息”，由“信息”去描述这些短语的共同特征和含义。而对于“图书”（book）与“图书馆”（library）为前缀的短语，凡可归并为“图书馆”类的词则不予归并至“图书”类。当然，由于处理方式的不同，会造成两项研究所选取的概念术语集之间有一定的差异，但也正是由于这一处理过程，保证了两项研究结果可以在相同粒度层面上进行比较。

基于此，本文选择中国社会科学引文索引（CSSCI）中收录的1998-2011年间14种稳定的国内图书情报学期刊（不考虑档案学期刊）作为研究对象。CSSCI从1998年开始运行，其来源期刊会根据收录规则动态调整，从公布的来源期刊目录（2012-2013）来看，该领域建库至今一直被收录的只有14种期刊，分别是《大学图书馆学报》、《情报科学》、《情报理论与实践》、《情报学报》、《情报杂志》、《情报资料工作》、《图书馆工作与研究》、《图书馆论坛》、《图书馆杂志》、《图书情报工作》、《图书情报知识》、《图书与情报》、《现代图书情报技术》、《中国图书馆学报》。笔者抽取这些期刊的文章关键词数据，按“前方一致”的原则将关键词划分为100个词族，利用词频分析、共现分析、聚类分析、多维尺度分析去跟踪国内研究话题的形成过程和构建学科的认知结构。在研究过程中，笔者有意地和S. Milojević等的研究内容保持一致，期望借助两者间的对比，观察国内外图书情报学认知结构的共性与差异。

3 认知结构

S. Milojević等选取了16种国际期刊1988－2007年间的10 344篇论文，其中排序前100的高频词或短语见表1，文献覆盖率为89%。笔者选取了14种国内期刊1998－2011年间的48 944篇论文，其中排序前100的高频词见表2，文献覆盖率为93.80%。两项研究中样本论文数量比值为0.211 3。需要说明的是，表1中的少量短语的加入不会影响科学共同体的整体认知结构。而考虑到两项研究所选取期刊的载文周期和数量的差异，两者数据规模实际上处于同一水平。由于这两项研究均是选取了100个高频词，因此可以借助两者间的对比，观察国内外图书情报学认知结构的特色。

表1 16种国际期刊中排序前100的词或短语（1988－2007年）[2]

序号	词或短语	词频	序号	词或短语	词频
1	INFORMATION	1 516	51	RELEVANCE	131
2	LIBRARY	1 229	52	SUPPORT	128
3	SEARCH	599	53	INFORMATION SCIENCE	127
4	WEB	526	54	IMAGE	126
5	SCIENCE	510	55	HEALTH	125
6	CITATION	485	56	PUBLIC	125
7	UNIVERSITY	362	57	SCHOLARLY	123
8	DATABASE	353	58	INDICATOR	122
9	SCIENTIFIC	328	59	BIBLIOGRAPHIC	120
10	REFERENCE	324	60	INFORMATION SYSTEM	120
11	ONLINE	320	61	PUBLISH	120
12	TECHNOLOGY	320	62	COLLEGE	118
13	DOCUMENT	319	63	COMPUTER	118
14	ACADEMIC LIBRARY	305	64	RETRIEVAL SYSTEM	118
15	INFORMATION RETRIEVAL	301	65	CLASSIFICATION	117
16	KNOWLEDGE	293	66	FIELD	116
17	COLLECTION	284	67	ASSESSMENT	115

续表

序号	词或短语	词频	序号	词或短语	词频
18	RETRIEVAL	265	68	COLLABORATION	112
19	LIBRARIAN	264	69	RANK	112
20	INTERNET	259	70	TERM	112
21	INDEX	253	71	FUTURE	111
22	MANAGEMENT	250	72	SCIENTOMETRIC	107
23	TEXT	246	73	AUTOMATIC	105
24	ACADEMIC	243	74	AUTHOR	101
25	CATALOG	227	75	LAW	101
26	MEASURE	217	76	LINK	101
27	BIBLIOMETRIC	216	77	AMERICAN	100
28	PUBLICATION	215	78	EVALUATE	100
29	ISSUE	205	79	COUNTRY	96
30	PERFORMANCE	197	80	INFORMATION LITERACY	96
31	SOCIAL	194	81	INSTRUCTION	96
32	LEARN	186	82	WEB SITE	96
33	STRUCTURE	186	83	DECISION	94
34	BEHAVIOR	184	84	ENGINE	94
35	STUDENT	181	85	CONTROL	93
36	QUERY	179	86	SCHOOL	93
37	PUBLIC LIBRARY	173	87	DISTRIBUTION	92
38	METHOD	171	88	FRAMEWORK	92
39	INFORMATION SEEK（ING）	167	89	IMPLICATION	92
40	PROFESSION	167	90	INTERFACE	91
41	BOOK	162	91	BUSINESS	90
42	SURVEY	162	92	DEVELOP	90

续表

序号	词或短语	词频	序号	词或短语	词频
43	LANGUAGE	159	93	LIBRARY AND INFORMATION SCIENCE	90
44	SUBJECT	159	94	PAPER	90
45	COMMUNITY	146	95	BUILDING	89
46	INTERNATIONAL	139	96	CENTER	89
47	FACULTY	138	97	WORD	89
48	DIGITAL LIBRARY	135	98	INFLUENCE	88
49	CHINA	134	99	CLUSTER	87
50	POLICY	132	100	E	87

表 2　14 种国内期刊中排序前 100 的词（1998 –2011 年）

序号	词	词频	序号	词	词频	序号	词	词频	序号	词	词频
1	信息	11 898	26	学术	803	51	组织	447	76	影响	315
2	图书馆	10 534	27	研究	748	52	中文	446	77	人才	308
3	网络	4 980	28	科技	706	53	藏书	446	78	职业	306
4	知识	4 890	29	虚拟	674	54	因特网	442	79	智能	297
5	数字	4 155	30	个性	659	55	专利	431	80	XML	292
6	文献	3 363	31	评价	639	56	古籍	412	81	现代	291
7	高校	2 663	32	本体	619	57	自动	401	82	地方	288
8	电子	2 310	33	政府	601	58	比较	383	83	国家	284
9	情报	2 007	34	技术	598	59	版权	379	84	国际	280
10	数据	1 983	35	搜索	595	60	著作权	378	85	INTERNET	276
11	公共	1 456	36	大学	583	61	教育	378	86	高等	275
12	企业	1 414	37	科学	578	62	专业	376	87	业务	264
13	资源	1 405	38	语义	576	63	阅读	369	88	内容	263
14	图书	1 367	39	计算机	562	64	文化	367	89	目录	262

续表

序号	词	词频	序号	词	词频	序号	词	词频	序号	词	词频
15	服务	1 351	40	系统	555	65	网站	366	90	人文	252
16	竞争	1 126	41	核心	528	66	理论	366	91	全文	250
17	读者	1 098	42	发展	527	67	质量	363	92	法律	249
18	用户	1 081	43	引文	518	68	文本	346	93	指标	245
19	社会	1 075	44	元数据	504	69	美国	346	94	多媒体	244
20	WEB	984	45	馆藏	502	70	网上	343	95	统计	243
21	中国	962	46	参考	499	71	经济	337	96	隐性	242
22	学科	948	47	开放	466	72	创新	335	97	咨询	239
23	管理	888	48	分类	458	73	市场	329	98	模糊	238
24	期刊	850	49	书目	452	74	特色	328	99	科研	237
25	检索	811	50	主题	449	75	教学	322	100	编目	236

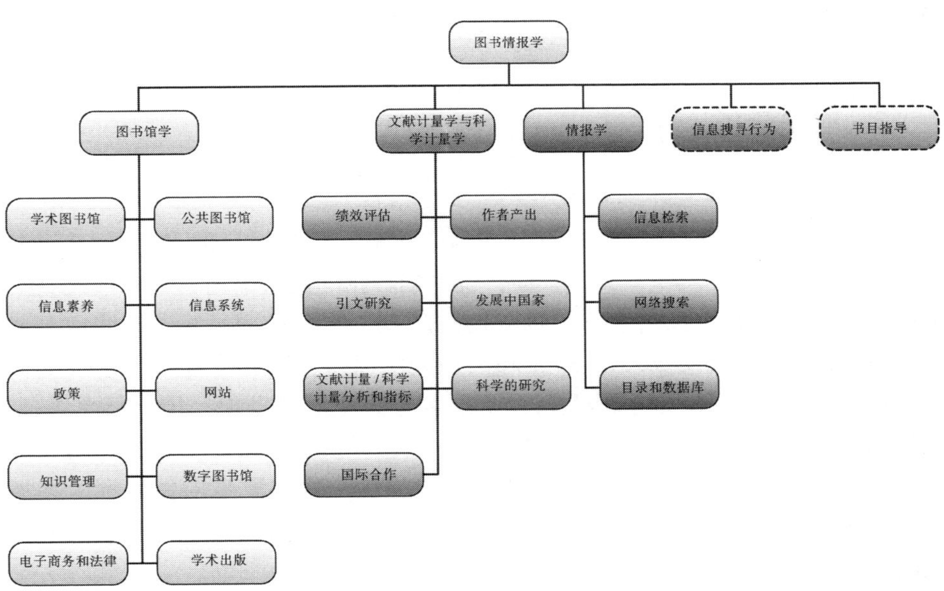

图1　国外图书情报学的5个分支[2]

S. Milojević等将表 1 的 100 个词经过共现分析和层次聚类之后，总结了图书情报学的5 个分支，如图 1 所示。其中，可以确定的 3 个主要分支是图书馆学（LS）、文献计量学和科学计量学（SCI – BIB）、情报学（IS），另外两个分支是信息搜寻行为和书目指导（Bibliographic instruction），因此，图书情报学包括了 3 个稳定的和两个不太稳定的组分（component）。这一聚类结果在识别各个分支时，不是基于论文、期刊或作者在数量方面的“大小”，而是基于高频词或短语的概念清晰度。

当然，这种类似的层次结构的形成会依赖于样本期刊和研究方法的选择。比如：在 P. Van Den Besselaar 等[17]的观点是，信息检索和科学计量学是情报学的核心内容，而 F. Åström[18]的观点是图书情报学分成了 8 个子领域，其中 4 个与信息检索有关，两个与文献计量学有关，一个是信息搜寻与使用行为，一个是网络计量学。S. Milojević 等认为从共词分析的结果看，SCI-BIB 应与 LS、IS 处于同一个层级，也就是说 SCI-BIB 具有显著不同的内容特征。

笔者也对表 2 的 100 个词进行了共现分析和层次聚类（见图 2），将国内图书情报学划分为 4 个分支，分别命名为数字信息的组织与管理、图书馆学、信息计量与评价、组织知识管理。进一步地，可以分析每个分支包括的内容及其子结构。由于本文的目的在于从宏观上了解结构特征，故不再具体分析每个分支及其组成所代表的意义。

4 对比分析

4.1 国内外认知结构组分对比

从表 1 和表 2 所选取的词或短语来看，信息（情报）、图书馆、网络、知识、文献、高校（大学）、数据等词，位居词频排序的最前面，分布表现得最为稳定，是核心词。除此之外，两个表中还有一些共有词，笔者对国内词频进行再处理（乘以系数 0. 211 3），和国外词频保持在同一个衡量尺度（见图 3）。图 3 中从左至右，按国内词频降序排列，从中可以发现，相比国内而言，国外图书情报学研究人员偏好“检索、学术、搜索、科学、引文、参考、文本、网上、目录”等话题，这是共性中的差异性。这些更强的偏好词大多属于传统图书情报学的研究内容，说明国外图书情报学的研究是比较成熟和稳定的。

如果将图 2 中的“数字信息的组织与管理”等价于图 1 中的“情报学”，那么无论是国内还是国外的研究，都认可最为重要的 3 个分支，即图书馆学、文献计量学和科学计量学与情报学。这说明 SCI-BIB 已经从情报学分离出来并

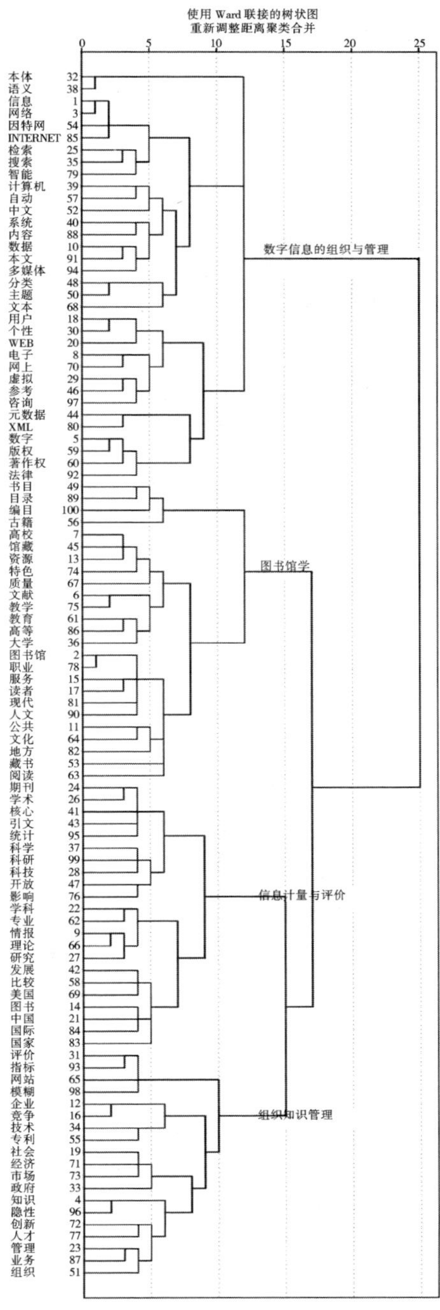

图2 国内图书情报学的4个分支

形成了一个独立的研究体系和认知维度[17-18]。

从表 1 和表 2 各自特有的一些词对比来看，国内图书情报学中特有的词大多集中在组织知识管理中。

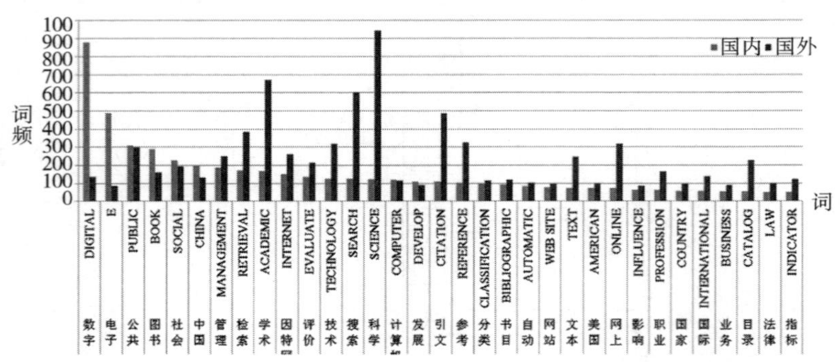

图 3　国内外图书情报学共同的认知热点

组织知识管理是从广义的组织层面加以描述的，广义的组织包括工商企业、政府机关、医院、学校、科研机构等知识密集型组织。在知识经济条件下，组织知识管理的核心是对基于知识的智力资本的管理。张勤和马费成[19]曾做过研究，国外知识管理研究的主要学科领域是组织行为学、战略管理、计算机科学；在国内，除上述三大学科外，图书情报学对知识管理的研究也非常活跃。S. Milojević等对样本期刊的选取可能无法体现出国外图书情报学关于知识管理的研究，而国内图书情报学则由于其学科特点和边界的模糊性，决定了它对知识管理研究的综合性特点，不但研究现代信息技术在知识管理中的运用，而且研究知识管理在企业、图书馆、高校等各类组织中的实施[20]。这也与文献 7 的判断达成一致，即国内图书情报学与知识管理理论的结合比学科“知识传统”复兴更受关注一些。国外图书情报学中特有的词，分散在 LS、SCI－BIB 和 IS 中，虽是国外的认知热点，但国内对其认识得还不够深入。如表 3 所示：

表 3　国外图书情报学独特认知热点

序号	词	词频	序号	词	词频
1	COLLECTION	284	23	PUBLISH	120
2	INDEX	253	24	FIELD	116
3	MEASURE	217	25	COLLABORATION	112

续表

序号	词	词频	序号	词	词频
4	PUBLICATION	215	26	RANK	112
5	ISSUE	205	27	TERM	112
6	PERFORMANCE	197	28	FUTURE	111
7	LEARN	186	29	AUTHOR	101
8	STRUCTURE	186	30	LINK	101
9	BEHAVIOR	184	31	INSTRUCTION	96
10	STUDENT	181	32	DECISION	94
11	QUERY	179	33	ENGINE	94
12	METHOD	171	34	CONTROL	93
13	SURVEY	162	35	SCHOOL	93
14	LANGUAGE	159	36	DISTRIBUTION	92
15	SUBJECT	159	37	FRAMEWORK	92
16	COMMUNITY	146	38	IMPLICATION	92
17	FACULTY	138	39	INTERFACE	91
18	POLICY	132	40	PAPER	90
19	RELEVANCE	131	41	BUILDING	89
20	SUPPORT	128	42	CENTER	89
21	IMAGE	126	43	WORD	89
22	HEALTH	125	44	CLUSTER	87

4.2 国内外认知结构演化对比

S. Milojević等将词在时间维度的分布结构用图 4 进行刻画，以此描述出认知结构的演化过程。环绕在某时间标签周围的词代表该时间段中这些词出现次数相对较多，即该方面的研究也相对较多。显然，1994 - 1997 年间，研究关注点在于计算机；1998 - 2001 年间，研究关注点在于因特网；2002 - 2003 年间，研究关注点在于网络；2004 - 2008 年间，研究关注点则转移到网站上。

笔者对国内图书情报学认知结构的演化过程进行了类似的呈现，如图 5

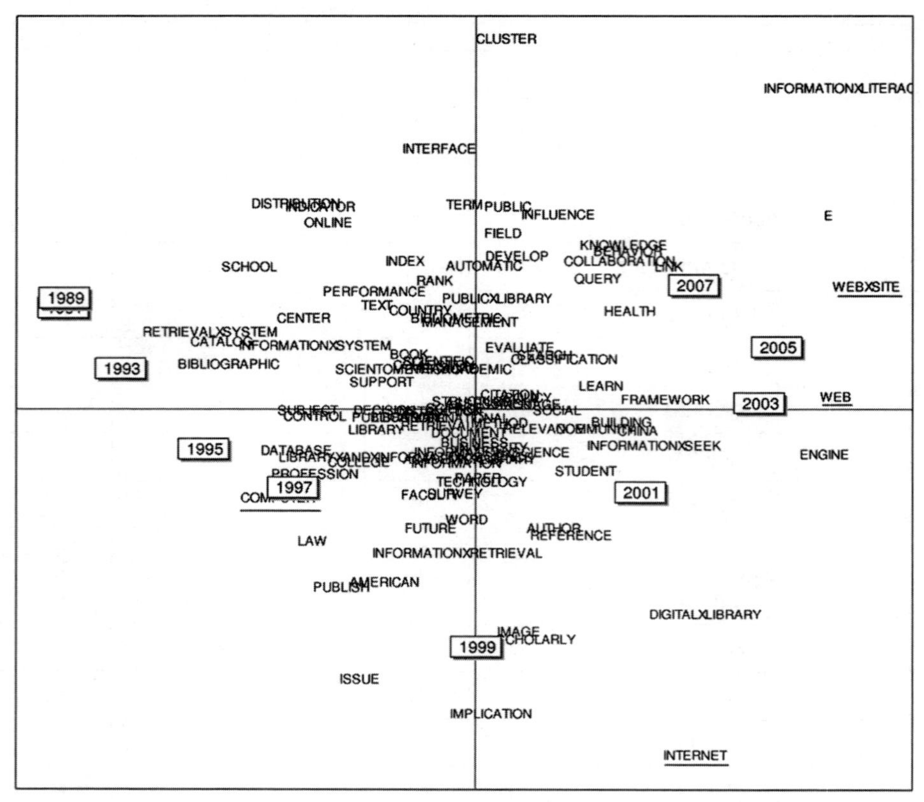

图 4　国外图书情报学认知结构的演化[2]

所示：

从图 5 可以看出，1998 –2001 年间，研究关注点在于 Internet、因特网、计算机等这些词；2002 –2003 年间，研究转向网络、网上等词；2004 –2005 年间，研究显然已经转移到网站上；2006 –2008 也一直对网站保持着兴趣。

因此，笔者大胆给出推测：无论是国内还是国外的研究，其认知热点保持着同步状态。而从两项研究中重叠的时间段来看，这些热点词都与信息技术有关。这一现象并不令人惊讶，也可以据之给出一个推测，就是图书情报学的认知结构与信息技术的认知呈现出强相关关系，认知结构的改变是由认识和接受新型信息技术而驱动的。

5　讨　论

总体而言，上述对比结果反映了国内外图书情报学中科学共同体的认知

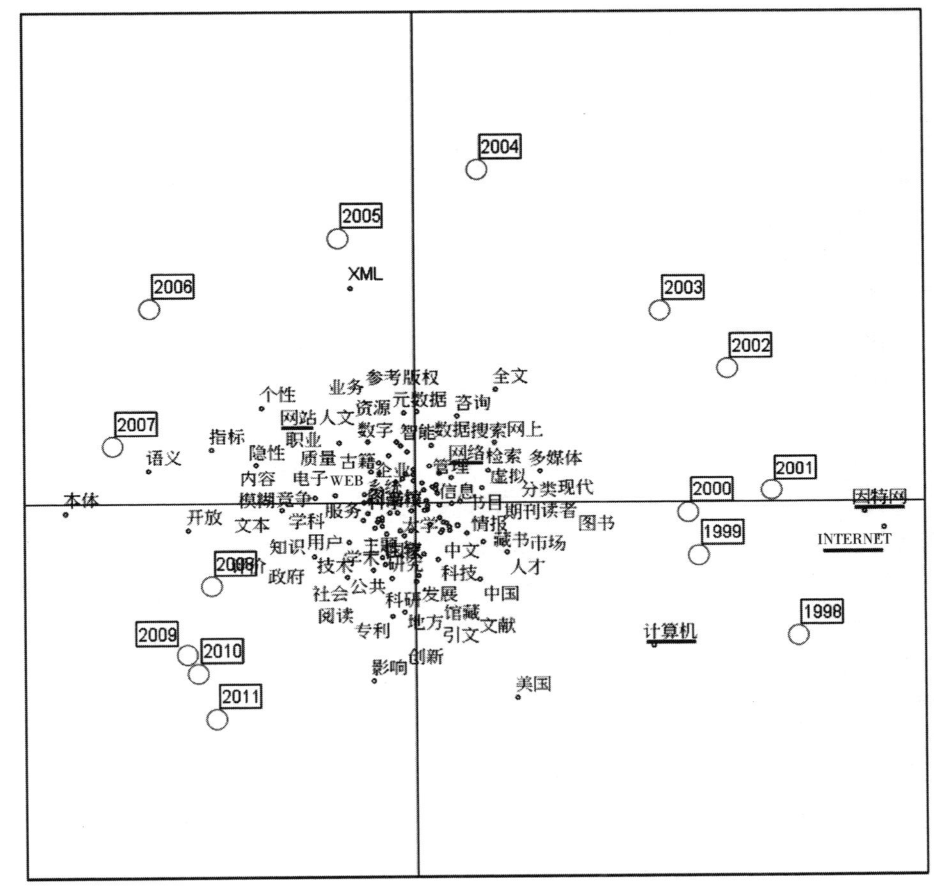

图 5　国内图书情报学认知结构的演化

结构之间的共性与差异。那么，从中至少可以得出以下结论：① 信息（情报）、图书馆、网络、知识、文献、高校（大学）、数据是认知核心；② 图书情报学可以分为图书馆学、文献计量学和科学计量学、情报学三大分支，文献计量学和科学计量学已经从情报学中分离出来并形成了一个独立的研究体系和认知维度；③ 国内图书情报学对组织知识管理的研究非常活跃；④ 国内外图书情报学的认知热点保持同步。

显然，国内图书情报学的研究内容更为丰富。这或许可以从国内图书情报学，特别是情报学的研究维度上得以解释[21]。与美国、欧洲、俄罗斯相比，中国科学研究由于具有“后发优势”，因此在对各国研究范式引进介绍和综合集成的基础上，形成了中国的研究特色。此外，还将情报视为一种行动，并强调为组织服务，这极大地拓宽了传统的对文献信息加工整理的研究。

从某种意义上讲，信息链[22]是图书情报学的核心内容之一，也是认知结构的核心。从事实、数据到信息，从信息到知识，从知识到智能（情报）的转化，标志着人类的认知从低级阶段向高级阶段的演进。在这一过程中，从低层到高层的转化不会自动发生，需要科学的管理方法、人的能动认识以及信息技术的支撑一并实现，也即 iSchools 倡导的“信息、人和技术”融合思想。知识的来源是对信息的认知，而知识的去向是形成智能（情报）策略，在转化过程中，信息技术起着重要作用，这主要体现在知识处理手段、知识传播媒介、知识生成周期、知识服务方式等方面[23]。图 4 和图 5 都明确地显示出以计算机的产生为分水岭，信息技术的发展大致可以分为 4 个阶段，知识转化在每个阶段表现出了不同特征：① 前计算机阶段的知识积累。这是指计算机广泛应用之前的阶段，由于该阶段信息技术具有原始性，知识生成周期漫长，知识处理手段落后，知识传播媒介单一（纸质介质），知识利用方式主要通过提供文献单元获取，1988 – 1993 年间，研究关注点多集中于书目、目录、检索系统等（见图 4）。② 单机自动化信息技术阶段的知识生成。计算机以其高速的信息处理能力和信息存储能力，加速了知识的转化和利用。1994 – 1997 年间，研究关注点在于计算机、数据库、主题、控制等（见图 4），通过计算机的软硬件系统，将零散的数据信息按照一定的格式输入到计算机，对信息进行自动加工和保存，并通过组配检索，从大量信息内容中得到规律性的知识。③ 网络自动化信息技术阶段的知识共享。网络化信息技术是计算机技术、通信技术、多媒体技术有机整合的信息技术体系，促使信息在质量、数量和传输速度上大大提高，且形式多种多样，包括声音、图形、图像、动画、超文本等，人们对信息的认知和利用上升到一个新的台阶。在 1998 – 2008 年间，研究关注点在于 Internet、网络、多媒体、网站等（见图 4 和图 5）。人们以网络为信息处理平台，使信息不但能以更快的速度转化为知识，而且使新的知识能在最短时间内传播到世界各地，从而实现知识共享。④ 机器智能技术阶段的知识自动生成和利用。就目前的研究成果来看，智能技术在语法和语义层面上取得了重大进展，而基于语用层面的技术实现还在探索中，这些都会直接影响对知识的利用效果。2006 – 2007 年间，研究重点关注本体和语义上（见图 5），表明语义网成为热点，之后的几年，研究者也一直对其保持着很强烈的兴趣。

6 结论与展望

本文在一个大样本基础上，通过“前方一致”的原则将14种国内图书情报学期刊中的关键词划分为100个词族，利用词的共现和聚类揭示了国内图书情报学1998－2011年间的认知结构及其演化，并与S. Milojević等所做的研究结果进行了对比分析。总体说来，国内外认知结构核心基本一致，始终关注着“知识如何产生、知识如何有序增长和创新”这一核心命题。但国内对于组织知识管理的研究更为活跃，国外则持续研究“知识传统”。因此，从认知结构上看，图书情报学的核心内容没有大的变化，变化的只是完成研究内容所使用的工具和手段。作为科学共同体的一员，更应主动认识新技术、新环境，使学科发展更加繁荣。此外，图3和表3中显示的国内外认知差异可以为国内研究人员提供一些参考。

需要说明的是，本文在对比研究中侧重于国内外图书情报学认知结构的组分和演化两个方面，以突出国内外关注的重点。由于两项研究在数据源选取时，时间区间有所重叠但并不一致，故统计分析结果会在一定程度上受到影响。但考虑到成熟学科的认知结构不会在短时间内产生急剧变化，因此结论是可信的。而不管是S. Milojević等所做的研究，还是本文所做的研究，都是以选定的期刊代表了整个学科领域的认知输出，国外对知识管理的相关研究可能更多地发表在知识管理专业刊物上，但两项研究在选定刊物上是以国内外图书情报学领域排名靠前的刊物为数据来源，从这个意义上将，结论是可比较的。另外，由于图书情报学在国内外有着不同的形成背景，比如：美国的很多图书馆学院在计算机介入文献加工处理后，将其名称更改为图书情报学院；而中国的图书馆学和情报学是相对独立形成的，特别是情报学在中国创建之初的目的就是针对科技信息，之后图书馆学和情报学才相互借鉴和融合[21]，因此涉及更高层次的方法论、学科体系结构、学科形成渊源等认知问题，并不能简单地通过对文献的统计分析来研究，而需要进行更为广泛的调研。后续研究拟通过其他具体研究内容来改进和丰富本文研究设计。

参考文献：

[1] 周晓英．情报学的形成与定位［J］．情报资料工作，2006，(2)：5－10.

[2] Milojević S，Sugimoto C R，Yan Erjia，et al. The cognitive structure of library and information science：Analysis of article title words［J］. Journal of the American Society for Information Science and Technology，2011，62 (10)：1933－1953.

[3] Miksa F L. Machlup’s categories of knowledge as a framework for viewing library and in-

formation science history [J]. Journal of Library History, 1985, 20 (2): 157 - 172.
[4] Cronin B. The sociological turn in information science [J]. Journal of Information Science, 2008, 34 (4): 465 - 475.
[5] Nolin J, Åström F. Turning weakness into strength: Strategies for future LIS [J]. Journal of Documentation, 2010, 66 (1): 7 - 27.
[6] 叶继元. 图书情报学（LIS）核心内容及其人才培养 [J]. 中国图书馆学报, 2010, 36 (6): 13 - 19.
[7] 王琳. 情报学中知识思想的历史回顾与思考 [J]. 情报学报, 2013, 32 (4): 340 - 353.
[8] Wu Dan, He Daqing, Jiang Jiepu, et al. The state of iSchools: An analysis of academic research and graduate education [J]. Journal of Information Science, 2012, 38 (1): 15 - 36.
[9] Larivière V, Sugimoto C R, Cronin B. A bibliometric chronicling of library and information science' s first hundred years [J]. Journal of the American Society for Information Science and Technology, 2012, 63 (5): 997 - 1016.
[10] 苏娜, 王传清, 周金龙. 2000 - 2009 年国内外图书情报领域研究热点比较分析 [J]. 图书情报工作, 2012, 56 (2): 27 - 34.
[11] 刘海霞, 刘双阳, 孙振球, 等. 基于知识图谱的国内外情报学对比研究 [J]. 现代情报, 2012, 32 (12): 86 - 94.
[12] 向剑勤, 赵蓉英. 国内外图书情报学研究主题的知识图谱比较研究 [J]. 情报杂志, 2014, 33 (2): 86 - 94.
[13] 王晓光. 科学知识网络的形成与演化（I）：共词网络方法的提出 [J]. 情报学报, 2009, 28 (4): 599 - 605.
[14] 王晓光. 科学知识网络的形成与演化（II）：共词网络可视化与增长动力学 [J]. 情报学报, 2010, 29 (2): 314 - 322.
[15] 叶鹰, 张力, 赵星, 等. 用共关键词网络揭示领域知识结构的实验研究 [J]. 情报学报, 2012, 31 (12): 1245 - 1251.
[16] 文庭孝, 罗贤春, 刘晓英, 等. 知识单元研究述评 [J]. 中国图书馆学报, 2011, 37 (5): 75 - 86.
[17] Van Den Besselaar P, Heimeriks G. Mapping research topics using word-reference co-occurrences: A method and an exploratory case study [J]. Scientometrics, 2006, 68 (3): 377 - 393.
[18] Åström F. Changes in the LIS research front: Time - sliced cocitation analyses of LIS journal articles, 1990 - 2004 [J]. Journal of the American Society for Information Science and Technology, 2007, 58 (7): 947 - 957.
[19] 马费成, 张勤. 国内外知识管理研究热点——基于词频的统计分析 [J]. 情报学报, 2006, 25 (2): 163 - 171.

[20] 张勤，马费成．国内知识管理研究结构探讨——以共词分析为方法［J］．情报学报，2008，27（1）：93－101.
[21] 马费成．情报学发展的历史回顾及前沿课题［J］．图书情报知识，2013（2）：4－12.
[22] 梁战平．情报学若干问题辨析［J］．情报理论与实践，2003，26（3）：193－198.
[23] 马费成，宋恩梅，张勤，等．IRM-KM 范式与情报学发展研究［M］．武汉：武汉大学出版社，2008：222－234.

作者简介

张斌，武汉大学信息资源研究中心博士研究生，通讯作者，E-mail：zb0205@126.com；

贾茜，武汉大学信息资源研究中心硕士研究生。

基于作者文献耦合分析的情报学知识结构研究*

宋艳辉　武夷山

（中国科学技术信息研究所）

1973 年，美国情报学家 H. Small [1]与前苏联情报学家 S. I. Marshakova[2]同时提出文献共被引的思想。1981 年，H. D. White 与 B. C. Griffith 在文献共被引的基础上提出作者共被引分析的研究方法[3]。随后，先后有学者将作者文献共被引方法应用于探寻学科知识结构，并获得了极大的发展，如 E-. S. Pamela 将 ACA（Author Cocitation Analysis）应用于社会生态学领域[4]，H. D. White 将之应用于情报科学领域[5]，Chen Chaomei 应用于数字图书馆[6]等。相形之下，一直被视为与文献共被引具有对称关系的文献耦合方法却较受冷落。

1963 年，美国麻省理工学院教授 M. M. Kessler 在对《物理评论》期刊进行引文分析研究时发现，越是学科、专业内容相近的论文，其参考文献中相同文献的数量就越多。他把两篇（或多篇）论文同时引证一篇论文的论文称为耦合论文（coupled papers），并把它们之间的这种关系称为文献耦合[7]。虽然该方法的提出要比文献共被引早 10 年，但一直到 2008 年，才有人以作者文献耦合分析进行实证研究，探寻学科知识结构[8]。在国外研究的基础上，陈远、马瑞敏等选取 CSSCI 的数据，利用作者文献耦合分析方法，分别开展了国内情报学、图书情报学的学科知识结构探讨[9-12]。这些研究都指出，作者文献耦合分析方法同共被引方法一样，是一种可用于探测学科的知识结构的科学方法。但目前还很少有运用作者文献耦合分析方法来探寻情报学的知识结构的实证研究。有鉴于此，本文拟进行情报学研究的作者文献耦合分析，以此来探寻新世纪以来国外情报学研究呈现出的特点。

---

* 本文系国家社会科学基金项目“文献计量学视角下的 NPE 及其专利的计量与评价”（项目编号：13CTQ036）和杭州市哲学社会科学规划课题成果（项目编号：B13TD02Q）研究成果之一。得到杭州电子科技大学“浙江省信息化与经济社会发展研究中心”资助。

1 数据来源

本文的数据源为 Web of Science，在信息科学学科领域，根据国内学者的意见选取了 7 种能代表国外情报学发展状况的情报学期刊[13]。下载包含题名、作者、摘要、关键词、出版期刊、出版年、参考文献在内的期刊题录数据，数据范围为 2000－2010（便于与陈远[9]等计算的国内情报学耦合网络密度进行比较，数据也截止到 2010 年），共得到 4 866 篇 article 文献，论文的年度分布见图 1。数据样本的具体期刊分布如下：《美国信息科学与技术学会杂志（*Journal of the American Society for Information Science and Technology*）》（1 371 篇）、《科学计量学（*Scientometrics*）》（1 169 篇）、《信息处理与管理（*Information Process Management*）》（683 篇）、《信息与管理（*Inform Manage-Amster*）》（605 篇）、《情报科学杂志（*Journal of Information Science*）》（456 篇）、《文献工作杂志（*Journal of Documentation*）》（357 篇）、《信息技术杂志（*Jounral of Information Technology*）》（225 篇）。研究中发现 DOI（Digital Object Identifier，数字对象标识符）数据项会降低耦合频次，通过数据的清洗工作，消除参考文献中的 DOI 数据项（约有11 000条）。

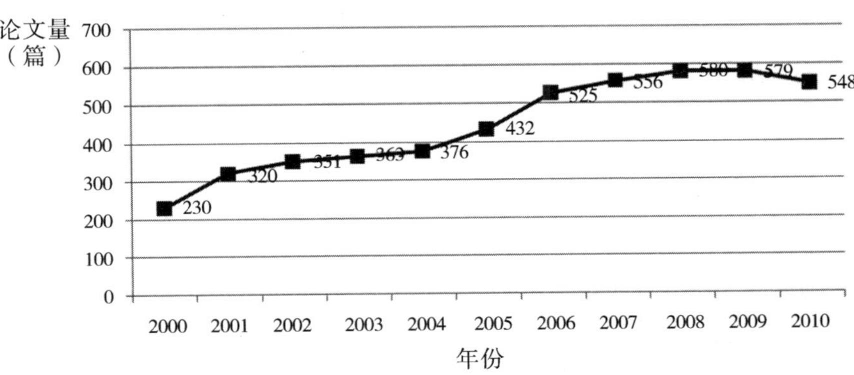

图 1　论文年度分布及其变化

2 作者频次分析

统计这 4 866 篇论文可以发现，发文量（仅统计第一作者）最多的作者是 L. Egghe，共 64 篇。根据 D. S. Price 等人提出的选取某一学科核心作者的思想[14－15]，应选出发文量 $>0.749 * \sqrt{M}$ 的作者，M 为最高产作者的发文量，笔者可以计算出，情报学数据样本中核心作者的发文量应该大于等于 6 篇。经统计，共有78位作者的发文量在6篇之上，笔者认为这78位作者可以作为情报学的代表作者，并进一步统计这些作者的耦合频次，见表1（最大耦合频次包含自耦合）。耦合频次最高的作者对分别是：L. Vaughan—M. Thelwall，M. Thelwall—J. Bar-Ilan，K. Kousha，M. Thelwall，其耦合频次分别为166、112、101。研究发现，K. Kousha与M. Thelwall两位作者经常开展合作研究。最大耦合频次体现了作者之间研究的高度相似性，是非常有意义的考量指标。实际上，在以前的研究中，笔者也发现很多热点研究主题通常都是由这些高耦合强度的作者来引领的[16]。可以发现这3作者对中都有M. Thelwall，表明他极易与其他学者建立高的耦合强度，这也导致了其平均耦合也很高，排在了第1位。平均耦合频次越高，表示作者需要尽可能地与其他作者建立耦合关系，并且耦合频次也高。这一方面能表明作者的研究比较深入，另一方面也表明作者的研究领域比较广泛。同时也可以发现，发文数排在前3位的作者，其平均耦合频次也排在了前3位。这是不是表明发文数与平均耦合频次、最大耦合频次存在一定的相关关系？在下文中会进一步分析。

表1　情报学代表作者的发文量及耦合频次分布

序号	作者	发文篇数	最大耦合频次	排序	耦合总频次	平均耦合频次	排序
1	L. Egghe	64	92	5	1 047	13.60	3
2	M. Thelwall	43	167	1	1 293	16.79	1
3	L. Leydesdorff	38	75	7	1 231	15.99	2
4	D. Nicholas	26	52	13	257	3.34	35
5	J. Bar-Ilan	21	113	3	941	12.22	4
6	A. Spink	19	68	8	538	6.99	10
7	W. Glanzel	18	45	17	520	6.75	12
8	Q. L. Burrell	17	36	29	338	4.39	25
9	B. Cronin	17	43	21	595	7.73	7
10	B. J. Jansen	17	68	9	757	9.83	6
11	M. Pinto	16	25	38	280	3.64	30
12	Yu Guang	15	23	43	176	2.29	48
13	L. Bornmann	14	43	22	461	5.99	17

续表

序号	作者	发文篇数	最大耦合频次	排序	耦合总频次	平均耦合频次	排序
14	C. Oppenheim	14	20	47	191	2. 48	47
15	J. Hartley	13	12	60	58	0. 75	68
16	T. Braun	12	19	50	202	2. 62	44
17	L. Vaughan	12	167	2	780	10. 13	5
18	R. N. Kostoff	11	24	40	195	2. 53	46
19	R. Rousseau	11	40	25	492	6. 39	14
20	R. Savolainen	11	44	19	374	4. 86	21
21	C. C. Yang	11	12	61	135	1. 75	55
22	Zhang Jin	11	34	31	258	3. 35	34
23	G. Abramo	10	21	45	228	2. 96	37
24	N. Ford	10	38	27	306	3. 97	28
25	J. L. Ortega	10	87	6	465	6. 04	16
26	A. F. J. van Raan	10	19	51	268	3. 48	32
27	H. D. White	10	35	30	515	6. 69	13
28	Ding Ying	9	31	33	448	5. 82	19
29	Guan Jiancheng	9	53	12	547	7. 10	9
30	B. Hjorland	9	21	46	224	2. 91	40
31	J. James	9	1	78	1	0. 01	78
32	G. Lewison	9	6	73	45	0. 58	73
33	Tsay Mingyue	9	12	62	166	2. 16	52
34	Zhang Ying	9	34	32	195	2. 53	45
35	Chen Chaomei	8	60	10	459	5. 96	18
36	C. Cole	8	40	26	364	4. 73	23
37	T. F. Frandsen	8	25	39	334	4. 34	26
38	A. Schubert	8	26	36	266	3. 45	33

续表

序号	作者	发文篇数	最大耦合频次	排序	耦合总频次	平均耦合频次	排序
39	J. Warner	8	10	67	66	0. 86	67
40	D. Bodoff	7	14	55	169	2. 19	51
41	J. M. Campanario	7	15	53	136	1. 77	54
42	P. M. Davis	7	20	48	172	2. 23	49
43	P. Huntington	7	52	14	226	2. 94	38
44	M. J. Kim	7	10	68	77	1. 00	64
45	Liang Liangming	7	12	63	172	2. 23	50
46	R. Marcella	7	11	65	88	1. 14	61
47	N. Sombatsompop	7	15	54	115	1. 49	57
48	O. Vechtomova	7	10	69	57	0. 74	70
49	P. Vinkler	7	29	35	327	4. 25	27
50	Xu Yunjie	7	44	20	373	4. 84	22
51	Zhao Dangzhi	7	47	16	479	6. 22	15
52	H. A. Abt	6	5	75	19	0. 25	75
53	S. J. Bensman	6	60	11	276	3. 58	31
54	D. Bilal	6	24	41	209	2. 71	43
55	C. M. Chiu	6	6	74	33	0. 43	74
56	E. Davenport	6	12	64	57	0. 74	69
57	K. C. Garg	6	20	49	116	1. 51	56
58	Huang Muxuan	6	19	52	155	2. 01	53
59	J. J. Jiang	6	5	76	19	0. 25	76
60	K. Kousha	6	102	4	531	6. 90	11
61	V. Lariviere	6	26	37	225	2. 92	39
62	Liu Zeyuan	6	7	72	71	0. 92	66
63	R. M. Losee	6	10	70	98	1. 27	59

续表

序号	作者	发文篇数	最大耦合频次	排序	耦合总频次	平均耦合频次	排序
64	L. I. Meho	6	43	23	548	7.12	8
65	M. Meyer	6	31	34	210	2.73	42
66	A. Pouris	6	11	66	82	1.06	63
67	J. Rowley	6	22	44	110	1.43	58
68	H. Small	6	37	28	221	2.87	41
69	K. Sparck-Jones	6	14	56	96	1.25	60
70	E. Szava-Kovats	6	10	71	71	0.92	65
71	S. Taniguchi	6	2	77	4	0.05	77
72	P. Vakkari	6	24	42	229	2.97	36
73	L. Westbrook	6	14	57	84	1.09	62
74	R. W. White	6	41	24	290	3.77	29
75	D. Wolfram	6	49	15	342	4.44	24
76	I. L. Wu	6	14	58	48	0.62	72
77	Wu Renhe	6	14	59	52	0.68	71
78	M. Zitt	6	45	18	392	5.09	20

3 作者耦合关系网络分析

根据编制的 VBA 程序构建 78 位作者的文献同引用（即耦合）矩阵，将矩阵进行相似性转换，以消除数据的突兀对结果的影响，然后导入 NETDRAW 绘制 78 位作者的耦合关系网络示意图（见图 2）。在图 2 中，每一个节点代表一位作者，节点之间的连线表示作者之间发生了同引用行为，节点的大小表示中间中心性的大小，节点之间距离的远近表示作者之间的亲密关系。图 2 显示，情报学研究有两支重要的研究力量，由右上方的作者（矩形框内节点）簇拥而成的研究团队和由正下方的作者（椭圆形内节点）簇拥而成的研究团队。这些作者在情报学的研究中普遍具有较高的研究活力，是情报学的重要代表性作者。其中，节点（矩形框内节点）作者的活跃度最高，构成了最为重要的研究力量，通过 K-core 分析发现，这些作者的 K-core 结果都是 28，也就是说他们都分别跟 28 位其他作者建立同引证关系。很多中间中心性较高的作者都是出现在这一研究力量之中，如排在前 5 位的作者 M. Thelwall、L. Leydesdorff、B. Cronin、H. D. White、L. I. Meho。节点椭圆形内的作者构成的研究团队的研究活力不及前者，他们的 K-core 结果都是 25，也具有相当的活跃度，如中间中心性分别列在第 6、第 7 位的 C. Cole、M. Pinto。他们同时也与 K-core 结果为 23 的左下角节点作者（如 J. Zhang、J. Rowley、O. Vechtomova 等）紧密结合在一起，构成了是情报学研究的另一支重要力量。还有很多作者，即图 2 中左侧的作者，如 H. A. Abt、J. J. Jiang、I. L. Wu、J. H. Wu、C. M. Chiu、S. Taniguchi、J. Hartley 等。他们的研究活力虽然略弱一些，但他们起到了联系这两支研究力量的桥梁作用，分别与这两支力量中的作者建立同引用关系从而成为他们联系的重要纽带。笔者同时发现，很多华人学者处于这一团体中。有一位作者虽然发文量较高（发文排名为 32），但却没有跟其他任何作者建立同引证关系，在网络中成为了孤立节点，即图 2 左上角的 J. James。笔者分析，这可能是由以下原因造成的：①J. James 其研究过于前沿，或者属于边缘领域，以至于很少会有其他作者与之研究相似而产生同引证行为；②J. James 的研究过于宽泛，没有精深的研究领域，导致其研究活跃度较低，很少会跟其他作者建立同引证关系。查看源数据，发现该作者对数字鸿沟有着精深的研究，但可能数字鸿沟在情报学领域并非主流研究领域，从而导致被边缘化。

图 2 显示了作者在网络图中的相对中间中心性以及相对重要性。作者的中间中心性的定量化结果见表 2。

表 2 显示，M. Thelwall 是情报学研究最为重要的作者，中间中心性和接近中心性都是最高的。这表示他在情报学研究中是一位有绝对影响力的学者，而且其他作者在网络中到达 M. Thelwall 的综合路径是最短的。他的程度中心性也排在第 2 位，仅次于 L. Leydesdorff。L. Leydesdorff 也是情报学研究的重要作者，其程度中心性最高，接近中心性和中间中心性则紧随 M. Thelwall 之后。B. Cronin、H. D. White、L. I. Meho 也是具有一定影响力的作者，他们与前两者不仅共同排在中间中心性的前 5 位，且同时占据了接近中心性的前 5 位。表 2 还显示，发文量最高的 L. Egghe 在影响其他作者方面表现并不理想，虽然其程度中心性排在了第 3 位，但其接近中心性排在了第 9 位，其中间中心性排延长线第 16 位。相反，发文量排在第 9 位的 B. Cronin，接近中心性和中间中心性分列第 2 位、第 3 位，具有很强的影响其他作者的力量。那么，作者的发文与作者的程度中心性、接近中心性、中间中心性是否具有一定的相关关

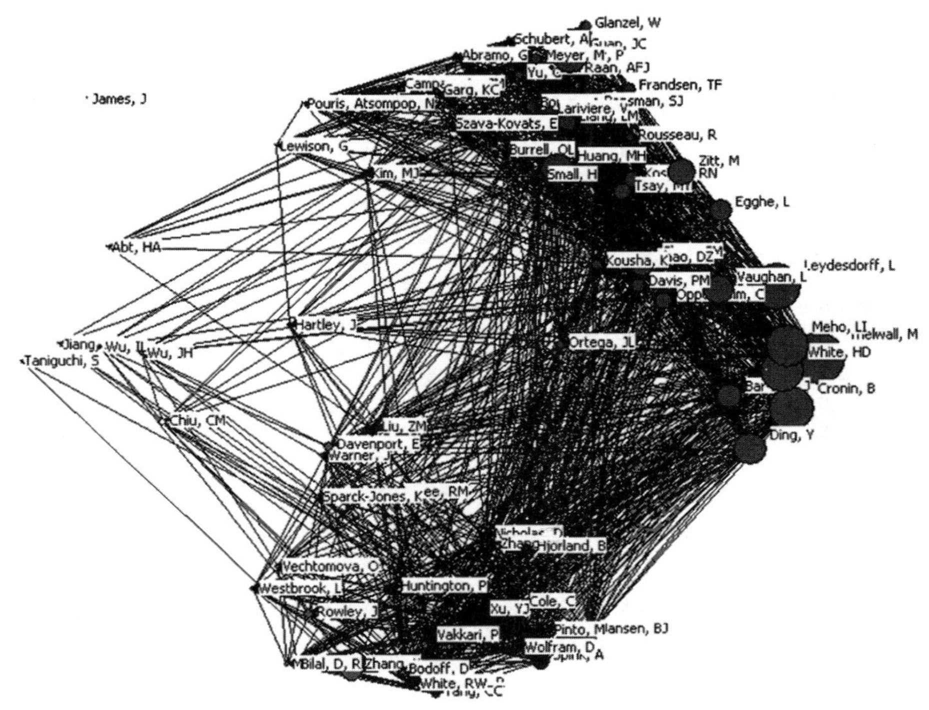

图2 作者文献耦合关系网络

系，这种相关关系有多大？笔者对此进行了相关分析见表3。

表2 情报学代表作者的中心性测度

作者	程度中心性	作者	接近中心性	作者	中间中心性
L. Leydesdorff	9. 044	M. Thelwall	47. 531	M. Thelwall	82. 524
M. Thelwall	8. 809	B. Cronin	46. 667	L. Leydesdorff	74. 371
L. Egghe	7. 456	L. Leydesdorff	46. 386	B. Cronin	68. 156
J. Bar-Ilan	6. 478	H. D. White	46. 386	H. D. White	68. 043
B. J. Jansen	5. 39	L. I. Meho	46. 386	L. I. Meho	67. 132
L. Vaughan	4. 796	Ding Ying	45. 294	C. Cole	64. 751
B. Cronin	4. 319	J. Bar-Ilan	44. 509	M. Pinto	51. 45

续表

作者	程度中心性	作者	接近中心性	作者	中间中心性
L. I. Meho	3.951	L. Vaughan	44.509	M. H. Huang	51.122
J. C. Guan	3.865	L. Egghe	44	J. C. Guan	50.161
H. D. White	3.755	Zitt, M	43.503	Ding Ying	48.727
W. Glanzel	3.716	C. Oppenheim	42.778	L. Vaughan	44.342
A. Spink	3.677	Chen Chaomei	42.778	Chen Chaomei	44.331
R. Rousseau	3.536	Zhao Dangzhi	42.541	Xu Yujie	40.742
Zhao Dangzhi	3.38	B. J. Jansen	42.308	M. Zitt	39.285
K. Kousha	3.356	P. M. Davis	42.077	J. Bar-Ilan	38.38

表3　作者发文数、最大耦合频次、平均耦合频次与中心性的相关性测度

指标	发文（篇）数	最大耦合频次	平均耦合频次	程度中心性	接近中心性	中间中心性
发文（篇）数	1.000	0.412	0.495	0.506	0.472	0.379
最大耦合频次	0.412	1.000	0.930	0.909	0.727	0.663
平均耦合频次	0.495	0.930	1.000	0.997	0.837	0.721
程度中心性	0.506	0.909	0.997	1.000	0.841	0.716
接近中心性	0.472	0.727	0.837	0.841	1.000	0.879
中间中心性	0.379	0.663	0.721	0.716	0.879	1.000

* * 显著水平小于0.01

表3显示了作者发文数与最大耦合频次与平均耦合频次的相关关系，列出了15对相关分析结果，其Sig. 均小于0.01，说明其相关关系都是存在的：①发文数与最大耦合频次与平均耦合频次的相关系数分别是0.412、0.495，表示它们之间呈现一种弱正相关性，而相比最大耦合频次，高发文量更易产生高的平均耦合频次。最大耦合频次与平均耦合频次的相关系数高达0.930，表示它们的相关度是很高的，最大耦合频次较高的作者的平均耦合频次也往往是较高的。②发文数、最大耦合频次、平均耦合频次与中心性的相关系数

为：（0. 506→0. 909→0. 997），（0. 4720→0. 727→0. 837），（0. 379→0. 663→0. 721）。这 3 种中心性均显示，平均耦合频次与中心性的相关关系是最强的，其次是最大耦合频次，作者发文数对中心性的影响是最弱的。其中，平均耦合频次跟程度中心性是最为相关的，其相关系数高达 0. 997，接近于 1。③3 种中心性的相关分析结果显示，接近中心性与中间中心性的相关性是最大的，其相关系数为 0. 879，这跟上文的分析基本吻合，中间中心性的前 5 位作者同时也位列接近中心性的前 5 位。

4　研究主题分析

对构建的耦合矩阵进行相关性转换，形成相关矩阵，然后进行因子分析。采用主成分算法，转轴使用 Direct Oblimin 方法。结果表明，拟合结果比较理想，获取了 9 个因子，它们解释了 93. 184% 的总方差，81% 的公因子方差在 0. 9 之上。根据高载荷作者以及他们之间的耦合来确定因子标签，即为情报学的研究主题。同时，选取各研究主题的代表作者，将载荷值大于 0. 3 的作者选取出来作为各主题的代表作者。将结果导入 NETDRAW 进行可视化展示，结果见图 3。图 3 中，圆形节点代表情报学研究主题，方形节点代表作者。节

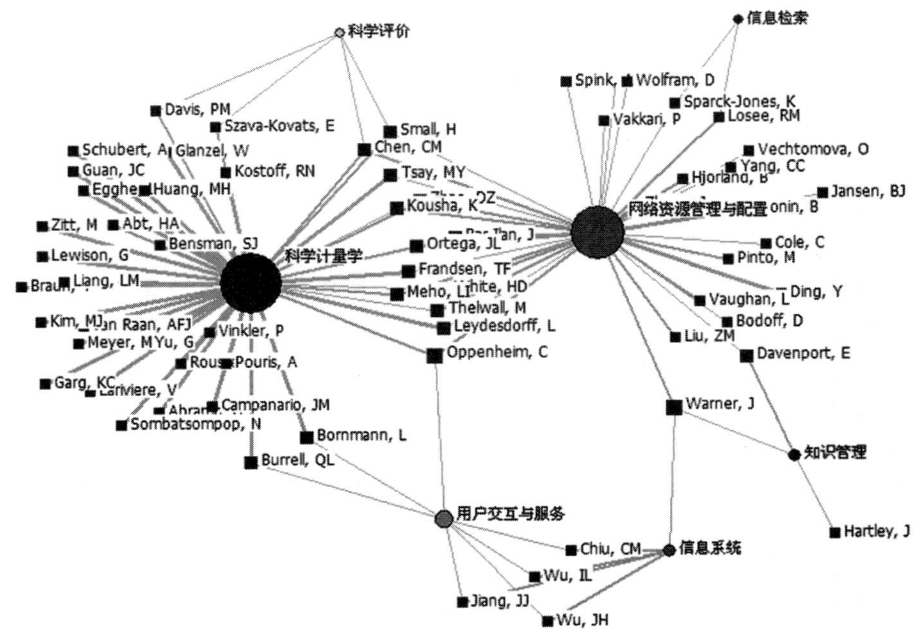

图 3　作者耦合关系因子分析网络示意

点的大小表示图中节点的中间中心性的大小。方形节点与圆形节点的连线表示，作者为该研究主题的代表性作者。连线的粗细则反映了作者在相关研究主题上载荷值的大小，也即作者的连线越粗，越能彰显作者在研究主题上的代表性。

图3 显示了7 个研究主题，另外2 个因子因为没有明显对应的载荷作者而未在图谱中显示。情报学研究主题的分布以及主要代表作者如表4 所示：

表4　因子分析的研究主题代表作者

序号	研究主题	载荷作者数（位）	主要代表作者
1	科学计量学	42	M. Zitt、A. F. J. van Raan、W. Glanzel、T. Braun、L. Egghe
2	网络资源管理与配置	33	Ding Ying、B. Cronin、J. Bar-Ilan
3	用户交互与服务	7	L. Bornmann、Jiang JJ、Q. L. Burrell
4	科学评价	6	P. M. Davis、E. Szava-Kovats
5	信息系统	5	Jiang, JJ、Wu, JH、Wu, IL
6	知识管理	3	E. Davenport、J. Warner
7	信息检索	2	R. M. Losee、K. Sparck-Jones

从图3、表4 中可以看到，科学计量学、网络资源管理与配置是情报学发展最为繁荣的研究领域，包含了众多的高载荷作者。科学计量学是情报学一个传统的热点研究领域，一直有很多“追随者”。网络资源管理与配置的繁荣与发展与新世纪以来网络时代的全面到来以及网络技术的继续深入发展对情报学的重要影响有很大关系。信息系统、信息检索都是情报学延续下来的重要的研究主题。知识管理、科学评价，则是在20 世纪90 年代繁荣起来[17-18]并在新世纪获得一定发展的情报学重要研究主题。图3 还显示了各个研究主题的代表性作者，如科学计量学的 M. Zitt、A. F. J. van Raan、W. Glanzel、T. Braun、L. Egghe 等；网络资源管理与配置的 DingYing、B. Cronin、J. Bar-Ilan。从图3 中的连线可以看出，这些作者都在该因子上有较高的因子载荷，而且往往与别的作者建立了较高的耦合关系。这些作者通常专注于一个研究主题进行精深的研究，在该研究领域内表现极为活跃。查看源数据，发现 M. Zitt、A. F. J. van Raan、W. Glanzel 对引文分析、期刊影响因子研究较多，而 T. Braun、L. Egghe 对科学计量指标，尤其是 H-指数关注较多。Ding Ying

在新世纪较关注语义 Web 与信息检索、信息计量的结合研究；J. Bar-Ilan 则关注基于 Web 的实体链接行为研究。还有一部分作者，如发文量排名第 2 的 M. Thelwall 以及排名第 3 的 L. Leydesdorff 虽然具有较高的发文量，却横跨几个研究领域，这在一定程度上分散了其在领域内的代表性。横跨两个研究领域的作者还有：J. Bar-Ilan、Q. L. Burrell、L. Bornmann、J. L. Ortega、H. D. White、M. Y. Tsay、T. F. Frandsen、P. Davis、Zhao Dangzhi、C. M. Chiu、E. Davenport、J. J. Jiang、K. Kousha、R. M. Losee、L. I. Meho、K. Sparck-Jones、E. Szava-Kovats、I. L. Wu、J. H. Wu。图 3 还显示了横跨 3 个研究领域的作者（图中的方形节点）：C. Oppenheim、Chen Chaomei、J. Warner、H. Small。这些作者虽然缺少专属的研究领域，但却成为了维系各个研究主题之间的纽带，使得这些研究主题之间不至于过于孤立。同时，也说明各个研究主题之间是存在着密切的依存关系的，因为从理论上讲，一位作者的研究领域之间不可能是完全孤立无关的。当一位作者从一个研究领域跨越到另一个研究领域时，就会很自然地将原研究领域的理论、方法甚至是思维应用于别的领域，或者将两个领域互相融合贯通。比如，Chen Chaomei 最早是计算机领域的学者，却在科学计量学、科学评价领域做出了突出贡献；跨越 3 个领域的 H. Small 是科学计量学的代表学者，却能将其方法应用在科学评价、网络资源管理与配置等领域，并成为这些领域的代表作者。为研究各个研究主题之间的相互关系，笔者对各因子进行相关分析，见表 5。

表 5　各因子（研究主题）相关分析结果

	科学计量学	网络资源管理与配置	信息检索	信息系统	知识管理	用户交互与服务	科学评价
科学计量学	1	0. 062 288	0. 173 484	0. 357 046	-0. 211 96	0. 455 292	0. 135 782
网络资源管理与配置	0. 062 288	1	0. 277 112	-0. 003 73	0. 234 16	0. 347 662	0. 410 539
信息检索	0. 173 484	0. 277 112	1	0. 097 386	-0. 072 07	0. 399 26	0. 238 653
信息系统	0. 357 046	-0. 003 73	0. 097 386	1	-0. 163 2	0. 319 189	0. 232 892
知识管理	-0. 211 96	0. 234 16	-0. 072 07	-0. 163 2	1	-0. 125 2	0. 107 092
用户交互与服务	0. 455 292	0. 347 662	0. 399 26	0. 319 189	-0. 125 2	1	0. 376 88
科学评价	0. 135 782	0. 410 539	0. 238 653	0. 232 892	0. 107 092	0. 376 88	1

表 5 显示，与科学计量学较为密切的研究主题是用户交互与服务、信息

系统，这符合科学计量学以管理、服务为计量目的的目标。而且笔者认为，现在很多科学计量学的研究都是基于引文数据库（信息检索系统）进行的。科学计量学与科学评价的相关关系则体现了科学计量学在评价方面的一个重要应用。网络资源管理与配置与科学评价的相关系数也很高，一方面表明了网络资源是科学评价的重要对象，另一方面则表明对网络资源的科学评价有利于网络资源的科学管理与优化配置。与信息检索最为密切的是用户交互与服务，信息检索实际上就是一个面向用户的交互式的检索与服务的过程。与知识管理密切相关的研究主题是网络资源管理与配置，这表明网络资源管理已经成为新世纪以来知识管理的重要研究方面。

5 结 论

本文选取国外的几种重要的情报学期刊，下载其 article 题录为本文数据样本。以作者文献耦合分析方法来研究情报学的知识结构状况，主要的研究结论如下：

- 通过耦合以及中心性测算发现，M. Thelwall、L. Leydesdorff、B. Cronin、H. D. White、L. I. Meho 是情报学研究领域具有广泛影响的 5 位作者，尤其是 M. Thelwall 的研究活力及其影响力均很显著。而发文量最高的 L. Egghe 在研究活力以及影响他人方面却不及这几位。

- 网络结构分析表明，基于 WoS 的情报学耦合关系网络密度为 0. 480 1，这一数值要比陈远等计算的同时段的国内情报学网络密度（0. 260 1）大得多。由 78 位作者构建的网络的 K-core 分析结果高达 28，而且包含众多作者，K-core = 25 的作者也有很多。网络连通性要比国内好很多，大多数作者之间都建立了同引证关系。只有一位作者（J. James）没有与任何其他作者建立关系，查看源文献发现，他主要是研究世界范围内的数字鸿沟问题。这在一定程度上也反映，情报学数字鸿沟问题的研究跟其他情报学研究主题之间还有待于进一步融合。

- 作者发文数与作者耦合关系的建立是有一定相关关系的，但相关性较弱。作者的平均耦合频次与作者的中心性关系最为密切，而且平均耦合频次与程度中心性的相关关系最大。

- 探寻到新世纪以来情报学的 7 个主要研究主题：科学计量学、网络资源管理与配置、信息检索、信息系统、知识管理、用户交互与服务、科学评价。H. D. White 和 K. W. McCain[5] 曾以共被引方法探测到情报学在 1972 – 1995 年间的 12 个研究主题：experimental retrieval（实验检索）、online retrieval（在线检索）、OPACs（Online Public Access Catalogue）（在线公共检索）、citation analysis（引文分析）、bibliometrics（文献计量）、index theory（指标理论）、citation theory（引文理论）、general library systems（一般图书馆系统）、science communication（科学交流）、users theory（用户理论）、imported ideas（输入思想）、communication theory（交流）。与之相比，虽然国内对主题因子的定义会有所不同，但可以发现，新世纪以来明显涌现的情报学重要主题是知识管理、网络资源管理与配置。笔者认为，这跟网络社会的全面发展以及知识时代的到来关系很大，科学计量学、网络资源管理与配置是新世纪以来情报学的主流研究领域。研究还发现，情报学各个研究主题之间并不是相互孤立的，但也不存在密切相关的研究主题，大多数呈现一种弱相关关系。笔者认为，随着情报学的深入发展，情报学的各研究主题之间的交融会进一步加强，一定会出现具有紧密相关关系的研究主题。同时，探寻到这些研究主题的代表性作者，既包含研究主题的专有作者，如 M. Zitt、A. F. J. van Raan、W. Glanzel 等，又包含在几个领域都有突出表现的作者，如 Chen Chaomei、H. Small 等。

本文参考国内一些学者的意见，选取了 SCI 和 SSCI 收录的学术界公认的 7 种情报学期刊，而不是所有情报学期刊，而且本文的研究视角是作者文献耦合分析，因此，本文揭示的也许只是情报学领域的某一层面的内容，不一定能精确地反映情报学的整体图景。再者，笔者选取的是 2000 年之后的数据样本，反映的是新世纪以来情报学的一些研究状况。在未来的研究中，可以选取作者共被引的研究视角进行对比研究，或者扩大情报学的数据样本，以得到更多有价值的结论。

参考文献：

[1] Small H. Cocitation in the scientific literature: A new measure of the relationship between two documents [J]. Journal of the American Society for Information Science, 1973, 24 (4): 265 – 269.

[2] Marshakova S I. System of document connections based on references [J]. Nauch – Techn. Inform, 1973, 2 (6): 3 – 8.

[3] White H D, Griffith B C. Author cocitation: A literature measure of intellectual structure [J]. Journal of the American Society for Information Science, 1981, 32 (3): 163 – 171.

[4] Pamela E S. Schlarly communication as a socioecological system [J]. Scientometrics, 2001, 51 (3): 573 – 605.

[5] White H D, McCain K W. Visualizing a discipline: An author cocitation analysis of information science, 1972 – 1995 [J]. Journal of the American Society for Information Sci-

ence, 1998, 49, 327 – 355.

[6] Chen Chaomei. Visualizing semantic spaces and author co – citation networks in digital libraries [J]. Information Processing & Management, 1999, 35 (3): 401 – 420.

[7] Kessler M M. Bibliographic coupling between scientific papers [J]. American Documentation, 1963, 14 (1): 10 – 25.

[8] Zhao Dongzhi. Evolution of research activities and intellectual influences in information science 1996 – 2005: Introducing author bibliographic-coupling analysis [J]. Journal of the American Society for Information Science and Technology, 2008, 59 (13): 2070 – 2080.

[9] 陈远，王菲菲. 基于CSSCI的国内情报学领域的作者文献耦合分析 [J]. 情报资料工作, 2011 (5): 5 – 12.

[10] 马瑞敏. 基于作者学术关系的科学交流研究 [D]. 武汉：武汉大学，2009.

[11] 马瑞敏，倪超群. 作者耦合分析：一种新学科知识结构发现方法的探索性研究 [J]. 中国图书馆学报，2012，38 (2): 4 – 11.

[12] 邱均平，王菲菲. 基于共现与耦合的馆藏文献资源深度聚合研究探析 [J]. 中国图书馆学报，2013 (5): 25 – 32.

[13] 邱均平，温芳芳. 近五年来图书情报学研究热点与前沿的可视化分析——基于13种高影响力外文源刊的计量研究 [J]. 中国图书馆学报，2011，37 (3): 51 – 60.

[14] Lotka A J. The frequency distribution of scientific productivity [J]. Journal of the Washington Academy of Science, 1926, 16 (19): 317 – 323.

[15] Price D S. The scientific foundations of science policy [J]. Nature, 1965, 206 (4): 233 – 238.

[16] 宋艳辉，武夷山. 作者文献耦合分析与关键词耦合分析比较研究：Scientometrics实证分析 [J]. 中国图书馆学报，2014，40 (1): 25 – 37.

[17] 盛小平，刘泳洁. 知识管理不是一种管理时尚而是一门学科——兼论知识管理学科研究进展 [J]. 情报理论与实践，2009，32 (8): 4 – 7.

[18] 文庭孝. 论科学评价理伦研究的发展趋势 [J]. 评价与管理，2005，5 (2): 51 – 62.

作者简介

宋艳辉，中国科学技术信息研究所博士后，杭州电子科技大学管理学院讲师，E-mail：syh687@163.com；

武夷山，中国科学技术信息研究所研究员，副所长。

学科交叉研究热点聚类分析*

——以国内图书情报学和新闻传播学为例

闵超　孙建军

（南京大学信息管理学院）

从现有的文献看，有关学科交叉融合的研究主要有两条思路：第一条思路是利用期刊引文网络探讨学科研究的交叉关系[1-3]，第二条思路是利用关联规则挖掘、文本挖掘等现代数据挖掘技术探讨学科间的相关性和交叉知识[4-7]。它们大都从宏观层面探讨学科之间是否存在相关性或者相关性的强弱。其中，王昊的研究发现：在同一篇文献的引文中，出现图书情报学文献的同时出现新闻传播学文献的概率高达91.2%，表明两门学科之间具有很强的共现关系。然而，这种共现关系背后展现的是怎样的学科交融图景？

关键词是表达文献主题概念的自然语言词汇。一个学术研究领域较长时域内的大量学术研究成果的关键词的集合，可以揭示研究成果的总体内容特征、研究内容之间的内在联系、学术研究的发展脉络与发展方向[8]。两门学科在核心期刊上学术论文关键词集合中的交集是学科之间的“模糊地带”，其中蕴含着有关两门学科联系的重要信息。

本文试图在更细的粒度上，从核心期刊关键词入手，以规范化的关键词交集为对象，获取高频关键词的共词矩阵，引入聚类类团分析、战略坐标分析两种方法，以国内的图书情报学和新闻传播学为例，进一步探索学科交叉研究热点领域的主题划分、结构特性和演化过程。

1　研究方法

聚类分析是共词分析方法的一种重要辅助手段，通过聚类分析，能把关系密切的主题聚集在一起形成类团，表达某一领域分支的组成。而类团的组成、演化以及消失也是共词聚类分析的重点[9]。战略坐标（strategic diagram）

* 本文系国家社会科学基金重大项目“面向学科领域的网络资源深度聚合与导航机制研究”（项目编号：12&ZD221）研究成果之一。

最早由 J. Law 等人[10]提出，它是在建立主题词的共词矩阵和聚类的基础上，用可视化的形式来描述某一研究领域内部的联系情况和领域间的相互影响情况。

战略坐标是在进行聚类类团的划分之后，再计算坐标中的向心度、密度等指标，这两种方法的配合可以更直观地展现出两门学科之间的交叉研究热点的领域划分、内外部联系和演化情况。

1.1 聚类分析

关键词因相互之间的远近亲疏关系可以划归到不同类团之中。系统聚类（hierarchical clustering）是在共词分析中划分类团时较常使用的一种聚类方法，其原理和算法已被集成到 SPSS 等统计分析工具中[11]。

聚类完成之后每一类团的名称代表了此类团表征的研究领域，因此类团的命名也是需要仔细斟酌的问题。钟伟金[12]提出以粘合力指标来确定每一个类团的中心关键词，分析关键词组合的语义关系，从而确定类团名称。所谓粘合力，是用以衡量类团内各主题词对聚类成团的贡献程度，表达每个主题在类团的聚集过程中所起作用程度的指标。在类团中，粘合力最大的词称为中心词，中心词在确定类团的名称与性质中起至关重要的作用。对于 n 个主题词的类团，其某一个主题词的粘合力 N（A_i）为：

$$N(A_i) = \frac{1}{n-1} \times \sum_{j=1}^{n \neq i} F(A_i \to A_j) \tag{1}$$

其中，F（$A_i \to A_j$）表示主题词 A_i 和 A_j 的共现次数。本文将前期得到的关键词相异矩阵导入 SPSS 21.0，利用系统聚类得到关键词的类团划分，然后参考这一方法对关键词类团进行命名，类团名称能在很大程度上表示其中关键词的语义。

1.2 战略坐标分析

战略坐标以可视化的形式来表示聚类类团的内部联系和不同类团之间的相互联系。在战略坐标中 X 轴为向心度（centrality），表示领域间相互影响的强度；Y 为密度（density），表示某一领域内部联系强度。其中[13]：向心度用来测量一个学科领域和其他学科领域的相互影响程度。一个学科领域与其他学科领域联系的数目和强度越大，这个学科领域在整个研究工作中就越趋于中心地位。密度用来测量组成聚类的词语之间的关联强度，也就是聚类内部的强度。它表示该类维持自己和发展自己的能力。

图 1[12]显示了在 4 个象限中类团的内部联系的强弱程度和在整个研究网络中的核心边缘程度：

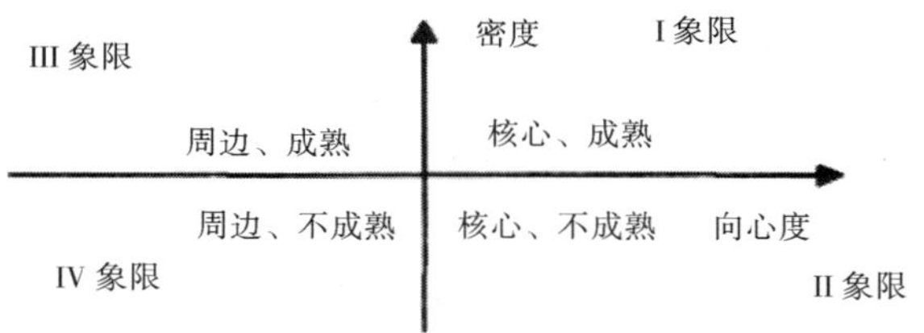

图 1　战略坐标图四象限示意

根据以上理论，本文分别绘制出了图书情报学和新闻传播学两门学科的交叉研究热点领域在 2001 年、2006 年和 2011 年的战略坐标图，并对各个类团的内部紧密程度、核心边缘程度及其出现、演化和消失作出分析和探讨。

2　研究过程

2.1　数据预处理

为了清楚展现两门学科交叉研究领域的组成结构及其演化情况，本研究选取了 CSSCI 收录的图书情报学和新闻传播学两个学科核心期刊 2001 年、2006 年和 2011 年 3 年的论文作为原始文本。CSSCI 收录图书、情报与文献学核心期刊 20 种，新闻学与传播学核心期刊共 15 种，除去图书、情报与文献学中关于档案学的两种核心期刊，两个学科的核心期刊数大致相当。

将从 CSSCI 下载的文本数据按学科、年份、期刊分好，利用 Visual Studio 2008 和 C#语言抽取文本的关键词数据，然后存入 SQL Server 2005 数据库中，得到的关键词数据统计情况如表 1 所示：

表 1　关键词数据统计情况（关键词记录数/文献记录数）

学科＼年份	2001 年	2006 年	2011 年
图书情报学	12 270/3 361	16 319/4 577	19 218/5 198
新闻传播学	5 549/1 567	9 864/2 642	15 022/4 165

考虑到原始关键词集合中存在一些异形同义的词语（如互联网、万维网、因特网、Internet 等）以及一些属于同一领域的上下位类的词语（如知识产权、著作权、版权等），如不对其做一些规范化处理，直接取两个学科关键词集合的交集，将导致关键词频率普遍偏低，交叉领域得不到体现。因此在取交集前先将同义词、近义词做初步的归并处理，归并过程由 SQL 语言完成。

另外，得到的关键词交集中存在一些无意义的关键词和与其他关键词联系少的关键词，这些关键词不但对后续分析没有实质贡献，而且会影响聚类的结果，因此手动将其从高频关键词中剔除。

在计算高频关键词的阈值时发现，如果根据 J. C. Donohue 1973 年提出的高频词、低频词界分公式，可以选取的词非常之少，无法进行后续分析。因此，在数据预处理后，本文没有囿于界分公式，而是分别取 2001 年、2006 年频次大于等于3 以及2011 年频次大于等于4 的关键词作为各年的高频关键词，分别得到37 个、32 个和45 个高频关键词，经测算其累计频次分别达到各年总频次的41. 8%、31. 5%和35. 1%，能够在很大程度上代表两门学科共同关心的研究领域。

2. 2　系统聚类分析

2. 2. 1　主对角线数值的确定

如前文对关键词作归并、剔除处理后，就可以生成最终的高频关键词共词矩阵。共词矩阵是一个 N 乘 N 的对称矩阵，矩阵中除主对角线上以外的每一个元素表示两个关键词在同一篇文献中共同出现的频次。关于矩阵主对角线上元素的处理有多种方式，如处理为本关键词与其他关键词的最大共现次数 +1[14]、本关键词与其他关键词共现的次数总和[15]和本关键词自身出现的频次[16]等。本文发现采用关键词与其他关键词的最大共现次数 +1 的方法对本研究的聚类结果较好，因此采用这种方法表示共词矩阵主对角线上的元素。

2. 2. 2　相异矩阵的生成

为适应 SPSS 系统聚类的数据输入要求，引入 ochiia 系数生成相似矩阵。具体做法是将共词矩阵中的每个数值都除以与之相关的两个词在主对角线的值的开方的积，即：

$$\frac{A\text{和}B\text{同时出现频次}}{\sqrt{A\text{在主对角线的值}} \times \sqrt{B\text{在主对角线的值}}}$$

此时对角线上的数值表示该词自身的相关程度，其值为1。为方便进一步处理，用1 减去相关矩阵的各个数值，得到表示两词间相异程度的相异矩阵，供输入 SPSS 进行系统聚类分析。以 2011 年为例，其共词矩阵（部分）和相异矩阵（部分）如图2 和图3 所示：

2. 2. 3　聚类方法的选择

关于 SPSS 系统聚类中的聚类方法和度量标准，文献表明不同学者选用了适合各自研究的方法。有人[17]使用组间联接（between groups linkage）和欧氏

关键词	知识产权	网络	期刊	电子书	影响因子	开放存取	核心竞争力	大学生	读者	信息传播	微博
知识产权	11	0	10	6	0	8	0	1	0	0	0
网络	0	5	3	0	0	2	0	2	0	1	1
期刊	10	3	11	1	8	8	5	0	0	2	0
电子书	6	0	1	7	0	0	0	0	0	0	0
影响因子	0	0	8	0	9	1	0	0	0	0	0
开放存取	8	2	8	0	1	9	0	0	0	1	0
核心竞争力	0	0	5	0	0	0	6	0	0	0	0
大学生	1	2	0	0	0	0	0	5	0	0	1
读者	0	0	0	0	0	0	0	0	3	0	0
信息传播	0	1	2	0	0	1	0	0	0	4	3
微博	0	1	0	0	0	0	0	1	0	3	4

图 2　2011 年共词矩阵（部分）

关键词	知识产权	网络	期刊	电子书	影响因子	开放存取	核心竞争力	大学生	读者	信息传播	微博
知识产权	0	1	0.0909	0.3162	1	0.196	1	0.8652	1	1	1
网络	1	0	0.5955	1	1	0.7019	1	0.6	1	0.7764	0.7764
期刊	0.0909	0.5955	0	0.886	0.196	0.196	0.3845	1	1	0.6985	1
电子书	0.3162	1	0.886	0	1	1	1	1	1	1	1
影响因子	1	1	0.196	1	0	0.8889	1	1	1	1	1
开放存取	0.196	0.7019	0.196	1	0.8889	0	1	1	1	0.8333	1
核心竞争力	1	1	0.3845	1	1	1	0	1	1	1	1
大学生	0.8652	0.6	1	1	1	1	1	0	1	1	0.7764
读者	1	1	1	1	1	1	1	1	0	1	1
信息传播	1	0.7764	0.6985	1	1	0.8333	1	1	1	0	0.25
微博	1	0.7764	1	1	1	1	1	0.7764	1	0.25	0

图 3　2011 年相异矩阵（部分）

平方距离 Squared Euclidean distance，有人[18]使用组间联接和计数中的 Phi 方度量，还有人[16]使用离差平方和法（wards method）和计数中的 Phi 方度量，等等。

经过比较选择，笔者发现组间联接配合欧氏平方距离在本研究中的聚类结果较好，因此选用该方法对高频关键词进行系统聚类分析，然后根据粘合力确定每一个类别的中心关键词，分析关键词组合的语义关系，对每个类别命名。

2.3　战略坐标分析

紧承系统聚类分析之后，为了分析两门学科交叉研究热点的发展阶段以及 3 个时段的演变趋势，需要进一步做战略坐标分析。根据系统聚类得到的结果，分别计算每一年每一个聚类类团的密度和向心度，然后求出每一年密度和向心度的均值作为这一年战略坐标图的原点，把每一个类团的密度和向心度分别减去这一年的密度和向心度的均值，得到类团在战略坐标图中的 X 值和 Y 值。

本文用类团内部、外部的链接数（即关键词共现次数）的平均值作为类团的密度和向心度，各类团的密度和向心度的均值作为坐标原点。测算 2001 年、2006 年和 2011 年各类团的战略坐标数据，如表 2 所示：

表 2　3 年类团战略坐标数据

2001 年类团战略坐标数据					
类团序号	类团名称	向心度	密度	X 值	Y 值
1	数字化与网络化	5	6	-2.796 7	-3.696 7
2	期刊评价与管理	5.18	10.91	-2.616 7	1.213 3
3	网上书店与网络出版	6.5	3	-1.296 7	-6.696 7
4	知识经济与企业管理	9	6.67	1.203 3	-3.026 7
5	出版业与图书市场	7.6	13.6	-0.196 7	3.903 3
6	网络与知识产权	13.5	18	5.703 3	8.303 3
	均值	7.796 7	9.696 7		
2006 年类团战略坐标数据					
类团序号	类团名称	向心度	密度	X 值	Y 值
1	规范化与标准化	4.5	4	1.354 3	-0.218 6
2	期刊评价与管理	2.67	10	-0.475 7	5.781 4
3	核心竞争力	2	1.33	-1.145 7	-2.888 6
4	企业信息化	1.5	2	-1.645 7	-2.218 6
5	网络传播与公共利益	2	1	-1.145 7	-3.218 6
6	图书市场与图书出版	1.6	3.2	-1.545 7	-1.018 6
7	网络环境下的知识产权	7.75	8	4.604 3	3.781 4
	均值	3.145 7	4.218 6		
2011 年类团战略坐标数据					
类团序号	类团名称	向心度	密度	X 值	Y 值
1	文献计量学	5.5	8.67	-2.623 6	3.270 9
2	期刊评价	23	11.5	14.876 4	6.100 9
3	网络信息传播	11	4.67	2.876 4	-0.729 1
4	三网融合背景下的信息传播	6.4	5.2	-1.723 6	-0.199 1

续表

2011年类团战略坐标数据					
类团序号	类团名称	向心度	密度	X值	Y值
5	绩效评价	9.33	3.33	1.206 4	-2.069 1
6	企业知识管理	7.33	8	-0.793 6	2.600 9
7	知识产权与开放存取	10.43	6.29	2.306 4	0.890 9
8	网络舆情	2.67	3.33	-5.453 6	-2.069 1
9	问卷调查	6.5	4	-1.623 6	-1.399 1
10	Web2.0	4	2	-4.123 6	-3.399 1
11	网络环境下的读者阅读	3.2	2.4	-4.923 6	-2.999 1
	均值	8.123 6	5.399 1		

然后分别将每一年的类团的X值和Y值录入SPSS，利用简单散点图功能绘制出3年交叉研究领域的战略坐标图，由此分析这3年图书情报学和新闻传播学交叉研究领域的发展阶段和演变趋势。

3 实验结果与讨论

3.1 聚类类团的变化

经过第2.2节中的操作，可以得到图4中的聚类树状图。树状图以躺倒树的形式展现了聚类分析中的每一次类合并的情况。SPSS自动将各类间的距离映射到0-25之间，并将凝聚过程近似地表现在图上[19]。

值得注意的是，3年的聚类结果无一例外地都把关键词“期刊”单独划归一类，这并非因为它与其他关键词毫无关联，相反，这恰恰是由于“期刊”与太多的关键词存在着联系，这一点图2中的原始共词矩阵足可证明。因此，如果直接按照树状图来划分类团，结果并不可靠，这是聚类方法的一个缺点，李佳[20]称之为聚类算法的排斥性。所以本文把“期刊”添加到与之相关的类团中，利用公式（1）计算每一类团中关键词的粘合力，根据粘合力确定类团的核心关键词和名称，并对类团成员做适当调整。最终得到的类团划分结果见表3。

从表3中可以更加清楚地看到两门学科的研究者在交叉研究领域的持续关注点和转移关注点。

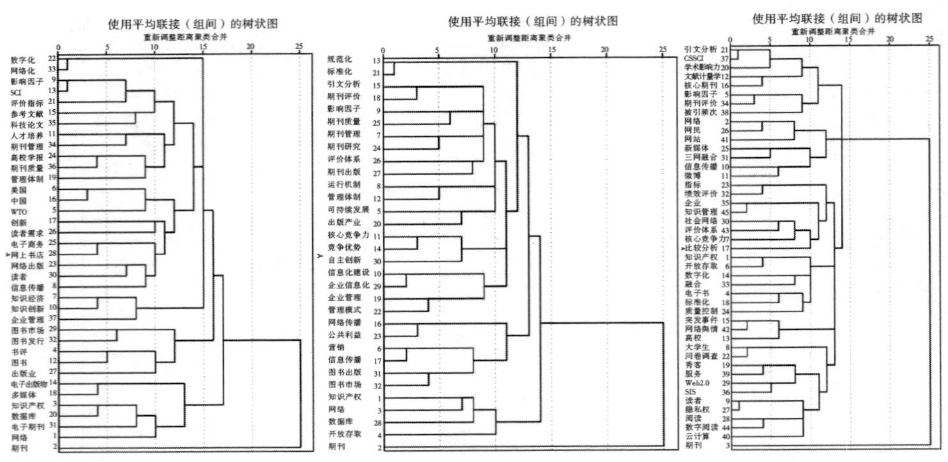

图4　2001 年、2006 年和 2011 年高频交叉关键词聚类树状图

3.1.1　持续关注点

2001 年、2006 年和 2011 年三个时间段共同的关注点产生于“期刊评价与管理”、“企业知识管理”和“网络与知识产权”3 个领域中。这说明这 3 个研究领域至少在 2001－2011 年乃至更大的时间范围内都是图书情报学和新闻传播学学者重点关注的对象。

表 3　3 年类团划分结果

2001 年类团划分结果		
类团序号	类团名称	关键词/粘合力
1	数字化与网络化	数字化/6，网络化/6
2	期刊评价与管理	影响因子/1.5，SCI/1.4，评价指标/0.6；参考文献/0.6，科技论文/1.2；人才培养/0.5，期刊管理/0.7；高校学报/0.8，期刊质量/0.8，管理体制/0.2；期刊/3.4
3	网上书店与网络出版	美国/0.56，中国/0.67，WTO/0.22；创新/0，读者需求/0；电子商务/0.56，网上书店/1；网络出版/0.44，读者/0.11，信息传播/0.22
4	知识经济与企业管理	知识经济/4.5，知识创新/3，企业管理/2.5
5	出版业与图书市场	图书市场/3.75，图书发行/1；书评/4，图书3.5，出版业/6.75

续表

2001 年类团划分结果		
6	网络与知识产权	电子出版物/2.4，多媒体/0.8；知识产权/5.6，数据库/3.8，电子期刊/2.6，网络/6.4

2006 年类团划分结果		
类团序号	类团名称	关键词/粘合力
1	规范化与标准化	规范化/4，标准化/4
2	期刊评价与管理	引文分析/0.73，期刊评价/0.45；影响因子/1.18，期刊质量/1.09；期刊管理/0.55，期刊研究/0.18；评价体系/0.18，期刊出版/0.18；运行机制/0.91，管理体制/0.45；可持续发展/0.55；期刊/4.45
3	核心竞争力	核心竞争力/1，竞争优势/0.5，自主创新/0.5
4	企业信息化	信息化建设/0.67，企业信息化/1；企业管理/0.67，管理模式/0.33
5	网络传播与公共利益	网络传播/1，公共利益 1
6	图书市场与图书出版	营销/1，信息传播/0.75；图书出版/1，图书市场/1.25，出版产业/0.25
7	网络环境下的知识产权	知识产权/5.33，网络/2，数据库/1.67，开放存取/1.67

2011 年类团划分结果		
类团序号	类团名称	关键词/粘合力
1	文献计量学	引文分析/3，CSSCI/2.2，学术影响力/1；文献计量学/2.8，核心期刊/0.8；比较分析/0.6
2	期刊评价	影响因子/6，期刊评价/4，被引频次/1；期刊/4.33
3	网络信息传播	网络/3，网民/1.67，网站/1
4	三网融合背景下的信息传播	新媒体/0.75，三网融合/1；信息传播/1，微博/2，社会网络/0.75
5	绩效评价	指标/2.5，绩效评价/2，评价体系/0.5
6	企业知识管理	企业/4，知识管理/6，核心竞争力/2

续表

2011 年类团划分结果		
7	知识产权与开放存取	知识产权/2.83，开放存取/1.83；数字化/0.83，融合/0.33；电子书/1.17，标准化/0.33，质量控制/0
8	网络舆情	突发事件/1.5，网络舆情/2.5，高校/1
9	问卷调查	大学生/4，问卷调查/4
10	Web 2.0	博客/0.67，服务/0.67；Web 2.0/1，SNS/0.33
11	网络环境下的读者阅读	读者/0.75，隐私权/0.5；阅读/0.5，数字阅读/0.25，云计算/0.5

期刊评价与管理涉及期刊质量的保障、期刊的管理体制和运行机制、评价指标的研究、期刊的可持续发展及人才培养等。期刊研究和评价一直是图书情报领域学者的重要研究内容，新闻传播领域的学者也从自身学科角度提出了提高期刊质量的有益方法[21]。

企业知识管理[22]在3个时段中经历了从粗线条认识到细化研究的过程。在2001年，研究者还仅仅从知识经济的宏观层面来认识了解企业管理的未来需求；至2006年，企业管理信息治理[23]、CIO人才培养[24]已经得到重视；2011年，知识管理在提升企业核心竞争力中的作用已得到认可，SNS（社会性网络服务）[25]、社会网络分析[26]、企业2.0[27]等方法和理念在企业知识管理中得到应用。

信息技术的迅猛发展对传统的知识产权体系产生了强烈冲击，网络环境下的知识产权面临诸多挑战[28]。针对开放存取，如何制定较为合理的知识产权政策，以实现既保护作者的知识产权，又不会阻碍学术资源传播的目标，是近几年来各界学者一直关注和探讨的问题[29]。从2006年和2011年的高频交叉词表中也可以看出，开放存取的词频在这两年得到大幅提升。

3.1.2 转移关注点

在2001年，还涌现出“数字化与网络化”、“网上书店与网络出版”、“出版业与图书市场”3个研究热点。数字化与网络化是两门学科在互联网浪潮的冲击下所作出的积极反应，图书情报学主要从图书馆数字化和期刊数字化方面作出努力，新闻传播学则积极接受信息技术给编辑活动带来的影响。电子商务的兴起则催生了网上书店和网络出版的发展。加入世界贸易组织（WTO）也对当年学者的研究工作产生了影响。图书情报领域关注的是入世对我国图书馆可持续发展的影响和对策，新闻传播领域则以迅速觉醒的市场意识[30]在出版业和图书市场中寻求改变。对出版业与图书市场的关注一直持续到2006年。

在2006年，还有“规范化与标准化”、“核心竞争力”、“网络传播与公共利益”、“图书市场与图书出版”4个研究热点，其中“图书市场与图书出版”是延续自2001年的“出版业与图书市场”。“规范化和标准化”的研究主要集中于两个方面，一是回溯书目数据库的文献著录和标引，一是科技期刊的规范化和标准化[31-36]，可见这一年在两个学科的内掀起了一股规范整顿之风。关于“核心竞争力”的探讨也是两个学科的内部竞争意识从理论走向实践的具体体现。在网络信息传播呈现出舆论化趋势的背景下，如何维系网络传播与公共利益的协调成为两个学科的学者深入探讨的话题[37-38]。“图书市场与图书出版”的研究热度从2001年一直延续至2006年，策划与营销在图书市场的作用得到进一步的认可与实践；然而，这一领域的研究热度在2011年或更早时候有所消退。

在2011年，一些新的研究热点开始进入研究者的视野，如“三网融合背景下的信息传播”、“绩效评价”、“网络舆情”、“Web 2.0”、“网络环境下的读者阅读”和“问卷调查”；“文献计量学”之前一直散布在其他类团中，这一年首次单独成为一类；而“网络信息传播”则依旧受到青睐。“三网融合”[39]虽早在1998年就已被提出，但因各方利益问题直到2010年才获得支持和实施。绩效评价作为热点出现，是图书馆服务、期刊管理、出版服务等领域市场意识加强的微观体现。网络舆情是由于各种事件的刺激而产生的通过互联网传播的人们对于该事件的所有认知、态度、情感和行为倾向的集合[40]。Web 2.0的提出改变了传统的信息传播模式、网络用户心理和行为、信息传受关系等研究对象，因而备受两门学科学者的关注。

表4总结了上述3个时段两门学科交叉研究热点的迁移情况：

表4　3个时段交叉研究热点的迁移

交叉领域	2001年	2006年	2011年
数字化与网络化	√		
期刊评价与管理	√	√	√
网上书店、网络出版	√		
知识经济与企业管理	√	√	√

续表

交叉领域	2001 年	2006 年	2011 年
图书出版与图书市场	√	√	
知识产权	√	√	√
规范化与标准化		√	
核心竞争力		√	√
网络传播与公共利益		√	
文献计量学	√	√	√
三网融合背景下的信息传播			√
绩效评价			√
开放存取		√	√
网络舆情			√
问卷调查			√
Web 2.0			√
网络环境下的读者阅读			√

3.2 战略坐标的演化

图 5 是利用 SPSS 的绘图功能分别绘制出的 2001 年、2006 年和 2011 年的战略坐标图，由此可以观察图书情报学和新闻传播学交叉研究热点在这 3 个时段内的象限分布和演变过程。

从 2001 年的战略坐标图中可以观察到，“网络与知识产权”位于第一象限，具有较高的向心度和密度，即在研究网络中处于核心地位并且领域内部联系紧密，是最为成熟的一个类团，也是两个学科最为关注和研究最深入的领域；“知识经济与企业管理”位于第二象限，向心度较高而密度较低，说明该类团的成员在其他类团中也受到重视，但因为内部联系松散而不能很好地自成一体，其发展容易被演化、发展成其他相关类团[12]，2006 年和 2011 年的战略坐标图确实证明了这一点；“出版业与图书市场”和“期刊管理与评价”位于第三象限，主题领域内部联系紧密并已经形成了一定的研究规模，2006 年和 2011 年的战略坐标图确表明在以后的发展中前者因为得不到有效的提升动力而消失，后者则展现出巨大的发展潜力；“数字化与网络化”和“网上书店与网络出版”位于第四象限，向心度和密度都较低，内部结构松散，是整个领域的边缘主题。

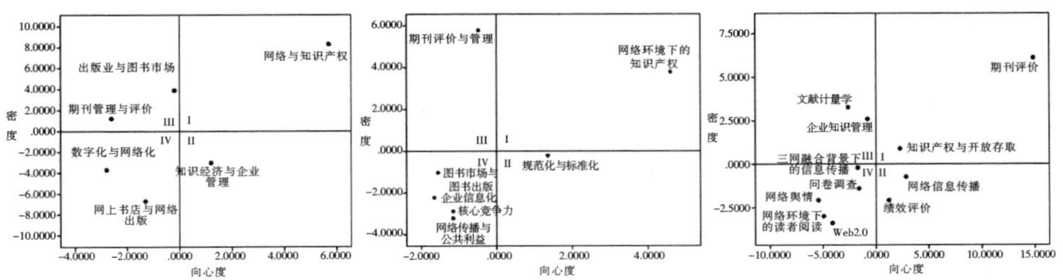

图 5　2001 年、2006 年和 2011 年战略坐标图

在 2006 年的战略坐标图中，“网络与知识产权”依旧处于研究的核心位置，不过向心度和密度在绝对值上都有所下降，说明这一领域的研究已经趋向成熟；2001 年的“知识经济与企业管理”在这一时段已演化发展为两个更为微观的领域——“企业信息化”和“企业知识管理”，前者出现在本年的第四象限，而后者则在 2011 年迅速上升到第三象限；“期刊管理与评价”得到了更为深入的研究，其密度大幅提升，远远超出其他类团，显露出强劲的发展势头；“图书市场与图书出版”则渐渐淡出研究者的视野，退居到第四象限，2011 年的战略坐标图确显示它在 2011 年的研究热点中已经消失不见；第三象限的“规范化与标准化”可能只是一时的热点和风气，在 2011 年并未见其踪影；本年还出现了“核心竞争力”和“网络传播与公共利益”两个类团，它们虽然在这之后没有得到持续的发展，但也并非昙花一现，而是分散、融入到其他类团之中。

2011 年的战略坐标图表明，“期刊评价”在 2006 年经历了类团密度大幅提升之后，其向心度也发生了突飞猛进式的变化，在第一象限中取代了业已成熟的知识产权方面的研究，成为两个学科交叉研究网络中最为核心又最为成熟的领域；位于第三象限的“文献计量学”和“企业知识管理”两个类团的关键词此前一直分散在其他类团之中，而在这一时段终于形成各自的合力，显示出继续发展的潜力；第二象限的“网络信息传播”和“绩效评价”并不是新面孔，组成它们的关键词在学科领域中表现活跃，但内部联系松散，具有潜在的发展空间但不稳定；“三网融合下的信息传播”和“问卷调查”都比较接近原点，它们的出现具有一定的时机性，2010 年国务院决定加快“三网融合”新政，而问卷调查作为一种研究方法在这一年同时受到两门学科学者的偏爱；“Web 2. 0”、“网络舆情”和“网络环境下的读者阅读”是新出现的研究热点，还处于领域边缘和结构松散的状态，值得注意的是 Web 2.0 的出现为两门学科的研究提供了崭新而丰富的内容。

3 年聚类类团的战略坐标图以直观的形象表明了类团所代表主题领域的内部关联及其在研究网络中的中心或边缘位置，也反映出这些领域研究的成熟度以及它们与其他领域联系的强弱。纵观 3 年的战略坐标图，有的研究领域热度一直不减，有的领域趋向成熟，有的领域热度有所消退，有的领域展现出发展的潜力，有的领域则经历了分散重组，或者消失不见了。

4 结 语

本文以学科核心期刊关键词为研究对象，构造规范化的关键词交集，筛选获得高频交叉关键词，然后求出其共词矩阵，引入聚类分析，划分出关键词类团，最后在此基础之上利用战略坐标分析类团的属性，并以国内的图书情报学和新闻传播学这两门高度同被引的学科为例，深入探索了它们之间的相关和交叉研究热点领域。研究展现了两门学科 2001 年、2006 年和 2011 年 3 年间交叉研究热点领域的主题结构和演变过程，可以为两个学科的研究者拓展研究兴趣，为学科的交叉融合发展提供一定的参考。

本研究可以得出如下结论：

（1）3 个时段的聚类类团划分表明，“期刊评价与管理”、“企业知识管理”和“网络与知识产权”3 个领域是两门学科持续关注的重点对象。

（2）3 个时段的战略坐标演化情况表明，近 10 年来，“网络环境下的知识产权”一直是图书情报学和图书情报学交叉研究领域中最受关注、最为成熟的领域，“期刊评价与管理”的关注度则稳步上升，最终居于同样广受关注的位置。

（3）有一些研究领域曾经受到过关注，后来关注度有所消减，如“出版业与图书市场”、“网上书店与网络出版”；有一些研究领域是近几年才成为关注焦点的，如“三网融合”、“网络舆情”、“Web 2.0”；有一些研究领域的关键词之前一直分散，而后来凝聚力慢慢提升成为单独一类，如 2011 年出现的类团“文献计量学”；还有一些研究领域则因为内部联系松散而演化、发展成为其他相关类团，如“知识经济与企业管理”演化为“企业信息化”和“企业知识管理”两个类团。

然而本文的研究方法具有一定的局限性，仅适用于具有较高相关度的人文社会学科（如图书情报学和新闻传播学、经济学和管理学等），因为这些学科本身共享着一些相同的专业术语和词汇。本文的研究方法也仅适用于探索学科之间交叉的“热点”领域或者主题，它们会随着时间而发展变化，而学科之间更为本质的交叉知识则并非仅仅关键词分析所能发掘。除此之外，期刊论文关键词对学术概念的表述缺乏标准，本文虽然做了一定的规范化工作，但是使用外文数据库中专业人士标引的主题词或许更能提高实验的精确性。

参考文献：

[1] 阚连合，黄晓鹂，刘梅申．情报学交叉学科的发展趋势——我国情报学期刊被引分析的启示［J］．现代情报，2007（1）：62－64.

[2] 李长玲，纪雪梅，支岭．基于E-I指数的学科交叉程度分析——以情报学等5个学科为例［J］．图书情报工作，2011，55（16）：33－36.

[3] 张洪磊，魏建香，杜振东，等．基于社会复杂网络的学科交叉研究［J］．情报杂志，2011，30（10）：25－29，54.

[4] 王昊．基于关联规则挖掘研究学科间相关性［J］．现代图书情报技术，2005（3）：23－28.

[5] 王昊，苏新宁．基于CSSCI本体的学科关联分析［J］．现代图书情报技术，2010（10）：10－16.

[6] 魏建香．学科交叉知识发现及其可视化研究［D］．南京：南京大学，2010.

[7] 魏建香，孙越泓，苏新宁．学科交叉知识挖掘模型研究［J］．情报理论与实践，2012，35（4）：76－80.

[8] 李文兰，杨祖国．中国情报学期刊论文关键词词频分析［J］．情报科学，2005，23（1）：68－70，143.

[9] 钟伟金，李佳，杨兴菊．共词分析法研究（三）——共词聚类分析法的原理与特点［J］．情报杂志，2008，27（7）：118－120.

[10] Law J，Bauin S，Courtial J P，et al. Policy and the mapping of scientific change：A co-word analysis of research into environmental acidification. Scientometrics，1988，14（3）：251－264.

[11] 张文彤，董伟，叶勇，等．SPSS统计分析高级教程［M］．北京：高等教育出版社，2004.

[12] 钟伟金，李佳．共词分析法研究（二）——类团分析［J］．情报杂志，2008，27（6）：141－143.

[13] 张晗，崔雷．生物信息学的共词分析研究［J］．情报学报，2003，22（5）：613－617.

[14] 邱均平，马瑞敏，李晔君．关于共被引分析方法的再认识和再思考［J］．情报学报，2008，27（1）：69－74.

[15] 崔雷．关于共现分析实际操作的通信［EB/OL］．［2013－01－06］．http：//blog. sciencenet. cn/blog－82196－311484. html.

[16] 马费成，望俊成，陈金霞，等．我国数字信息资源研究的热点领域：共词分析透

视［J］．情报理论与实践，2007，30（4）：438－443.

［17］ 邱均平，丁敬达，周春雷．1999－2008年我国图书馆学研究的实证分析（上）［J］．中国图书馆学报，2009，35（5）：72－79.

［18］ 张伟，鲁荣辉，王宇．基于共词分析的国内信息资源管理研究现状分析［J］．情报杂志，2009，28（12）：83－85，41.

［19］ 李长玲，翟雪梅．我国情报学硕士学位论文的共词聚类分析［J］．情报科学，2008，26（1）：73－76.

［20］ 李佳．共词矩阵在聚类结果分析中的作用［J］．中华医学图书情报杂志，2009，18（4）：77－81.

［21］ 李建，邹亚文，夏小东，等．通过编辑分析促进学术性期刊质量的提高［J］．中国科技期刊研究，2006，17（5）：823－825.

［22］ 左美云．国内外企业知识管理研究综述［J］．科学决策，2000（3）：31－37.

［23］ 安春明．企业管理信息治理对策与发展趋势［J］．现代情报，2006，26，（3）：185－186.

［24］ 张为华．CIO人才培养与信息教育［J］．情报科学，2006，24（8）：1173－1177.

［25］ 戚炎君．SNS在企业知识管理中的运用［J］．情报杂志，2011（12）：260－262.

［26］ 李长玲，纪雪梅，支岭．基于社会网络分析的企业内部知识专家的识别［J］．情报理论与实践，2011，34（11）：64－66，39.

［27］ 盛小平，田倩．企业2.0在知识管理中的应用研究［J］．情报理论与实践，2011，34（2）：46－48.

［28］ 王熙宁，辛瑞杰．网络环境下我国知识产权保护存在的问题研究［J］．情报学报，2001，20（6）：710－719.

［29］ 刘晶晶．开放存取在我国发展困境研究综述［J］．山东图书馆学刊，2011（3）：32－35.

［30］ 金眉．出版群体市场意识和能力培养的误区［J］．编辑学刊，2001（5）：26－27.

［31］ 杨冬梅．科技期刊插图的改进［J］．编辑学报，2006，18（1）：33－35.

［32］ 郭建顺，张学东，沈晓峰，等．科技期刊论文基金项目表达形式的规范化［J］．编辑学报，2006，18（6）：422－423.

［33］ 吴兆荣，文玉．科技期刊中的省略号用法探讨［J］．中国科技期刊研究，2006，17（5）：842－843.

［34］ 刘兆娟．科技期刊总目次的编排须规范化［J］．中国科技期刊研究，2006，17（1）：145－146.

［35］ 任辉，刘冬梅．学术期刊中“注释”编排格式的规范化［J］．中国科技期刊研究，2006，17（2）：315－317.

［36］ 吴江洪，邵凯云．期刊条码使用的规范化问题［J］．科技与出版，2006（6）：47－48.

[37] 谢新洲，肖雯．我国网络信息传播的舆论化趋势及所带来的问题分析［J］．情报理论与实践，2006，29（6）：645－649，669.
[38] 陈传夫，周淑云．维系网络传播与公共利益的协调［J］．图书情报知识，2006（2）：5－9.
[39] 王雅丽．试论三网融合背景下的数字图书馆发展［J］．图书与情报，2011（4）：112－115.
[40] 曾润喜．网络舆情管控工作机制研究［J］．图书情报工作，2009，53（18）：79－82.

作者简介

闵超，南京大学信息管理学院硕士研究生，E-mail：1246920204@qq.com；

孙建军，南京大学信息管理学院教授，博士生导师。

运用重叠社群可视化软件 CFinder 分析学科交叉研究主题*

——以情报学和计算机科学为例

李长玲　刘非凡　郭凤娇

（山东理工大学科技信息研究所）

科学史表明，科学经历了综合、分化、再综合的过程，现代科学则既高度分化又高度综合。交叉科学集分化与综合于一体，实现了科学的整体化。学科交叉点往往是科学研究新的生长点，这里最有可能产生重大的科学突破，使科学发生革命性的变化[1]。因此，在多学科融合的科学时代，学科交叉研究显得尤为重要，它不仅有利于挖掘新的科学生长点，而且还有助于进一步了解科学知识体系的变化和发展。近年来，国内外越来越多的学者关注学科交叉的研究。

A. L. Porter 于 1985 年提出了三个指标公式，用以分析学科的交叉程度[2]。2009 年，他又通过文献计量指标和科学知识图谱对 1975 – 2005 年间 6 个研究领域的数据进行分析后发现：学科交叉程度随时间的推移越来越强[3]。H. Small 通过对共引数据进行聚类，分析学科间的交叉性和相似性[4]。张春美等从学科交叉研究出发，以诺贝尔奖自然科学奖获奖成果和获奖者为对象，运用统计分析方法，分析了诺贝尔奖中学科交叉的变化发展趋势[5]。李春景等从学科交叉的构成要素出发，以学科为逻辑前提与理论始点，通过建立一种学科交叉模式的分析框架，试图揭示出学科交叉模式特征与规律[6]。吴丹青等通过学科交叉的组织管理研究，初步总结出学科交叉的模式可分为交流型、方法型、项目型和平台型[7]。朱蔚彤运用贝克尔 – 墨菲的模型研究了影响学科交叉研究产出的因素，深入分析了影响学科交叉研究产出的协调成本

* 本文系国家社会科学基金项目“基于社会网络分析的学科评价研究”（项目编号：11BTQ020）和山东理工大学人文社会科学发展基金项目“Web 信息挖掘与智能检索”（项目编号：2010GGTD05）研究成果之一。

问题，对学科交叉研究管理机制进行了实例研究[8]。魏建香运用文档聚类技术手段，发现和展示学科之间的交叉知识[9]。李长玲等以情报学等5个学科的期刊互引网络数据为样本，分析5个学科之间的交叉程度[10]。张洪磊等利用社会网络分析方法和Ucinet工具，对情报学与计算机科学两个学科进行学科交叉实证研究[11]。

可以看出，当前学者主要针对宏观或微观的学科交叉程度及变化趋势进行研究，鲜有文献进行学科交叉主题的分析。因此，笔者尝试应用复杂网络重叠社群发现软件工具CFinder挖掘情报学和计算机科学的交叉研究主题，试图更加准确、具体、清晰地呈现学科间交叉网络关系。这对于了解情报学与计算机科学的融合现状有重要意义，也为两学科的交叉主题研究提供了新的研究方法。

1 重叠社群与CFinder软件

1.1 重叠社群

社群是有共同特征的相关节点及连接关系形成的群落。真实网络中的每个节点往往同时属于多个具有不同特征的群落。另一方面，社群间的共同特征也导致社群重叠现象的产生。在网络结构中则表现为两个或者多个社群共同拥有一个或者多个节点，具有这种特征的社群称之为重叠社群。重叠节点与各个社群内部的关系都相对紧密，可以很直观地观察到，而重叠社群之间因为重叠节点发生的联系，却不易被察觉[12]。所以，重叠节点在网络中往往起黏合或者过渡的作用。

1.2 CFinder软件及其算法

CFinder是G. Palla等基于CPM算法开发的一个自由软件[13-14]，它不仅能非常有效地定位和可视化处理大规模稀疏网络社群，而且还可用于定量描述社会网络的演变。

发现重叠社群的派系过滤CPM算法（clique percolation method），可以快速高效处理并呈现复杂网络数据。派系是任意两点都相连的顶点的集合，即完全子图。在社群内部节点之间连接密切，边密度高，容易形成派系（clique）。因此，社群内部的边有较大可能形成大的完全子图，而社群之间的边却几乎不可能形成较大的完全子图，从而可以通过找出网络中的派系来发现社群。同时，一个节点所在的派系可能属于不同的社群，因此派系过滤方法可以发现重叠社群。CPM算法的主要思想是先找到事先指定规模的完全子图，然后通过扩展或相邻派系进行合并，得到重叠的社群结构。

一方面，派系稀疏的网络，派系过滤难以给出有效的社群发现结果。另一方面，如果网络中的派系非常密集，该类算法将把整个网络视为一个社群。对于稀疏网络与密集网络，CFinder 软件通过选取合适的查找社群的派系规模参数 K，使社群网络达到较好的可视化效果。

关键词是表征论文研究主题的词汇，能够简单直接地反映论文核心研究内容。学科关键词的集合涵括某一学科领域主要研究内容，因此，两个或多个学科的交叉关键词汇能够反映学科交叉的研究内容。笔者在情报学与计算机科学的主要交流期刊中，检索两学科的交叉文献，对交叉文献的关键词网络，用重叠社群分析软件 CFinder 进行可视化，寻找情报学与计算机科学的主要交叉研究领域与潜在研究主题，为情报学的深入发展与计算机科学的广泛应用提供借鉴。

2 运用 CFinder 分析学科交叉研究主题

2.1 数据采集和预处理

笔者在文献［15］中，通过社会网络中心性分析方法，研究发现情报学与计算机科学交流中起桥梁作用的 6 种主要期刊——《情报学报》、《现代图书情报技术》、《情报杂志》、《计算机工程与应用》、《计算机工程》和《计算机应用研究》。在 CNKI 山东理工大学镜像版数据库中，时间跨度选择 2006 - 2010 年，分别在“刊名”与“参考文献”检索项输入两学科的不同刊物名称，逻辑运算用“并且”，采用“精确”检索，检索时间为 2012 年 3 月 2 日，检索情报学与计算机学科主要期刊之间的互引文献，共 889 篇，以此为研究对象，选用复杂网络重叠社群可视化分析软件 CFinder，对检索结果进行处理、分析与可视化，更形象、直观地研究情报学与计算机科学的交叉研究主题与潜在研究方向。

对检索到的文献的处理过程如下：①由于同一篇文献会被相同或不同期刊的不同文献所引用，因此，需要将检索到的文献进行去重处理。对检索到的 889 篇学科交叉文献（其中情报学引用计算机科学文献 703 篇，计算机科学引用情报学文献 186 篇）进行去重处理，最后得到情报学文献 687 篇、计算机科学文献 179 篇。②对去重后的文献集合，分别提取情报学与计算机科学交叉文献的关键词，用 Bibexcel 进行关键词处理与统计分析，共得到情报学研究文献关键词 1 491 个，计算机文献关键词 366 个。③分别对两学科关键词及共现关键词进行分组和编号。通过自编程序找出同时出现在计算机科学和情报学两学科的关键词共 106 个，相关数据见表 1 第 1 栏；将剩余情报学学

表 1　情报学和计算机科学文献关键词分组编号(部分)

学科交叉关键词(A 组)								情报学(B 组)			计算机科学(C 组)		
编号	关键词	FinB	FinC	FsumA1	αFinB	βFinC	FsumA2	编号	关键词	词频	编号	关键词	词频
A1	本体	47	10	57	9.4	8	17.4	B1	领域本体	14	C1	供应商选择	3
A2	信息检索	23	4	27	4.6	3.2	7.8	B2	图书馆	8	C2	组合预测	3
A3	搜索引擎	14	6	20	2.8	4.8	7.6	B3	语义相似度	7	C3	多属性群决策	3
A4	数据挖掘	23	3	26	4.6	2.4	7	B4	知识组织	6	C4	检索	2
A5	文本分类	13	5	18	2.6	4	6.6	B5	个性化服务	6	C5	图书采购	2
A6	数字图书馆	29	1	30	5.8	0.8	6.6	B6	语义	5	C6	推理机	2
A7	文本聚类	8	5	13	1.6	4	5.6	B7	网格	5	C7	TFIDF	2
A8	向量空间模型	14	3	17	2.8	2.4	5.2	B8	服务质量	5	C8	分词算法	2
A9	知识管理	18	2	20	3.6	1.6	5.2	B9	WEB 挖掘	5	C9	软件项目	2
A10	XML	18	2	20	3.6	1.6	5.2	B10	知识服务	5	C10	协作过滤	2
A11	信息抽取	15	2	17	3	1.6	4.6	B11	知识网格	5	C11	体系结构	2
…	…	…	…	…	…	…	…	…	…	…	…	…	…
A106	语义元数据	1	1	2	0.2	0.8	1	B1385	系统理论	1	C260	视频检索	1

科关键词1 385个（1 491－106）分为B组，并按词频降序排列并编号，见表1第2栏；将计算机科学剩余学科关键词260个分为C组并编号，见表1第3栏。④由于样本数据来源的原因，B组与C组关键词数量差别较大，如果采用绝对数进行分析，可能会出现偏差。为了更好地呈现两学科的交叉情况，使网络可视化效果较好地反映整体情况，对A组内的两学科交叉关键词进行加权处理：选取情报学关键词数量 $n_b = 1\ 491$ 和计算机科学关键词数量 $n_c = 336$ 占总关键词数量的比重作为权值，即：

$$\alpha = \frac{n_c}{n_b + n_c}, \beta = \frac{n_b}{n_b + n_c} \tag{1}$$

再将权重分别乘以各自绝对词频数量FinB和FinC得到相对词频αFinB和βFinC，再求和得到每个关键词的相对词频数值：

$$FsumA2 = \alpha * FinB + \beta * FinC \tag{2}$$

根据FsumA2降序依次给A组关键词排序编号为A1，A2，…，A106，见表1第1列。

最后，由于CFinder软件不能处理中文数据，因此将去重后所有文献中的关键词用表1中对应的编号替换。运用Bibexcel软件统计两学科文献关键词共现词频，再将数据转换成CFinder软件可识别的纯文本文档格式，为下一步进行的可视化分析做好数据准备。关键词共现词频统计部分数据如表2所示：

表2　关键词共现词频统计（部分）

关键词1	关键词2	词频	编号1	编号2	词频
关联规则	数据挖掘	8	A24	A4	8
数字图书馆	个性化服务	6	A6	B5	6
本体	信息检索	6	A1	A2	6
数据挖掘	聚类	5	A4	A16	5
XML	半结构化	5	A10	B69	5
本体	知识库	5	A1	A41	5
信息体系结构	技术体系结构	5	B154	B101	5
本体论	信息检索	5	A43	A2	5
信息网格	研究进展	4	B151	B76	4
知识管理	知识本体	4	A9	B15	4

续表

关键词 1	关键词 2	词频	编号 1	编号 2	词频
数字图书馆	信息抽取	4	A6	A11	4
GATE	信息抽取	4	B168	A11	4
本体	语义相似度	4	A1	B3	4
信息抽取	本体	4	A11	A1	4
粗糙集	属性约简	4	A20	A48	4
本体	信息检索系统	4	A1	B54	4
知识抽取	自然语言处理	4	B18	A34	4
文本表示	向量空间模型	4	A42	A8	4
语义 WEB	本体	4	B36	A1	4
电子商务	数据挖掘	4	A17	A4	4
本体	知识组织	4	A1	B4	4
本体	领域本体	4	A1	B1	4
向量空间模型	信息检索	4	A8	A2	4

2.2 数据结果分析

本文从情报学与计算机科学交叉关键词词频分析、k-clique 数量分析和网络可视化分析三个方面探索发现学科交叉研究内容。

2.2.1 两学科交叉关键词词频分析

对情报学和计算机科学文献中共同出现的 A 组 106 个关键词按标准化后的数据（表 1 中第 1 栏的 6 – 8 列）进行词频分析，并比较，相关结果见图 1 – 图 3。

情报学和计算机科学交叉关键词词频分布规律：在被检两学科文献中，两交叉学科共同出现关键词 FsumA2 词频分布图见图 1，词频 – 序号对数分布见图 2。从图 2 中可以看出，词频 – 序号对数分布曲线近似一条直线，回归系数为 0.962，接近于 1，说明学科交叉关键词的词频分布基本符合齐普夫定律，与学科内部关键词的分布一样存在词频分布的集中与离散规律。

在图 3 中，每一根线段代表一个关键词。线段的端点分别代表情报学与计算机科学的该关键词标准化后的加权词频 αFinB 和 βFinC，线段的陡峭程度

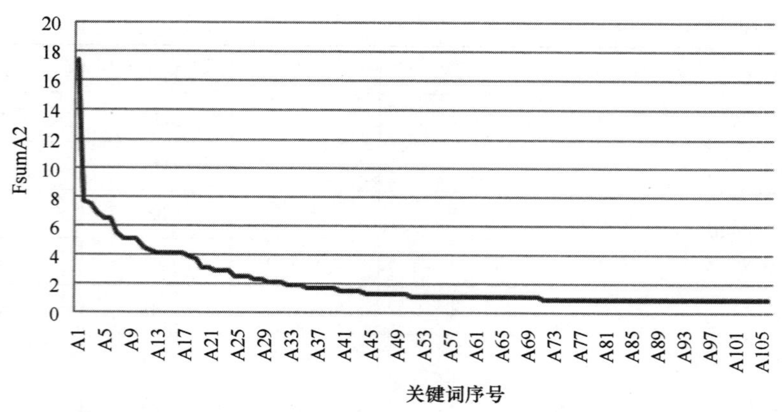

图 1　词频分布

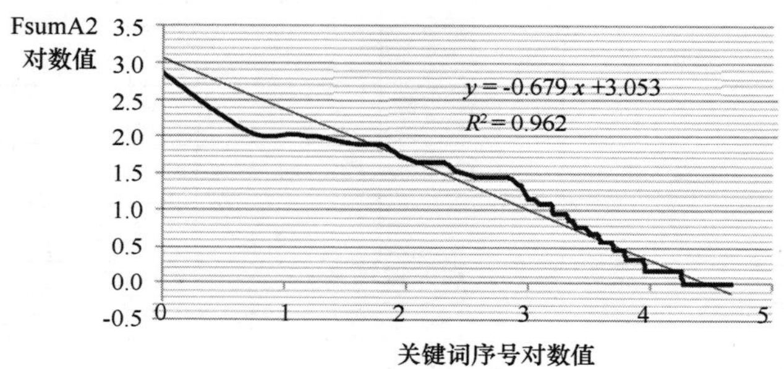

图 2　词频－序号对数分布

和加权词频数值能够在一定程度上反映这一概念在两学科中的研究程度。例如，“本体”线段远高于其他线段，表明本体在两学科当中的交叉研究程度高于其他关键词；“数字图书馆”线段的斜率在所有线段斜率中最高，说明这一概念在情报学学科中的研究热度远远高于计算机科学的研究热度，而搜索引擎、LUCENE 在计算机科学领域的研究比情报学领域的研究更有优势。

2.2.2　两学科交叉关键词的 k-clique 数量统计分析

k-clique 派系表示网络中含有 k 个节点的完全子图，如果一个 k 派系通过若干个相邻的 k 派系到达另一个 k 派系，则称这两个 k 派系是连通的。由所有彼此连通的 k 派系构成的集合就是一个 k 派系社群。学科交叉关键词 k-clique 的数量表示该关键词连接派系的数量，是学科交叉程度的重要标志，某关键词的 k-clique 数量越多，表明其在学科交叉中的作用越大。

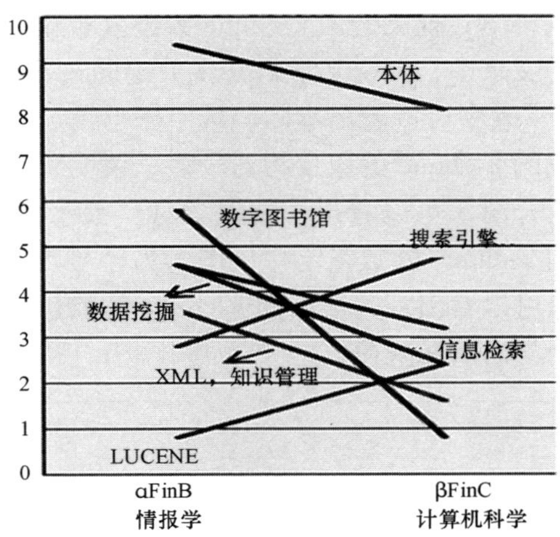

图 3　两学科共现关键词加权词频分布

将情报学与计算机科学两学科文献关键词标准化后的关系数据矩阵（表2数据）导入 CFinder 软件，对 A 组学科交叉节点关键词所形成的 k-clique 派系数量进行统计分析，结果如表 3、图 4－图 5 所示：

表 3　学科共现关键词 k-clique 的数量

关键词	k-clique 数量	关键词	k-clique 数量
本体	69	聚类	22
数字图书馆	40	文本聚类	19
数据挖掘	36	关联规则	19
XML	34	WEB 服务	15
信息检索	31	信息系统	15
知识管理	28	相似度	14
电子商务	27	中文分词	14
信息抽取	25	特征选择	14
搜索引擎	24	支持向量机	14
文本分类	24	神经网络	13
向量空间模型	22	元数据	13

情报学和计算机科学共现关键词 k-clique 数量分布规律：在被检索到的两学科间起桥梁作用的文献中，两交叉学科共现关键词 k-clique 的数量按递减的顺序排列，见表 3。从表中可以看出本体、数字图书馆、数据挖掘、XML、信息检索等关键词形成的 k-clique 的数量相对较多，说明它们在学科与学科交叉中的作用较大。但结合图 3 可以看出：情报学对“数字图书馆”的研究更为深入。图 4 为关键词 k-clique 的数量定律，图 5 为序号与 k-clique 的数量的对数分布，从分布结果可以看出：关键词的 k-clique 的数量分布也近似服从齐普夫分布，并存在集中与离散的规律。

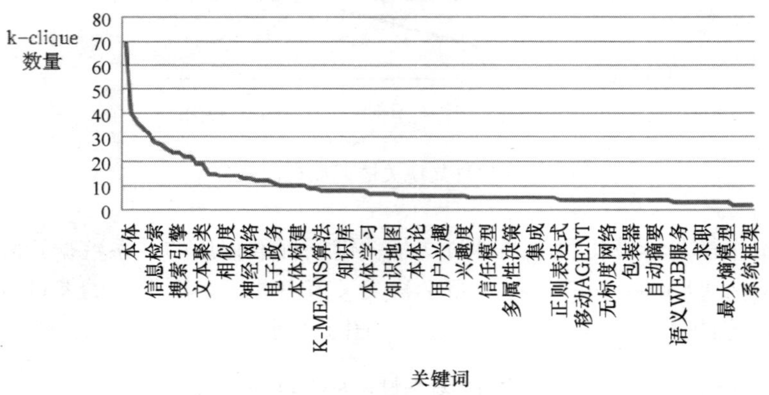

图 4　学科共现关键词 k-clique 数量分布

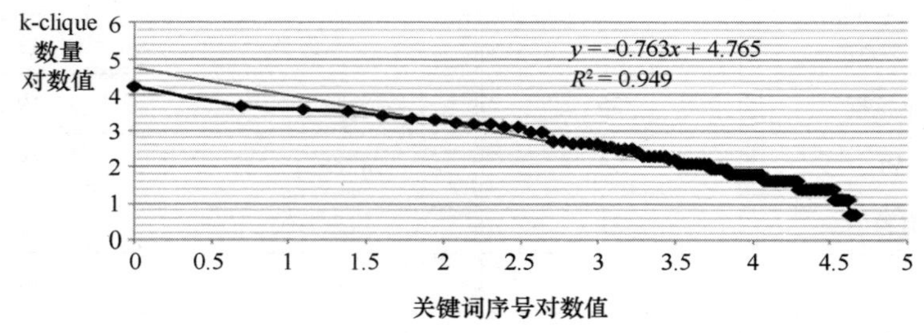

图 5　学科共现关键词 k-clique 数量对数分布

2.2.3　两学科交叉关键词重叠社群网络可视化

根据 CFinder 软件算法原理，重叠的社群的形成实质上是将有重叠节点的社群进行扩展与合并。对于共词网络来说，由于社群之间节点关键词共现，社群与社群形成重叠关系，最终形成一个关系网络图。

综合考虑 CPM 算法的性能、CFinder 在不同阈值下所形成的重叠社群数量、重叠社群网络规模等因素，本文选择关键词共现网络阈值为 3、派系规模 k =5 进行研究。将两学科共词矩阵（数据见表 2）输入 CFinder 软件，设定阈值 3、k =5，形成的最大社群网络如图 6 所示：

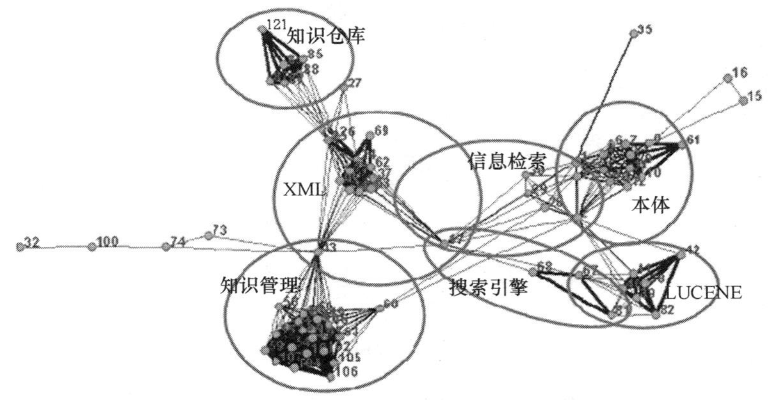

图 6　阈值为 3 的 5-clique 最大重叠社群网络

图 6 中，一个节点代表一个 5 核社群。较多重叠节点（关键词）所形成的社群，表明其研究内容更具有相关性，在图 6 中表现为高度或相对集中在一起，形成一个个重点研究主题，即知识管理、信息检索、本体、XML、知识仓库、LUCENE、搜索引擎等是情报学与计算机科学的主要交叉研究内容。这些研究主题之间通过桥梁社群相连接，例如社群节点 17、43、2 等，这些主要 5 核桥梁社群的关键词节点构成如图 7 所示：

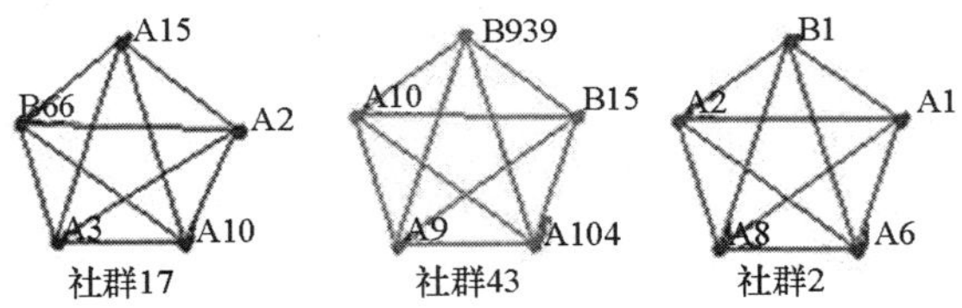

图 7　桥梁社群的关键词节点组成

由图 7 可知，A1（本体）、A2（信息检索）、A3（搜索引擎）、A6（数字图书馆）、A8（向量空间模型）、A9（知识管理）、A10（XML）等是桥梁社群的主要构成元素，也是情报学与计算机科学交叉研究的主要内容。

对图 6 的社群网络图进行关键词节点展示，如图 8 所示：

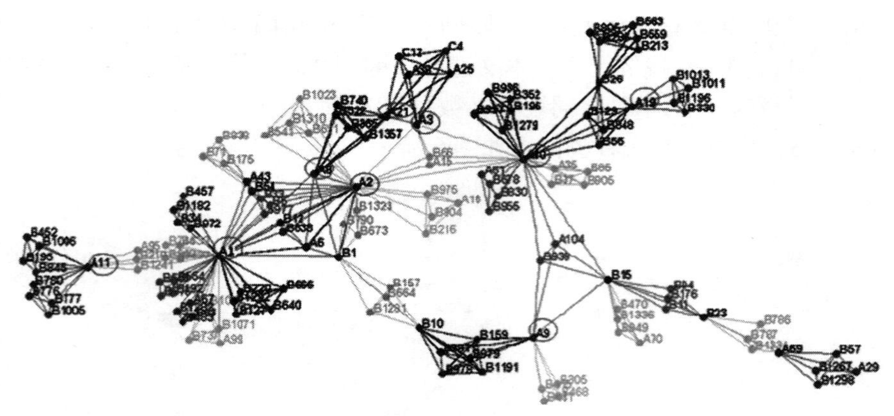

图 8　阈值为 3 时 5-clique 最大重叠社群关键词节点网络

图 8 为情报学与计算机科学交叉共现关键词节点社群网络，图中圈注了起到桥梁作用的学科关键词节点，伽 A1、A2、A10、B1、B10 等，由于 A 组关键词是情报学和计算机科学共同出现的关键词，同时，本文分析的重点是情报学与计算机科学交叉研究内容，因此以下的分析也以 A 组关键词为主。图中 A 组核心关键词共 9 个，分别为：A1（本体）、A2（信息检索）、A3（搜索引擎）、A8（向量空间模型）、A9（知识管理）、A10（XML）、A11（信息抽取）、A19（WEB 服务）、A21（LUCENE）。一方面，从网络上能够明显地看出，这些关键词的周围往往连接着多个相关社群，并且在这些社群中处于中心位置，体现出这些研究主题内在的相关性。另一方面，核心关键词之间也存在连接关系，比如，A1（本体）与 A2（信息检索）、A8（向量空间模型）、A11（信息抽取）之间有直接的连接关系，说明本体与这些研究主题之间内容关联更紧密。

2.2.4　情报学和计算机科学交叉学科研究主题分析

纵观以上分析，不论是表 1、图 1 – 图 5 所示的情报学与计算机科学交叉研究关键词的词频与社群数量分布，还是图 6 – 图 8 所示的社群网络可视化结果，关于两学科的交叉研究内容都可以得出如下结论：①本体与信息检索是两学科交叉研究的主要内容；②知识管理与 XML 虽然两学科都有研究，但就本文的样本数据来看，情报学研究更广泛；③计算机科学研究人员在搜索引擎与 LUCENE 方面的研究比情报学研究学者更加深入。通过对上文结论与数据进行分析得出各研究主题在不同领域的研究侧重点，具体内容如表 4 所示：

表4　情报学和计算机科学交叉学科研究主题分析

主题	含义	情报学 研究领域	计算机科学 研究领域
本体	本体是对一个领域里的概念及其关系的清晰描述，是人与人之间、人与计算机之间对领域知识达成共同理解的桥梁[16]。	知识组织、领域本体、数字图书馆个性化等。	知识共享、异构数据源语义互操作、供应链系统知识集成、信息检索和本体构建等。
信息检索	信息检索是从大量被存贮的信息中加工、检索出需要的信息以及向计算机用户提供一整套信息的工作。	语义网检索，信息检索的可视化、本科信息检索课程设置等。	WEB信息检索排序函数及标引词加权技术、信息检索模型构建、信息检索算法的查找速度和查准率等。
XML	可扩展标记语言（Extensible Markup Language，XML），用于标记电子文件使其具有结构性的标记语言，可以用来标记数据、定义数据类型，是一种允许用户对自己的标记语言进行定义的源语言[17]。	XML数据的转换与查询；XML语言在WEB数据挖掘中的应用。	在LDAP目录服务上实现对XML数据的XPath查询，提高XML数据加密的效率和通用性。
知识管理	我国学者邱均平、段宇锋认为，“知识管理”的定义可以从狭义和广义角度理解。狭义的知识管理主要是针对知识本身的管理；广义的知识管理不仅包括知识本身，还包括对与知识有关的各种资源和无形资产的管理，涉及知识组织、知识设施、知识活动、知识人员等的全方位、全过程的管理[18]。	图书馆的知识服务模式、知识管理与知识创新、知识管理与竞争情报研究等。	动态知识管理模型和系统、知识集成技术和知识管理平台构建等。
搜索引擎	搜索引擎是计算机研究人员开发出来的对互联网上的海量资源进行快速而准确的检索的工具。	个性化信息服务、网络信息资源组织、学术搜索引擎和链接分析等。	搜索引擎的原理探讨、搜索引擎设计和技术实现、排序算法和搜索策略研究。
LUCENE	LUCENE是一套由Apache软件基金会支持和提供，用于全文检索和搜寻的开源程式库[19]。	搜索引擎设计和效率测试，处理中文信息的中文分词模块等。	全文搜索引擎的研究和开发、信息检索、语义检索。

3 结　语

本文在前期研究成果的基础上，以情报学与计算机科学为例，在两学科主要的交流期刊中检索起桥梁作用的文献，通过对检索到的文献中情报学和计算机科学共现关键词进行词频统计分析，运用 CFinder 软件进行 k-clique 数量分析和社群网络可视化，发现本体、信息检索、搜索引擎、XML、LUCENE、知识管理等是两学科共同的研究主题，但两学科的研究内容各有侧重，这与文献［11］的研究结论类似。因此，用重叠社群分析软件 CFinder 分析学科交叉研究主题应该是可行、有效的。

从国内关于学科交叉方面的研究来看，鲜有社群可视化软件 CFinder 的应用，本文对该软件在这方面研究的尝试尚属首次。因为样本文献的来源仅限于两学科交流的主要期刊，不能涵盖学科交叉的全部文献并且阈值的选取造成部分数据值的损失，软件自身处理数据所需的硬件环境等因素，可能会使分析结论有一定的片面性。但从另一个角度来说，由于文献具有高度针对性，可能不仅不会影响总体评价结果，还会使学科交叉分析结果更加明了。

因此，扩大样本范围，考虑时间因素，探索学科交叉关键词社群网络的延伸和演化规律，是本文后续研究的主要内容。

参考文献：

［1］ 路甬祥．学科交叉与交叉科学的意义［J］．中国科学院院刊，2005，20（1）：63－65.

［2］ Porter A L，Chubin D E. An indicator of cross-disciplinary research［J］. Scientometrics，1985，8（3－4）：161－176.

［3］ Porter A L，Rafols I. Is science becoming more interdisciplinary? Measuring and mapping six research fields over time［J］. Scientometrics，2009，81（3）：719－745.

［4］ Small H. Maps of science as interdisciplinary discourse：Co－citation contexts and the role of analogy［J］. Scientometrics，2010，83（3）：835－849.

［5］ 张春美，郝凤霞，闫宏秀．学科交叉研究的神韵——百年诺贝尔自然科学奖探析［J］．科学技术与辩证法，2001，18（6）：63－67.

［6］ 李春景，刘仲林．现代科学发展学科交叉模式探析——一种学科交叉模式的分析框架［J］．科学学研究，2004，22（3）：244－248.

［7］ 吴丹青，张菊，赵杭丽，等．学科交叉模式及发展条件［J］．科研管理，2005，26（5）：159－162.

［8］ 朱蔚彤．学科交叉研究的协调成本分析［J］．中国软科学，2008（8）：152－158.

［9］ 魏建香．学科交叉知识发现及其可视化研究［D］．南京：南京大学，2010.

[10] 李长玲，纪雪梅，支岭．基于 E－I 指数的学科交叉程度分析——以情报学等 5 个学科为例［J］．图书情报工作，2011，55（16）：33－36.
[11] 张洪磊，魏建香，杜振东，等．基于社会复杂网络的学科交叉研究［J］．情报杂志，2011，30（10）：29－33，58.
[12] 王熙．复杂网络中的层次重叠社区发现及可视化［D］．北京：北京交通大学，2010.
[13] Palla G, Derényi I, Farkas I. Uncovering the overlapping community structure of complex networks in nature and society［J］. Nature, 2005, 435（7043）：814－818.
[14] Adamcsek B, Palla G, Farkas I J. CFinder：Locating cliques and overlapping modules in biological networks［J］. Bioinformatics, 2006, 22（8）：1021－1023.
[15] 李长玲，支岭，纪雪梅．基于中心性分析的学科期刊地位评价——以情报学等 3 学科为例［J］．情报理论与实践，2012，35（6）：49－53.
[16] 谷琦．网络信息资源组织管理与利用［M］．北京：科学出版社，2008.
[17] XML［OL］．［2012－03－22］．http：//baike. baidu. com/view/63. htm.
[18] 邱均平，段宇锋．论知识管理与竞争情报［J］．图书情报工作，2000，44（4）：11－14.
[19] Lucene［OL］．［2012－03－22］．http：//baike. baidu. com/view/371811. htm.

作者简介

李长玲，山东理工大学科技信息研究所教授，硕士生导师，E-mail：lichl@sdut. edu. cn；

刘非凡，山东理工大学科技信息研究所硕士研究生；

郭凤娇，山东理工大学科技信息研究所硕士研究生。

基于文献时间特征的学科主题演化分析方法研究*

——以图书情报学领域为例

沈思　王东波　张祥　张文博

（南京大学信息管理学）

1　引　言

网络环境下的海量文献数据资源，给某一主题研究进展的调研带来了困难。主题演化分析描述某一主题在时间维度上的变化发展，可有效帮助研究者发现学科热点和发展趋势。然而，目前以词频分析法为代表的定量主题分析，却难以满足不同调研目的下主题演化分析的需要。例如，同样是调研“本体”相关主题的研究进展，理论研究者需要查阅本体的理论演化过程及对应的重要理论，而应用领域的研究人员会更关注基于本体实用技术的发展。因此，在分析主题冷热变化时，需在定量演化分析的同时辅以主题研究阶段的判定。

基于上述问题，本文提出一种结合研究发展阶段识别的主题演化分析方法。在利用主题模型抽取文献中可表征研究发展阶段的隐含语义结构基础上，通过实验探讨了该方法的合理性和有效性。为了验证本方法的实用价值，最后在图书情报学期刊上，将本文的方法和词频统计法对比应用于学科主题热点和发展趋势分析。

2　研究现状

近年来，主题模型成为学科演化分析的方法之一。H. David[1] 使用平均的文档 - 主题的分布来计算主题强度，并分析了不同主题随着时间发展产生的

---

* 本文系江苏省 2012 年度普通高校研究生科研创新计划项目“基于异构社会网络数据的信息集成与检索研究”（项目编号：CXZZ12_ 0073）和国家社会科学基金项目“基于语言特征的中文意见挖掘研究”（项目编号：11CYY031）研究成果之一。

强度变化。T. L. Griffiths[2]使用主题模型分析了 ACL Anthology 三大会议在1978 – 2006 年间的会议论文发表情况，对比了大会之间的主题差异和每年大会流行主题的变化情况。A. McCallum[3]提出使用主题模型度量学术研究，主要度量了文献引用数目、主题影响因子、主题传播和多样性、主题优先级、主题寿命、主题迁移等方面。在国内，崔凯等[4]基于文本内容的隐含语义分析构建了在线主题演化计算模型，追踪不同时间片主题的变化趋势。王萍[5]根据 topic-author 模型分析相关主题的研究者分布，提出了多维度的文献知识挖掘方法。叶春蕾等[6]利用主题模型方法改进了共词分析的聚类效果。

此外，如何挖掘文本中隐含的时间信息成为信息检索领域的新热点。A. Omar 等[7]首次提出当前检索相关性，不仅需利用文本创建时间，更需关注文本内容中的时间特征。A. Omar 等[8]调研了富含时间特征的文本类型，如新闻话题、科学发展历史追踪与历史事件年代列表等，随后提出了基于不同时间粒度的聚类算法。D. B. Viktor[9]以整个 Web 作为背景知识库，利用 Web 中提供的和艺术品相关的时间信息，帮助确定艺术品的创作时间。

本文借鉴上述研究思想，探讨利用主题模型分析文献内容中的时间特征以及如何将该类特征应用在学科演化分析中。

3 研究思路

3.1 相关定义及假设

根据文献计量学的定义，主题演化表现为某些年份该主题发文量较高，而其他年份发文量较少，且发文量的正负增长依据不同时间段该主题受关注度的变化而变化。主题发展趋势则描述不同年份主题的冷热变化情况。从主题标引和文本挖掘的角度来看，这种计量方法有一定的局限性。例如，当研究人员盲目跟风研究某主题时，会造成文献量“假高峰”现象，采用这种方法会错误地界定出该主题的热点时期和成熟时期。

根据库恩的科学发展模式，某一学科的科学知识的发展过程，可以被划分为“前科学”、“常规科学”和“科学革命”三个阶段[10]。其中，前科学阶段是科学发展的早期阶段，研究多就本学科基本观点进行讨论，并提出未达成共识的各种理论。常规科学阶段则以范式的形成为标志，根据已成为范式的某些理论，进行理论深化和应用方向的研究。而在科学革命阶段，随着研究的成熟，科学活动中会出现与现有范式不一致的新现象，在反思各种现有研究的基础上，将打破新的范式，呈螺旋状开始新的一轮“前科学阶段”。

笔者从上述两种理论中得到启发，试图在定量统计发文量的基础上，结合库恩范式描绘不同研究发展阶段的特点，进行主题演化分析。同时，笔者针对文献标题进行统计后发现，文献标题中的常用词“概念”、“模型”、“算法”等，可在语义上描述库恩科学发展模式的不同阶段。例如，当提出一种新的理论和建立新的研究体系时，该类文献标题中常用“概念”、“体系”等词予以定义。在研究的理论深化和实践探索阶段，研究者常又用“模型”、“算法”等描述研究成果。在研究成熟阶段，出现的带有“综述”、“现状”等词汇的文献，在概括和总结前人成果时会提出对本领域的反思和展望。笔者认为，如在主题演化分析时，能找出语义上可反映上述各研究阶段特点的特征词，则能在分析某一主题时间走向的同时描绘该主题对应的研究阶段。

因此，本文的研究问题即转变为如下两个子问题：一是如何找出文献集合中描述研究发展阶段的特征词；二是如何在保留现有定量主题分析的基础上，结合特征词界定主题的研究阶段。

3.2 统计论证

为验证上述假设，笔者针对 2000 – 2009 年间发表在《情报学报》上的论文进行了相关实验。该刊很重视各种情报学理论向应用的转化研究，因此刊出的文献标题在理论和实践的研究阶段分布较为平衡。统计结果如表 1 所示，在 1 171 项文献标题中，共出现“模型” 108 次，“实证” 25 次，“算法” 50 次。在对应的摘要中，“方法”一词的出现次数高达 1 037 次。在文献的关键字部分，该类词汇的出现率虽较低，但“模型”一词也达到了 94 次。

因此，笔者试图用表 1 中的词汇作为研究发展阶段的标引，并给出了如下所示的文献时间特征词汇范围限定：

表 1　文献时间特征在题录中的涵盖率分布

标题	词频（次）	涵盖率	摘要	词频（次）	涵盖率	关键词	词频（次）
模型	108	9.2%	方法	1037	42.2%	模型	94
发展	65	5.1%	发展	522	23.7%	评价	9
构建	50	4.18%	概念	315	13.4%	综述	6
算法	50	4.18%	体系	282	12.6%	发展	5
体系	38	3.24%	探讨	198	14.9%	展望	2
实证	25	2.13%	实验	191	13.4%	概念	2

续表

标题	词频（次）	涵盖率	摘要	词频（次）	涵盖率	关键词	词频（次）
发现	21	1.79%	讨论	125	9.64%	研究趋势	2
现状	17	1.45%	现状	108	7.6%	趋势	1
策略	17	1.45%	论述	95	8.1%		
趋势	14	1.19%	实践	69	4.2%		
实践	13	1.11%	探索	42	3.4%		
启示	11	1.02%	综述	42	1.9%		

定义1：常出现在描述不同研究阶段文献中，并在语义上和该阶段研究特征一致的词汇，笔者定义为文献时间特征。

根据表1中词汇分布特点，笔者发现，基于Donohue[11]的 $T=\frac{1}{2}(-1+\sqrt{1+8*I_1})$ 高频低频词分界条件，文献时间特征在词频数量上属于高频词范围。但从文献涵盖率上来看，该类词在单篇标题中涵盖率较低，最高仅为9.2%。因此，TF-IDF等基于文档频数的文本特征抽取方法无法适用。另一方面，虽该类词在文献摘要中出现频次较高，词频区分度却较差。例如，“概念”一词既可能出现在研究早期提出新概念的文献中，也可能出现在研究晚期反思和总结现有概念的综述类文献中。更进一步，摘要词汇量在文本中所占比重要远大于标题和关键字，所以互信息等无视单词频度却对相近类别的特征词识别较差的方法也不适用。笔者在尝试多种方法后发现，主题模型LDA[11]（latent Dirichlet allocation）是一种基于词袋（bag of words）方法的文本特征表示模型。该模型在识别大规模文档集中潜藏的主题信息时效果良好，可较好地识别出语义上存在隐含分布倾向的非高频词汇。鉴于本文中不同文献在文献时间特征分布上有明显的倾向性，符合主题模型的应用条件，笔者决定利用该模型进行文献时间特征词汇的抽取和主题冷热发展趋势的分析。

3.3 基于文献时间特征的主题演化

在整个分析过程中，主要需要考虑如下几个步骤的设计与实现：①文献时间特征的分析；②文献时间特征的获取；③主题演化分析；④结果对比与判别。整个分析的流程如图1所示：

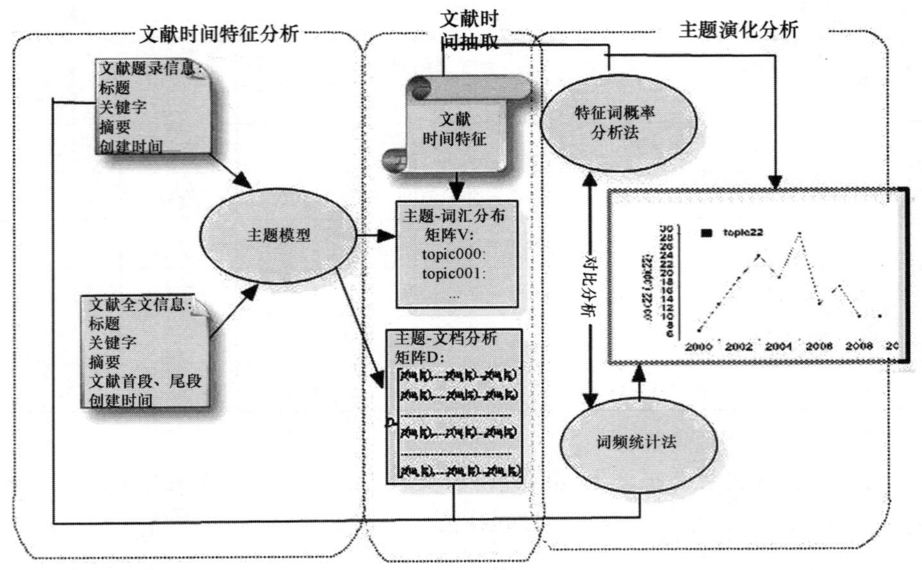

图 1　基于文献时间特征的主题演化分析流程

4　方法实现

4.1　基于主题模型的文献时间特征分析

在利用主题模型进行文献时间抽取以前，为方便后文的描述和使用，先简单阐述一下该模型的原理。主题模型是一种文本的生成模型，其基本思想认为文本是由多个主题混合而成的，而主题是文本特征词上的一种概率分布。假设文献集合共有 m 个文档，共包含 v 项词汇，k 个可能生成的隐含主题，则每个主题在词汇集合上服从多项式分布 θ_z，每个主题在文档集合上服从多项式分布 $\emptyset_d$。主题模型通过定义 α 和 β 为模型的超参数，使得 k 个主题中词项分布概率 θ_z 服从基于超参数 α 的 Dirichlet 分布，文档 d 的概率分布 $\emptyset_d$ 服从基于超参数 β 的 Dirichlet 分布。在实际计算中，常用 Gibbs Sampling 采样方法基于公式（1）、（2），利用超参数反向求解主题在词汇 m 上的先验分布 $\emptyset_m$ 和主题在文档 d 上的先验分布 θ_d，并用主题 - 词汇分布矩阵 V 和主题 - 文档分布矩阵 D 表示对应的计算结果。迭代计算中参数含义详见表 2。

$$p(z_i = k \mid z_{\neg i}, w) \propto \frac{n_{k,\neg i}^{(i)} + \beta_i}{[\sum_{v=i}^{V} n_k^{(v)} + \beta_v] - 1} \cdot \frac{n_{m,\neg i}^{(k)} + \alpha_k}{[\sum_{z=1}^{k} n_m^{(z)} + \alpha_z] - 1} \quad (1)$$

$$\phi_{k,i} = \frac{n_k^{(t)} + \beta_t}{\sum_{v=1}^{V} n_k^{(t)} + \beta_v}, \theta_{m,k} = \frac{n_m^{(k)} + \alpha_k}{\sum_{z=1}^{K} n_m^{(z)} + \alpha_z} \quad (2)$$

表 2　LDA 模型的 Gibbs Sampling 方法变量及其含义

变量	含义
Z_i	第 i 个词项在主题 z 的分布
$Z_{\neg i}$	词项集中第 i 个词项以外的所有单词在主题 z 的分布
$n_k^{(v)}$	主题 k 中出现词项 v 的次数
β_v	词项 v 的 Dirichlet 先验分布
$n_m^{(z)}$	文档 m 中出现主题 z 的次数
α_z	主题 z 的 Dirichlet 先验分布
$\varnothing_{k,i}$	词项 i 生成主题 k 的概率
θ	文档 m 生成主题 k 的概率

当基于主题模型进行文献时间特征抽取时，文献集将同时被划分成由其文档数和词汇数决定的不同主题，且每个主题由数个文献中出现概率最高的特征词描述。因此，可考虑利用划分结果中的主题－词汇分布矩阵 V 和主题－文档分布矩阵 D，进行不同年份文献的定量统计，并用于主题演化分析过程中。

定义 2：设基于 k 个主题的主题－词汇分布矩阵表示如下：

$V = \{U(z1), U(z2), U(zi) \cdots U(zk), i = 1, 2, \cdots k\}$ 其中，$U(zi)$ 表示第 Z_ii 个主题相关的特征词集合，$Tmp(zi)$ 表示该集合中的文献时间特征，$Tmp(zi) \in U(zi)$

定义 3：设某一文献 d 由词项 wd_1，$wd_2 \cdots wd_m$ 等组成，则基于 k 个主题的主题－文档分布矩阵表示为：

$$D = \begin{bmatrix} p(wd_1 \mid z_1), \cdots p(wd_1 \mid z_i) \cdots, p(wd_1 \mid z_k) \\ p(wd_2 \mid z_1), \cdots p(wd_2 \mid z_i) \cdots, p(wd_2 \mid z_k) \\ \cdots\cdots\cdots\cdots\cdots\cdots\cdots\cdots\cdots\cdots \\ p(wd_t \mid z_1), \cdots p(wd_t \mid z_i) \cdots, p(wd_t \mid z_k) \\ \cdots\cdots\cdots\cdots\cdots\cdots\cdots\cdots\cdots\cdots \\ p(wd_m \mid z_1), \cdots p(wd_m \mid z_i) \cdots, p(wd_m \mid z_k) \end{bmatrix}$$

其中，$p(wd_t \mid z_i)$ 是第 z_i 个主题在第 d_t 个文档上的概率分布，且根据主题模型定义，第 z_i 个主题在所有 m 个文档上的分布概率和为 1，即 $\sum_{i=1}^{k} p(wd_t \mid z_i) = 1$。

参考 H. David[1] 的算法框架，某一主题在不同年份的冷热变化趋势可计算如下：假设某个文献在时间段 y 发表，则该文献涉及的主题 z 均在该时间段出现，因此可用第 z_i 个主题在第 y 年发表的文献集上的概率分布 $p(z_i \mid y)$，来区分不同年份主题在文献集中的出现情况。当某年份主题 z_i 的 $p(z_i \mid y)$ 值较高时，可判定该年份 z_i 有很大概率是热点主题。该计算过程的形式化表示如公式（3）所示：

$$p(z_i \mid y) = \sum_{t:d_t=y} p(wd_t \mid zi), wd_t \in \{wd_{t,y}\} \tag{3}$$

其中 t：d_t 表示文档 d_t 的创建时间 t，$\{wd_t\}$ 表示 $p(wd_i \mid z_i)$ 大于一定阈值且创建时间为 y 年的第 z_i 个主题相关文档集合。

4.2 文献时间特征获取

在上述抽取过程中，笔者主要考虑如下两方面问题：一是基于主题模型的文献时间特征正确率和覆盖率如何；二是用特征词在不同年份出现高低反映主题演化是否具有可信性。

为了保持实验的连续性，笔者依然选择《情报学报》数据集进行第一个问题的论证。笔者设计扩大主题模型的词袋范围，用全文文献和题录信息进行对比，讨论达到一定精度的文献时间特征抽取所需的语料长度。

笔者相应地设计了两类评价指标，从抽取的准确度和覆盖率两个角度分析实验结果：

- F_{miss}——用于考察文献中包含的文献时间特征未被主题模型抽取为特征词的情况。
- F_{error}——用于考察某一主题划分结果中的文献时间特征界定了错误的研究发展阶段的情况。具体计算公式如（4）、（5）所示：

$$F_{miss}, i = \frac{\{p(wd_i \mid z_i) \text{ 中 } top_i \text{ 出现频次}\}}{\{\sum_{i=1}^{mi} p(wd_i \mid z_i) \text{ 中所有文献时间特征频次}\}} \tag{4}$$

$$F_{error}, i = \frac{\{\sum_{i=1}^{mi} p(wd_i \mid z_i) \text{ 中与 } top_i \text{ 描述不符的文献数}\}}{\{\sum_{i=1}^{mi} p(wd_i \mid z_i) \text{ 中主题相关文献条数}\}} \tag{5}$$

其中 top_i 表示第 z_i 个主题的高概率特征词集合，$\sum_{i=1}^{mi} p\ (wd_i \mid z_i)$ 表示主题 z_i 相关文本，top_i 是否和文献内容相符，则是通过 Hownet 计算两集合中文献时间特征的语义相似度，并结合人工判断而得。

在实验过程中，为消除中文文献的分词错误和文献图表部分文字造成的抽取误差，笔者拟选取每篇文献的引言、结论、每章标题代替全文词汇进行试验。分词采用 ICTCLAS 2011 进行，并利用《情报学大百科全书》制定停用词表，合并和剔除了“情报学”、“数据库”、“图书馆”等意义较宽泛的术语词条。在主题模型超参数选择方面，参照 T. L. Griffiths[2] 的方法，最佳主题类目数 T 的确定，选取 $\sum_{j=1}^{m}\sum_{i=1}^{k} p\ (wd_j \mid z_i)$ 的后验概率分布曲线拐点而得，本实验集的值分别为 T = 100，$\alpha = 0.01$，$\beta = 0.01$。主题相关文献条数按阈值 $p\ (wd_i \mid z_i)$ 选择（因主题 - 文档分布矩阵 D 中 $\sum_{i=1}^{k} p\ (wd_t \mid z_i) = 1$，现取矩阵 D 行向量中 max $\{p)\ wd_m \mid z_i)\}$，$i = 1, 2 \cdots k$ 对应编号 z 为第 m 个文档所属主题，则取 min $\{p\ (wd_j \mid z)\}$，$j = 1, 2, \cdots m$ 为第 p 个主题的相关性阈值）。因篇幅限制，关于后验参数 φm、θd 和主题 - 词汇与主题 - 文档矩阵的迭代过程不再赘述。实验工具选用 Stanford Topic Modeling Toolbox，并按照 topic 001，topic 002…格式给主题模型结果顺序编号。部分主题测评结果如表 3 所示：

表 3 中，主题编号：主题特征词一栏代表了各 topic 的高频特征词及出现概率。例如，“概念”这一文献时间特征在编号 topic 000 的主题中的出现概率达 47%。笔者基于 F_{miss} 和 F_{error} 对上述抽取结果的有效性进行了评估。首先，对抽取结果的覆盖率进行观察。在上表中，F_{miss} 值在题录信息抽取结果中达 75%，比全文抽取的覆盖率 80% 略低。其次，对抽取结果进行正确率评估。分析 F_{error} 值发现，对比于题录抽取结果的 5.1% 不准确率，基于全文抽取的研究发展阶段划分错误率高达 27.3%。统计典型不符的文献标题发现，错误文献标题和抽取所得的文献时间特征语义关联度很小。初步推测是所抽取的特征和主题立意有所出入造成的。例如，文献《电子政务成熟度评估实证研究》的标题，和对应主题 topic 098 * 中的“建设”、“建议”等特征词并无关联，则这两个特征词很有可能由文本中和标题立意偏离较远的段落抽取而得。基于题录信息的主题模型特征词抽取，缩小了词袋的语义范围，因此所描述的语义和标题更为接近。

表3　不同主题文献时间特征抽取覆盖率情况

主题分布 / 文献范围	主题编号：主题特征词（出现概率）	文献条数	相关文献时间特征分布（词频）	评估标准（100%）		典型不符的文献标题
				F_{miss}	F_{error}	
题录	topic 000：概念47%，框架38%，构建30%	26	构建7，框架5 概念8，模型7	74%	7.69%	本体概念研究综述
	topic 010：阐述2%，改进10%	6	算法6，组织5 阐述1，改进10	50%	0	-
	topic 020：统计40%，对比30%	9	实例3，对比4，方法3，统计8，实验/验证6	50%	11%	语义关系的构建与评价
	topic 030：规律15%，实验12%	12	规律8，实验3，验证1	91.6%	0	-
	topic 098：概念29%，设计21%，介绍14%	15	介绍2，设计6	75%	6.66%	一个自动分词分类系统的实现
	合　计：100%	1 171	评估均值	75%	5.1%	
全文	topic 000＊：理论30%，规则20%，算法16%	9	理论1，算法7	100%	22.2%	信息系统增量式数据挖掘策略
	topic 010＊：扩展24%，实验12%，机制11%	12	扩展4，实验4，机构10	44%	33.3%	XQuery：一种全新的XML查询语言
	topic 020＊：建设72%，方案12%，当今10%	13	建设4，方案4，当今3	100%	30%	信息化西部地区经济发展实证研究
	topic 030＊：实验64%，性能21%，质量16%	6	实验1，情况1，算法1	66.7%	16.7%	中小企业信息管理系统模式研究
	topic 098＊：建设47%，建议16%，发展11%，设计10%，总体13%	13	建设1，建议1，发展2	100%	30.7%	电子政务成熟度评估实证研究
	合　计：100%	1 171	评估均值	80%	27.3%	

进一步分析发现，表3中部分主题的文献时间特征总出现频次高于相关文献条数，如Topic 010中仅有6条相关文献，却在文献中出现文献时间特征“改进”10次，这是因该词汇在摘要中比重较大所致。

综上所述，在文献时间特征抽取上，基于题录的比基于全文的主题模型抽取更为合理。因此，下文的主题模型抽取范围均指代题录信息。

4.3 基于主题模型的主题演化分析

主题演化分析的功能之一是提供热点主题的时间分布。然而，结合库恩的科学发展模式可知，不同发展阶段的热点主题研究难度也大不相同。例如，位于发展早期的热点主题，具有较好的研究前景和较高的研究难度；而理论研究成熟的热点主题，继续研究的价值相对较小但研究难度也低。因此，在利用文献时间特征描述主题研究阶段的基础上，需要先利用不同年份的主题概率分布 $p(z_i \mid y)$ 确定热点主题，并进行该方法的可信度分析。

4.3.1 数据准备

在数据源选取上，情报学领域作为典型的交叉学科，兼顾宏观理论探讨和应用实践两类研究，同时包括大量的评述和综述类主题，不同发展阶段的文献时间特征覆盖率均较高。因此，笔者选取情报学领域的文献进行了相关实验。同时，因该学科早期文献尚未电子化，笔者仅能以2000－2009年间学科排名较高的6种核心期刊代替学科所有文献，来进行热点主题分析。期刊选择结果如表4所示，包括两种技术类期刊、两种理论类期刊和两种综合类期刊的题录信息，共获得到13 674条记录和16 423个非重复的关键字。

表4 实验集详细信息

期刊名称	期刊类型	论文篇数	词汇个数
中国图书馆学报	理论类	1 517	161 243
大学图书馆学报	理论类	716	58 664
情报学报	技术类	1 335	171 884
情报理论与实践	技术类	2 157	150 527
图书情报工作	综合类	5 159	494 879
现代图书情报技术	综合类	2 790	229 317
总计	6种	13 674	1 266 514

为了避免实验数据集抽样和该学科CNKI整体数据集的样本差异对主题时

间分布的分析影响，笔者所用实验数据集共 15 405 个关键词，并进行了 CNKI 学术趋势搜索，采用时间序列相似性算法 DTW，计算 CNKI 数据库和实验数据中关键字集合在时间分布上的一致性，并剔除 DTW 值较大者，即表明在两库中因抽样造成的时序分布有较大差异的词，来减小本文抽样造成的主题时序分布的不一致性，为下文实验的可靠性提供保障。实验集中部分高频关键字在两库中的时序分布和 DTW 计算结果如图 2 和表 5 所示。如设置 DTW 相似度阈值为 5，则“开放存取”一词相关主题文献将作为误差数据被排除。

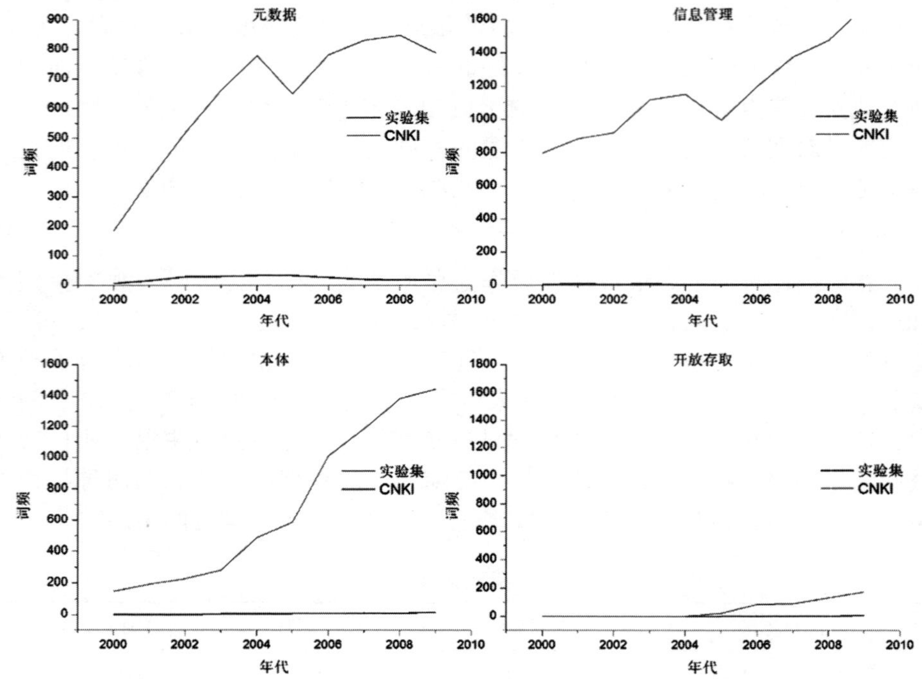

图 2　关键字 CNKI 和实验集时序分布统计

表 5　CNKI 与实验集对应关键字的 DTW 时序相似度计算

关键词 / 时序相似度	元数据		信息管理		本体		开放存取	
	实验集	CNKI	实验集	CNKI	实验集	CNKI	实验集	CNKI
2000	5	185	3	797	0	148	0	0
2001	15	358	7	883	0	193	0	0
2002	28	518	4	920	0	228	0	0

续表

关键词/时序相似度	元数据		信息管理		本体		开放存取	
	实验集	CNKI	实验集	CNKI	实验集	CNKI	实验集	CNKI
2003	29	660	7	1 116	3	280	0	0
2004	32	778	2	1149	5	485	1	2
2005	32	649	1	995	6	587	2	22
2006	26	781	1	1 196	7	1 008	4	88
2007	19	831	2	1 373	10	1 186	3	92
2008	17	847	2	1 473	8	1 385	3	132
2009	18	787	1	1 672	16	1 445	10	175
DTW	4. 5		2. 0		3. 9		5. 9	

4. 3. 2　实验步骤及结果

主题模型参数选择参照 4. 2 节，主要实验步骤描述如下：

• 统计实验集中题录信息中的关键词字段，以各年份高频关键字为主题内容，查找主题模型得到的主题－文档分布矩阵 D 中包括该关键字的文献标号，并以 4. 2 节的相关标准选取 $p\ (wd_i \mid z_i)$ 阈值，得到和某关键字相关的主题编号。

• 根据主题编号，统计主题－文档分布矩阵 D 中各主题在不同年份的发文量，和各年份每个主题出现概率与 $p\ (z_i \mid y)$。

• 分析不同编号主题中的文献时间特征，确定该主题对应发展阶段，并统计主题出现概率较高的时间段作为主题热点时期。

• 基于主题相关文献在不同年份的发文量，分析文献数量变化情况，分析基于该方法的主题冷热时期。

• 用人工内省的方法对比以上分析方法在主题演化上的异同，判别基于文献时间特征的主题演化分析方法的正确性和有效性。

4. 3. 3　实验结果对比与分析

参照 4. 2 节的主题模型参数选择，实验集共得到 200 个主题，分别以 topic 000 至 topic 199 顺序编号，各主题所包括的高概率特征词集合见表 6。其中，现以关键字“元数据”和“本体”在数据集中包括的相关文献进行本方法的实验结果分析。从表 6 中可以看出，在 topic 022、topic 027、topic 058 和 topic 168 几个主题中，“元数据”一词都作为高概率特征词出现，且上述编号的各主题中和“元数据”同时出现的语义关联词汇各有不同。这说明上述编号的主题从不同侧面讨论了元数据研究。因此，针对上述各 topic 进行时序分析，即等同于对元数据相关文献进行主题演化分析，且能更进一步地深入主题语义层面，用各 topic 代表主题分面分类讨论元数据研究。同理，分析“本体”研究的不同发展阶段，需根据 topic 031、topic 098、topic 126 和 topic 183 的高频特征词集合和相关文献进行。

表 6　实验结果部分主题分布

各主题高概率特征词及其出现概率		典型文献		
		发表时间（年/月）	标　题	$p(wd_t \mid z_i)$
元数据	topic 022：元数据 97%，标准 57%，DC 54%，MARC 32%，RDF 22%，数字图书馆 15%	2002.1	描述资源集合的元数据	1
		2003.6	论 MARC 与 DC 的受控性	1
		2004.5	描述教育资源的元数据标准	0.75
	topic 027：档案 92%，著录 22%，EAD 16%，信息采集 11%，加工 7%，定量 6%，元数据 3%	2003.2	基于档案 MARC 元数据实现多级 WEB 信息检索的研究	0.81
		2004.1	知识产权信息的组织加工与元数据	0.428
		2008.9	一种基于元数据仓储与信息资源目录的信息资源管理方法	0.205
	topic 058：XML 26%，Html 28%，标记 10%，DTD 7%，元数据 4%，数据模型 3%	2004.5	XML 结构索引技术	0.506
		2005.11	基于 UML 的 XML Schema 元数据创建研究	0.628
		2006.3	基于 XML 平台的知识元表示与抽取研究	0.429
	topic 061：数字图书馆 87%，数字资源 50%，元数据 10%，用户服务 5%	2003.6	构建以图书馆为中心的数字图书馆体系	0.22
		2004.4	基于 XML 技术的报业数字资产管理系统	0.411
		2009.10	基于语义网格的数字图书馆架构研究	0.241
	topic 168：规范 53%，标准化 66%，体系 20%，编码 18%，解析 14%，数字图书馆 9%，元数据 4%	2005.2	清华大学图书馆名称规范数据的著录探讨	0.568
		2006.3	Meta search 的标准化研究	0.962
		2007.4	图书馆 RFID 技术应用标准化问题分析	0.722

续表

各主题高概率特征词及其出现概率		典型文献		
		发表时间（年/月）	标　题	p（wd_t | z_i）
本体	topic 031：组织 79%，知识组织 75%，信息组织 61%，知识管理 21%，信息资源 12%，本体 7%	2003.5	对“知识组织”研究的反思	1
		2005.7	从情报检索语言到本体——信息组织的新变革	0.21
		2007.8	语义网格环境下数字图书馆知识组织理论、方法及其过程研究	0.167
	topic 098：概念 90%，Ontology 70%，叙词表 26%，分类法 15%，主题词表 12%，本体构建 3%	2003.6	Ontology 在信息管理领域的研究背景	0.206
		2004.1	叙词表与本体的区别与联系	0.448
		2005.1	Ontology 与叙词表的融合初探	0.582
	topic 126：本体 56%，领域 98%，构建 78%，领域本体 38%，推理 37%，OWL 32%，概念 26%，工具 13%	2005.3	本体在网络信息检索中的应用	0.557
		2006.1	本体构建工具的分析与比较	0.981
		2008.1	Protégé 本体构建工具应用调查分析	0.777
	topic 183：语义 33%，本体 47%，检索 71%，Web 58%，本体论 48%，概念 41%，Ontology 39%，语义网 28%，框架 20%	2004.7	基于本体论的知识检索研究	0.958
		2006.4	基于本体的数字图书馆检索模型研究（Ⅱ）——语义信息的提取	0.673
		2008.4	基于本体的语义检索技术研究与实现	0.871

进一步分析可以看出，topic 022 中以 57% 概率出现“标准”这一文献时间特征，说明该主题是元数据标准的研究。同时，该主题的高概率特征词说明文献描述了从 DC、MARC 到 RDF 标准的变迁。topic 027 中仅根据“定量”这一特征词初步判定研究属于常规研究，且结合文献标题中的“应用”、“实现”等词汇可确认上述结论。topic 168“解析”了数字图书馆中元数据标准化的若干体系问题，因此该主题主要评述和反思现有研究。

图 3 和图 4 分别以文献计量学和特征词出现概率两种方法，分析不同时间段的热点主题和主题冷热变化趋势。笔者统计发现，这两种方法得到的主题变化趋势，主要存在三种异同：

- 情况 1：两者变化完全一致。例如 topic 022、topic 168、topic 126 和

topic 183 主题。

- 情况 2：两者变化基本一致。例如 topic 061、topic 058 和 topic 098 主题。以 topic 061 为例，该主题在 2002－2004 时间段发文量保持稳定，但 $p(z_i \mid y)$ 曲线有明显降低趋势。topic 098 中，2002－2003 年间关于“本体”的发文量略增，但“本体”出现概率降低。

- 情况 3：两者变化有较大差异。如主题 topic 027 和 topic 031 曲线所示，2000－2009 年间有接近半数的时间段主题变化趋势相反。

笔者结合表 6 分析各情况产生原因。第一种情况出现时文献题录中含有关键字，例如 topic 022 的相关文献《描述资源集合的元数据》、《描述教育资源的元数据标准》。因此，基于词频统计的方法和特征词概率值变化基本一致。第二种情况主要是由术语描述偏差造成的，如 topic 098 相关文献在 2003－2004 年时间段，常使用“Ontology”指代“本体”，造成“本体”一词出现减少。另一种可能是随着主题的演化，文献用具体的术语代替关键字描述主题。在 topic 058 中，2005 年后开始用 XML、Html 等具体标准代替“元数据”一词指代规范，造成两种方法得到的分布略有不同。第三种情况则与语义关联有很大联系。观察 topic 027 的题录内容发现，2003 年的高概率文献《知识产权信息的组织加工与元数据》的标题中虽出现了元数据一词，研究的却是利用元数据研究成果的知识产权问题。

因此，造成图 3 中该主题的 $p(z_i \mid y)$ 和图 4 中有很大不同。同理，在图 3 中 topic 031 的两次热点主题时间点分别是 2004 和 2008 年，比图 4 中对应主题值均滞后一年。对应文献题录表明，2004 年的高峰由和“本体”语义相关的“知识组织”在 2003 年出现新理念所带动，而 2008 年的研究热潮则是因 2007 年语义网格、个性化服务等研究的兴起而导致。

为了评估本文结论的准确性，笔者参考本领域权威学者发表的学科研究热点与趋势分析类文献，对本文的结论进行对比和验证。赖茂生等基于文献调研法将“元数据与本体”划分为 2008 年度的学术前沿[13]。苏新宁教授基于 2000－2004 年和 2000－2009 年 CSSCI 数据库中图书馆、情报与文献学学科论文各年度关键词数量的变化情况，分析了本学科的研究热点趋势[14]，他通过归纳总结，认为对元数据的讨论在 2002 年达到高峰以后，正逐年下降，说明对其研究的热度已逐渐降低，取而代之的是对知识组织和开放存取的研究[15]。这些表述与本文方法所统计的时序分析结果基本一致。

综上所述，基于主题模型的文献时间特征抽取，可以结合文献内容中的时间特征，将研究主题按照不同研究侧面予以划分，给基于词频统计的研究热点和演化分析方法以很好的语义辅助和补充，实验结果证明该方法和专家

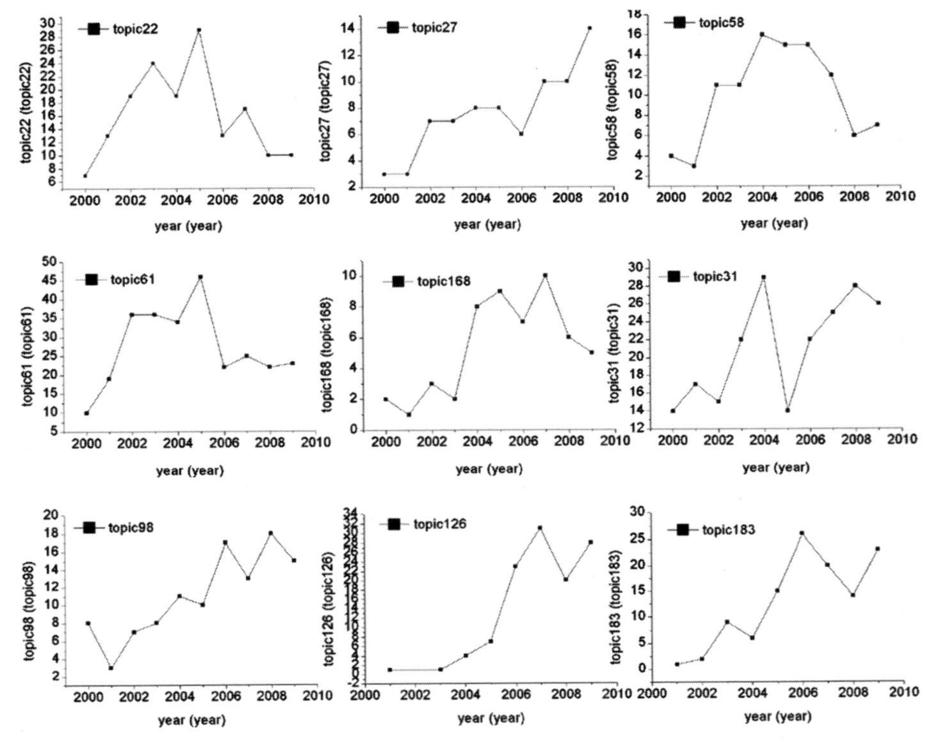

图 3　基于词频统计的演化趋势

人工内省的结果基本一致。

5　结　语

随着文献数字化的推进，针对某一研究领域开展主题演化分析变得越来越重要。单纯地从文献计量角度进行主题演化分析，无法满足针对不同发展阶段主题调研的需要。本文基于主题模型定义并抽取了表征主题不同发展阶段的特征词，并利用特征词概率变化反映了主题的冷热变化。实验结果表明，本文提供的方法有效地拓展了现有定量主题的分析方法，可提供更为准确的热点主题和发展趋势分析结果。

另一方面，该方法有如下不足需要改进：①文献时间特征范围的人工判定问题。在主题分析前，需预先统计题录中的高频词，并结合人工判定，确定某数据集的文献时间特征词汇收录范围；②常规阶段的文献时间特征确定问题。在常规研究的文献题录中，“应用”、“技术”等词汇常被具体的技术

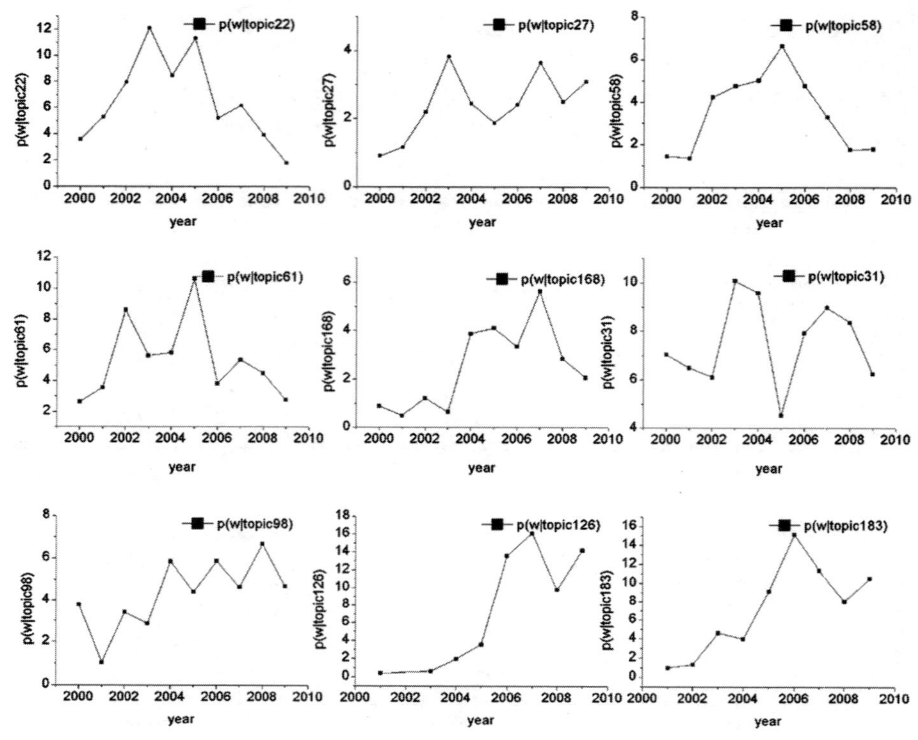

图 4　基于主题模型的演化趋势

术语所代替，因此难以出现在主题特征词列表中。然而，这类词汇在文献标题中的出现频次却较高。因此，对该阶段的界定需综合主题特征词和文献标题进行，从而为常规阶段文献时间特征的识别和自动区分带来了一定困难。

参考文献：

[1] David H. Studying the history of ideas using topic models [C] //Proceedings of the Conference on Empirical Methods in Natural Language Processing. Stroudsburg: Association for Computational Linguistics, 2008: 363 - 371.

[2] Griffiths T L, Steyvers M. Finding scientific topics [J]. Proceedings of the National Academy of Sciences of the United States, 2004, 101 (6): 5228 - 5235.

[3] McCallum A. Bibliometric impact measures leveraging topic analysis [C] //Proceedings of the 6th ACM/IEEE-CS Joint Conference on Digital Libraries, New York: ACM, 2006: 65 - 74.

[4] 崔凯，周斌．一种基于 LDA 的在线主题演化挖掘模型［J］．计算机科学，2010（11）：156－159.
[5] 王萍．基于概率主题模型的文献知识挖掘［J］．情报学报，2011（6）：583－590.
[6] 叶春蕾，冷伏海．基于共词分析的学科主题演化方法改进研究［J］．情报理论与实践，2012（3）：79－82.
[7] Omar A，Jannik S，Ricardo B Y，et al. Temporal information retrieval：Challenges and opportunities［C］//Proceedings of 1st International Temporal Web Analytics Workshop. New York：Time volumen，2012：1－10.
[8] Omar A，Michael G. Clustering and exploring search results using timeline constructions［C］//Proceedings of the 18th ACM Conference on Information and Knowledge Management. New York：ACM，2009：97－106.
[9] Viktor D B. Extrating historical time periods from Web［J］. Journal of the American Society for Information Science and Technology，2010，61（9）：1888－1908.
[10] 库恩．科学革命的结构［M］．金吾伦，胡泽和，译．北京：北京大学出版社，2003.
[11] 孙清兰，高频词与低频词的界分及词频估算法［J］．中国图书馆学报，1992（2）：78－81.
[12] Blei D M，Ng A，Jordan M. Latent dirichlet allocation［J］. Journal of Machine Learning Research，2003（3）：993－1022.
[13] 赖茂生，王琳，李宇宁．情报学前沿领域的调查与分析［J］．图书情报工作，2008，52（3）：6－10.
[14] 苏新宁．图书馆、情报与文献学研究热点与趋势分析（2000－2004）——基于 CSSCI 的分析［J］．情报学报，2007，26（3）：373－383.
[15] 苏新宁，夏立新．2000—2009 年我国数字图书馆研究主题领域分析——基于 CSSCI 关键词统计数据［J］．中国图书馆学报，2011（4）：60－69.

作者简介

沈思，南京大学信息管理学院博士研究生；

王东波，南京农业大学信息科学技术学院讲师，通讯作者，E-mail：wangdongbo0102@ gmail. com；

张祥，东南大学软件学院讲师；

张文博，东南大学软件学院本科生。

基于层次概率主题模型的科技文献主题发现及演化*

王平

（武汉大学信息管理学院）

1 引 言

随着数字出版行业及其相关技术的日渐发展和成熟，科技文献的出版周期大大缩短，数据库每天新增大量的文献（如最新会议文献、最新发表的论文及专利文献等）供科技工作者浏览、下载和参考。在关注自身研究的同时，如何从主题多样、数量庞大的文献资源中发现相关及互补的研究内容，追踪学科及主题研究前沿，是当前科技工作者共同面临的难题，随着学科相互交叉与融合，学科之间的边界日渐模糊，如何实现自身学科研究的突破与创新，跟踪学科的最新发展动向是科学研究的基础工作。基于此，作为从海量科技文献中快速发现新兴主题的途径之一，文本挖掘技术日渐被科研人员用来辅助自身的研究工作，而概率主题模型拓展了目前文本挖掘技术的范畴，相比传统的其他文本表示方法如 TF - IDF[1] 或向量空间模型[2] 等，该模型有着更好的描述能力——将传统的文档 - 词结构模型改进为文档 - 主题 - 词贝叶斯概率模型，把原本在高维稀疏的词空间表示的文本形式转换为在低维的主题空间上表示。因此，基于层次概率主题模型，笔者将文献发表时间作为演化节点，以 CNKI 收录的 2003 - 2013 年的图书馆学情报学（Library and Information Science，简称 LIS）论文集和图书情报工作论文集题录信息为潜在主题挖掘的实验数据集，从主题强度和主题内容两个特性进行研究，并借助文本时间片划分方法，基于主题相似度和强度度量指标对主题的时间演化趋势进行描述。

---

* 本文系国家自然科学基金青年科学基金项目“多因素融合下的微博话题可信度评估模型及实证研究”（项目编号：71303179）研究成果之一。

2 相关研究

目前，围绕文献及相关数字资源所做的主题挖掘是国内外研究人员及机构关注的重要主题。国外主题识别与发现研究工作开启于 DARPA1996 – 1997 年的专项资助项目[3]。随后，IBM Almaden 研究中心[4]利用博客数据实施多组多次的实证研究，揭示了博客数据中话题的若干组成特征，设计了基于统计显著性差异的话题判定算法；Yang Yiming[5]等在话题发现与追踪中应用信息检索和机器学习技术，以跨语言数据集为实证样本发现其对跨语言话题发现与追踪具有良好的效果；Zhou Ding 等[6]借助 Markov 过程来模拟话题演化，通过 Markov 转移矩阵为话题演化建模，量化了话题演化后台隐含用户实体间交互对话题演化影响的程度，并利用 Citeseer 数据为研究样本，设计了 Markov 转移矩阵的归纲算法；翟成祥从内容演化和强度演化两个主题着手，分别定义了各自的演化模式[7]及相关文本挖掘的混合模型[8]；Zhu Mingliang 等[9]综合词与用户的相关性评测结果来发掘网络热点话题；V. Cheng 等[10]综合社交网络的用户特征，构建了一种以用户关系为基础的话题挖掘模型；C. R. Sugimoto 等[11]截取 1930 –2009 年间的 LIS 期刊文集为数据集进行主题建模，在获取各时间段的主题 – 词汇概率的基础之上，基于相似度衡量分析了不同时期主题重叠及融合状况的主题交叉情况。综上研究，笔者认为目前该主题研究仍存在一些问题，事件信息特征表示和相关性度量模型研究，尤其是利用语义的动态分析方法还有待进一步拓展。

国内研究起步相对较晚，但近些年发展迅速，较有代表性的研究成果主要为：王萍[12]串联文献文本信息和作者信息，构建了一种基于主题 – 作者（Topic – Author）的模型，并利用该主题探索出了一种多维知识挖掘方法，该方法可应用于专家发现、文献标注研究趋势分析等领域。王金龙等[13]针对目前科研文献主题演化概率分布问题，阐述了主题与事件的关联关系，提出了一种新型的基于模块化的主题方法。叶春蕾等[14]综合科研文献的关键词和引文，构建了一种引文 – 主题概率模型，经过分析，该模型可获取关键词及引文的分布情况，并能实现上述内容的主题识别。贺亮等[15]借助 LDA 模型抽取，以话题强度和特征词为评测指标，以 NIPS 和 ACL 论文集为数据样本，描述了计算机及语言学相关主题领域的话题演化态势。笔者发现，国内多数学者更加注重综合作者信息与文本信息的研究方法，极少考虑文献的动态变化分布；数据样本多使用公开数据集，关注某一学科或者主题领域的研究还不够。结合上述问题，本文在充分考虑文献发表的时间、题录等信息的基础之上，借助层次概率主题模型 hLDA，对 LIS 论文集和图书情报工作论文集从话题强度和话题内容两个特性进行潜在话题挖掘，并对话题演化趋势进行描述分析。

3 使用的方法

3.1 主题发现方法

3.1.1 层次概率主题模型 hLDA

相较于传统的潜在狄利克雷分布（LDA）[16]，hLDA 作为一种层次化的主题模型，不仅能够从无结构、开放式数据中学习层次主题，而且主题数不需要人工设定并可以随着数据集的增长自动调整。该模型将主题组织成一个固定深度的树表示文档的主题分布以及主题之间的关联关系。越靠近根节点的主题越抽象，越靠近叶子节点的主题越具体。文档中的每一个词分布到树结构中的一个层次上。每一个节点与词语上的主题分布相关联。每一篇文档分布到树中从根节点到叶节点的一条路径中。hLDA 树的结构通过嵌套中国餐馆过程（nCRP）[17]来学习，其概率分布到无限广度及深度的树结点。在模型中，nCRP 分配词语分布到 L 层的树中。文档通过顺序的抽样分布到路径上。第一篇文档选择 L 层深度路径中的一条，开始是单一分支的树。然后，第 M 个随后的文档通过下面的分布被分配到路径上。

$$p(path\_\ old, c \mid m, m\_\ c) = \frac{m\_\ c}{y + m - 1} \tag{1}$$

$$p(path\_\ new, c \mid m, m\_\ c) = \frac{y}{y + m - 1} \tag{2}$$

$p\ (path\_\ old,\ c \mid m,\ m\_\ c)$ 和 $p\ (path\_\ new,\ c \mid m,\ m\_\ c)$ 分别代表已存在的路径和新路径。$m\_\ c$ 是先前已经分配到路径 c 上的文档数，m 是目前所有出现的文档数，y 是控制是否产生新路径的超参数。基于这种概率，每一个节点能分出与 y 成正比的不同数目的孩子节点。通过 nCRP 过程，可以发现，hLDA 模型具有对文档集合中的文档进行聚类的效果。

假设有一棵层数为 L 的树，树中的每个节点都与一个主题相关。hLDA 采用如下的过程来生成一篇文档：首先为将要生成的文档选择树中的一条从根节点到叶子节点的路径，根据树的层数 L，从一个维度为 L 的 Dirichlet 分布中随机获取一个表示 L 个主题分布的向量 θ。对于文档中的每个单词 W，根据 θ 选择单词 W 所赋予的主题，然后再根据每个主题的词项分布生成单词。

3.1.2 hLDA 建模与参数推导

hLDA 模型进行参数推导的常用办法包括变分推理法（variational inference）[18]和吉布斯抽样（Gibbs sampling）[19]。本文选用吉布斯抽样的方法来推断 hLDA 模型的参数。Gibbs 抽样作为一种 MCMC[20]（Markov chain Monte Carlo）方法，它利用每个变量的条件分布实现从联合分布中抽样，在抽样过程中，每个变量以固定次序从其他变量的条件分布中进行抽样，构造收敛于目标概率分布的 Markov 链，并从链中抽取被认为接近该概率分布值的样本。在求解 hLDA 模型时，Gibbs 抽样只需对变量 $Z_{m,i}$（文档 m 中的单词 Wi 赋予的主题）和变量 $C_{m,l}$（文档 m 在 nCRP 主题层次路径中的第 l 层主题）进行估计计算。整个 Gibbs 抽样的过程分为如下两步：

（1）估计变量 $Z_{m,i}$的值。

$Z_{m,i}$的条件后验概率分布表达式如下：

$$P(Zm,i=j \mid Zm,-i,W) \propto \frac{n_{-i,j}^{(wi)}+\beta}{n_{-i,j}^{(\bullet)}+W\beta} \frac{n_{-i,j}^{(dm)}+\alpha}{n_{-i,\bullet}^{(dm)}+T\alpha} \tag{3}$$

其中，$Zm,-i$ 表示文档 m 中所有其他 $k \neq i$ 单词 Wk 的主题赋予情况。$n_{-i,j}^{(wi)}$表示已经被赋予主题 j 的单词 Wi 的个数。$n_{-i,j}^{(\bullet)}$表示已经被赋予主题 j 的总单词数。$n_{-i,j}^{(dm)}$ 表示文档 m 中被赋予主题 j 的单词数。$n_{-i,\bullet}^{(dm)}$表示文档 m 中的单词总数。α 和 β 分别为文档主题分布以及主题词项分布的先验。

（2）估计变量 Cm,l 的值。

C_m 的条件后验概率分布为：

$$p(C_m \mid W,C_{-m},Z) \propto p(W_m \mid C,W_{-m},Z)p(C_m \mid C_{-m}) \tag{4}$$

其中，W_{-m}和 C_{-m}分别表示除了文档 m 之外的所有文档的单词以及文档 m 在主题层次树中的路径。该表达式运用了贝叶斯法则。$p(W_m \mid C, W_{-m}, Z)$ 为文档 m 的极大似然函数，$p(C_m \mid C_{-m})$ 为 C_m 在 nCRP 树中的先验概率。$p(W_m \mid C, W_{-m}, Z)$ 的计算公式如下：

$$p(W_m \mid C,W_{-m},Z)=\prod_{l=1}^{L}\left(\frac{\Gamma(n_{c_{m,l},-m}^{(\bullet)}+W\eta)}{\prod_{w}\Gamma(n_{c_{m,l},-m}^{(w)}+\eta)} \frac{\prod_{w}\Gamma(n_{c_{m,l},-m}^{(w)}+n_{c_{m,l},m}^{(w)}+\eta)}{\Gamma(n_{cm.l.-m}^{(\bullet)}+n_{cm,l,m}^{(\bullet)}+W\eta)}\right) \tag{5}$$

其中，$n_{c_{m,l},m}^{(w)}$表示文档 m 中的单词 w 被赋予主题 $C_{m,l}$的个数。$n_{c_{m,l},m}^{(\bullet)}$表示文档 m 中的所有单词被赋予主题 $C_{m,l}$的个数。$n_{c_{m,l},-m}^{(w)}$表示除了文档 m 之外的所有文档中的单词 w 被赋予主题 $C_{m,l}$的个数。$n_{c_{m,l},-m}^{(\bullet)}$表示除了文档 m 之外的所有文档中的所有单词被赋予主题 $C_{m,l}$的个数。W 为词典中单词的总数，$\Gamma(\cdot)$为标准伽马函数。

3.1.3 基于互信息的主题词筛选

通过 hLDA 模型的挖掘，蕴含在多文档语料库中的潜在主题被自动发现，并且多文档集合中的文档将会按照自动发现的主题进行聚类。其中每个主题由一组代表该主题的主题词以及属于该主题的多个文档来表示。本文在此基础上，针对一个主题，通过计算每个主题词与属于该主题的文档的互信息，进一步对挖掘出来的主题词进行筛选，挑选出最能代表该主题的前 3 个主题词。互信息（mutual information）[21]作为一种信息度量方法，它是指两个事件集合之间的相关性。两个随机变量 X 和 Y 的互信息定义为：

$$I(X;Y) = \sum_{y \in Y} \sum_{x \in X} p(x,y) \log \frac{p(x,y)}{p1(x)p2(y)} \tag{6}$$

其中，$p(x, y)$ 为随机变量 X 和 Y 的联合概率分布函数。$p1(x)$ 和 $p2(y)$ 为边缘概率分布函数。在本文的主题词筛选中，定义随机变量 U 和 C，当一篇文档包含主题词 t，U 取值为 $et=1$，当一篇文档不包含主题词 t，U 取值为 $et=0$。当一篇文档包含于主题 c 中时，C 取值为 $ec=1$。当一篇文档不包含于主题 c 中时，C 取值为 $ec=0$。

对于一个主题 c 中的一个主题词 t，按照下式计算主题词 t 与主题 c 的互信息量：

$$I(U;C) = \sum_{et \in \{0,1\}} \sum_{ec \in \{0,1\}} p(U = et, C = ec) \log 2 \frac{p(U = et, C = ec)}{p(U = et)p(C = ec)} \tag{7}$$

采用概率的最大似然估计法，上式等于：

$$I(U;C) = \frac{N_{11}}{N} \log 2 \frac{NN_{11}}{N_{1\bullet} N_{\bullet 1}} + \frac{N_{01}}{N} \log 2 \frac{NN_{10}}{N_{1\bullet} N_{\bullet 0}} + \frac{N_{00}}{N} \log 2 \frac{NN_{00}}{N_{0\bullet} N_{\bullet 0}} \tag{8}$$

其中，N_{10}表示包含主题词 t 但不在主题 c 中的文档数。N_{11}表示包含主题词 t 同时也在主题 c 中的文档数。N_{01}表示不包含主题词 t 但在主题 c 中的文档数。N_{00}表示不包含主题词 t 同时不在主题 c 中的文档数。$N_{1\bullet}$表示包含主题词 t 的文档总数。$N_{\bullet 1}$表示包含在主题 c 中的文档总数。$N_{0\bullet}$表示不包含主题词 t 的文档总数。$N_{\bullet 0}$表示不在主题 c 中的文档总数。N 为所有的文档总数。

假设通过 hLDA 挖掘出来的一个主题下的所有主题词为 W = {w1，w2，…，w10}。本文计算这些主题词与该主题的互信息，并按照互信息的值由大到小进行排序。最终取互信息值最大的前 3 个主题词来代表该主题。

3.2 主题演化方法

主题演化描述的是某一变量（可以是时间、地域、团队等因素）控制下主题动态变化的趋势、特征，其通常被定义为主题随时间变化分析，而这种变化主要表现为两个方面：①热度变化，即主题热度随时间推移而发生的变化；②内容变化，即主题内容随时间推移而发生的变化。综合已有研究，可以将当前主题演化所使用的分析方法归为 3 类[22]，需要指出的是，它们的共同之处在于：在利用主题模型抽取主题的时，都将时间因素作为重要的控制变量来考量。这3类方法的主要内容为：

（1）在概率主题模型中考虑时间变量。该方法在传统主题模型中考虑了文本的时间信息，将其作为随机控制变量计算了主题随时间的概率分布趋势。应用这种方法的典型模型是TOT（topic over time）模型[23]，其文档生成方法类似于LDA模型，在考虑语词共现特征的基础之上，还加入了时间属性。

（2）在层次概率主题模型后期考虑时间变量。该方法有别于方法（1），传统LDA模型前期不考虑时间因素，在利用扩展模型如层次概率模型hLDA抽取出文档主题的之后，再借助文档中的时间属性去统计上述抽取主题在时间上的离散分布情况，基于此，该方法也被称作后离散分析（post-discretized analysis）。在该方法中，T. L. Griffiths[24]利用LDA模型获取文档集合的主题后，在固定的时间窗口内考察每个主题的强度。在时间窗口 w 中主题 z 的强度 I_{zw} 的计算公式如公式（9）所示：

$$I_{zw} = \frac{1}{N_{dw}} \sum_{t_d \in w} \theta_{dz} \tag{9}$$

公式（9）中，N_{dw} 表示落在时间窗口w的文档数量，t_d 表示文档 d 的时间，θ_{dz} 表示文档d中主题z的概率。因此，主题强度表达了落在时间窗口内所有文档中该主题的概率均值。借助主题强度，T. L. Griffiths分析出了在时间窗口内流动的热主题（hot topic）、冷主题（cold topic）。与此同时，相关研究者也借助后离散分析方法进行了拓展研究，如D. Hall[25]在定义主题z关于年份y的后验概率分布 $p(z \mid y)$ 的基础之上，考察了主题随时间（以年为单位）变化趋势，其定义的后验概率分布 $p(z \mid y)$ 如公式（10）所示：

$$\begin{aligned} p(z \mid y) &= \sum_{d:t_d = y} p(z \mid d)p(d \mid y) = \frac{1}{c} \sum_{d:t_d = y} p(z \mid d) \\ &= \frac{1}{c} \sum_{d:t_d = y} \sum_{z'_i \in d} I(z'_i = z) \end{aligned} \tag{10}$$

公式（10）中，$p(d \mid y)$ 设为常数1/C，t_d 表示文档d的年份，$z'_i \in d$ 表示主题 z'_i 属于文档d，$I(z'_i = z)$ 为指示函数，表示主题z在文档中出现的次数。

（3）在层次概率主题模型前期考虑时间变量。首先借助文档的时间属性，将其离散到不同时间窗口，通常时间窗口的大小为年。然后利用层次概率主题模型hLDA依次抽取时间窗口内文档的主题。最后描述并分析主题演化的趋势和特征。该方法也被称为先离散分析方法（pre-discretized analysis）。应用该方法较有代表性的成果是动态主题模型（dynamic topic model，DTM）[26]。

相比传统的 LDA 模型，DTM 模型考虑了文档出现次序对主题演化的影响，这打破了传统 LDA 模型隐含的假设。

4 实验结果与分析

本文实验语料来源于从中国知网 CNKI 获取的图书馆学与情报学学科 2003 – 2013 年发表的论文（共57 266篇），见表 1。所选择的样本期刊主要参照于中国社会科学引文索引（Chinese Social Sciences Citation Index，简称 CSSCI）最新收录的期刊。中文社会科学引文索引[27]是由南京大学中国社会科学研究评价中心开发研制的引文数据库，在中国人文社会科学研究中具有较强的影响力。CSSCI 遵循文献计量学规律，采取定量与定性相结合的方法，从全国2 700余种中文人文社会科学学术性期刊中精选出学术性强、编辑规范的期刊作为来源期刊。这些来源期刊代表了我国人文社科领域的研究水平，保证了期刊的权威性。本文将中国知网 CNKI 收录的 CSSCI 源刊论文的题录数据作为实验语料，采用 Ansj 中文分词器对输入文档进行分词，并对分词结果进行一级词性标注。实验中最后只保留最能代表语料主题属性的名词和动词。

表 1 科技文献主题发现与演化的实验数据来源

期刊名称	论文数量（篇）
图书情报工作	7 803
情报杂志	6 461
图书馆学研究	4 702
情报科学	4 174
图书馆论坛	4 071
图书馆建设	3 702
图书馆工作与研究	3 465
图书馆杂志	3 274
现代图书情报技术	3 097
情报理论与实践	2 933
图书馆	2 834
情报资料工作	2 128
图书与情报	1 991

续表

期刊名称	论文数量（篇）
大学图书馆学报	1 716
图书情报知识	1 621
中国图书馆学报	1 373
国家图书馆学刊	1 044
情报学报	877
文献总量	57 266

4.1 LIS 论文集主题发现与演化结果分析

4.1.1 LIS 论文集主题发现结果

基于层次概率主题模型 hLDA 对实验文档集进行主题建模，根据参考经验值，$\alpha=10.0$，$\gamma=1.0$，$\eta=0.1$，nCRP 树的层数 $L=2$。Gibbs 抽样迭代 1 000 次，使得模型趋于最终的稳定状态。最终在实验数据上，挖掘出了 1 385 个主题。具有代表性的 10 个核心主题实验结果见表 2。

表 2　2003－2013 年 LIS 论文集的热门主题

主题标识	主题词（前 10 个）
主题 1（96）	导航库 学科导航 网络资源 Web3.0 学科导航库 重点学科 导航数据库 图书馆 3.0 学科导航系统 增值服务
主题 2（34）	搜索引擎 数据库 检索功能 检索结果 检索系统 检索方法 元搜索引擎 检索效率 全文数据库 信息检索
主题 3（43）	移动 手机 电子书 移动图书馆 手机图书馆 移动阅读 移动服务 图书馆服务 泛在图书馆 服务模式
主题 4（105）	营销 营销策略 信息营销 图书馆营销 网络营销 服务营销 信息产品 营销理念 营销活动 市场营销
主题 5（97）	古籍 古籍数字化 保护工作 非物质文化遗产 古籍保护 古籍修复 新善本 数字化 古籍文献 文献保护
主题 6（119）	公共部门 增值利用 信息再利用 农业 公共部门信息 农业信息 文库 资源开发利用 高校文库 再利用

续表

主题标识	主题词（前10个）
主题7（141）	外包 业务外包 图书馆业务外包 编目业务外包 书商 编目业务 科技报告 编目 核心业务 外包商
主题8（41）	地方文献 地方 特色馆藏 地方文献工作 口述历史 专题 特色 资源建设 公共图书馆 专题数据库
主题9（78）	学科馆员 学科 学科服务 学科馆员制度 服务模式 图书馆学 馆员 科研 知识服务 学科化服务
主题10（839）	信息伦理 信息伦理学 信息活动 伦理问题 信息伦理教育 伦理 道德危机 网络信息伦理 伦理学 信息道德

从实验结果可以看出，使用hLDA模型对科技文献中潜在的主题进行挖掘的方法是有效的。从表3中的主题词可以看出，主题1主要描述的是“学科导航”方面的内容。主题3是关于“移动图书馆和图书馆移动服务”方面的内容等。但是仔细研究发现，每个主题的主题词中依然存在一些与该主题关系不是特别紧密的普通词。如在主题1中出现的“网络资源”和“重点学科”，主题3中出现的“手机”和“图书馆服务”。本文采用基于互信息的主题词提取方法，从已获取的主题词列表中筛选出最能代表该主题的主题词。相比通过概率主题模型直接挖掘出来的主题词结果，采用基于互信息的主题词筛选方法明显地提高了主题词的质量。具体实验结果如表3所示：

表3　基于互信息的主题词筛选结果

主题标识	主题词（前3个）
主题1（96）	学科导航库 导航数据库 学科导航系统
主题2（34）	搜索引擎 检索系统 元搜索引擎
主题3（43）	手机图书馆 移动图书馆 泛在图书馆
主题4（105）	信息营销 网络营销 市场营销
主题5（97）	古籍 古籍保护 文献保护
主题6（119）	增值利用 信息再利用 再利用
主题7（141）	业务外包 图书馆业务外包 编目业务外包
主题8（41）	地方文献 特色馆藏 专题

续表

主题标识	主题词（前3个）
主题9（78）	学科服务 服务模式 学科化服务
主题10（839）	信息伦理 信息伦理学 网络信息伦理

4.1.2　LIS论文集的主题演化结果

如图1所示，笔者从1 385个主题中选择了部分稳定主题，并通过上述后离散时间分析法计算出主题的演化趋势。“学科导航”、“信息检索”、“移动服务”、“信息营销”、“古籍保护”等主题强度随着时间的变化而变化，科研人员研究的方向与主题也发生了较明显的变化，其中“学科导航”在2006年主题强度值为0.538 0，相比其他年度，其值最高，表明该年度中科研人员对学科导航主题的研究较为活跃，文献量较多。“信息检索”主题领域一直是科学人员研究的主要方向，其主题强度每年较为稳定。

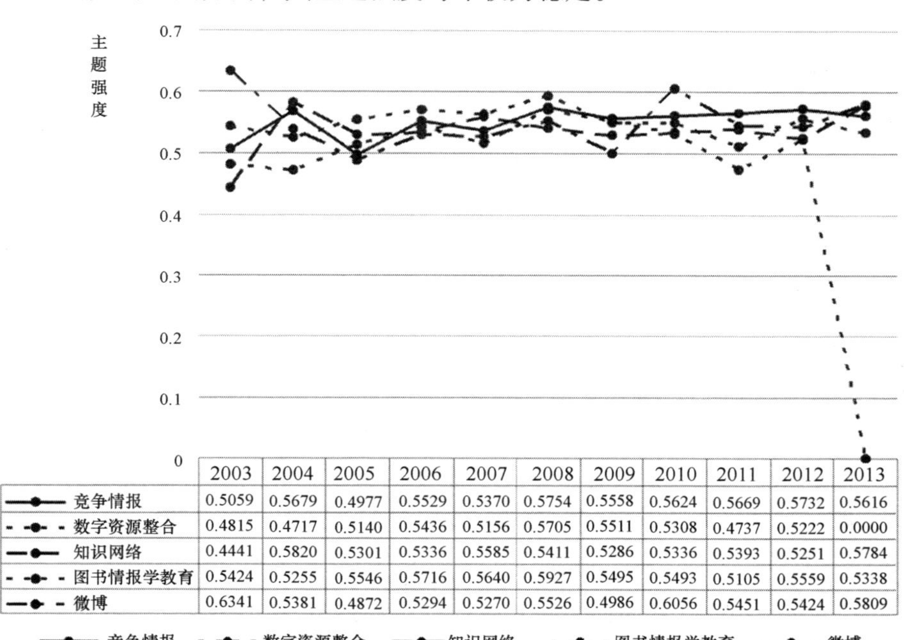

	2003	2004	2005	2006	2007	2008	2009	2010	2011	2012	2013
竞争情报	0.5059	0.5679	0.4977	0.5529	0.5370	0.5754	0.5558	0.5624	0.5669	0.5732	0.5616
数字资源整合	0.4815	0.4717	0.5140	0.5436	0.5156	0.5705	0.5511	0.5308	0.4737	0.5222	0.0000
知识网络	0.4441	0.5820	0.5301	0.5336	0.5585	0.5411	0.5286	0.5336	0.5393	0.5251	0.5784
图书情报学教育	0.5424	0.5255	0.5546	0.5716	0.5640	0.5927	0.5495	0.5493	0.5105	0.5559	0.5338
微博	0.6341	0.5381	0.4872	0.5294	0.5270	0.5526	0.4986	0.6056	0.5451	0.5424	0.5809

图1　2003－2013年LIS热门主题1－5演化

如图2所示，本文选择了另外5个领域主题，分别是“信息再利用”、

"业务外包"、"特色馆藏"、"学科服务"及"信息伦理"。其中"信息再利用"2004年强度值为0.432 9，其主题强度相比于其他年度要低，而"业务外包"主题领域，2009年主题强度值最高，达到0.503 0；"特色馆藏"主题领域其强度一直较为稳定，它作为图书馆理论和实践领域的核心业务，一直是图书馆学科研究人员研究的热点和方向。

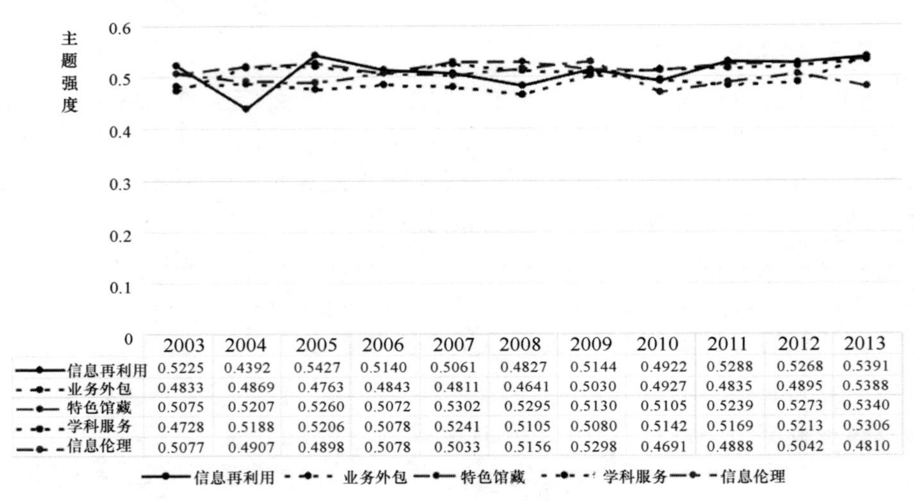

图2　2003－2013年LIS热门主题6－10演化

4.2　《图书情报工作》论文集主题的离散分布

4.1节主要基于后离散分析法，首先在不考虑时间因素的情况下，利用hLDA模型抽取出文献的主题，然后利用文献的时间信息来计算抽取出来的主题在离散时间上的分布。但4.1节只分析了抽取出的主题随年份变化的总体趋势，本节将进行更细粒度的分析，即分析期刊中的主题随着时间的变化趋势。本节选择《图书情报工作》论文集作为样本，并挑选出该期刊的热门主题分别为："图书编目"、"开放存取"、"图书馆权利"、"知识产权"、"知识本体"，如表4所示：

表4　2003－2013年《图书情报工作》热门主题

主题标识	主题词（前10个）
主题1（13）	编目 字段 编目工作 书目数据 格式 规范控制 题名 书目 编目规则 图书
主题2（177）	开放存取 机构知识库 开放获取 机构库 期刊 学术 开放存取资源 科研人员 机构仓储 机构

续表

主题标识	主题词（前10个）
主题3（23）	公共图书馆 图书馆权利 弱势群体 社会 图书馆精神 权利 知识自由 读者权利 公民 读者
主题4（35）	著作权 版权 数字图书馆 知识产权 著作权法 作品 合理使用 版权保护 权利 法律
主题5（50）	本体 元数据 语义 叙词表 领域 知识组织 领域本体 概念 语义网 知识

《图书情报工作》2003－2013年总共发文7 803篇，发文总量多于其他图书馆学情报学权威核心期刊发文量，很大程度上是由于该期刊自2009年由月刊改为半月刊，导致发文总量发生较大变化。期刊共包含主题954个，其中5个主题在《图书情报工作》中随时间的演化趋势见图3。“图书编目”、“开放存取”、“图书馆权利”、“知识产权”、“知识本体”5个主题均一直是研究人员关注的领域主题和方向，其中“图书编目”在2004年主题强度值达到0. 6122，“开放存取”同样是在2004年主题强度值达到0. 5639，相比其他年份均最高。而“知识产权”、“图书馆权利”以及“知识本体”2003－2013年度整体变化趋于平稳，其中“图书馆权利”主题强度值在2007年高达0. 6128，而其他两个主题领域变化不大。

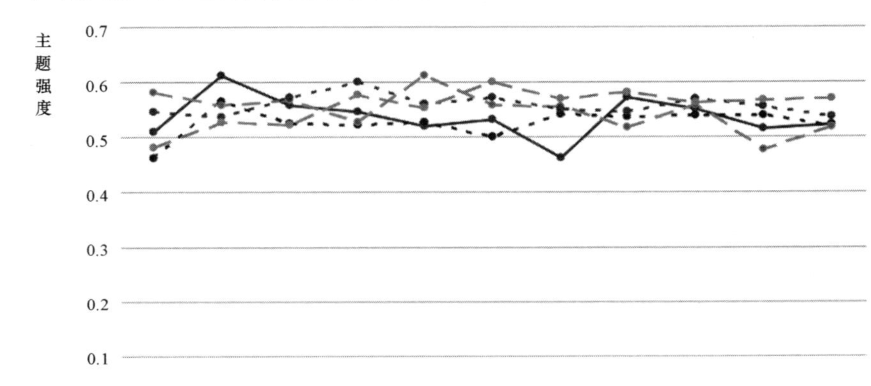

	2003	2004	2005	2006	2007	2008	2009	2010	2011	2012	2013
图书编目	0.5101	0.6122	0.5570	0.5449	0.5201	0.5306	0.4637	0.5708	0.5509	0.5142	0.5227
开放存取	0.4622	0.5639	0.5245	0.5227	0.5265	0.5014	0.5417	0.5361	0.5387	0.5398	0.5195
图书馆权利	0.5806	0.5565	0.5663	0.5268	0.6128	0.5584	0.5562	0.5177	0.5570	0.4777	0.5177
知识产权	0.5454	0.5370	0.5717	0.5998	0.5611	0.5720	0.5498	0.5456	0.5695	0.5552	0.5370
知识本体	0.4806	0.5276	0.5231	0.5773	0.5523	0.6007	0.5690	0.5805	0.5612	0.5660	0.5692

图书编目 开放存取 图书馆权利 知识产权 知识本体

图3　2003－2013年《图书情报工作》主题强度演化

4.3 《图书情报工作》论文集的主题发现与演化结果

如表5所示，根据上述第三类先离散主题演化的分析方法原理，本节将文档集合根据文档时间离散到不同的时间窗口中去（例如以年为单位）。然后利用hLDA模型分别抽取每个时间窗口内文档的主题，最终形成主题随时间的演化。同样选取《图书情报工作》作为样本期刊，通过获取发表文献的题录摘要数据，借用hLDA模型挖掘出核心主题共计356个，笔者随机选取5个代表性主题领域，分别是“竞争情报”、“数字资源整合”、“知识网络”、“图书情报学教育”、“微博”。

表5　2003－2013年《图书情报工作》主题样例

主题标识	主题词（前10个）
主题1（7）	竞争情报 企业 企业竞争 竞争 竞争情报工作 技术竞争情报 情报 竞争情报系统 技术竞争 企业竞争情报
主题2（22）	网格 数字资源整合 协议 网格技术 整合方式 知识网格 数据整合 知识集成 信息资源整合 web服务
主题3（17）	知识 知识网络 知识组织 知识地图 知识链接 知识构建 知识元 知识单元 知识管理 语义web
主题4（60）	情报学 课程 课程设置 专业 图书情报 图书情报学 图书馆学 信息管理 图书馆学情报学 教育
主题5（40）	微博 博客 微博客 网络影响因子 链接 信息传播 新浪微博 学术博客 话题 博文

如图4所示，“竞争情报”作为情报学科的核心方向，一直是学者关注的重点和热点，该主题随着时间的变化，整体呈现稳定上升的趋势；“知识网络”主题如同“竞争情报”主题一样，整体较为稳定，其中2004年主题强度值为0.5820，相比较其他年份要高，随后趋于缓和，而2013年主题强度值为0.5784，仅次于2004年；“图书情报学教育”作为图书馆学情报学科核心领域，其研究主题随着时间的变化波动不大，一直趋于稳定。“微博”作为Web2.0的新型媒体，一直受到学者较多的关注，2003年主题关注的程度要高于其他年份；“数字资源整合”2003－2012年整体变化不大，其2008年主题强度值为0.5705，而2013年主题强度值为零，表明当年并未发现与该主题相关的文献。

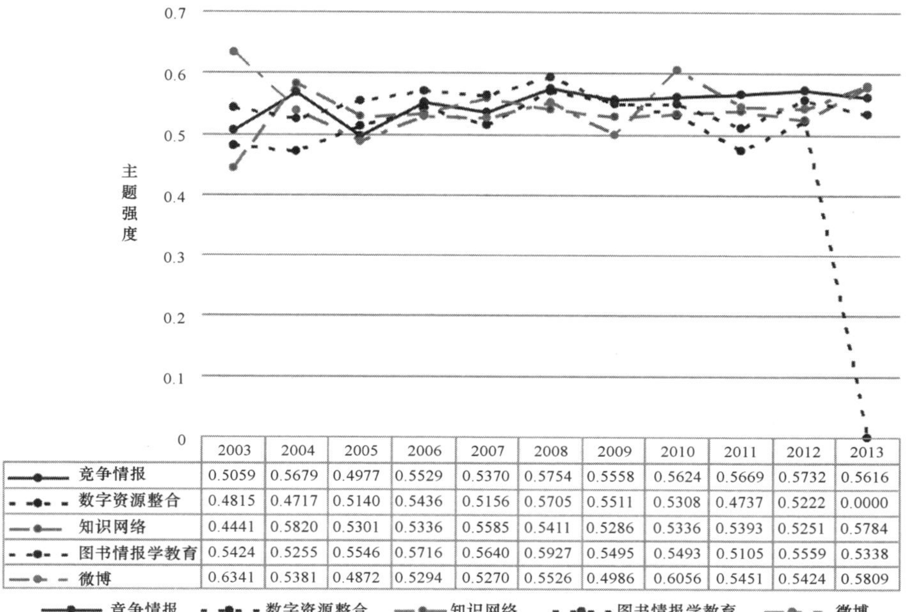

	2003	2004	2005	2006	2007	2008	2009	2010	2011	2012	2013
竞争情报	0.5059	0.5679	0.4977	0.5529	0.5370	0.5754	0.5558	0.5624	0.5669	0.5732	0.5616
数字资源整合	0.4815	0.4717	0.5140	0.5436	0.5156	0.5705	0.5511	0.5308	0.4737	0.5222	0.0000
知识网络	0.4441	0.5820	0.5301	0.5336	0.5585	0.5411	0.5286	0.5336	0.5393	0.5251	0.5784
图书情报学教育	0.5424	0.5255	0.5546	0.5716	0.5640	0.5927	0.5495	0.5493	0.5105	0.5559	0.5338
微博	0.6341	0.5381	0.4872	0.5294	0.5270	0.5526	0.4986	0.6056	0.5451	0.5424	0.5809

图 4　2003－2013 年《图书情报工作》热门主题强度演化

5　结论及展望

针对传统主题模型 LDA，通常需要通过使用贝叶斯模型或者困惑度计算等方法确定主题数目局限，本文基于层次概率主题模型 hLDA 并考虑时间信息自动挖掘科技文献中潜在的主题信息，运用 Gibbs 抽样的方法对模型的参数进行推断。同时，本文利用互信息的方法对挖掘出来的主题词进行筛选，以提取出最能代表该主题的高质量主题词，最后，使用先/后离散分析方法重点研究了科技文献的主题随时间演化等问题。本文考虑文献发表的时间和题录信息，采用 hLDA 模型，针对中国知网 CNKI 收录的 LIS 论文集和《图书情报工作》论文集挖掘出潜在话题，并对话题的强度和内容这两个特性进行研究，通过分析找到热点话题以及话题的演化特性。实验结果表明，本文采用的主题发现与演化方法具有可行性及有效性，因此，下一步将以此为基础综合考虑科技文献发表作者、机构等因素，构建全局主题模型进行多维度文献分析与知识挖掘，并将研究成果应用于社会媒体信息主题提取、文献信息检索及信息个性化推荐等。

参考文献：

[1] Aizawa A. An information-theoretic perspective of tf-idf measures [J] . Information Processing and Management , 2003, 39 (1): 45 – 65.

[2] Salton G, Wong A, Yang C S. A vector space model for automatic indexing [EB/OL] . [2014 – 11 – 04] . http://mall. psy. ohio – state. edu/LexicalSemantics/SaltonWongYang75. pdf.

[3] Allan J, Carbonell J G, Doddington G, et al. Topic detection and tracking pilot study final report [C] //Proceedings of the DARPA Broadcast News Transcription and Understanding Workshop. Virginia: DARPA, 1998.

[4] Gruhl D, Guha R, Liben – Nowell D, et al. Information diffusion through blogspace [C] //Proceedings of the 13th International World Wide Web Conference (WWW' 04). New York: ACM, 2004: 491 – 501.

[5] Yang Yiming, Carbonell J G, Brown R D, et al. Learning approaches for detecting and tracking news events [J] . IEEE Intelligent Systems, 1999, 14 (4): 32 – 43.

[6] Zhou Ding, Ji Xiang, Zha Hongyuan, et al. Topic evolution and social interactions: How authors effect research [C] //Proceedings of the 15th ACM International Conference on Lnformation and Knowledge Management. Virginia: ACM, 2006: 248 – 257.

[7] Mei Qiaozhu, Zhai Chengxiang. Discovering evolutionary theme patterns from text: An exploration of temporal text mining [C] //Proceedings of the Eleventh ACM SIGKDD International Conference on Knowledge Discovery in Data Mining. Chicago: ACM, 2005: 198 – 207.

[8] Mei Qiaozhu, Zhai Chengxiang. A mixture model for contextual text mining [C] //Proceedings of the 12th ACM SIGKDD International Conference on Knowledge Discovery and Data mining. Philadelphia: ACM, 2006: 649 – 655.

[9] Zhu Mingliang, Hu Weiming, Wu Ou. Topic detection and tracking for threaded discussion communities [C] //Proceedings of the 2008 IEEE/WIC/ACM International Conference on Web Intelligence and Intelligent Agent Technology. Washington: IEEE, 2008: 77 – 83.

[10] Cheng V, Li C. Topic detection via participation using markov logic network [C] //Proceedings of the 2007 Third International IEEE Conference on Signal – Image Technologies and Internet – Based System – Volume. Shanghai: IEEE, 2007: 85 – 91.

[11] Sugimoto C R, Li D, Russell T G, et al. The shifting sands of disciplinary development: Analyzing north american library and information science dissertations using iatent dirichlet allocation [J] . Journal of the American Society for Information Science and Technology, 2011, 62 (1): 185 – 204.

[12] 王萍．基于概率主题模型的文献知识挖掘 [J] ．情报学报, 2011, 30 (6): 583 – 590.

[13] 王金龙，徐从富，耿雪玉．基于概率图模型的科研文献主题演化研究［J］．情报学报，2009，28（3）：347－355.

[14] 叶春蕾，冷伏海．基于引文——主题概率模型的科技文献主题识别方法研究［J］. 情报理论与实践，2013，36（9）：100－103.

[15] 贺亮，李芳．科技文献话题演化研究［J］．现代图书情报技术，2012（4）：61－67.

[16] Blei D M，Ng A Y，Jordan M L，et al. Latent Dirichlet allocation［J］．Journal of Machine Learning Research，2003，3（2）：993－1022.

[17] Bei D M，Griffiths T L，Jordan M L，et al. Hierarchical topic models and the nested chinese restaurant process［C］//Advances in Neural Information Processing Systems. British Columbia：NIPS，2004，16：106－114.

[18] Wang Chong，Blei D M. Variational inference for the nested chinese restaurant process［C］//Advances in Neural Information Processing Systems. British Columbia：NIPS，2009：1990－1998.

[19] Mimno D. Wallach H M，McCallum A. Gibbs Sampling for logistic normal topic models with graph－based priors［EB/OL］．［2014－11－04］．https：//people. cs. umass. edu/～wallach/publications/mimno08gibbs. pdf.

[20] Andrieu C，De Freitas N，Doucet A，et al. Introduction to MCML for machine learning［J］．Machine Learning，2003，50：5－43.

[21] Battiti R. Using mutual information for selecting features in supervised neural net learning［J］//IEEE Trans on Neural Networks，1994，5（4）：537－550.

[22] 单斌，李芳．基于 LDA 主题演化研究方法综述［J］．中文信息学报，2010，24（6）：43－49.

[23] Wang Xuerui，McCallum A. Topic over time：A non－markov continuous time model of topical trends［C］//Proceedings of the 12th ACM SIGKDD International Conference on Knowledge Discovery and Data Mining. Philadelphia：ACM，2006：424－433.

[24] Griffiths T L，Steyvers M. Finding scientific topics［C］//Proceeding of the National Academy of Science of United States of America. New York：PNAS，2004，101：5228－5235.

[25] Hall D，Jurafsky D，Manning C D. Studying the history of ideas using topic models［C］//Proceedings of the Conference on Empirical Methods in Natural Language Processing. Hawaii：ACM，2008：363－371.

[26] Blei D M，Lafferty J D. Dynamic topic models［C］//Proceedings of the 23rd International Conference on Machine Learning. New York：ACM，2006：113－120.

[27] 中国社会科学研究评价中心．中文社会科学引文索引［EB/OL］．［2014－08－10］. http：//cssci. nju. edu. cn/.

作者简介

王平，武汉大学信息管理学院讲师，博士后，E-mail：wangping@whu.edu.cn。

基于动态 LDA 主题模型的内容主题挖掘与演化*

胡吉明　陈果

（武汉大学信息资源研究中心）

文本内容挖掘与语义建模是信息推荐和数据挖掘领域的研究热点与核心内容，而文本内容的主题挖掘则是语义建模的重要基础。当前网络环境下，信息内容具有呈动态交互和随时间发展演化等特征，因此要求创新信息内容挖掘方法，提升内容主题挖掘的准确性，动态描述其演化趋势。基于此，本文对传统潜在狄利克雷分布（LDA）主题模型进行动态化改进，运用增量 Gibbs 抽样估计算法，实现文本内容主题的准确挖掘；在文本时间片划分的基础上，基于主题相似度和强度度量，描述内容主题的时间演化趋势。本文研究对语义层次的信息内容建模以及提高内容描述的准确性具有重要作用。

1　引　言

文本内容的主题提取即选择合适的文本内容主题和特征词汇，以此对文本内容进行特征描述和建模。主题模型作为一种文本内容的概率生成模型或产生式模型，如潜在语义分析（LSA）[1]、概率潜在语义分析（PLSA）[2]和 LDA[3]，通过对人类思维过程的模拟，找到产生文本的最佳主题和词汇，能够最大程度地表示文本中所蕴含的含义，信息丢失较少，较好地解决了词汇、主题和文本之间的语义关联问题[4]，是目前最常用的文本主题提取方法[5]。更重要的是，LDA 主题模型基于产生式的三层贝叶斯概率计算得到通过潜在主题有限混合表示的文本，并且通过词汇表中所有词汇的概率分布来表示每个主题，文本内容则根据主题和词汇的混合分布来区分[6]。LDA 主题模型采用 Dirichlet 分布简化了模型的推导过程，避免了

* 本文系教育部人文社会科学青年基金项目“社会网络环境下信息内容主题挖掘与语义分类研究”（项目编号：13YJC870008）和国家自然科学青年基金项目“社会网络环境下基于用户－资源关联的信息推荐研究（项目编号：71303178）”研究成果之一。

LSA 和 PLSA 模型产生的过拟合的问题[7]，因此具有很好的先验概率假设，参数数量不会随着文本数量的增长而线性增长，泛化能力强，在算法复杂度和展示效果方面表现优越，广泛应用于文本主题挖掘、文本分类聚类、文本检索、内容主题演化等领域[8]。

近年来，网络信息内容主题的挖掘受到国内外研究者和机构的广泛关注，旨在准确捕捉网络信息内容的动态演化特征，跟踪或准确发现其发展变化趋势。如 M. Mohd 等设计了交互事件跟踪（iEvent）系统，以此发现用户交互所产生的热点内容主题[9]。C. Aksoy 等构建了基于语言模型的新奇新闻检测系统 BilNov－2005，实现了新奇新闻主题的动态实时挖掘[10]。余传明等基于 LDA 模型研究了用户评论内容主题和热点关键词的挖掘方法，实验表明该模型具有较好的热点主题识别效果[11]。刘洪涛等针对内容主题不明确和热点问题难以跟踪的问题，通过计算文献作者的舆论评价得到每个评价社区的关键词概率描述，实现了社区中评论主题的发现，对文本语义挖掘和共享等具有重要意义[12]。黄颖通过基于 LDA 和主题词的相关性新事件监测模型，结合报道发生的时间确定合理的主题数目以探知新事件[13]。

2　基于动态 LDA 的内容主题挖掘模型

网络环境下文本信息所具有的短文本结构特征加大了文本挖掘和表示的难度[14]，因此，本文在现有 LDA 主题挖掘基础上，结合微博、博客、社交网络等社会化网络服务中的交互式信息特点，构建动态 LDA 主题模型，按时间片划分文本信息，将增量 Gibbs 抽样算法引入其中，通过参数估计得到时间片文本集中连续的主题－词汇分布和文本－主题分布。

2.1　LDA 主题模型的动态化改进

首先采用滑动时间窗把文本划分到时间片内，时间片内的文本数根据其主题和词汇分布的不同而不同，且允许不同时间片内存在相同的文本（因文本存在主题交叉或相似现象），组成文本时间片集；然后采用 LDA 主题模型对每个时间片文本集进行主题挖掘，提取出 T 个主题，运用增量 Gibbs 抽样算法[15]得出文本内容和主题之间的概率分布关系（文本－主题和主题－词汇）。进而对前一个时间片文本集中文本的主题－词汇概率分布关系加权处理（W）后，作为当前时间片文本集中主题－词汇分布的先验概率，求出随时间变化的主题－词汇和文本－主题概率分布，最终得到此文本内容主题的时间演化模式，如图 1 所示：

在基于 LDA 主题模型进行文本主题提取的过程中，本文改进的重点是基

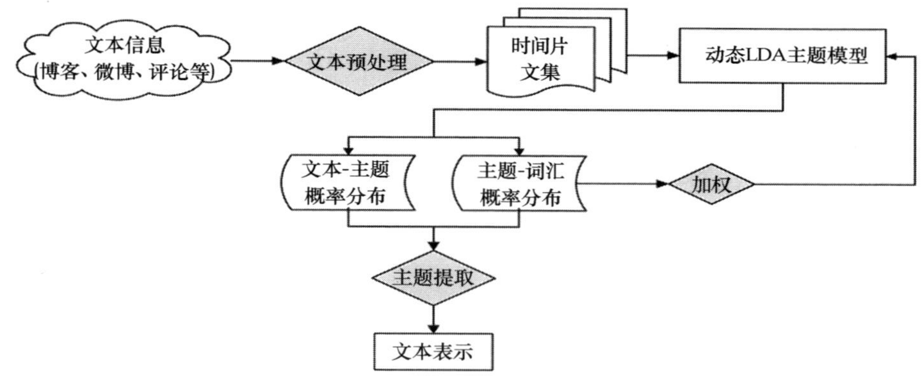

图 1　基于动态 LDA 主题模型的文本主题挖掘框架

于时间窗口将动态演化的文本按时间窗划分，按照文本内容主题的连续性和差异性，运用增量 Gibbs 抽样算法进行抽样计算。

首先，确立时间 t 内的文本集合 $D_t=\{d_1, d_2, \cdots, d_l\}$，时间窗大小根据用户需求、具体应用领域和文本分析的粗细粒度设定（M_t）。文本时间片一旦划分，则保证不同时间片内的文本不能交换，而同一时间片内的文本可以交换。其次，根据前一时间的主题－词汇分布的后验概率 φ_{t-1} 乘上权重 W（$W=\frac{V_t W_U}{V_{t-1}}$，$V_t$ 为 t 时刻的词汇数，W_U 为用户自行设定的权重，本文认为当前时间片内的文本信息受到上一时间片文本信息的影响）作为当前时间片文本主题提取的先验概率 φ_t，从而建立动态 LDA 文本主题挖掘模型，如图 2 所示：

图 2 中，可直接观测变量（词汇）用实心圆表示，隐含的潜在变量（主题）用空心圆表示；图中矩形表示重复过程，大矩形表示从狄利克雷（Dirichlet）分布中为文本集中的每个文本 d 反复提取的主题分布 θ_d，小矩形则表示从主题分布中反复抽样产生的文本词汇 $\{w_1, w_2, \cdots, w_V\}$。

根据传统 LDA 模型的文本生成过程，动态 LDA 主题模型运算过程如图 3 所示：

LDA 模型推理的依据就是文本生成过程的逆过程，根据文本的生成规则和已知参数，通过概率推导求得文本的主题结构；本文中所要推理的参数为时间片文本集内的主题－词汇概率分布 φ 和文本－主题分布 θ，Gibbs 抽样[16]是其常用且最有效的推导方法。基于此，本文增量改进原始 Gibbs 抽样算法[17]，并将其运用于 LDA 主题模型中实现其动态化运算。

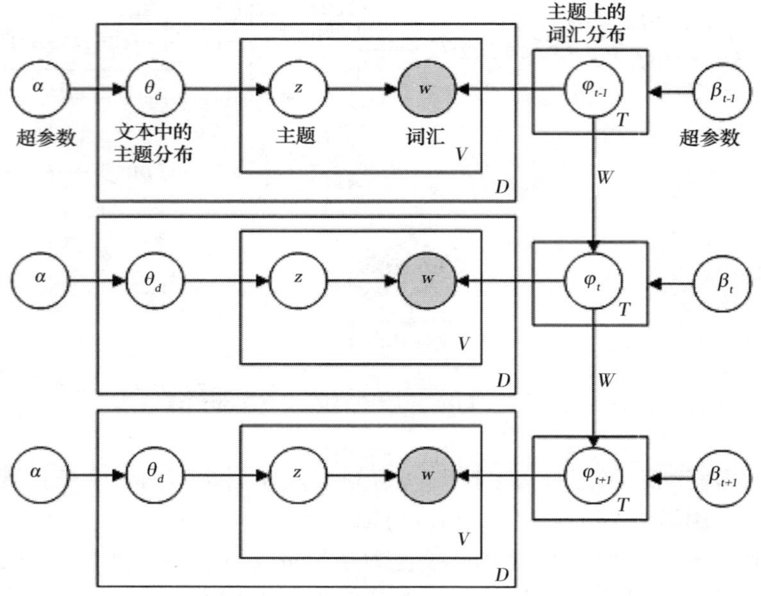

图 2　动态演化 LDA 文本生成模型

动态演化 LDA 文本生成过程

首先将文本按照设定好的时间间隔划分为 t 个时间片文本集，每个时间片文本集内对应一个 φ_t 和 θ_d^t。

对每一个主题 $z_t \in \{z_1, z_2, \cdots, z_T\}$，选择第一个时间片文本集 $t = \{1, 2, \cdots, t\}$

1　如果是第一个时间片 $t=1$，则 $\varphi_t \sim Dir(\beta_1)$

2　否则，计算 $\varphi_t = \varphi_{t-1} W$

3　对每一个文本 d，抽样计算 $\theta_d^t \sim Dir(\alpha)$

4　对文本中的每一个词汇 w_i

4.1 从多项式分布 θ_d^t 中抽样生成主题的概率分布 z_j：$P(z_j \mid \alpha^t)$

4.2 从多项式分布 φ_t 中抽样生成词汇的概率分布 w_i：$P(w_i \mid z_j, \beta_{z_j}^t)$

图 3　动态演化 LDA 文本生成过程

2.2　基于增量吉布斯抽样估计的主题确定

本文在进行动态 LDA 模型构建时，首先引入先验加权，重新计算时间片 t 时刻的后验概率 $P_t(z_i = j \mid z_{-i}, w_i, d_i, \bullet)$，即目标函数的计算公式变为：

$$P_t(z_i = j \mid z_{-i}, w_i, d_i, \bullet) =$$

$$\frac{\frac{(n_{-i,j}^{(w_i)})_t + v(n_{-i,j}^{(w_i)})_{t-1} + \beta}{(n_{-i,j}^{(\bullet)})_t + v(n_{-i,j}^{(\bullet)})_{t-1} + V\beta} \frac{(n_{-i,j}^{(d_i)})_t + \alpha}{(n_{-i,\bullet}^{(d)})_t + T\alpha}}{\sum_{j=1}^{T} \frac{(n_{-i,j}^{(w_i)})_t + v(n_{-i,j}^{(w_i)})_{t-1} + \beta}{(n_{-i,j}^{(\bullet)})_t + v(n_{-i,j}^{(\bullet)})_{t-1} + V\beta} \frac{(n_{-i,j}^{(d_i)})_t + \alpha}{(n_{-i,\bullet}^{(d_i)})_t + T\alpha}} \quad (1)$$

其中，$z_i=j$ 表示把主题 j 赋给词汇 w_i 作为其主题，$\bullet$ 表示其他所有已知的或可见的信息（如其他所有词汇 w_{-i} 和文本 d_{-i}，以及超参数 α 和 β），z_{-i} 表示当前词汇外的所有其他词汇的主题 z_k（$k \neq i$）赋值（即分配给 z_k（$k \neq i$）的词汇数），$v(n_{-i,j}^{(w_i)})_{t-1}$ 是上一时间片内分配给主题 z_j 与词汇 w_i 相同的词汇个数，$v(n_{-i,j}^{(\bullet)})_{t-1}$ 是上一时间片内分配给主题 z_j 的所有词汇个数，$n_{-i,j}^{(w_i)}$ 是分配给主题 z_j 与词汇 w_i 相同的词汇个数，$n_{-i,j}^{(\bullet)}$ 是分配给主题 j 的所有词汇个数，$n_{-i,j}^{(d_i)}$ 是文本 d_i 中分配给主题 z_j 的词汇个数，$n_{-i,\bullet}^{(d_i)}$ 是文本 d_i 中所有被分配了主题的词汇个数，但所有的词汇个数去掉这次 $z_i=j$ 的分配。

因此，基于增量 Gibbs 抽样估计的主题确定步骤为：①马尔可夫链初始状态的确定。z_i（$z_i=j$）被初始化为从 1 到 T 之间的每个随机整数，i 从 1 循环到 V。②马尔可夫下一状态的获取。在 i 从 1 循环到 V 的过程中，根据公式（1）将词汇 w_i 分配给主题 z_j，获取马尔可夫链的下一个状态。③马尔可夫链稳态确定。不断迭代第②步，直到其概率分布趋于稳定即马尔可夫链接近目标函数分布（迭代次数取决于特定的文本集，依据为相邻的马尔可夫链状态的关联大小，一般为 300 - 400 次左右后就会趋于稳定），记录下 z_i 的当前值作为样本；其他的样本值随每次迭代达到稳态时不断记录，以保证马尔可夫链的自相关较小。

基于此，对于每一个时间片文本集，便可重新估算 φ 和 θ 的值，如公式（2）和公式（3）所示：

$$(\hat{\varphi}_w^{(z=j)}) = \frac{(n_j^{(w)})_t + v(n_j^{(w)})_{t-1} + \beta}{(n_j^{(\bullet)})_t + v(n_j^{(\bullet)})_{t-1} + V\beta} \quad (2)$$

$$(\hat{\theta}_{z=j}^{(d)}) = \frac{(n_j^{(d)})_t + \alpha}{(n_\bullet^{(d)})_t + T\alpha} \quad (3)$$

其中，词汇 w 表示唯一词汇，$n_j^{(\bullet)}$ 表示时间片文本集中分配给主题 z_j 的所有词汇数，$n_j^{(w)}$ 则表示时间片文本集中词汇 w 被分配给主题 z_j 的总次数，$n_j^{(d)}$ 表示时间片文本集中某个文本 d 中分配给主题 z_j 的所有词汇数，而 $n_\bullet^{(d)}$ 则表示文本 d 中所有被分配了主题的词汇数。

3 基于主题相似度和强度度量的主题演化

随着时间的发展，信息内容的主题和强度也会发生变化，表现为从开始到高潮再到衰落的过程，甚至循环往复。有效地组织大规模文本信息，并按时间顺序描述其主题的演化过程，从而帮助用户追踪所需求偏好的主题，具有实际意义。

文本主题随时间的演化主要从不同时间片的主题相似度和强度变化来衡量[18]。在基于动态 LDA 主题模型的文本挖掘和演化研究中，本文采用 KL 距离（Kullback-Leibler divergence）[4] 计算主题 - 词汇概率分布之间的相似度，观测时间片文本集中内容主题的差异，描绘主题随时间变化的脉络和趋势；与此同时，主题强度的变化采用主题在时间片文本集内所占的比例来衡量（θ 的平均值），从而得出时间片内内容主题强度的变化趋势。

3.1 基于主题相似性计算的演化

KL 距离是衡量两个主题概率密度分布差异最常用的度量标准，公式为：

$$D(P(w \mid s_1) \parallel P(w \mid s_1)) = \sum_{w \in V} P(w \mid s_1) log \frac{P(w \mid s_1)}{P(w \mid s_2)} \tag{4}$$

标准 KL 距离为非对称值且为非负，两者之间位置互换计算得出的 KL 距离值是不一样的。当 KL 为 0 时，表明两个主题的概率密度分布完全相同。在计算过程中，文本是按照时间片划分的，随着时间片的推移，文本不断加入文本集中，其数量将不断增加，而新的词汇和主题也将被引入。后续分析时基于假设“新词汇在之前时间片文本集中出现的次数为 0，只在当前时间片文本集出现”，并且词汇集在同时处理时间片文本集的过程中需要不断更新，从而可以在统一的概率分布空间中处理不同时间片内的主题 - 词汇概率分布，进而使得基于 KL 距离的主题相似度计算和比较更加方便。

3.2 基于主题强度计算的演化

主题强度表示文本主题受关注的程度，其演化过程可通过观测文本主题随时间变化的趋势来衡量。依据上述 Gibbs 抽样计算中的公式 3 获得的（$\hat{\theta}_{z=j}^{(d)}$），求出当前的时间片文本集 t 中主题 z_j 的平均强度 $\bar{\theta}_t$：

$$\bar{\theta}_t = \frac{\sum_{l=1}^{M} \hat{\theta}_{z=j}^{(d)}}{M} \tag{5}$$

因此，可以根据 $\bar{\theta}_t$ 计算得出一系列时间片文本集中主题平均强度的不同值，绘出主题强度随时间的变化趋势图。主题强度变化趋势结合主题词（文本中概率值最大的词汇）和文本列表联合概率分布展示了该主题的具体含义，有利于主题价值的识别。

4 实验分析

本文采用中文文本分类语料库 TanCorpV1. 0[19]实验验证模型和方法的有效性，进行文本内容主题的挖掘和演化实现；利用汉语词法分析系统 ICTCLAS[20]对文本集进行预处理后，以之作为本文实验的基础数据。在数据集中，选取科技类文本的前60%作为训练集，后40%作为预测集；在参数调整确定后，得到最终的实验结果。

为了有效利用增量 Gibbs 抽样算法，首先需确定 LDA 主题模型中 3 个变量（Dirichlet 分布中的超参数 α、β 以及主题数目 T）的最佳值。根据大量的文献调研[21]，本文令 $\beta=0.01$（根据其他研究实验效果及本次反复实验得出，此取值对实验效果较好），$\alpha=\frac{50}{T}$。这种取值在众多试验中具有较好的表现[22]。主题数目的取值对 LDA 模型的文本提取和拟合性能影响较大，其最佳值的确定主要通过两种方式：一种是词汇被选中的概率 $P(w \mid T)$，一种是困惑度（*perplexity*（D））[23]。LDA 主题模型的困惑度是从模型泛化能力衡量 LDA 主题模型对于新文本的预测能力，困惑度越小表示模型的泛化能力越强。因其能够较为全面地评测模型的效果，本文将其作为评测指标，计算公式为：

$$perplexity(D_{test} \mid M) = \exp\left| -\frac{\sum_{l=1}^{M}\log(P(d_l))}{\sum_{l=1}^{M}N_l} \right| \tag{6}$$

其中，M 为测试文本数，N_l 为文本 d_l 的长度，$P(d_l)$ 为 LDA 主题模型产生文本 d_l 的概率。

对 T 的不同取值，分别运行 Gibbs 抽样算法，迭代次数为 300，观测困惑度取值的变化情况。从图 4 可以看出，困惑度值随着主题数的增加而变小，在 $T=50$ 时为最小值，而此时模型的性能达到最优，可见对于此文本集而言最佳主题数为 50。

本文在进行主题演化的试验中，将权重 W 设为0. 3，只标识每个主题的前 10 个词汇，以时间片为顺序描述主题的概率分布变化情况。

从图 5 可以看出 3 个主题随时间的演化情况：主题 z_1 在此文本集中具有较高的强度，且在大部分时间片中较为稳定；主题 z_2 和主题 z_3 在前部分时间片波动较大，后期时间片文本集内的内容主题变化逐渐趋于平稳。因此，本文对 LDA 主题模型的动态化改进在基于时间片分布的文本内容挖掘中具有可行性和有效性，且能够较好地描述主题随时间的演化情况，对网络环境下动

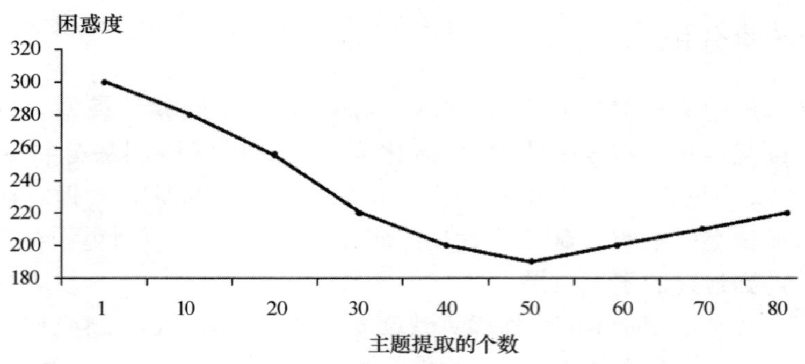

图 4　LDA 主题提取中的困惑度

态文本内容主题的准确挖掘、随时间的演化趋势描述甚至文本建模具有一定的实际意义。

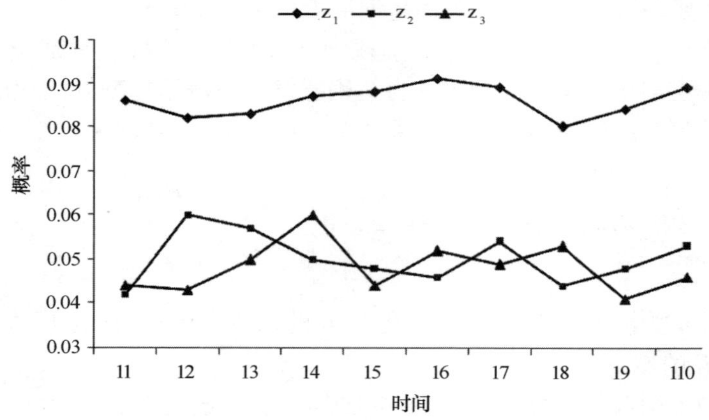

图 5　时间片文本集中文本内容主题的演化趋势

5　结　语

针对原始 LDA 模型中忽略文本时间信息而无法描述文本主题的演化问题，本文进行了动态 LDA 主题模型的构建。首先将文本集按照时间片划分，构建时间片文本集，对每一个时间片文本集进行主题提取，并将主题按照时间进行内容和强度两个方面的演化分析。为了适应文本主题的动态提取，本文对原始的 Gibbs 抽样算法进行增量改进，在不同时间片之间设置权重，对每一个时间片文本集进行参数 φ 和 θ 的估算。最后采用 KL 距离相似度计算主题－词汇概率分布之间的相似度，分析主题变化的差异；采用 θ 的平均值来代表时间片内主题的强度或主题在时间片内所占的比重，从而描绘主题在内容和强度上随时间的变化趋势。主题提取及演化的实验表明，本文所提方法可行且有效。因此，下一步将以此为基础进行文本语义建模等研究，提高文本描述的准确性。

参考文献：

[1] Deerwester S, Dumais S T, Furnas G W, et al. Indexing by latent semantic analysis [J]. Journal of the American Society for Information Science, 1990, 114 (2): 211 – 244.

[2] Hofmann T. Probabilistic latent semantic analysis [C] //Proceedings of the Twenty-Second Annual International SIGIR, Conference on Research and Development in Information Retrieval. New York: ACM, 1999: 50 – 57.

[3] Blei D M, Ng A Y, Jordan M L, et al. Latent Dirichlet allocation [J]. Journal of Machine Learning Research, 2003, 3 (2): 993 – 1022.

[4] Blei D M. Probabilistic topic models [J]. Communications of the ACM, 2012, 55 (4): 77 – 84.

[5] Barbieri N, Manco G, Ritacco E, et al. Probabilistic topic models for sequence data [J]. Machine Learning, 2013, 93 (1): 5 – 29.

[6] Isaly L, Trias E, Peterson G. Improving the latent Dirichlet allocation document model with WordNet [C] //Proceedings of the 5th International Conference on Information Warfare and Security. London: Academic Conferences Ltd, 2010: 163 – 170.

[7] Hofmann T. Unsupervised learning by probabilistic latent semantic analysis [J]. Machine Learning, 2001, 42 (1): 177 – 196.

[8] Du Lan, Buntine W, Jin Huidong, et al. Sequential latent Dirichlet allocation [J]. Knowledge and Information Systems, 2012, 31 (3): 475 – 503.

[9] Mohd M, Crestani F, Ruthven I. Evaluation of an interactive topic detection and tracking interface [J]. Journal of Information Science, 2012, 38 (4): 383 – 398.

[10] Aksoy C, Can F, Kocberber S. Novelty detection for topic tracking [J]. Journal of The American Society for Information Science and Technology, 2012, 63 (4): 777 – 795.

[11] 余传明，张小青，陈雷，等. 基于 LDA 模型的评论热点挖掘：原理与实现 [J]. 情报理论与实践，2010，33 (5)：103 – 106.

[12] 刘洪涛，肖开洲，吴渝，等. 带舆论评价的引文网络构建与主题发现 [J]. 情报学报，2011，30 (4)：441 – 448.

[13] 黄颖. LDA 及主题词相关性的新事件检测 [J]. 计算机与现代化，2012 (1)：6 – 9，13.

[14] Kang J H, Lerman K, Plangprasopchok A. Analyzing microblogs with affinity propagation [C] //Proceedings of KDD Workshop on Social Media Analytics. New York: ACM, 2010: 67 – 70.

[15] Gohr A, Hinneburg A, Schult R, et al. Topic evolution in a stream of documents [C] //Proceeding of the Society for Industrial and Applied Mathematics. Washington: National Academy of Science, 2009: 859 – 870.

[16] Griffiths T L, Steyvers M. Finding scientific topics [C] //Proceedings of the National Academy of Science. Washington: National Academy of Sciences, 2004: 5228 – 5235.

[17] Walsh B. Markov chain monte carlo and Gibbs sampling [EB/OL]. [2014 – 01 – 05]. http: //web. mit. edu/ ~ wingated/www/introductions/mcmc-gibbs-intro. pdf.

[18] 楚克明. 基于 LDA 的新闻话题演化研究 [D]. 上海：上海交通大学，2010.

[19] 谭松波，王月粉. 中文文本分类语料库 – TanCorpV1. 0 [EB/OL]. [2011 – 11 – 10]. http: //www. searchforum. org. cn/tansongbo/corpus. htm.

[20] 中国科学院计算技术研究所. ICTCLAS2011 [EB/OL]. [2010 – 12 – 21]. http: //ictclas. org/ictclas_ download. aspx.

[21] Guo Xin, Xiang Yang, Chen Qian, et al. LDA-based online topic detection using tensor factorization [J]. Journal of Information Science, 2013, 39 (4): 459 – 469.

[22] 单斌，李芳. 基于 LDA 话题演化研究方法综述 [J]. 中文信息学报，2010，24 (6): 43 – 49, 68.

[23] Cao Juan, Xia Tian, Li Jintao, et al. A density-based method for adaptive LDA model selection [J]. Neurocomputing, 2009, 72 (7 – 9): 1775 – 1781.

作者简介

胡吉明，武汉大学信息资源研究中心讲师，E-mail：whuhujiming@qq. com；

陈果，武汉大学信息资源研究中心博士研究生。

维基百科知识分类结构演化规律研究

徐胜国　刘旭

（大连理工大学管理与经济学部）

1　引　言

Web2.0 发展所带来的新理念和新技术满足了人们日益增长的个性化需求和社会性需求[1]，使得网络中的用户由单纯的知识"接受者"跃升为知识"创造者"，从而改变了传统的知识创造和共享方式。在网络信息空间[2]中，用户能够克服空间和时间的限制，与知识背景、文化环境不同的用户进行互动、沟通、分享、交流与合作[3]。这种大规模协同（mass collaboration）和用户主导的内容生成（user generated content）方式凝聚了自下而上的众多用户的群体智慧，并依托于各种平台快速涌现出一些新的知识结构。例如维基百科分类结构[4]、网络标签[5]、分众分类法[6]等。与专家主导创建的分类结构不同[7]，维基百科分类结构是一种自发的、自组织的、由用户协同编辑生成的知识分类结构，因而日趋成为学术研究的热点[8-10]。

目前维基百科分类结构的研究主要分为 3 个方面：①关于分类结构本身的研究。该类研究关注维基百科分类系统的特点，认为与传统的分类系统（例如：UDC）不同，维基百科分类系统具有协同标注与层次分类相结合的特点[11]，这与维基百科分类系统的创建初衷相一致[8]。不过该分类系统更关注与人们兴趣相关的一般主题分类，对于严谨的自然科学与应用科学的关注则较少[12]。②分类结构优化研究。维基百科存在未分类页面[13]，分类系统包含不规范的分类[14]以及标题和全文搜索不足[15]，因此一些研究者采用基于内容、链接或路径等的语义相关性计算方法[14,16-17]，或是采用聚类系数、中心度、平均最短路径等复杂网络属性的计算方法[13,18]生成知识分类结构，以对维基百科未分类页面进行分类，完善和弥补分类系统的不足。还有一些研究则试图将生成的分类结构进行可视化[19-20]。③分类结构演化研究。该类研究保留了分类页面协同编辑的完整性，认为维基百科知识分类结构存在增长和衰老[21]现象，是具有小世界特性的无标度网络[22-23]，同时该分类结构存在阶段性的重组织现象[10]。上述研究往往将维基百科分类结构预处理为树结构，以传统的分类形式进行研究，这种研究割裂了具体分类间的联系，破坏了协同编辑的完整性，因而无法真正反映维基百科分类结构演化的真实图景；一些研究侧重于从宏观拓扑结构出发，采用的测量指标也相对简单。

维基百科分类结构是一种典型的由用户主导，经协同编辑而形成的一种动态的知识组织形式，因而对其开展研究有助人们了解网络信息空间中知识分类体系的不足，厘清学科领域知识的发展现状以及热门研究领域，促进知识的创新。基于此，本文以维基百科分类结构为研究对象，在分析和定义维基百科知识分类结构的基础上，利用自回避随机游走（self-avoiding random walks）方法构建节点多样性熵测量模型，以获取具体学科知识结构的中心结构以及边缘结构，从而研究维基百科知识分类结构的演化规律。

2 维基百科知识分类结构

知识分类是根据特定的需要以及标准，通过比较、分析、定义、关联[24]等活动，将人类知识体系按相同、相异、相关等属性划分成不同类别的知识体系，以此显示其在知识整体中的位置以及相互关系[25]。经过分类，将主题等相同的知识内容聚集在一起，相似的关联在一起，不同的则予以分开，这样就形成了一种可以显示主题间逻辑关系的知识分类结构。随着互联网的发展，传统的由专家主导的知识分类方法已经不符合互联网用户生成内容（UGC）的分类标准，因此出现了一些以广大用户为主导，基于协同编辑而生成的新知识分类体系，其中最典型的就是维基百科知识分类结构。

维基百科于2004年5月引入了一套新的知识分类体系，主要用以解决知识爆炸式增长情况下，用户无法快速查询和定位相关页面内容的问题。该知识分类体系对维基百科知识内容进行分类，并通过分类页面呈现其逻辑关系。分类页面[26]是与某一主题相关的知识集合，包含该主题的简介（分类页面简介）、子分类主题（子分类页面）以及属于该主题的知识内容（主题页面）。分类页面由用户协同创建、编辑和维护。在页面协同编辑过程中，用户可以克服时间和空间的限制，基于自己对页面的理解，与知识背景、文化环境不同的用户探讨、交流与合作，并依据维基百科分类规范和指导，创建、添加、删除、合并与重命名分类页面。维基百科知识分类一般是基于主题以及列表等方式对页面进行分类，并结合了《美国国会图书馆分类法》（Library of Congress Classification）、《国际十进分类法》（Universal Decimal Classification）以及《杜威十进分类法》（Dewey Decimal Classification）等分类方法。由于该种分类方法不完全服从层次分类标准，使得某一分类页面在包含某些子分类页面的同时，也可以同时属于不同的父分类页面。分类页面包含的主题页面可以仅属于该分类页面，也可以同时属于多个不同分类页面。基于这种分类标准可以形成一种有机智能的知识分类结构，能够充分反映领域内知识的逻辑关系，亦能呈现出交叉领域间知识的逻辑关系。这种区别于其他分类方法的知识分类方法聚集了广大用户的群体智慧，同时所形成的知识结构是动态的、相对稳定的，呈螺旋上升、不断完善之趋势，并存在重构和解构现象。

维基百科知识分类是知识组织的一种方法。知识分类在知识创新的过程中起着重要的作用，有效的知识分类结构，可以帮助人们快速查询和定位所感兴趣的学科知识，然后在此基础上进行学习、完善，进而促进新知识的产生，反过来又能促进知识分类结构的发展和完善；不同时间和空间上相互关联的知识分类结构可以帮助人们了解某一学科、某一领域的发展现状，厘清其发展脉络，预测学科以及领域知识的发展趋势、发展的主导因素及关键问题；另外还可以聚集交叉学科以及交叉领域知识，促进新知识的产生。因此，研究维基百科知识分类结构的演化情况非常有必要。

为便于研究，本文根据分类页面的内涵以及分类页面间的方向性，将维基百科知识分类结构作如下定义：①将以分类页面为节点，以分类页面间的相互关系为边而形成的知识结构定义为维基百科领域知识分类结构；②将由子分类页面、分类页面简介以及内容页面所构成的分类页面定义为领域知识；③将不断遍历某个分类页面的父分类页面所形成的知识分类结构定义为领域间知识分类结构；④将不断遍历具体分类页面的子分类页面所形成的知识分类结构定义为领域内知识分类结构。本文仅关注领域内知识分类结构，对领域间知识分类结构将不予考虑。

3 模型构建

3.1 自回避随机游走

通过分类页面可以查询到父分类页面，也可以查询到子分类页面，因此本文不考虑知识分类结构的方向性和权重。如此维基百科知识分类结构可以表示为由节点 v_i 的相邻关系而构成的 $N \times N$ 阶矩阵。如果节点 i 与节点 j 存在边，表示为 $k(i,j) = k(j,i) = 1$；如果边不存在，表示为 $k(i,j) = k(j,i) = 0$。网络中边直接相连的两节点互为相邻节点。节点的相邻节点个数为该节点的度，用 k 表示。如果节点度 k 为1，则该节点为叶节点。网络中通过某一节点相连结的两条边互为相邻边。从某一节点出发经过 h 条边到达目的节点的路径构成了网络中的一次游走，其中 h 为游走的步长，$h+1$ 则是游走所包含的节点数。网络中游走的方式有多种，传统的随机游走方式对游走的路径没有严格的限制[27]，而自回避随机游走在游走过程中避免了节点和路径的重复，这样可以在最短的步长内获取到更多的节点，因此本文将采用自回避随机游走方法构建维基百科知识分类结构的测度模型。

3.2 知识分类结构多样性熵测度模型

由节点 i 出发到达 h 步长后的节点有多种自回避随机游走方式，即自回避随机游走具有多样性。此转移概率（transition probability）定义为从节点 i 出发经由 h 步长到达目标节点 j 的概率。转移概率计算公式如公式（1）所示：

$$P_h(j,i) = \frac{m(j,i)}{M(\Omega,i)}, h = 1,2\cdots H \tag{1}$$

其中，$m(j,i)$ 为从节点 i 出发到目标节点 j 的路径数；h 是由节点 i 出发行进的步长，$M(\Omega,i)$ 为从节点 i 出发行进 h 步包含的所有路径数。自回避随机游走在出现以下 3 种情况时需要停止：①自回避随机游走正常游走 h 步；②自回避随机游走达到叶节点，即度为 1 的节点；③行进到某节点后，该节点的所有直接相邻节点均已经被访问过。需要注意的是，$P_h(j,i)$ 与 $P_h(i,j)$ 是不同的，通过计算到达每个节点的转移概率，就可以得到该节点的多样性熵[28-29]，并进行标准化，计算公式为：

$$E_h(\Omega,i) = -\frac{1}{log(N-1)}\sum_{j=1}^{N}\begin{cases}0 & P_h(j,i) = 0\\ P_h(j,i)log(P_h(j,i)) & P_h(j,i) \neq 0\end{cases} \tag{2}$$

其中，Ω 是网络中除了节点 i 的所有节点集合。通过观察可以知道，当节点 i 能以相等的概率 $\frac{1}{(N-1)}$ 到网络中其余的 $N-1$ 个节点时，此时可以得到最大的节点多样性熵，值为 1；当没有或者仅一个节点可以到达节点 i 时，此时可以得到最小的节点多样性熵，值为 0。

4 实验及结果分析

4.1 实验与数据准备

维基百科会定期创建最新的不同语言版本的数据备份[30]，用户可以根据自己的需要获取相应的数据。本文选取英文维基百科 2012 年 9 月份的备份数据作为实验数据，该数据是该研究开始时所能获取的最新数据。由于备份数据量很大，且本研究只关注于维基百科分类页面所形成的知识分类结构，因此只下载了页面（page）、页面链接（pagelinks）、分类（category）以及分类链接（categorylinks）数据并导入到本地数据库中。

截至 2012 年 9 月，维基百科共包含了1 553 957个分类节点、2 222 868 条边，为本文提供了丰富充足的实验数据。由于本文侧重于从微观层面出发，研究具体领域知识结构的演化情况，所以从指定分类结点出发，采用广度优先搜索算法，通过编写程序遍历该分类结点下包含的所有分类结点，从而得到确定领域的知识分类结构。本文选取 Self_ organization 分类页面作为根节点，通过遍历该分类节点得到该领域的知识分类结构。从最初的 2005 年 3 月到 2012 年 9 月的动态知识组织过程中，Self_ organization 领域知识分类结构共包含 157 个节点、176 条边，能够满足本文的实验需求。

4.2　实验结果分析

4.2.1　总体分析

由分类页面及其之间的关系形成的维基百科知识分类结构是一种复杂网络[23]。本文依据文献［23］，也将维基百科知识分类结构当作是一种复杂网络结构。图 1 是 Self_ organization 领域知识分类结构的度分布图，该网络服从幂律指数为 1.78 的幂律分布，其网络平均路径为 6.51，节点平均度为 1.12，分类结构中节点的最大度为 19。

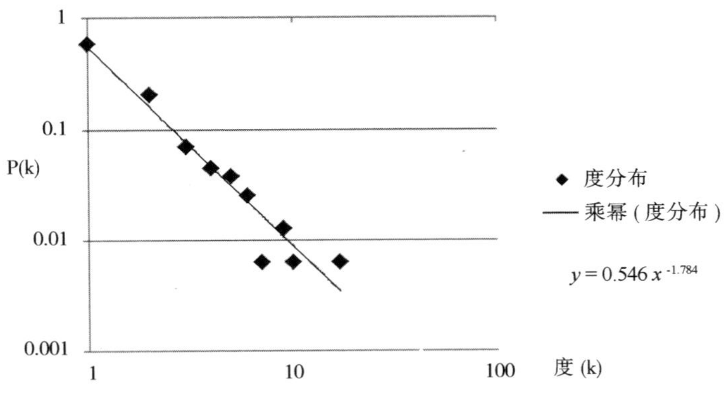

图 1　Self_ organization 领域知识分类结构度分布

实验结果显示，Self_ organization 领域知识分类结构是一个具有小世界效应、服从无标度分布的复杂网络结构。其网络结构如图 2 所示：

依据节点多样性熵测量模型可知，不同的步长可以得到不同的节点多样性熵值。本文实验对相同节点、不同步长的节点多样性熵求平均值，并基于

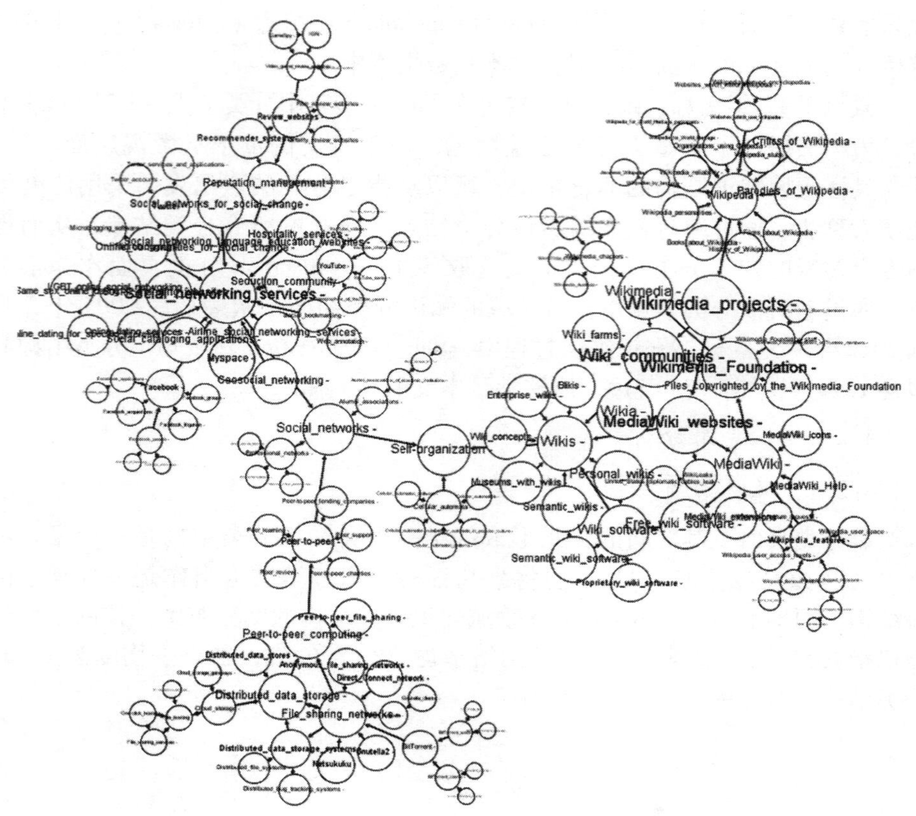

图 2　基于多样性节点熵的 Self_ organization 领域知识结构分类

多样性熵值得到拓扑结构。

图 2 显示的知识分类结构中的节点大小随着节点多样性熵值的增加而增大。节点的多样性熵值越大，领域知识节点越处于结构的中心，相反节点的多样性熵值越小，节点越处于结构的边缘。从图 2 中可以看出，节点最小的领域知识节点处于知识分类结构的边缘部分，而由小到大的节点则渐渐成为知识分类结构的中心部分。从图 2 中可以发现：

（1）知识分类结构中领域知识节点的多样性熵与度值大小不存在相关关系。如结构中度最大的领域知识节点是 Social_ networking_ services，节点度为 19，对应的节点多样性熵值为 0.67。而多样性熵值最大的节点是 Wikimedia_ projects，熵值为 0.72，对应节点度则为 8。Self_ organization 领域知识节点度为 3，相应的节点多样性熵值则为 0.61。

（2）知识分类结构中领域知识节点多样性熵值跟节点的广度和深度存在一定的关系。广度和深度的增加都会使得新添加的领域知识分类节点的多样性熵值减小，但深度增加，熵值减小得更快。如领域知识节点 Social_ networks 下 Alumni_ associations 节点，广度保持不变，而节点的深度则一直增加，导致添加的节点多样性熵值迅速减小；而广度的增加虽然也使得新添加的节点多样性熵值减小，但是程度要小得多。另外，领域知识节点的交叉包含关系，会使得新添加节点的多样性熵值增加，如 Wikis 节点下所形成的社团结构。至于确定的关系，将在后续论文中给出。

（3）大多数情况下，知识分类结构中节点的多样性熵值越大，表明该领域知识节点创建的时间越长。表 1 显示的是 Self_ organization 领域知识分类结构中多样性熵值前 10 位的节点及其创建的时间。从表 1 中可以看出，领域知识节点创建的时间越早，与之相对应的多样性熵值就越大，如表中 Wiki_ communities 和 Wikimedia_ projects 两个领域知识节点。不过这种关系并不是绝对的，创建时间短的领域知识节点对应的多样性熵值也有可能大，如 Social_ networking_ services 和 Wikimedia 节点，这说明即使是新创建的领域知识节点，也有可能在极短的时间内迅速成为领域知识分类结构的中心部分。

表 1　多样性熵平均值居前 10 位的节点的创建时间

节点	创建时间	多样性熵值
Self-organization	2008 - 03 - 11	0. 614
Wikimedia	2011 - 11 - 02	0. 629
MediaWiki	2006 - 04 - 30	0. 636
Wikis	2007 - 12 - 25	0. 651
Wikia	2009 - 05 - 18	0. 652
Social_ networking_ services	2011 - 03 - 23	0. 665
Wikimedia_ Foundation	2006 - 06 - 13	0. 672
MediaWiki_ websites	2006 - 01 - 29	0. 683
Wiki_ communities	2005 - 03 - 02	0. 707
Wikimedia_ projects	2005 - 03 - 02	0. 729

4.2.2 基于步长的多样性节点熵值分析

本文提出的节点的多样性熵测量模型受到步长的影响，步长不同，节点的多样性熵值也会相应地不同。具体如图 3 所示：

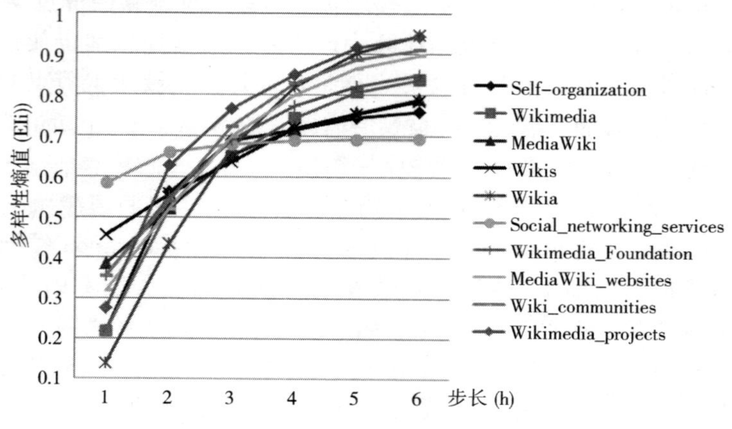

图 3 基于步长的多样性节点的熵值变化情况

图 3 显示的是 Self_ organization 领域知识分类结构中多样性熵平均值排在前 10 位的节点的多样性熵值随步长的变化情况。从图 3 中可以看出，随着步长的增加，节点的多样性熵值也相应地增加，不过增长的幅度越来越趋于平缓。从步长 5 到步长 6，多样性熵值的增加幅度已很小。这种情况的出现是由领域知识分类结构的平均路径决定的。Self_ organization 领域知识结构的平均路径为 6.51，因此从某领域知识节点出发时，步长每增加一步，自回避随机游走所遍历的节点数量大幅增加，节点的多样性熵值增加的幅度也相应较大；而随着步长的进一步增加，遍历的节点数量增加幅度减小，相应熵值增加的幅度就会减小。

4.2.3 多样性节点熵值演化规律分析

本文的实验数据提供了领域知识节点的创建时间，因此可以获取 Self_ organization 领域知识分类结构不同时间段的知识结构，得到相应时间的知识分类结构中节点的多样性熵，依此来研究节点多样性熵随时间的演化情况。图 4 显示的是 Self_ organization 领域知识分类结构中多样性平均熵值排前 10 位的节点在 2011 年 10 月 –2012 年 9 月之间多样性熵值的演化情况。图 4 中的所有领域知识节点主要分布在两个社团结构中（见图 2），处于相同社团结构中的领域知识节点的多样性熵值随时间变化趋势大体相同，多样性熵值虽有波动，但一直处于知识分类结构的中心部分。这主要是因为相同社团结构中的领域知识相互关联度较高，某个领域知识节点多样性熵值的变化会相应地引起相关领域知识节点多样性熵值的变化，如 Wiki_ communities、Wikimedia_ projects、MediaWiki_ websites 等领域知识节点。领域知识节点 Wikimedia 在 2011 年 12 月才创建，虽然时间较晚，但是刚创建就迅速成为领域知识分类结构的中心部分，其后的变化趋势与处于相同社团结构内的领域知识节点相仿；领域知识节点 social_ networking_ services 和 Self_ organization 则处于不同的社团结构中，因此与其他的节点无关联关系，其多样性熵值随时间的变化趋势不同，不过随着时间的变化，这两个领域知识节点的多样性熵值都在增加，说明该领域知识得到充分的发展，越来越趋于成熟。

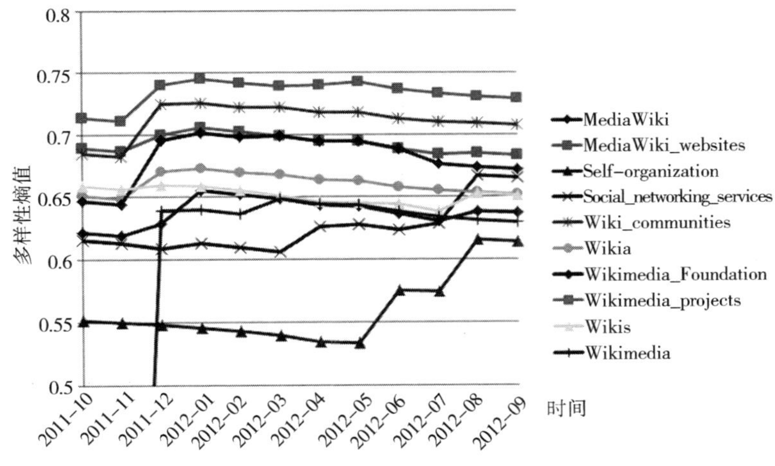

图 4　领域知识节点的多样性熵值随时间变化情况

5　结　论

本文通过对维基百科分类页面的分析，将由维基百科分类页面所形成的分类结构定义为领域知识分类结构，并利用自回避随机游走方法构建了节点的多样性熵测量模型，得到了分类结构中领域知识节点的多样性熵值，进而从微观层面研究了分类结构中领域知识节点的地位及其随时间的演化情况。本文的贡献在于：①通过所构建的多样性熵测量模型可以发现，领域知识分类结构的中心结构以及边缘结构与领域知识节点的创建时间相关，大多数情况下，领域知识节点的多样性熵值越大，创建的时间就越早，但新创建的领域知识节点也有可能迅速成为领域知识分类结构中的中心结构；②受限于领域知识分类结构的平均路径，随着步长的增加，领域知识节点的多样性熵值也随之增加，但增加的幅度会变小；③领域知识节点的多样性熵值与节点的度不存在正相关关系，即无法证明节点度值越大，节点的多样性熵值越大，越处于领域知识分类结构的中心位置。

本文所构建的模型可以让我们发现维基百科知识分类结构的不足，帮助完善维基百科知识分类体系；有助于厘清学科领域知识的发展现状及脉络以及交叉学科领域知识间的相互融合情况，预测学科领域知识的发展趋势。然而本研究工作仍存在一些不足：维基百科分类页面包含管理分类、主题分类以及列表分类等，而本文并未过滤不相关的噪声数据；其次，领域知识分类结构的方向性会影响节点的多样性选择，而本文未考虑知识分类结构的方向性。这两方面将影响节点多样性熵值的准确性。笔者会在今后的研究中弥补这些不足。

参考文献：

[1] 马费成，刘记．Web2.0 环境下的信息构建——对信息构建基本原理的再认识［J］．情报学报，2008，27（5）：683－690.

[2] 丁大尉，李正风．网络信息空间中的知识构建——以维基百科知识生成机制为例［J］．自然辩证法研究，2012，28（5）：61－65.

[3] Goodyear P. Situated action and distributed knowledge：A JITOL perspective on EPSS［J］. Programmed Learning，1995，32（1）：45－55.

[4] Wikipedia. Wikipedia category overview［EB/OL］．［2014－01－10］. http：//stats. wikimedia. org/EN/Overview_ EN_ Complete. htm.

[5] Hotho A，Jäschke R，Schmitz C，et al. BibSonomy：A social bookmark and publication sharing system［C/OL］．［2014－01－09］．http：//www. kde. cs. uni－kassel. de/jaeschke/paper/hotho06bibsonomy. pdf.

[6] Vander Wal T. Folksonomy［EB/OL］．［2014－01－13］．http：//www. vanderwal. net/essays/051130/folksonomy. pdf.

[7] Halavais A，Lackaff D. An analysis of topical coverage of Wikipedia［J］．Journal of Computer-Mediated Communication，2008，13（2）：429－440.

[8] Thornton K，McDonald D W. Tagging Wikipedia：collaboratively creating a category system［C］//Proceedings of the 17th ACM international conference on Supporting group work. New York：ACM，2012：219－228.

[9] Silva F N，Viana M P，Travençolo B A N，et al. Investigating relationships within and between category networks in Wikipedia［J］．Journal of Informetrics，2011，5（3）：431－438.

[10] Suchecki K，Salah A A A，Gao Cheng，et al. Evolution of Wikipedia' s Category Struc-

ture [J]. Advances in Complex Systems, 2012, 15 (supp01): 1250, 068.

[11] Voss J. Collaborative thesaurus tagging the Wikipedia way [EB/OL]. [2014-01-09]. http://arxiv.org/abs/cs/0604036.

[12] Salah A A, Gao Cheng, Suchecki K, et al. Need to categorize: A comparative look at the categories of universal decimal classification system and Wikipedia [J]. Leonardo, 2012, 45 (1): 84-85.

[13] Colgrove C, Neidert J, Chakoumakos R. Using network structure to learn category classification in Wikipedia [EB/OL]. [2014-01-09]. http://snap.stanford.edu/class/cs224w-2011/proj/.

[14] Kittur A, Chi E H, Suh B. What' s in Wikipedia?: mapping topics and conflict using socially annotated category structure [C] //Proceedings of the SIGCHI Conference on Human Factors in Computing Systems. New York: ACM, 2009: 1509-1512.

[15] Chernov S, Iofciu T, Nejdl W, et al. Extracting semantics relationships between Wikipedia categories [EB/OL]. [2014-01-09]. http://citeseerx.ist.psu.edu/viewdoc/download? doi=10.1.1.73.5507&rep=rep1&type=pdf.

[16] Gantner Z, Schmidt-Thieme L. Automatic content-based categorization of Wikipedia articles [C/OL]. [2014-01-13]. http://dl.acm.org/citation.cfm? id=1699770.

[17] Szymański J. Mining relations between wikipedia categories [M] // Communications in Computer and Information Science. Berlin: Springer, 2010: 248-255.

[18] Muchnik L, Itzhack R, Solomon S, et al. Self-emergence of knowledge trees: Extraction of the Wikipedia hierarchies [J]. Physical Review E, 2007, 76 (1): 016106.

[19] Biuk-Aghai R P, Cheang F H H. Wikipedia category visualization using radial layout [C] //Proceedings of the 7th International Symposium on Wikis and Open Collaboration. New York: ACM, 2011: 193-194.

[20] Holloway T, Bozicevic M, Börner K. Analyzing and visualizing the semantic coverage of Wikipedia and its authors [J]. Complexity, 2007, 12 (3): 30-40.

[21] Wang Juncheng, Ma Feicheng, Cheng Jun. The impact of research design on the half-life of the wikipedia category system [C]. Computer Design and Applications. IEEE, Qinhuangdao, 2010, 4: 25-27.

[22] Zesch T, Gurevych I. Analysis of the Wikipedia category graph for NLP applications [EB/OL]. [2014-01-09]. http://acl.ldc.upenn.edu/W/W07/W07-02.pdf? origin=publication_ detail#page=11.

[23] Wang QiShun, Wang Xiaohua, Chen Zhiqun, et al. The category structure in Wikipedia: To analyze and know how it grows [M]. Berlin: Springer, 2013: 538-545.

[24] Satija M P. Classification: Some fundamentals, some myths, some realities [J]. Knowledge Organization, 1998, 25 (1): 32-35.

[25] 张余. 知识分类新探 [J]. 图书馆论坛, 2006, 26 (6): 175-177.

[26] Wikipedia: FAQ/Categorization [EB/OL]. [2014-01-14]. http://en.wikipedia.org/wiki/Wikipedia: FAQ/Categorization.

[27] Noh J D, Rieger H. Random walks on complex networks [J]. Physical Review Letters, 2004, 92 (11): 118701.

[28] Travençolo B A N, Costa L da F. Accessibility in complex networks [J]. Physics Letters A, 2008, 373 (1): 89-95.

[29] Costa L da F. Inward and outward node accessibility in complex networks as revealed by non-linear dynamics [EB/OL]. [2014-01-09]. http://adsabs.harvard.edu/abs/2008arXiv0801.1982D.

[30] Wikimedia downloads [EB/OL]. [2012-10-31]. http://dumps.wikimedia.org/enwiki/20120902/.

作者简介

徐胜国，大连理工大学管理与经济学部硕士研究生，E-mail：xshguo_better@yeah.net；

刘旭，大连理工大学图书馆副教授。

科学计量学主流研究领域与热点前沿研究*

赵蓉英[1,2]　郭凤娇[1]　赵月华[3]

（[1] 武汉大学信息管理学院　武汉 430072；
[2]武汉大学中国科学评价研究中心　武汉 430072）

对于进入发展时期的科学计量学而言，1978 年 9 月，《科学计量学》（*Scientometrics*）杂志的创刊是一个里程碑式的事件。许多在科学计量学的“无形学院”中有影响的人物如加菲尔德、普赖斯等都曾是其编委会成员，它的执行主编布劳温一直致力于使《科学计量学》站在科学计量学研究与发展的最前沿。对该期刊的研究与回顾，可将很好地描述科学计量学领域进入发展时期（20 世纪 70 年代后）后近 40 年的演进脉络。

已有多位学者依据 *Scientometrics* 杂志对科学计量或信息计量进行了研究。L. Leydesdorff 等发现 *Scientometrics* 杂志、*Informetrics* 杂志以及约占 JASIST 五分之一的相关子集构成了信息计量发展的知识空间[1]。Chen Yunwei 等以 *Scientometrics* 杂志 1978 –2010 年的所有论文为数据源，研究了不断变化的协作网络[2]。郭美荣、苏学利用绘制科学知识图谱的可视化分析软件分析了 *Scientometrics* 自创刊以来的关键词共现网络及引文分析和共引网络，揭示了科学计量学领域的研究前沿和前沿的演进情况[3]。侯海燕借助科学知识图谱的可视化技术手段，对科学计量学国际权威学术期刊 *Scientometrics* 于 1978 –2004 年间发表的1 927篇论文的 32 345 条引文做了作者共引分析，界定出世界上最有影响的 50 位科学计量学家，为了解科学计量学潜在的学科结构提供了独特的视角[4]。王炼、武夷山以 *Scientometrics* 期刊过去 10 年的自引情况为例，剖析了科学计量学的学科特点[5]。

已有的研究都是对该期刊创刊以来或某一时间范围的所有文献数据的分

* 本文系国家社会科学基金重大项目“基于语义的馆藏资源深度聚合与可视化展示研究”（项目编号：11&ZD152）和教育部人文社会科学基金项目“馆藏数字资源语义化深度聚合的理论与关键技术研究”（项目编号：13YJA870023）研究成果之一。

析，未能较好地反映科学计量学的发展演进脉络。而笔者在先前的研究中，从时间维度对 *Scientometrics* 创刊至今的论文进行了计量分析，将进入发展时期的科学计量学演进细分为3 个阶段：发展初期（1978 –1986 年）、逐渐成熟期（1987 年 –20 世纪末）与黄金发展期（21 世纪初至今）。本文将在已有研究的基础上，通过文献共引分析法与共词分析法对以上划分的 3 个阶段的主流研究领域和热点前沿分别进行分析，从而更好地探究其演进脉络，并绘制可视化的知识图谱。

1　基于文献共引的主流研究领域及演进分析

文献共引能反映被引文献之间的相互关联，进而呈现各个研究领域存在的联结，追逐这种联结的相互关系，可以得出某个领域的研究前沿与热点[6]。高被引文献是某个时期研究热点的集中体现，基于高被引论文的被引轨迹及其共现网络，可以得出科学计量学发展各阶段的主流研究领域。目前对高被引文献并没有明确的界定，笔者考虑到各个发展时期的论文量与该时期全部论文的被引情况，分别选取发展初期被引频次不小于 10、逐渐成熟期被引频次不小于 20 以及黄金发展期被引频次不小于 40 的论文进行文献共引分析。

1.1　科学计量学发展初期主流研究领域

首先通过 Bibexcel 构建 *Scientometrics* 杂志发展初期（1978 –1986 年）全部引文中被引频次不小于10 的 15 篇核心文献（见表1）的共引关系矩阵，将文献共引矩阵导入 SPSS 软件按 Analyze→Data Reduction→Factor 路径进行因子分析，运用最大方差法进行正交旋转得到了 14 个主成分。在将因子归结到主成分上时，笔者最终保留了方差贡献最大的前5 个主成分（见表2），其旋转方差贡献达 76.805%，达到了“提取的因子应能概括总体信息的 60% 以上”的要求[7]。结合每个主成分的代表文献与来源文献标题中的高频关键词，对5 个主成分进行了命名，进而得到了科学计量学发展初期主流的 5 个研究领域。主成分方差贡献大小对应着该主成分研究领域的研究热度与影响力，5 个研究领域根据其主成分方差贡献大小的排列如下：①科学文献结构、引文分析理论；②文献计量学定量规律与统计分布；③引文分析的应用、科学合作；④学科分析；⑤科研评价。

表 1　科学计量学发展初期核心被引文献

文　献	作　者	出版时间（年）	被引频次（次）	代号
Little science, big science	D. J. de S. Price	1963	28	VAR00002
Social stratification in science	J. R. Cole	1973	21	VAR00003
The Structure of scientific literatures 1: Identifying and graphing specialties	H. Small	1974	18	VAR00004
Citation analysis as a tool in journal evaluation	E. Garfield	1972	17	VAR00005
Is technology historically independent of science? A study in statistical historiography	D. J. de S. Price	1965	17	VAR00006
Some results on function and quality of citations	M. J. Moravcsik	1975	15	VAR00007
The frequency distribution of scientific productivity	A. J. Lotka	1926	14	VAR00008
General theory of bibliometric and other cumulative advantage processes	D. J. de S. Price	1976	13	VAR00009
The structure of scientific literatures 2: Toward a macrostructure and microstructure for science	B. C. Griffith	1974	13	VAR000010
Is citation analysis a legitimate evaluation tool	E. Garfield	1979	12	VAR000011
Citation indexing-Its theory and application in science, technology, and humanities	E. Garfield	1979	12	VAR000012
Evaluative bibliometrics: The use of publication and citation analysis in the evaluation of scientific activity	F. Narin	1976	12	VAR000013
Cocitation in scientific literature-New measure of relationship between 2 documents	H. Small	1973	12	VAR000014
Content analysis of references: Adjunct or alternative to citation counting?	D. E. Chubin	1975	11	VAR000015
A co-citation model of a scientific specialty: A longitudinal study of collagen research	H. G. Small	1977	11	VAR000016

表 2　科学计量学发展初期主成分表

成分	研究领域	初始特征值			旋转平方和载入		
		合计	方差的（%）	累积（%）	合计	方差的（%）	累积（%）
1	科学文献结构、引文分析理论	3.951	26.340	26.340	3.202	21.346	21.346
2	文献计量学定量规律与统计分布	3.057	20.378	46.718	2.361	15.795	37.141
3	引文分析的应用、科学合作	2.016	13.443	60.161	2.152	14.344	51.485
4	学科分析	1.485	9.898	70.059	1.994	13.293	64.777
5	科研评价	1.012	6.747	76.805	1.804	12.028	76.805

1.2　科学计量学逐渐成熟期主流研究领域

将 *Scientometrics* 逐渐成熟期（1987－1999 年）的1 094篇论文的文献信息及引文信息导入 Bibexcel 软件，构建被引频次不小于20 的27 篇核心文献（见表3）的共引关系矩阵。同样，将文献共引矩阵导入 SPSS 进行因子分析，得到8 个主成分，最终保留了方差贡献最大的前5 个主成分（见表4），其旋转方差贡献达63.544%。结合每个主成分的代表文献与来源文献标题中的高频关键词，对5 个主成分进行了命名，5 个研究领域根据其主成分方差贡献大小排列如下：①引文理论与基础科研评价；②科学合作；③共引与科学知识图谱；④科学计量学指标与国家科研绩效评价；⑤科学精英研究。

表 3　科学计量学逐渐成熟期核心被引文献

文　献	作　者	出版时间（年）	被引频次（次）	代号
Scientometric datafiles-A comprehensive set of indicators on 2 649 journals and 96 countries in all major science fields and subfields 1981－1985	A. Schubert	1989	60	VAR00002
Citation indexing-Its theory and application in science, technology, and humanities	E. Garfield	1979	56	VAR00003
Little science, big science	D. J. de S. Price	1963	44	VAR00004

续表

文　献	作　者	出版时间（年）	被引频次（次）	代号
Assessing basic research: Some partial indicators of scientific progress in radio astronomy	B. R. Martin	1983	39	VAR00005
Relative indicators and relational charts for comparative assessment of publication output and citation impact	A. Schubert	1986	39	VAR00006
The use of bibliometric data for the measurement of university research performance	H. F. Moed	1985	37	VAR00007
The frequency distribution of scientific productivity	A. J. Lotka	1926	36	VAR00008
Mapping the dynamics of science and technology	M. Callon	1986	33	VAR00009
Evaluative bibliometrics: The use of publication and citation analysis in the evaluation of scientific activity	F. Narin	1976	33	VAR000010
Mapping the dynamics of science and technology: Sociology of science in the real world	T. Braun	1985	32	VAR000011
Is technology historically independent of science? A study in statistical historiography	D. J. de S. Price	1965	28	VAR000012
Sources of information on specific subjects	S. C. Bradford	1934	28	VAR000013
International collaboration in the sciences 1981 –1985	A. Schubert	1990	26	VAR000014
Cocitation in scientific literature: A new measure of relationship between 2 *documents*	H. Small	1973	25	VAR000015
Citation analysis as a tool in journal evaluation	E. Garfield	1972	24	VAR000016
The matthew effect in science	R. K. Merton	1968	23	VAR000017
Clustering the science citation index using co-citations 2*: Mapping science*	H. Small	1985	23	VAR000018
Understanding patterns of international scientific collaboration	T. Luukkonen	1992	23	VAR000019
The Structure of scientific literatures 1*: Identifying and graphing specialties*	H. Small	1974	22	VAR000020

续表

文　　献	作　者	出版时间（年）	被引频次（次）	代号
Testing the Ortega hypothesis: Facts and artifacts	M. H. Macroberts	1987	21	VAR000021
Some results on function and quality of citations	M. J. Moravcsik	1975	21	VAR000022
International research collaboration	J. D. Frame	1979	20	VAR000023
Studies in scientific collaboration	D. B. de Beaver	1979	20	VAR000024
Clustering the science citation index using co-citations	H. Small	1985	20	VAR000025
An attempt of surveying and classifying bibliometric indicators for scientometric purposes	P. Vinkler	1988	20	VAR000026
An experiment in science mapping for research planning	P. Healey	1986	20	VAR000027
Referencing as persuasion	G. Nigel Gilbert	1977	20	VAR000028

表 4　科学计量学逐渐成熟期主成分表

成分	研究领域	初始特征值			旋转平方和载入		
		合计	方差的（%）	累积（%）	合计	方差的（%）	累积（%）
1	引文理论与基础科研评价	6.666	24.688	24.688	4.318	15.992	15.992
2	科学合作	4.240	15.703	40.391	4.113	15.234	31.226
3	共引与科学知识图谱	3.808	14.105	54.496	3.271	12.114	43.340
4	科学计量学指标与国家科研绩效评价	2.553	9.456	63.953	3.114	11.535	54.874
5	科学精英研究	1.905	7.055	71.008	2.341	8.669	63.544

1.3　科学计量学黄金发展期主流研究领域

将黄金发展期（2000 年 – 至今）的 2 041 篇论文的引文中共被引频次不小于 40 的 29 篇核心文献（见表 5）建立共引关系矩阵，并导入 SPSS 进行因子分析得到了10个主成分，最终保留了方差贡献最大的前7个主成分（见表6），其旋转方差贡献达60.318%。结合每个主成分的代表文献与来源文献标题中的高频关键词，对7个主成分进行了命名，7个研究领域根据其主成分方差贡献大小的排列如下：①引文索引理论与应用、专利分析；②科研绩效评价；③科学计量学经典概率分布及其应用；④社会网络分析与科学合作研究、大学排名；⑤H指数与G指数；⑥科研合作与国家科研评价；⑦科学计量学指标应用与可视化。

表5　科学计量学黄金发展期核心被引文献

文　献	作　者	出版时间（年）	被引频次（次）	代号
An index to quantify an individual' s scientific research output t	J. E. Hirsch	2005	213	VAR00002
Little science, big science	D. J. de S. Price	1963	83	VAR00003
What is research collaboration?	J. S. Katz	1997	80	VAR00004
Cocitation in scientific literature-New measure of relationship between 2 documents	H. Small	1973	71	VAR00005
The scientific impact of nations	D. A. King	2004	17	VAR00006
National characteristics in international scientific co-authorship relations	W. Glanzel	2001	70	VAR00007
The frequency distribution of scientific productivity	A. J. Lotka	1926	68	VAR00008
Theory and practise of the g-index	L. Egghe	2006	67	VAR00009
Citation analysis in research evaluation	H. Moed	2005	67	VAR000010
Citation analysis as a tool in journal evaluation	E. Garfield	1985	61	VAR000011
Relative indicators and relational charts for comparative assessment of publication output and citation impact	A. Schubert	1986	60	VAR000012
Social network analysis: Methods and applications	S. Wasserman	1994	57	VAR000013
The new production of knowledge: The dynamics of science and research in contemporary societies	M. Gibbons	1994	55	VAR000014

续表

文　献	作　者	出版时间（年）	被引频次（次）	代号
New bibli7ometric tools for the assessment of national research performance: Database description, overview of indicators and first applications	H. F. Moed	1995	55	VAR000015
The increasing linkage between US technology and public science	F. Narin	1997	53	VAR000016
Comparison of the Hirsch-index with standard bibliometric indicators and with peer judgment for 147 chemistry research groups	A. F. J. van Raan	2006	53	VAR000017
The matthew effect in science	R. K. Merton	1968	52	VAR000018
The scientific wealth of nations	R. M. May	1997	51	VAR000019
The dynamics of innovation: From national systems and "Mode 2" to a triple helix of university-industry-government relations	H. Etzkowitz	2000	49	VAR000020
A Hirsch-type index for journals	T. Braun	2006	48	VAR000021
Journal impact measures in bibliometric research	W. Glanzel	2002	47	VAR000022
Is technology historically independent of science? A study in statistical historiography	D. J. de S. Price	1965	46	VAR000023
Citation indexing-Its theory and application in science, technology, and humanities	E. Garfield	1979	46	VAR000024
Visualizing a discipline: An author co-citation analysis of information science, 1972 – 1995	H. D. White	1998	44	VAR000025
Patent statistics as economic indicators-A survey	Z. Griliches	1990	43	VAR000026
Fatal attraction: Conceptual and methodological problems in the ranking of universities by bibliometric methods	A. F. J. van Raan	2005	43	VAR000027
Citation indexes for science: A new dimension in documentation through association of ideas	E. Garfield	1955	42	VAR000028
Random graphs with arbitrary degree distributions and their applications	M. E. J. Newman	2001	42	VAR000029

续表

文　献	作　者	出版时间（年）	被引频次（次）	代号
Studying research collaboration using co-authorships	G. Melin	1996	42	VAR000030

表 6　科学计量学黄金发展期主成分表

成分	研究领域	初始特征值			旋转平方和载入		
		合计	方差的（%）	累积（%）	合计	方差的（%）	累积（%）
1	引文索引理论与应用、专利分析	4. 617	15. 919	15. 919	3. 011	10. 382	10. 382
2	科研绩效评价	3. 309	11. 409	27. 328	3. 002	10. 351	20. 733
3	科学计量学经典概率分布及其应用	2. 929	10. 100	37. 428	2. 866	9. 882	30. 615
4	社会网络分析与科学合作研究、大学排名	2. 477	8. 542	45. 970	2. 441	8. 419	39. 034
5	H 指数与 G 指数	1. 978	6. 822	52. 793	2. 195	7. 569	46. 602
6	科研合作与国家科研评价	1. 817	6. 267	59. 059	2. 016	6. 953	53. 555
7	科学计量学指标应用与可视化	1. 633	5. 630	64. 689	1. 961	6. 763	60. 318

1. 4　科学计量学主流研究领域演进

通过对发展初期、逐渐成熟期与黄金发展期的文献分别进行共被引分析，得到科学计量学自 1978 年至今 3 个不同阶段的主流研究领域，对各阶段的主流研究领域重新匹配调整后，结果如表 7 所示：

表 7　科学计量学各阶段主流研究领域

发展初期	逐渐成熟期	黄金发展期
引文分析理论与应用	引文理论	引文索引理论与应用
科学文献结构、文献计量学统计与分布	科学计量学指标	科学计量学经典概率分布及其应用、科学计量学指标应用与可视化、专利分析
科学合作	科学合作与合著	科学合作研究与科研合作
科研评价	科研产出、基础科研评价与国家科研绩效评价	科研绩效评价、国家科研评价、大学排名、H 指数与 G 指数
学科分析	科学知识图谱理论与方法	社会网络分析

分析表 7 发现：①引文分析的理论和应用是科学计量学在发展时期始终最重要的主流研究领域之一，引文分析技术日趋完善，应用不断扩大，为文献计量学与科学计量学的研究发展提供了新的方法。②科学计量学的研究对象从最初的文献信息演进为科学活动后又发展到专利信息等更细致的对象；科学计量学的研究方法也从简单的数理统计方法演进为各式各样的计量指标与可视化的操作软件。③科学合作从发展初期到逐渐成熟期，再到黄金发展期，从始至终是主流研究领域之一。随着社会的发展与科学技术的进步，单个研究者的能力越来越有限，科研合作在包括科学计量学在内的各学科领域都已成为大势所趋。④科研评价直接关系到科研的发展方向、科研人员的积极性以及社会经济建设的发展，有着重要的研究意义。利用科学计量学方法进行科研评价的研究自科学计量学发展初期便有涉及，并且随着科学计量学的发展，评价的内容不断扩充，方法也在不断完善，如黄金发展期的 H 指数[8]、G 指数主要用于评估科研工作者的科研产出量与科研产出水平，一经提出便迅速成为该时期的研究主流之一。⑤科学计量学在发展初期对学科的分析是从宏观层次上对整体学科知识结构的分析；到逐渐成熟期，开始利用可视化的图谱形象地展示学科的核心结构、发展历史、前沿领域以及整体知识架构，科学知识图谱的理论与方法得到极大的关注；进入黄金发展期后，科学计量学开始结合更多其他学科的理论和方法，其中最重要的便是对社会学中社会网络分析方法的研究和运用。

2　基于共词分析的研究热点与前沿分析

关键词是一篇文章核心内容的浓缩和提炼，如果某一关键词在其所在领域的文献中反复出现，则反映出该关键词或主题词所表征的研究主题是该领域的研究热点。关键词出现的频率越高，表明对其研究的热度就越高。但是词频只能反映单个关键词的受关注程度，无法反映词与词之间有何联系，共词分析法却能揭示关键词或主题词间的亲疏关系，进而反映所表征的研究主题的变化情况。根据前文对进入发展阶段的科学计量学学科演进细分的 3 个阶段，分别将各阶段的论文导入 CiteSpace II 软件，对这 3 个时期科学计量学研究热点与前沿进行识别和分析，并研究各阶段研究热点和前沿的演进历程。

2.1 科学计量学发展初期研究热点与前沿领域知识图谱

将科学计量学发展初期（1978 – 1986 年）*Scientometrics* 刊载的 347 篇文献信息导入到 CiteSpace II 软件。由于这一阶段的文献著录信息并不包括关键词字段，因此网络节点选择“专业术语（term）”。“专业术语（term）”是 CiteSpace II 软件从题目、摘要、系索词（指标引文献主题的单元词或词组）和文献记录的标识符中自动提取得到，词语类型选择“名词短语（noun phrases）”，即运行得到由名词短语生成的基于共现关系的科学计量学发展初期研究热点聚类知识图谱，名词短语以正方形节点显示。如图 1 所示：

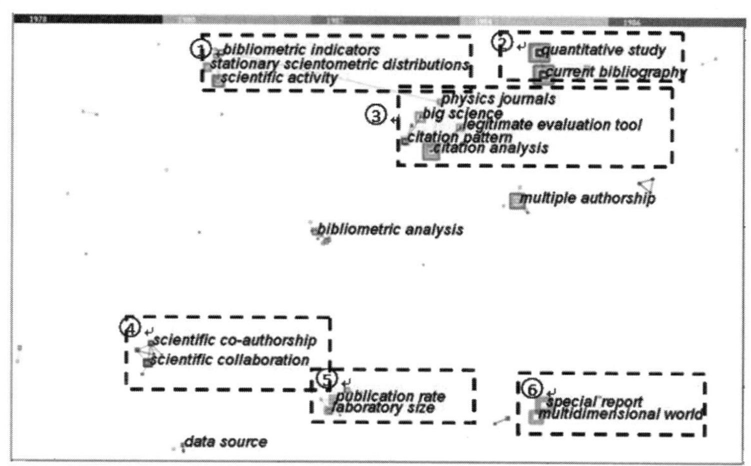

图 1　基于共现关系的科学计量学发展初期研究热点聚类知识图谱

结合后台数据与图 1 可以看出，发展初期的科学计量学研究热点较为分散，网络密度仅为 0.003 7，形成了少数的 6 个研究热点主题。研究热点主题 1 包括 3 个热点：文献计量指标（bibliometric indicators）、稳定的科学计量分布（stationary scientometric distributions）和科学活动（scientific activity）。研究热点主题2由两个节点较大的专业术语组成，包括定量研究（quantitative study）和现行文献目录（current bibliography）。研究热点主题3是包含热点最多的主题，其中关注度最高的热点为引文分析（citation analysis），接下来依次是大科学（big science）、合法评价工具（legitimate evaluation tool）、引证规律（citation pattern）和物理学期刊（physics journals）。研究热点主题4是科学合作（scientific collaboration）和科学合著（scientific co - authorship）。研究热点主题5包括发文率（publication rate）和实验室规模（laboratory size）。研究热点主题6包括特殊报告（special report）和多维世界（multidimensional world）。此外，在这一时期还有一些独立的研究热点，如文献计量分析（bibliometric analysis）、多作者（multiple authorship）和数据来源（data source）值得注意。

利用CiteSpace II软件的时区图（time zone）模式，可以清晰地显示出在科学计量学发展初期研究主题随时间的演进脉络。并且利用CiteSpace II软件中提供的膨胀词探测（burst detection）技术和算法，可以探测出这一时期科学计量学领域的研究前沿。如图2和表8所示：

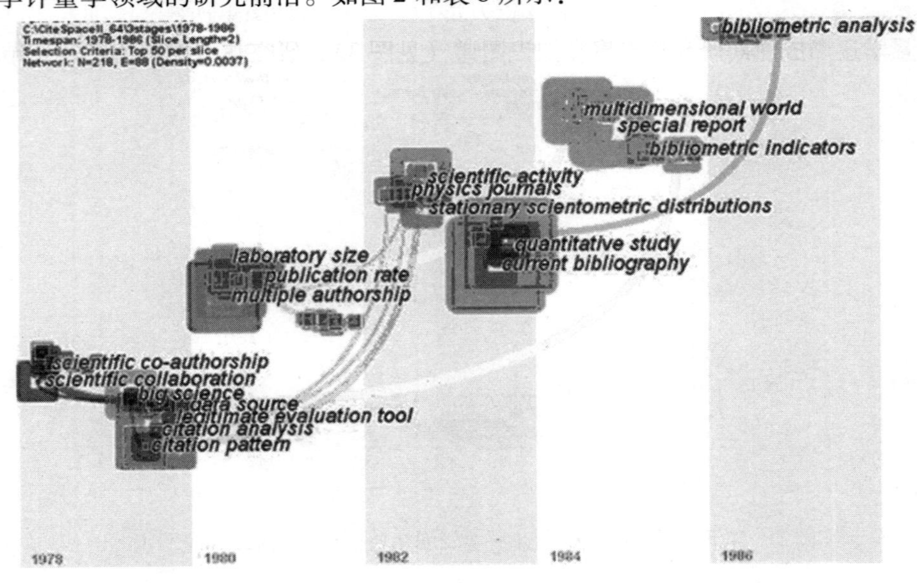

图2 基于共现关系的科学计量学发展初期时区知识图谱

表 8　科学计量学发展初期研究前沿词表

激增值	研究前沿
3.76	quantitative study
3.76	current bibliography
3.52	special report
2.92	multidimensional world

科学计量学发展初期的研究前沿为定量研究、现行文献目录、特殊报告和多维世界。可以看出，对定量研究方法的研究和对科学计量学在科学评价方面的应用是这一时期的研究前沿课题。

2.2　科学计量学逐渐成熟期研究热点与前沿领域知识图谱

1987 年至 20 世纪末，科学计量学研究进入逐渐成熟的时期。这一阶段，*Scientometrics* 发表的文献量大幅增长，共刊载 1 094 篇论文，将其著录信息导入 CiteSpace II 软件中，绘制基于关键词名词短语共现的混合网络图谱，即为科学计量学逐渐成熟期研究热点聚类知识图谱（见图 3），研究热点网络由 230 个节点和 470 条连线组成。图中的正方形节点为专业术语，圆形节点为关键词。

将图 3 与图 1 进行对比，可以明显发现，进入逐渐成熟期的科学计量学研究热点间联系紧密，网络密度达到 0.017 8，而发展初期的热点网络密度仅为0.003 7。研究热点网络密度显示出大幅增长，一方面是因为这一阶段论文量的上涨，另一方面也说明随着科学计量学研究的逐渐成熟，不同的研究主题之间有了交叉研究，建立了研究热点之间较为紧密的联系。

表 9 列出了具有激增值的专业术语和关键词，它们组成了逐渐成熟期的科学计量学的研究前沿。这一时期得到 15 个研究前沿术语，相比发展初期的 4 个前沿术语，可见随着科学计量学研究的日渐成熟，这一时期国际范围内该领域学者的研究方向和角度更加多元，产生了更多的前沿主题。表 9 中显示的前沿分别为：大科学计量学（big scientometrics）、定量研究（quantitative study）、相对引用影响（relative citation impact）、文献计量指标（bibliometric indicators）、现行文献目录（current bibliography）、奥尔特加假说（ortega hypothesis）、发文产出（publication output）、合作（collaboration）、科研绩效（research performance）、影响（impact）、图表（figures）、事实（facts）、物理学（physics）、模式（patterns）、最新版本（newest version）。其中，定量研究（quantitative study）和现行文献目录（current bibliography）在发展初期同样是

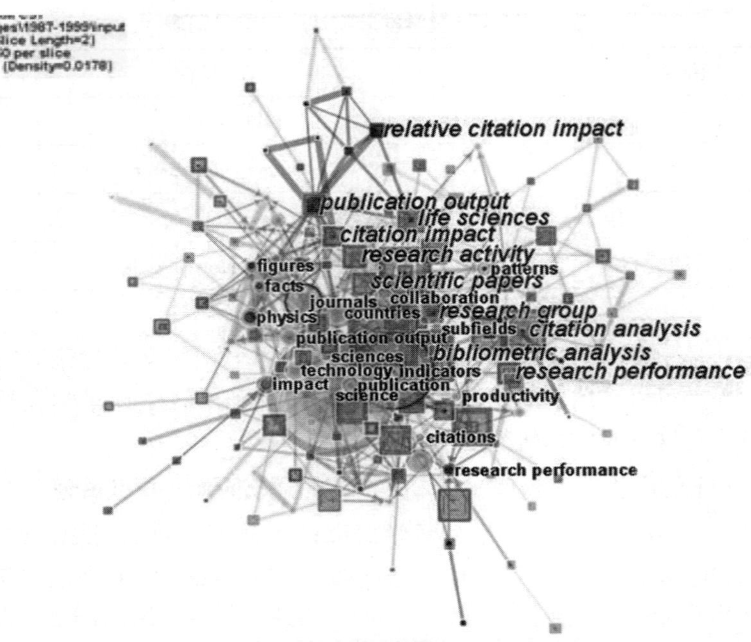

图 3 基于共现关系的科学计量学逐渐成熟期研究热点聚类知识图谱

研究前沿，文献计量指标（bibliometric indicators）、合作（collaboration）、物理学（physics）也都是来自于上一阶段的研究热点，这些热点主题在逐渐成熟期得到了较为集中的关注，成为新的前沿主题。

表 9 科学计量学逐渐成熟期研究前沿词表

激增值	研究前沿	激增值	研究前沿
4. 5	big scientometrics	3. 52	research performance
4. 41	quantitative study	3. 43	impact
4. 24	relative citation impact	3. 32	figures
4. 2	bibliometric indicators	2. 96	facts
4. 15	current bibliography	2. 9	physics
3. 93	ortega hypothesis	2. 85	patterns
3. 62	publication output	2. 66	newest version
3. 56	collaboration		

从科学计量学逐渐成熟期研究主题随时间的演进脉络（见图4）可以看出，这一阶段的研究热点和前沿在各年的分布。从后台数据还得知，指标和期刊两个节点具有较高中间中心性，是研究前沿动态转变过程中的关键节点[9]。在科学计量学逐渐成熟阶段，研究热点和前沿在1987－1988年和1991－1992年这两个时段分布最为密集，并且关键节点也出现在1991－1992年。值得关注的是，1987年第一届国际文献计量学与情报检索理论讨论会在比利时顺利召开，1991年第三届国际信息计量学讨论会在印度召开，参会人数达到200人[10]，较之前的会议参会人数有了大幅增加。这一现象在一定程度上可以说明，科学计量学领域国际研讨会的召开不仅促进了该领域学者的交流，也切实促进了研究热点和前沿主题的产生。

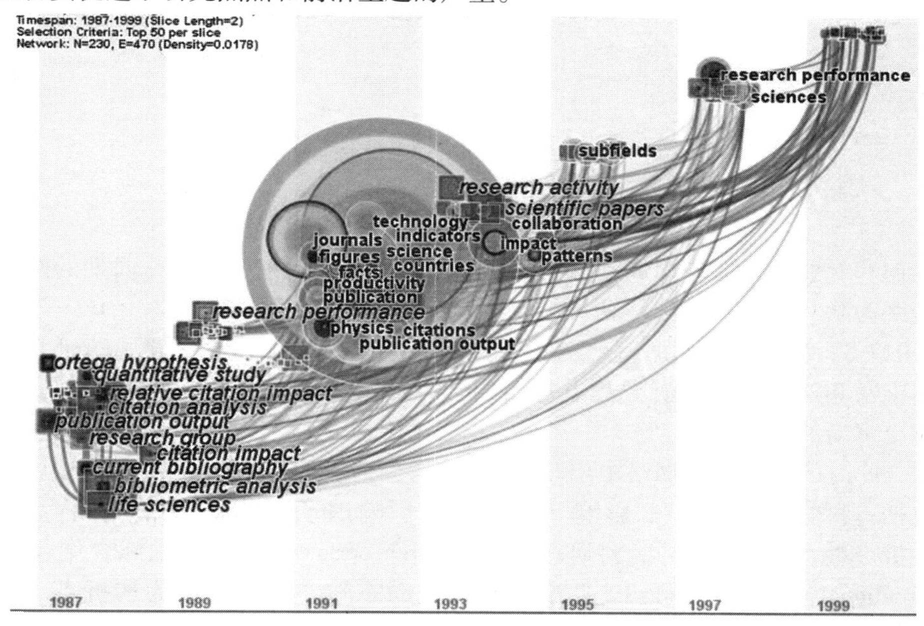

图4　基于共现关系的科学计量学逐渐成熟期时区知识图谱

2.3　科学计量学黄金发展期研究热点与前沿领域知识图谱

2000年至今，*Scientometrics* 共发表2 041篇论文，相比发展初期和逐步成熟期的文献，这一阶段的文献量得到了空前的提升，显示出国际科学计量学研究力量不断壮大，并且产出了丰硕的科研成果。

将2 041篇文献的著录信息导入 CiteSpace II 软件，得到基于共现关系的科学计量学黄金发展期研究热点聚类知识图谱（见图5）。聚类网络由关

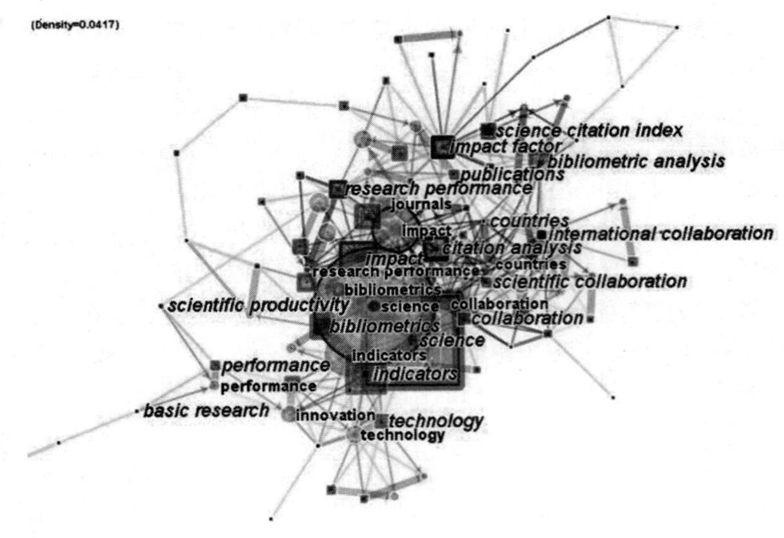

图 5 基于共现关系的科学计量学黄金发展期研究热点聚类知识图谱

键词和专业术语共同组成，共有 124 个节点和 318 条连线。这一时期的网络密度为 0.041 7，而发展初期和逐步成熟期网络密度分别为 0.003 7 和 0.017 8，研究热点网络密度的不断提高，也说明科学计量学领域的研究更加丰富和深入，新的研究热点从旧的热点中演化产生，并且相互交叉，形成更多新的热点。

此时的研究热点网络中出现了较多的具有较高中间中心性的关键节点，包括：科学（science）、影响（impact）、影响因子（impact factors）、引文分析（citation analysis）、科研绩效（research performance）和国际合作（international collaboration）。这些节点在研究动态转变过程中成为转折点，连接不同的研究热点，是学科发展和演进过程中的重要支点。科学（science）不仅是这一阶段中的关键节点，同时也是网络中最大的节点，说明科学计量学在这一时期开始转向对其亲本学科——科学学的研究，回到对科学本身的探析。

将研究热点分布到这一时期的各时间段，可以清晰呈现出研究主题随时间的演进，以及热点和前沿之间的演变关系（见图 6）。同时，该阶段的研究前沿术语，见表 10。

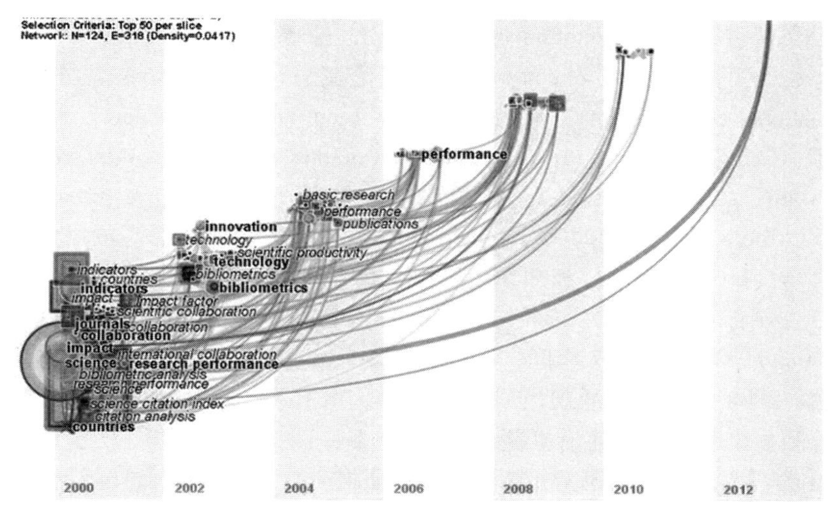

图6　基于共现关系的科学计量学黄金发展期时区知识图谱

表10　科学计量学黄金发展期研究前沿词表

激增值	研究前沿	激增值	研究前沿
12.42	bibliometrics	3.52	journal citation report
8.47	h-index	3.46	communication
7.27	impact factors	3.33	scientific literature
6.17	scientific information	3.19	author self-citations
5.78	science citation index	3.12	Lotkas law
5.56	basic research	3.05	linkage
4.51	scientific communication	3.01	scientometric research
4.18	knowledge	2.88	life sciences
4.06	citation pattern	2.82	cocitation
3.67	research papers	2.82	cooperation
3.60	international collaboration	2.76	scientists

2000年至今，科学计量学领域涌现出22个研究前沿主题。2000－2001年是涌现研究前沿最多的时段，这一时期密集分布着黄金发展期的大部分前沿术语，包括影响因子（impact factors）、科学信息（scientific information）、

科学引文索引（science citation index，SCI）、科学交流（scientific communication）、引证规律（citation pattern）、研究论文（research papers）、国际合作（international collaboration）、期刊引证报告（journal citation report，JCR）、科学文献（scientific literature）、作者自引（author self-citations）、洛特卡定律（lotkas law）、链接（linkage）、科学计量学研究（scientometric research）、生命科学（life sciences）和共引（cocitation）；2002－2003 年涌现的术语包括文献计量学（bibliometrics）和知识（knowledge）。2004－2005 年这一阶段的研究前沿主要有基础研究（basic research）、合作（cooperation）和交流（communication）。2006－2007 年间，科学家（scientists）成为这一时期的研究前沿主题；2008－2009 年涌现出研究新前沿为 h 指数（h-index）；2010 年至今并没有凸显出明显的新前沿主题。

《科学引文索引》（SCI）和《期刊引证报告》（JCR）在科学计量学黄金发展期同时表现出较高的激增值，成为明显的研究前沿。2000 年 ISI Web of Knowledge 平台的推出，促使《科学引文索引》和《期刊引证报告》成为了科学计量学领域研究的重要数据来源，并且提供引文索引、引文分析等强有力的工具，为利用引文数据以及诸如统计分析、矩阵分析、网络分析和聚类分析等数学工具来定量地研究社会的科学能力、科学前沿发展趋势、科学活动的水平、科学论文的质量、科学机构与人才的评估提供了基础，同时也为大规模的科学计量学研究提供了沃土。

3 结语

本文在先前研究的基础上，通过文献共引分析法与共词分析法对国际科学计量学进入发展期的主流研究领域、研究热点以及前沿做了研究分析。其次，对 3 个时期科学计量学研究热点与前沿进行识别和分析，发现随着时间推移研究热点与前沿的网络密度不断提高，研究前沿动态转变过程中的转折点不断增加，并对每个阶段的热点和前沿进行了剖析，发现科学计量学的研究热点以及前沿均呈现出日趋丰富的态势。

鉴于笔者对科学计量学整个学科及其研究分支的理解认识有限，因此文中对主流研究领域可视化的划分和分析都比较浅显，后续研究中将进一步深化与细化。

参考文献：

[1] Leydesdorff L，Bornmann L，Marx W，et al. Referenced publication years spectroscopy applied to iMetrics：Scientometrics，Journal of Informetrics，and a relevant subset of JASIST

[J]. Journal of Informetrics, 2014, 8 (1): 162-174.
[2] Chen Yunwei, Boerner K, Fang Shu. Evolving collaboration networks in Scientometrics in 1978-2010: A micro-macro analysis [J]. Scientometrics, 2013, 95 (3): 1051-1070.
[3] 郭美荣, 苏学. 科学计量学前沿演进可视化研究 [J]. 情报杂志, 2010, 29 (S2): 1-4.
[4] 侯海燕. 科学知识图谱：最有影响的50位科学计量学家 [J]. 科学学研究, 2007, 25 (3): 404-406.
[5] 王炼, 武夷山. 从 Scientometrics 期刊的自引看科学计量学的学科特点 [J]. 科学学研究, 2006 (2): 10-13.
[6] 赵月华. 国际科学计量学演进的可视化研究 [D]. 武汉：武汉大学, 2013.
[7] 钱峰. 基于 SPSS 知识地图的国内数据挖掘研究现状分析 [J]. 情报科学, 2008, 26 (6): 924-928.
[8] Hirsch J E. An index to quantify an individual's scientific research output [J]. Proceedings of the National Academy of Sciences of the United States of America, 2005, 102 (46): 16569-16572.
[9] 陈悦, 侯剑华, 梁永霞, 译. CiteSpace II：科学文献中新趋势与新动态的识别与可视化 [J]. 情报学报, 2009, 28 (3): 401-421.
[10] 蒋国华. 科学计量学和情报计量学：今天和明天（续一）[J]. 科学学与科学技术管理, 1997, 18 (8): 32-36.

作者贡献说明：

赵蓉英：论文的选题与指导；

郭凤娇：论文写作及后期修改；

赵月华：数据处理及论文写作。

作者简介

赵蓉英（ORCID：0000-0002-4742-9037），武汉大学信息管理学院教授，博士生导师，武汉大学中国科学评价研究中心副主任，E-mail：zhaorongyi@126.com；

郭凤娇（ORCID：0000-0002-2902-8299），博士研究生；赵月华（ORCID：0000-0002-8412-2878），博士研究生。

微群核心用户挖掘的关联规则方法的应用*

王和勇　蓝金炯

（华南理工大学经济与贸易学院）

1　引　言

自2009年以来，新浪、腾讯、网易、搜狐等主流门户推出了微博服务，作为一种在线社交网络，微博凭借其独有的传播内容微小化、个性化、裂片化，传播迅猛，辐射力强和到达率高等特性已吸引了众多的学者对其进行研究。而在微博群体中，核心用户以其令人信服性、集权性以及圈群性等显著特征控制着微博中的信息流、意见流[1-2]，微博核心用户与其他用户间的“关联”已成为微博舆论发生演进的重要路径和基础机制，从而使得微博核心用户挖掘逐步转变成为微博研究和应用的基础问题[3]。

目前对微博核心用户进行挖掘的常用方法是通过建立评价微博用户影响力指标体系，构建量化模型得到用户的影响力排序，而这些指标的选取带有一定程度的主观性，若直接将其应用到微博核心用户群体确认中，不考虑用户所归属的具体微群等专业领域内容，其实用性需要商榷。因此，本文提出利用关联规则方法对微群用户建立模型，找出频繁被关注的微群用户，从而找出微群的核心人物。

2　理论背景

微博的信息交互模式引起了众多专业领域研究者的兴趣，研究者分别从微博语义检索、自然语言处理等多个角度开展研究，其中，微博核心用户的确立是研究的热点之一，而核心用户的识别和确认也为微博其他方面的分析提供了进一步研究的基础。

---

* 本文系国家社会科学基金项目“基于大数据技术的微博问政话题挖掘研究”（项目编号：13BTJ005）研究成果之一。

1957 年，E. Katz 从 3 个角度对于一般核心用户的定义进行了描述[4]：①个人性格特征（他是谁）；②个人能力（他擅长于什么）；③重要的社交地位（他认识谁），该理论认为个人价值越高，个人知名度越高或在某一领域的权威性越高，个人与社会联系紧密度越高，则表征该用户越有可能成为核心用户，越有可能通过自身的行动直接或间接影响到其他用户的行为，由此，E-. Katz 将核心用户定义为：那些有可能对他们周围的人形成影响的个人群体。由于该定义涵盖的角度全面，获得了众多学者的认可并得到广泛的应用[5-6]。为突出在社交网络领域中核心用户表现的独特性，M. Eirinaki 等人在 E. Katz 的概念基础上提炼出衡量微博核心用户的两个维度[7]：受欢迎度和活跃度，使得指标更加贴近微博这种社交网络媒体的特性，其理论认为在微博社交网络中，核心用户相比一般用户倾向于展示更高的活跃度以及获得更高的欢迎度。

目前微群核心用户挖掘研究主要集中在 4 个方向：①利用 SNA，通过获取用户间的关系数据，构建社交网络，最后通过该网络的多种指标衡量微博用户的重要性。SNA 方法凭借简单、易懂、指标全面等特性已成为目前研究微博核心用户的主流方法[8]，如 J. Goldenberg 等利用 SNA 方法计算微博用户节点出度与入度，将出、入度数值均大于 3 个标准差的用户判定为核心用户[9]，O. Hinz 等综合使用点度与中间中心性这两个中心性度量指标构建识别微博核心用户的模型[10]，韩运荣等针对一条具体微博绑定的 69 个相关微博用户，通过构建该用户群的“关注矩阵”，利用社交网络图以及社交网络中的中心性度量得到研究群体的核心人物[11]。②运用传统的网页排名算法 PageRank，将微博用户视为传统的网页，用户间的联系则表征为网页间的链入链出关系，从而构建微博社区的基于用户的有向图，并根据微博特性有针对性地在传统算法中加入新变量以适用于微博研究。Y. Yamaguchi 等考虑到微博用户的行为特征，将其和 PageRank 算法相结合，提出了 TURank 算法得到微博用户排名[12]；Weng Jianshu 等通过对 PageRank 算法中加入所定义的特定主题下用户影响力的变量得到 TwitterRank 算法，以此来对微博用户在某一主题内的影响进行排名[13]。这种方法的缺点在于由于没有考虑主题的相关性，当涉及到具体某一领域时，将与主题无关的链接也作为影响因素参与结果排序，导致相应的排序效果主题性不强[14]。③基于影响问题最大化的 top-k nodes 算法。最早由 P. Domingos 提出，通过对社交网络信息在传播中动态变动的特征分析，寻找对最终信息传播效果最有影响力的前 K 个用户[15]。随后 D. Kempe 等将该理念描述为离散最优化问题，由于该问题是 NP - hard 问题，D. Kempe 通过使用一个贪婪的近似算法进行求解，并证明了该算法模型能够比传统的基于静态传播网络结构的模型有更好的效果[16]；E. Even-Dar 随后对之前的模型只研究社交网络从聚合到稳定这一单独过程的缺陷作出改进，提出了“voter model”，使得模型可适用于多种不同的社交网络状态，因而具有更大的应用价值[17]。但由于影响最大化是 NP-hard 问题，只能通过近似求解方式建模，虽说已有多位学者对算法的效率改进做出很多贡献[18]，但模型求解过程的低效率及弱扩展性严重制约该方法的应用范围[19]。④构建评价指标体系，用于评价微博用户重要性程度，通过层次分析法等量化指标方法，对微博用户进行建模研究，得到用户的影响力的评分。王君泽等利用微博用户的粉丝数、关注数、微博数以及是否被验证 4 个指标，通过计算模型中各个用户重要性评分实现微博核心用户识别[20]。这种方法的缺点非常明显，在选取评价指标时存在一定程度上的主观性，同时用户的重要性有可能由多种指标综合判定，选取部分指标无法达到较好的识别效果，并且由于微群所特有的特征，之前所提出的指标体系无法直接应用到微群核心用户挖掘中，指标体系模型的实用性大打折扣[21]。

鉴于此，本文提出一种基于关联规则的方法，通过挖掘频繁模式以及强关联规则的方式识别微群核心用户。

3 研究方法

关联规则方法由 R. Agrawal 等人在 1993 年提出，目的在于从一个数据集中找出项之间的关系，其核心在于通过构建频繁项集寻找一个数据集中的所有强关联规则。

关联规则有两个关键统计量，即支持度（support）和置信度（confidence），分别用以衡量规则的有用性和确定性。在实际操作中，需要根据具体应用确定支持度与置信度阀值，同时满足最小支持度与最小置信度的规则为强关联规则。

本文采用关联规则方法中经典的 Apriori 算法，该算法按照如下思路产生频繁项集：它通过不断迭代来检索事务数据库中的所有频繁项集，在此过程中为了缩减频繁项集的搜索空间，需要利用 Apriori 性质，即频繁项集的所有非空子集也必须是频繁的，将所有不是由 K 项频繁集连接成的 K +1 项候选集在扫描数据库前直接删除，这种启发式性质使得 Apriori 算法能够得到高效的应用[22]。Apriori 算法的伪代码如下：

L_1 = find_ frequent_ 1 - itemsets （D）；

for （k = 2； $L_{k-1} - 1 \neq \varphi$； k + + ） {

C_k = apriori_ gen（L_{k-1}，min_ support）；//New candidates

for all transaction t $\in$ D {

C_t = subset（C_k，t）；//*Candidates in t*

for all candidate c $\in C_t$

c. count + + ;

}

L_k = {$c \in C_k$ | *c. count* ≥ *min_ support*}

}

return L = UkLk

4 实证分析

4.1 数据获取

本文选择新浪微群中一个具有典型性的兴趣爱好微群——“北京交通拥堵实况”为实验对象。通过调用新浪开放接口（*API*）采集微群用户的粉丝列表以及关注列表等数据，并使用 *R* 软件批量获取微群用户中的粉丝数、关注数以及微博数等数据。共获取到 81 位微群用户的数据，其中 3 个是垃圾广告用户，已被新浪系统内部屏蔽，无法获取其数据，故剔除。

在该微群中，用户关注数最多的为 1 560，最少的为 0，平均每个微群用户关注人数为 288. 5。拥有最多粉丝数的微群用户对应的粉丝数为 15 290，而拥有最少粉丝数的微群用户粉丝数为 0，平均每个微群用户的粉丝数为 871. 7。

4.2 分析

4.2.1 社会网络整体分析

为了验证本文提出的关联规则在微群核心用户挖掘模型中的有效性，选取当前主流的 *SNA* 方法进行实验，通过使用微群用户间的关系数据构建社交网络图，计算得到综合衡量微博用户重要性的指标——特征向量中心度，并将所得到的微群核心用户作为之后评价模型的标准，用以评估所构建模型的有效性[23]。将采集到的关系数据转变成微群用户间的“关注矩阵”，将矩阵导入软件 *Ucinet* 中，得到的模型结果如图 1 所示：

该社会网络图的网络密度为 0. 111 4，表明该网络中节点之间连线较少，总体节点间联络的紧密度较弱；聚类系数只有 0. 585，平均距离为 1. 968，表明该网络小世界特征不明显，网络较为分散、稀疏。

进一步选择中心性测量进行分析，共设置点度、接近中心性、中间中心

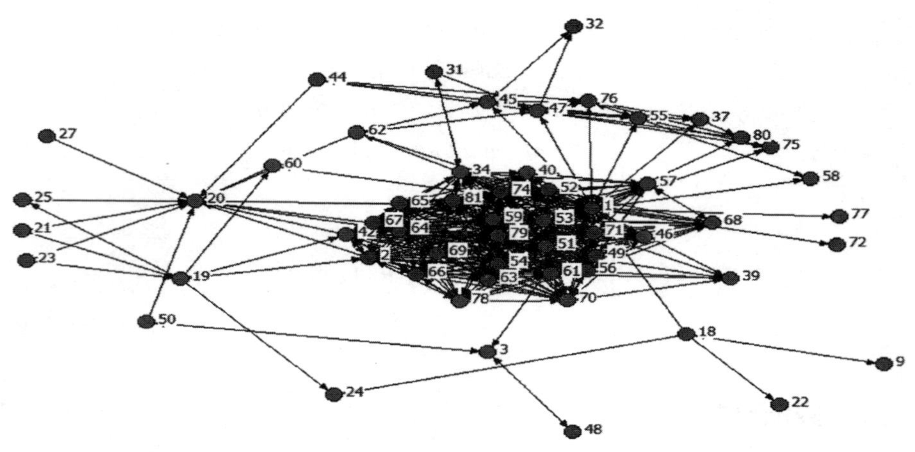

图1　用户关注关系的社会网络

性以及特征向量中心度4 个中心指标用以多角度衡量微博用户的重要程度[24]。特征向量中心度是综合衡量用户重要性的指标，对应的数值越大，则代表该微博用户在群体中的重要性越大，越有可能成为群体中的核心用户[23]。这里选取特征向量中心度表征用户重要性程度，对各微群用户取得的特征向量中心度从大到小进行排序，发现排在前 15 名的微群用户特征向量中心度取值较大且较为接近，与排在后续微群用户特征值对比呈现较大差异，结合研究目的，将这 15 名微群用户归为核心用户群（见表 1）。15 名核心用户的中心性分析结果见图 2。

表 1　特征向量中心度排序前 15 名的微群用户

ID	特征向量中心度
1	31. 312
71	30. 389
79	30. 103
51	30. 103
59	30. 103
56	29. 371
53	29. 206
81	28. 801

续表

ID	特征向量中心度
69	28.709
49	28.598
61	28.461
54	28.455
2	28.022
63	27.595
74	27.397

		1 点度中心性	2 接近中心性	3 中间中心性	4 特性向量中心度
1	平均值	12.037	3.707	0.693	9.626
2	标准差	13.763	0.653	2.701	12.420
3	总和	975.000	226.149	56.171	779.727
4	方差	189.408	0.426	7.296	154.249
5	SSQ	27078.125	864.396	629.890	19999.998
6	MCSSQ	15342.014	25.981	590.938	12494.140
7	Euc Norm	164.554	29.401	25.098	141.421
8	最小值	0.000	1.250	0.000	-0.000
9	最大值	52.500	3.964	23.003	31.312

图2　各中心性测量指标的描述性分析

4.2.2　Apriori 关联规则分析

关联规则在建模时同样需要用到 SNA 方法中的关注矩阵，但在建模前，需对关注矩阵做转置，因为在关注矩阵中，行变量表征的是某用户的粉丝，列变量表征的是某用户的关注对象，矩阵转置后，行变量表示某用户的关注对象列表，此时使用关联规则方法，则可以寻找出频繁被关注的微博用户。一般认为，越被其他用户频繁关注的微群用户，在群体中的影响力越高，越有可能成为微群的核心用户。本文将数据导入数据挖掘软件 Spss Modeler，选择运行 Apriori 算法。在进行微群核心用户识别的过程中，对支持度与置信度参数的阈值进行多次调试来达到一种类似于聚类的效果，即排在前列的核心用户群参数取值较为相似，排在后续的一般用户与核心用户群特征取值有较大差异。实验结果表明，当支持度与置信度阈值分别设置为 33% 和 80% 时，能达到很好的类别区分效果。设置算法参数后，由关联规则模型得到结果见表 2。

表 2　Apriori 关联规则运行结果

先导	后继	支持度	置信度
71	1	34.568	96.429
71	79	34.568	92.857
71	51	34.568	92.857
71	61	34.568	89.286
71	56	34.568	89.286
71	59	34.568	89.286
71	53	34.568	85.714
71	54	34.568	85.174
71	69	34.568	85.174
71	81	34.568	82.143
71	74	34.568	82.143
71	63	34.568	82.143
71	49	34.568	82.143
71	2	34.568	82.143

一般认为在支持度一致的情况下，关联规则的置信度越高，表示该关联规则确定性越高，这里则表示微群用户的重要性越大。由于得到的支持度一致，对结果按照各关联规则置信度大小进行排序，也可理解为微群用户重要性的排序。与 SNA 方法得到的特征向量中心度排序比较，发现由中心度排序得到的 15 名核心用户均在关联规则对微博用户排序所得到的核心微博用户中，只是各微博用户在对应的重要排名上有所差异。这是因为两者采用的数据均为用户间的关系数据，只不过存在矩阵是否转置的差异。SNA 方法是通过微博用户与其他用户的链接多少对重要性进行评分，而关联规则则是通过微博用户被其他用户频繁关注的次数进行重要度评分。

为进一步准确衡量 SNA 方法与关联规则方法得到结果的差异，采用 Spearman 对两者相关性进行显著性检验。Spearman 统计量定义为[25]：

$$r_s = 1 - \frac{6\sum_{j=1}^{n}(R_j - Q_j)^2}{n(n^2 - 1)} \tag{1}$$

其中，R_j 和 Q_j 分别是两个变量的第 j 个值的秩次。

一般认为，|r| 越接近于1，表明两个变量线性相关程度越高，|r| 越接近于0，则表明两个两个变量线性相关程度越低。根据 r 值大小，一般可划分为4级：① 当|r| ≥0.8 时，表示两个变量高度相关；② 当0.5≤|r| <0.8 时，表示两个变量中度相关；③ 当0.3≤|r| <0.5时，表示两个变量低度相关；④ 当|r| <0.3 时，表示两个变量微弱相关。

在软件 SPSS 19.0 中运行 Spearman，相关检验结果如表3所示：

表3 Spearman 相关检验结果

–			Apriori 关联	社交网络法
Spearman 的 rho	Apriori 关联	相关系数	1.000	.836 * *
		Sig.（双侧）	.	.000
		N	15	15
	社交网络法	相关系数	.836 * *	1.000
		Sig.（双侧）	.000	.
		N	15	15

* *. 在置信度（双测）为 0.01 时，相关性显著。

检验结果表示 Apriori 模型得到的核心用户排序与 SNA 方法排序 Spearman 相关系数为0.836，并且在99%显著水平下显著，可拒绝接受两者不相关的原假设，并可认为两者呈现高度的显著相关。这两种方法得到的结果非常相似，因此验证了关联规则在微群中核心用户挖掘应用的可行性。值得一提的是，关联规则模型具有一个重要的用途——关联推荐，即关联规则模型既可以通过模型识别出频繁被关注的对象即核心用户，还可以根据用户关注核心用户 A 进而推荐用户关注核心用户 B，为微群用户提供更全面的服务。在本实验中，由于关联规则中前项只有 ID 为71 的用户，所以只能实现如某用户关注 ID 为71 的核心用户，则推荐相应后项中的核心用户的效果。

4.2.3 评价指标体系分析

为进一步说明关联规则的优越性以及验证常用的微群核心用户评价指标体系无法直接应用到微群核心用户挖掘中，本文选取一个较为成熟的评价指标体系作为对照试验的基准，该指标体系选取了微博用户的粉丝数、关注数、微博数以及是否被验证4个指标作为评价标准，计算各用户的重要性评分 Socre（U），该评分函数定义为[20]：

$$Score(U) = A(Foucs_u \times B(T_u) * Fans_u * (1 + aV_u) \quad (2)$$

其中函数 A、B 分别表示针对关注数 $Foucs_U$ 与发布微博数 T_U 的修正函数，α 表示针对是否验证 V_U 所做的参数调整，经验取值为 0.2。由于在数据采集环节有针对性地收集相关数据，可以直接将该评分公式应用到微群用户中，遵循与 SNA 法获取核心用户类似的方法，得到该评价指标体系方法的核心用户群，并将得到的各用户的重要性评分与之前所构建的 SNA 方法结果以及关联规则模型结果进行对比分析，探讨这 3 种结果是否有显著差异。相关检验结果如表 4 所示：

表 4　3 种模型方法结果的 Spearman 相关检验结果

			Apriori 关联	社交网络法	评价指标体系
Spearman 的 rho	Apriori 关联	相关系数	1.000	.836 * *	.196
		Sig. （双侧）	.	.000	.483
		N	15	15	15
	社交网络法	相关系数	.836 * *	1.000	.371
		Sig. （双侧）	.000	.	.173
		N	15	15	15
	评价指标体系	相关系数	.196	.371	1.000
		Sig. （双侧）	.483	.173	.
		N	15	15	15

* *. 在置信度（双测）为 0.01 时，相关性显著。

由表 4 可见，关联规则与评价指标体系的相关系数为 0.196，相应 p 值为 0.483；SNA 与评价指标体系的相关系数为 0.371，对应的 p 值为 0.173，即使设置显著水平为 90%，两者均无法显著，这时的相关系数大小已无统计意义。这验证了本文之前的假设：即常用的微博用户评价指标体系无法直接应用到微群用户挖掘中。出现这样的结果是由于通常使用的评价指标体系针对的是整个微博开放平台，粉丝数、关注用户数、发布微博数等指标在研究整体用户时是有效的，但是具体到某一微群时，这些指标就无法代表用户在特定群体中的影响力，这时候就需要根据微群具体特征对指标进行调整，如发布微博数调整为在该微群中所发布的微博数，并对常用的指标进行细分，以达到较好的评价效果。

总而言之，在进行模型对比实验过程中，可发现关联规则具有如下优越性：①与核心用户在社交网络中取得高特征值或在指标体系中取得高重要性评分的结果相比，由关联规则方法得到的结果更易于理解，当一个用户被群体内部更多的人频繁关注时，则更有可能成为该群体的核心用户。②关联规则方法在实际操作上更易于实现。相比指标体系方法中需要的多种维度数据，关联规则方法需要的数据维度更为精简，数据精简性在社交媒体中的重要性表现得尤为突出，受隐私等方面因素的影响，获取到的微博用户数据往往呈现较大稀疏性，令模型建立难度加大，促使建模倾向于选择指标维度少、所需数据量少的模型。

5 结 语

本文从微群核心用户挖掘角度出发，通过获取微群用户间的关系数据，提出关联规则在微群核心用户挖掘模型中的应用，并利用新浪微群的数据开展实验，分析结果表明：①与当前主流的 SNA 方法相比，关联规则可以有效地识别出微群中的核心用户，验证了模型的有效性。关联规则还具有关联推荐特性，具有一定的应用与推广价值。②通过将社交网络分析法与传统常用的评价指标体系法进行对比分析，发现常用的评价指标体系受限于固有的研究范围，无法直接应用到微群的核心用户挖掘中，若将其应用到微群，需要对指标体系进行调整，这也从侧面说明了关联规则在微群核心用户挖掘中的普适性。

后续研究将对上述关联规则方法进行更加深入的探讨和检验，实现关联规则的个性化推荐；对核心用户评价指标体系进行有针对性的调整，以更好地用于挖掘微群中的核心用户。

参考文献：

[1] 刘锐．微博意见领袖初探［J］．新闻记者，2011（3）：57－60.

[2] Eccleston D, Griseri L. How does Web 2.0 stretch traditional influencing patterns?［J］. International Journal of Market Research, 2008, 50（5）: 575－590.

[3] Van den Bulte C, Wuyts S. Social networks and marketing［M］. Cambridge: Marketing Science Institute, 2007.

[4] Katz E. The two-step flow of communication: An up-to-date report on an hypothesis［J］. Public Opinion Quarterly, 1957, 21（1）: 61－78.

[5] Gladwell M. The tipping point: How little things can make a big difference［M］. London: Hachette Digital, Inc., 2006.

[6] Watts D J, Dodds P S. Influentials, networks, and public opinion formation［J］. Journal of Consumer Research, 2007, 34（4）: 441－458.

[7] Eirinaki M, Monga S P S, Sundaram S. Identification of influential social networkers［J］.

International Journal of Web Based Communities, 2012, 8 (2): 136 – 158.
[8] Probst F, Grosswiele D K L, Pfleger D K R. Who will lead and who will follow: Identifying influential users in online social networks [J]. Business & Information Systems Engineering, 2013, 5 (3): 179 – 193.
[9] Goldenberg J, Han S, Lehmann D, et al. The role of hubs in the adoption processes [J]. Journal of Marketing, 2009, 73 (2): 1 – 13.
[10] Hinz O, Skiera B, Barrot C, et al. Seeding strategies for viral marketing: An empirical comparison [J]. Journal of Marketing, 2011, 75 (6): 55 – 71.
[11] 韩运荣，高顺杰. 微博舆论中的意见领袖素描——一种社会网络分析的视角 [J]. 新闻与传播研究，2012 (3): 61 – 69.
[12] Yamaguchi Y, Takahashi T, Amagasa T, et al. Turank: Twitter user ranking based on user-tweet graph analysis [C] //Web Information Systems Engineering-WISE 2010. Berlin Heidelberg: Springer, 2010: 240 – 253.
[13] Weng Jianshu, Lim Ee-peng, Jiang Jing, et al. Twitterrank: Finding topic – sensitive influential twitterers [C] //Proceedings of the Third ACM International Conference on Web Search and Data Mining. New York: ACM, 2010: 261 – 270.
[14] Kaul R, Yun Y, Kim S G. Ranking billions of Web pages using diodes [J]. Communications of the ACM, 2009, 52 (8): 132 – 136.
[15] Domingos P, Richardson M. Mining the network value of customers [C] //Proceedings of the Seventh ACM SIGKDD International Conference on Knowledge Discovery and Data Mining. New York: ACM, 2001: 57 – 66.
[16] Kempe D, Kleinberg J, Tardos E. Maximizing the spread of influence through a social network [C] //Proceedings of the Ninth ACM SIGKDD International Conference on Knowledge Discovery and Data Mining. New York: ACM, 2003: 137 – 146.
[17] Even – Dar E, Shapira A. A note on maximizing the spread of influence in social networks [C] //Internet and Network Economics. Berlin Heidelberg: Springer, 2007: 281 – 286.
[18] Kimura M, Saito K. Tractable models for information diffusion in social networks [C] //Knowledge Discovery in Databases: PKDD 2006. Berlin Heidelberg: Springer, 2006: 259 – 271.
[19] 章云龙. 社交网络中基于话题的影响最大化问题研究 [D]. 上海：上海交通大学，2012.
[20] 王君泽，王雅蕾，禹航，等. 微博客意见领袖识别模型研究 [J]. 新闻与传播研究，2011 (6): 81 – 88.
[21] 李随成，陈敬东，赵海刚. 定性决策指标体系评价研究 [J]. 系统工程理论与实践，2001 (9): 22 – 28.
[22] Agrawal R, Srikant R. Fast algorithms for mining association rules [C] //Proceedings of

the 20th International Conference on Very Large Data Bases. San Francisco: Morgan Kaufmann, 1994: 487 –499.

[23] Hanneman R A, Riddle M. Introduction to social network methods [M]. Riverside: University of California, 2005.

[24] Marin A, Wellman B. The Sage handbook of social network analysis [M]. London: Sage Publications, 2011: 11 –25.

[25] Zar J H. Significance testing of the Spearman rank correlation coefficient [J]. Journal of the American Statistical Association, 1972, 67 (339): 578 –580.

作者简介

王和勇，华南理工大学经济与贸易学院副教授，硕士生导师，E-mail: wanghey@ scut. edu. cn;

蓝金炯，华南理工大学经济与贸易学院硕士研究生。

基于内容分析的用户评论质量的评价与预测*

聂卉

（中山大学资讯管理系）

1 引 言

近几年，电子商务等类别的网站上涌现出大量针对商品或服务的用户评论。在电子商务领域，在线网络评论有着重要的利用价值。这些被称为“网络口碑”的资讯对消费者与商家间的互动发挥着意想不到的影响力。对于消费者，评论中对商品质量的评价为其提供了决策购买的重要衡量指标。对于商家，用户为导向的在线评论是他们获得用户反馈的重要来源。通过从这些反馈中提炼有价值的信息，商家能够把握客户需求，提高产品质量，改善服务，增强市场竞争力。然而，因缺乏有效监控，网络上的用户生成内容良莠混杂，低质量甚至虚假信息充斥其中，使得这块富含价值的资讯难以真正得到利用，亟需一套有效的信息评价机制和过滤方法，帮助人们“去伪存真，去粗取精”，最大程度地发挥其价值。在这一背景下，评论效用分析研究被关注，成为电子商务研究领域的热点问题。

信息源的语言特征和语义内容对信息阅读者的判断和行为表现有直接影响[1]。商品评论内容常常左右用户对商品的认知、态度以及购买意愿。网络用户在带着购买意愿浏览评论、寻求商品信息和推荐时，会特别留意评论的正文内容，并依据对评论内容质量的认同感明确自己的购买意向。因而，很大程度上，评论内容形成了用户对商品的判断，而用户感知的评论价值也更多地体现在用户对评论内容的肯定。

基于这一分析，笔者认为对评论内容的深层次分析挖掘是探测评论效用评价机制最直接有效的方法。因此，本文的研究关注点是用户评论内容，从

* 本文系广东省哲学社会科学“十二五”规划2013年度项目“基于情境和用户感知的知识推荐机制研究”（项目编号：CD13CTS01）研究成果之一。

评论内容的语言特征、语义内容、情感倾向等多个特征维度来探索评论内容对用户感知的效用价值的影响力，通过深层次的文本内容分析提取评论效用价值的评价指标，并结合计量分析和机器学习方法验证指标的科学性，设计可行的面向效用价值评估的预测模型。本文的研究以获取高质量评论资源为直接目标，进而实现“有用评论”的自动识别和基于效用指标的评论推荐排名。

2 相关研究

相关研究中，评论效用通常被理解为评论内容对于有目的的信息使用的影响程度。随着大数据时代的到来，在线评论日益增多，海量的数据及其良莠不齐的质量使评论的效用研究具有了更实际意义[2]。在电子商务领域，大部分商务网站或第三方评论网站往往构建有自己的评价体系，通过让用户参与评论效用评价评估其质量。此法简单易行，被广泛采用，但效用评估值的累积需要时间，延迟将导致无法及时反映最新评论的效用，实际应用中会产生偏差。

对这一问题，研究人员从不同方面系统分析了影响评论效用的因素，希望通过探测与评论效用价值相关的要素，来实现对评论质量的自动评估，而不再局限于累积的投票统计。这些研究中，评论效用分析被转化为一个分类或排序任务，抽取与评论相关的多个层面的特征，利用计量或机器学习方法构建效用评价的分类预测模型。如，S. Kim 等[3]利用支持向量机（SVM）的回归方法分别从结构、词法、句法、语义、元数据 5 个文本特征对评论有用性进行自动评价。实验结果表明，评论长度、一元文法以及产品的评级是判断评论有用性的关键要素。Zhang Zhu 等的研究[4]同样采用 SVM 回归预测评论质量，探测了评论的语言特征、情感特征和与主题关联的内容特征与效用价值之间的关系，发现简单语法，如专有名词、数字、情态动词等语言特征在预测在线商品评论的效用时的贡献最显著。Liu Jingjing 等的研究[5]则注意到投票累计导致的评价偏差问题，于是采用人工标注的数据进行研究，并从信息含量、主观性、可读性三个方面刻画评论质量。其中信息含量反映评论内容与产品的关联，主观性量化情感因素，可读性刻画语言的表达，这些特征从不同角度提炼出评论文本的内容实质，以提高评价的合理性。可以看出，以自动识别有用性评论为目标的这组研究中，自动识别采用有指导的机器学习来实现，特征选择是研究要点。由于 SVM 在文本分类上的出色表现，SVM 成为首选的分类预测方法，但 SVM 类算法的评价无法对特征因素与预测变量（评论效用）之间的关系进行比较直观合理的解释，结论不易被很好理解。

另一组面向商品评论的效用评价研究以计量分析为主，采用线性回归模型解释影响评论效用的重要因素。与评论相关的更多元化的特征因素被引入。如 J. Otterbacher[6] 对 Amazon. com 上的用户评价质量进行了分析，提取了 22 个特征来描述评论内容、评论人信誉及产品特色，利用因子分析揭示出这 22 个特征所蕴含的 5 个信息质量的评价维度（关联度、信誉度、描述性、可信度以及客观度），并进一步利用相关分析和回归分析验证了这 5 个质量评价维度与信息质量的关联。A. Ghose 等的研究[1,7]提取了所有可获得的与评论相关的元数据特征，尤其是评论人特征以及面向评论内容的情感特征来探究评论对消费者和商家的效用价值，用线性回归模型进行假设检验和分析预测，揭示出评论的主客观性、信息含量、可读性和拼写错误率与可感知的评论的效用价值的影响，得出混合了客观内容和高度主观性句子的评论会负面影响产品销售，但对用户感知的效用价值却起着积极的作用等有趣的研究结论。

对比分析表明，基于计量的方法能得到一组有价值的结论，但因为研究关注点是评论的可用性评价，因而引入了多个层面的特征，反而弱化了评论内容与效用间的关联。由于文本挖掘的难度或精准度的不确定性，相当一部分研究回避了对评论文本的特征因素的实质性探究，而存在的内容分析研究也相对浅层。如 J. Otterbacher[6] 的研究没有分析评论中蕴含的主客观性和情感倾向，A. Ghose 等的研究[1, 7]只进行了主客观分析，没有对评论的文本内容进行更深层次的语义挖掘。而以机器学习为主要方法的研究揭示出对信息源的文本及语言特征的选择和描述对信息质量的评估起着至关重要的作用。

本文强调对文本内容的深层次分析，也重视对预测模型的可解释性描述。因此，围绕本文的研究目标——评论内容对用户感知的评论效用影响的研究，特别应用了深层次的文本挖掘方法，并尝试结合机器学习和计量分析，来探知影响评论质量的评论内容的特征因素和预测方法。本文研究也借鉴了 A. Ghose 等的思路，但 A. Ghose 等的研究面向英文，并利用了现成的文本分析和情感挖掘工具 Lingpipe（http：//alias-i. com/lingpipe/）。本文面向中文，在探索评论效用评价机制与模型的同时，研究中文领域面向语义和情感的特征提取。

3 研究设计

对于用户生成的网络评论，笔者尝试给出一个合理的面向文本内容的评价指标体系，探究内容特征对用户可感知效用价值的影响力，通过设计可行的测度方法，评价用户评论质量，辨识高质量用户评论，提高用户生成内容的可利用价值。依据这一研究目标，本文提出三个研究问题：①评估评论质量的重要的文本因素有哪些？面向中文领域，如何利用自然语言处理技术自动获取这些特征因素？②评论的文本特征如何影响用户感知的评论的效用价值？③依据评论的文本特征如何有效判断评论的效用价值，自动识别高质量的评论资讯？

3.1 用户评论的质量评价指标体系

对于信息质量评价，Wang Y. Richand 等[8]提出的信息质量描述框架被广泛采纳。他们将信息特质分为内在特质、内容特质和描述特质三个方面。内在特质强调信息固有特性；内容特质反映信息含量和完备性；而描述特质则刻画语言风格。笔者参考这一指标体系，针对研究对象具有情感丰富、内容随意、形式多变的特点，重新设计整合了相应指标，抽取文本内容中的 6 个特征并分别归属到主客观、信息量和语义三个类别的特质描述中，如表 1 所示：

表 1　评论质量评价指标体系

类型 (Type)	特征属性 (Feature)	说明 (Explanation)
主客观 (Subjectivity)	Avg_ Sub Avg_ SD	评论的主观度均值 评论的主观度标准差
信息量 (Informativeness)	Num-wd Num - sen Num-wd-sen	评论长度（以词条数统计） 评论长度（以句数统计） 评论的平均句长（单句中所包含词条数的均值）
语义特性 (Semantic)	Topic-relevancy	评论内容与目标产品的关联度

主客观特质：作为用户生成的评论性文本，产品评论内容中通常混杂着主观的用户评价和客观的商品描述。评论文本既反映用户观点，也具有和产品特征密切相关的客观事实描述。

信息量：一方面刻画信息含量，如词量和句量。另一方面则描述其语言风格，如平均句长。通常，信息含量指标对应的特征值越大，评论的信息量越大，但语言风格越趋于复杂，比如长句。

语义特性：描述评论内容与目标产品的相关性，读者通过语义特性获知评论的主题内容。

3.2 文本特征的提取

文本分析模块用于实现特征的提取。处理流程如图1所示。分析过程分为三个阶段：预处理、情感分析以及面向内容的主题关联度计算。由于研究面向中文领域，笔者利用了开源的中文自然语言处理平台 FundanNLP（http：//code. google. com/p/fudannlp/），采用机器学习方法，用 JAVA 语言编程实现整个文本处理流程。

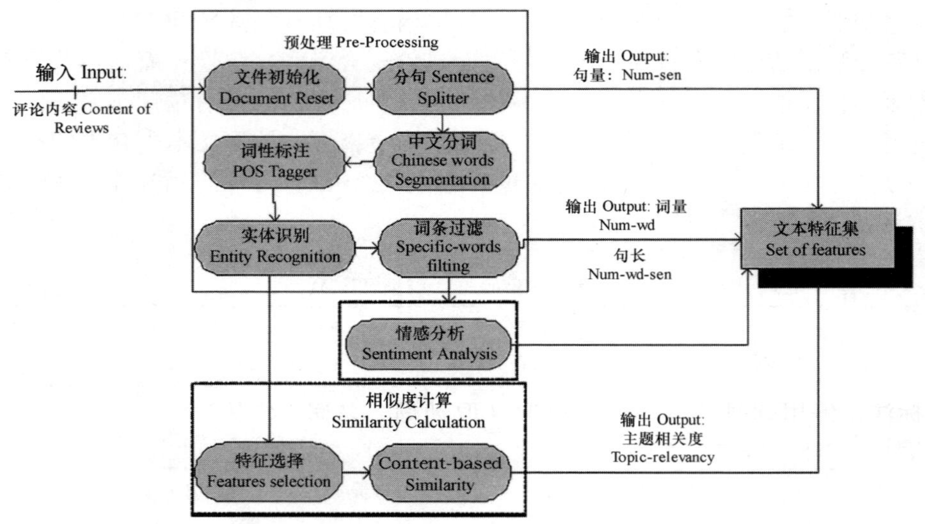

图1　文本分析处理流程

预处理采用一组自然语言分析模块对文本内容进行初始化处理。原始评论内容依次经过分句、分词、词性标注、实体识别以及词性过滤等环节的处理。可直接提取与信息含量关联的文本特征词量、句量以及反映语言风格的平均句长。在词性过滤环节，抽取动词、形容词、副词、名词、专业名词及数词用于主客观分析（情感分析）。主题关联度的计算则利用动词、名词及实体词描述文本矢量。与主客观特质相关的特征指标采用 A. Ghose 等[1]提出的评论主观度均值 $Avg\_\ Sub$ 以及主观度标准差 $Avg\_\ SD$，计算公式如下：

$$Avg\_\ Sub(R) = \frac{1}{n}\sum_{i=1}^{n} Pro_{Subjectivity}(Sentence_i) \tag{1}$$

$$Avg\_\ SD(R) = \sqrt{\frac{1}{n}\sum_{i=1}^{n}(Pro_{Subjectivity}(Sentence_i) - Avg\_\ Sub(R))^2} \tag{2}$$

n 为评论 R 包含的句子的数量，通过计算每个句子 $Sentence_i$（i = 1，2，…，n）的主观倾向度$Pro_{Subjectivity}$（$Sentence_i$）获取评论 R 的主观度均值 *Avg_ Sub*，反映评论文本中蕴含的情感因素。评论内容与目标产品关联越显著，*Avg_ Sub* 越大，说明评论内容主要反映评论人的观点，倾向主观。*Avg_ SD* 反映的则是评论的主客观混合度。A. Ghose 等[1]指出，具有效用的评论应该既能提供产品信息，也能展现出令人信服的评论者观点，这反映出评论内容是主客观两类信息的混合。而作为情感因素指标，笔者认为，*Avg_ SD* 还能够间接体现评论者的情绪波动。尤其当 *Avg_ Sub* 相对高的情况下，*Avg_ SD* 低，表明评论者的主观情绪始终饱满；反之，评论者对产品的有评（主观）有述（客观），应更趋理性。由计算公式可见，获取这两个指标的关键是句子级的主观度估计$Pro_{Subjectivity}$（$Sentence_i$）。通过手工标注训练集，利用 FudanNLP 平台构建了 SVM 回归预测模型，预测出单句的主观度。测试集上进行了十折交叉验证，精度达到 85%。

有参考价值的评论内容与产品密切关联，和目标产品无关的评论往往得不到用户认同。评论内容与产品的关联度对可感知的评论效用有直接影响。笔者以权威的官方产品评测文本为基准，计算评论内容与官方评测的内容相似度，以此测度主题关联度。评论文本及评测文本为输入，经过分词、词性标注、停用词过滤、特征词提取（取动词、名词、实体词、数词及专用名词），构建基于 TF * IDF 权值的文本特征矢量，采用经典的余弦相似度计算评论内容与产品描述的语义相似度，获取面向语义内容的特征指标 Topic-relevancy。分析处理流程见图 2。

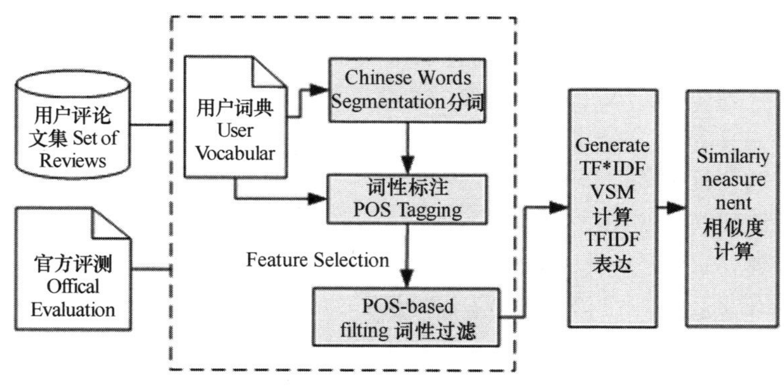

图 2　主题相关度计算框架

3.3　基于回归分析的解释模型

采用计量法构建解释模型，探测影响用户感知的评论效用价值的影响因素。解释模型中评论效用为预测变量，源自评论内容的文本特征值为解释变量。构建解释模型，提出如下假设：

假设1：评论中主客观情感因素对用户可感知的评论效用有显著影响。

假设2：评论主题关联度的变化对用户可感知的评论效用有显著影响。

假设3：评论与信息量关联的特征因素的变化对用户可感知的评论效用价值有显著影响。

依据假设，建立预测评论效用的多元回归模型，定义如下：

$$R_{helpfulness} = \alpha + \beta_1 Ln(R_{Num\_wd}) + \beta_2 R_{Num\_sen} + \beta_3 R_{Num\_wd\_sen} + \beta_4 R_{Avg\_sub} + \beta_5 R_{Avg\_SD} + \beta_6 R_{Topic\_relevancy} + \varepsilon \quad (3)$$

因变量 $R_{helpfulness}$ 为评论效用，取有用投票数与总投票数的比值为该变量代理。自变量则引入 Ln（R_{Num_wd}）、R_{Num_sen}、$R_{Num\_wd\_sen}$（反映评论的信息含量和语言风格）、R_{Avg_sub}、R_{Avg_SD}（体现评论的情感特征）以及 $R_{Topic\_relevancy}$（反映评论的语义内容）。模型强调源自内容的文本特质对评论效用的作用。笔者并未考虑其他相关因素（如评论人特征）的影响力。因为实际运作中，笔者认为对于阅读者，评论内容，尤其是包含了阅读者感兴趣产品的评论内容对阅读者有直接影响，内容是阅读者判断评论是否有帮助的主要依据。

3.4 基于规则的预测模型

解释模型揭示了影响评论效用的重要因素，进一步需要探知对一个缺少投票积累的评论，如何根据其评论内容预测其效用。笔者尝试构建一个二分类的预测模型。首先，连续性的效用变量 $R_{helpfulness} \in (0, 1)$ 被转换为一个0/1变量。取阈值 τ，$R_{helpfulness}$ 大于 τ，判定评论有帮助，否则无帮助。许多研究采用SVM构建分类器，笔者则选取决策树。基于规则的决策树模型能够对结论进行合理解释，更易被理解。决策树的构建过程中，取属性信息增益（information gain）为分支判断，信息增益反映分裂属性蕴含的信息量。信息增益越高的特征属性，对分类结果的影响力越大。因此，可以根据决策树的分支结构比较特征的相对重要性。另一方面，为更好地理解决策规则，笔者采用聚类算法，将连续的特征变量转换为名义型变量，如依据特征变量 R_{Avg_sub} 和 R_{Avg_SD}、评论的主观度（subjectivity）聚类为三种类型（Cluter_ 0，Cluter_ 1，Cluter_ 2）。主题相关度（topical relevancy）分为强、较强、弱三个层次。信息量特质（informativeness）则为多、适量和少三个等级。

4 实验与分析

4.1 数据采集

中关村在线（www.zol.com.cn）是最具商业价值的IT行业的第三方评价

网，笔者以其为目标数据源，利用爬虫软件 Locoy（http：//www. locoy. com/，火车头采集器）共采集了1 569条有关手机 Moto ME525 的评论，自动抽取评论的文本内容和相关元数据，并取赞成票数与总投票数的比值作为评论效用的代理，即

$$R_{helpfulness} = \frac{R_{Num\_helpful\_voters}}{R_{Num\_total\_voters}} \qquad (4)$$

4.2 实验与分析

对实验数据进行深度的文本分析，获取文本特征变量，进而设计两组实验对用户评论质量进行评价与预测研究。

4.2.1 实验一：影响评论可感知效用的重要特征因素探测

实验目标：探测文本特征对评论效用价值的影响力，提取影响用户感知效用的重要的文本特征因素。

实验平台：R语言。

研究方法：统计分析，建立基于文本特征的解释变量对评论效用价值（预测变量）的回归模型（见上文）。

实验结果：见图3-图5。

实验分析：由图3可见，研究提出的假设模型总体拟合指标——调整系数（adjust R^2）约为0.20。对每个解释变量，在0.001显著性水平上，评论信息量在词量上的统计特征 Ln（R_{Num_wd}）表现出对$R_{helpfulness}$的显著影响。在0.01显著性水平上，评论的主题相关度$R_{Topic_relevancy}$和主观度均值R_{Avg_sub}，均表现出对$R_{helpfulness}$显著的正向影响。但情感因素的另一指标R_{Avg_SD}以及反映语言风格的R_{Num_sen}和与信息量相关的$R_{Num_wd_sen}$指标未表现出对$R_{helpfulness}$的显著影响。进一步的探测中，引入非线性的变量间的交互因素，发现R_{Avg_sub}与$R_{Topic_relevancy}$的内积对评论效用价值在0.01水平上有显著负向影响力，表明评论效用的感知度的提升会随着主题相关性与主观情感度增长有所降低，即评论中蕴含的情感因素同感知效用的关系与内容密切相关。内容丰富且和主题相关度高的评论易得到阅读者的认同，但有充分信息量、与主题内容密切关联而过于主观和情感强烈的评论却会使阅读者对其认同感打折扣。

可见并非所有文本特质都会对评论效用价值的感知有正向作用。为了全面探测所有变量及其可能组合对评论效用价值预测的影响，笔者在所有的特征子集上进行了回归分析，以期获得最佳的解释模型。如图4所示：

图4展示了基于所有特征子集的回归模型及其在性能评估指标 adjust R^2 上的表现。横坐标对应自变量，纵坐标对应 adjust R^2，从大到小依次排列。

```
> summary(fit)

Call:
lm(formula = Helpfulness ~ Ln_Num_wd + Num_sen + Num_wd_sen +
    Avg_sub + Avg_SD + Topic_relevancy + Avg_sub:Topic_relevancy,
    data = newdata4)

Residuals:
     Min       1Q   Median       3Q      Max
-0.61536 -0.23655  0.04496  0.21533  0.46321

Coefficients:
                         Estimate Std. Error t value Pr(>|t|)
(Intercept)             -8.287e-01  2.381e-01  -3.481 0.000549 ***
Ln_Num_wd                1.873e-01  4.201e-02   4.458 1.05e-05 ***
Num_sen                 -8.974e-04  1.846e-03  -0.486 0.627118
Num_wd_sen              -9.927e-04  3.162e-03  -0.314 0.753709
Avg_sub                  5.754e-01  2.208e-01   2.606 0.009483 **
Avg_SD                   1.194e-01  1.899e-01   0.629 0.529583
Topic_relevancy          1.167e+01  3.813e+00   3.060 0.002350 **
Avg_sub:Topic_relevancy -1.339e+01  4.967e+00  -2.697 0.007277 **
---
Signif. codes:  0 '***' 0.001 '**' 0.01 '*' 0.05 '.' 0.1 ' ' 1

Residual standard error: 0.2634 on 439 degrees of freedom
Multiple R-squared:  0.2046,    Adjusted R-squared:  0.1919
F-statistic: 16.13 on 7 and 439 DF,  p-value: < 2.2e-16
```

图3　回归分析的结果（运行截图）

最好的两个模型位于顶部。$Ln\ (R_{Num\_wd})$、R_{Avg_sub}、R_{Avg_SD}、$R_{Topic_relevancy}$为两个模型中有显著影响作用的解释变量（暗色区域对应的横坐标），两个模型的调整系数达到0.2，相比其他子集模型有更佳的拟合度。从两个模型中提取有显著影响的文本特性，分别为词量（R_{Num_wd}）、情感特征R_{Avg_sub}、R_{Avg_SD}以及主题的相关度 Topic_ relevancy。

进一步分析三组特征的相对重要性。笔者采用了相对权重法（relative weight），它是对所有可能子集模型添加一个预测变量引起的 R^2平均增加量的一个近似值[9-10]，利用这一模型生成预测变量的相对权重。如图 5 可示，词量的影响作用最大，其次是主题相关度，再次是情感因素。结论表明，富含信息的评论内容是读者认同评论效用的最重要因素。

4.2.2　实验二：基于决策树的评论效用价值的预测

实验目标：采用机器学习方案进行分类预测研究，以验证解释模型的分析结果，并挖掘能够有效辨识有用评论的规则。

实验平台：开源的数据挖掘软件平台 RapidMiner（http：//rapid-i. com/content/view/181/190/）。

研究方法：通过聚类生成文本特征的定性描述，构建基于规则的决策树分类模型。

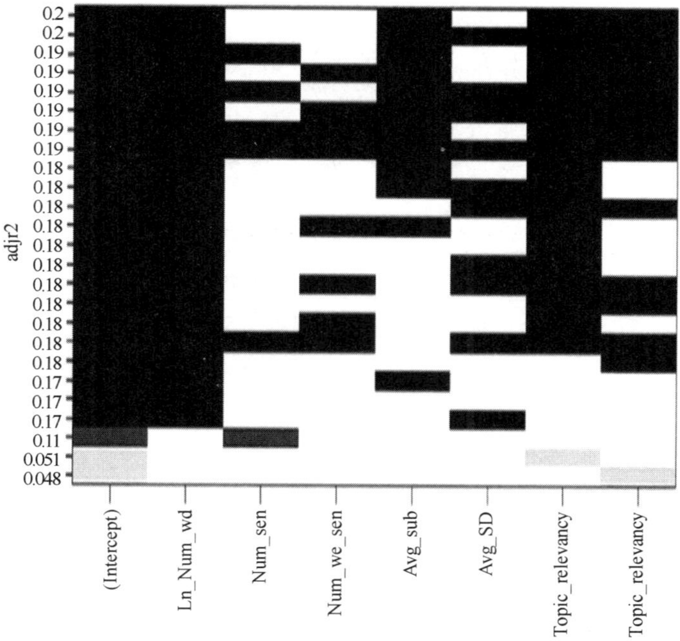

图 4　基于 adjusted R^2 指标的最佳模型排名（截图）

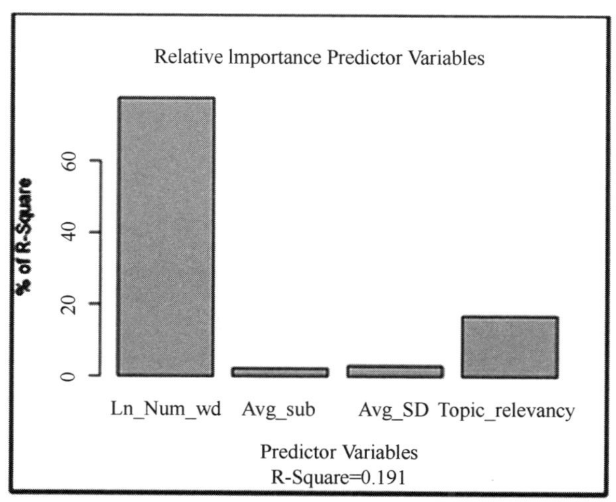

图 5　解释变量的相对重要性结果（运行截图）

实验结果与分析：根据上文的分析，采用决策树进行分类预测。取 1 569 条手机评论为实验数据，对每条评论计算基于用户投票的效用评分$R_{helpfulness}$。同时设阈值 $\tau=0.6$，若$R_{helpfulness}$大于 τ，评论有效，否则无效，据此标注评论效用的类属标签，同时通过聚类对有显著影响作用的文本特征进行类型化（具体见上文）。如对情感因素聚类后结果如表 2 所示：

表 2　情感特征的聚类结果

情感类型	Cluster_ 0	Cluster_ 1	Cluster_ 2
$R_{Avg\_ sub}$	0. 979	0. 795	0. 591
$R_{Avg\_ SD}$	0. 014	0. 374	0. 460

Cluster_ 0 主观度均值最高，但情绪波动不大，因而为感性类评论，且情感强烈。Cluster_ 1 为感性偏理性的评论，评论主观性较强，但也有较为客观的评述，评论的情感起伏波动比 Cluster_ 0 大。Cluster_ 2 为理性偏感性的评论，主观性评论不及 Cluster_ 1，相对客观，且方差较大，表明有客观内容但不乏主观评述。对所有相关特征进行定性描述后，在实验数据集上构建决策树，进行十折交叉验证，结果如表 3 所示：

表 3　决策树模型的预测精度

Accuracy：82. 61%			
	True 1	True 0	Class precision
Pre. 1	7	3	70. 00%
Pre. 0	1	12	92. 31%
Class recall	87. 50%	80. 00%	

可见，正例（有帮助评论）的识别精度为 70%，反例（无帮助评论）的识别精度为 92. 31%，预测分类模型的分类准确率达到 82. 6%，结果是比较理想的。但树结构体现出更有意义的结果，见图 6。

根据决策树构建原则，属性分裂的选择依据是信息增益。该指标反映对应分支属性对分类的贡献值，信息增益越大，属性越重要，越靠近根节点。图 6 结构显示，三个分支属性的重要度依次是词量、主题相关度和情感类型，和回归分析得出的特征相对重要性的结论一致。而根据树的结构，还可以得到一组清晰的辨识有用评论的规则。如图 6 所示的 Rule1 和 Rule2：

Rule1：*if*（*Num_ wd* =“多”*and Topic_ relevancy* =“强”*and Sentimental style* =（*Cluter_* 1 *or Cluter_* 2））*then*（评论 *R* 有效用）

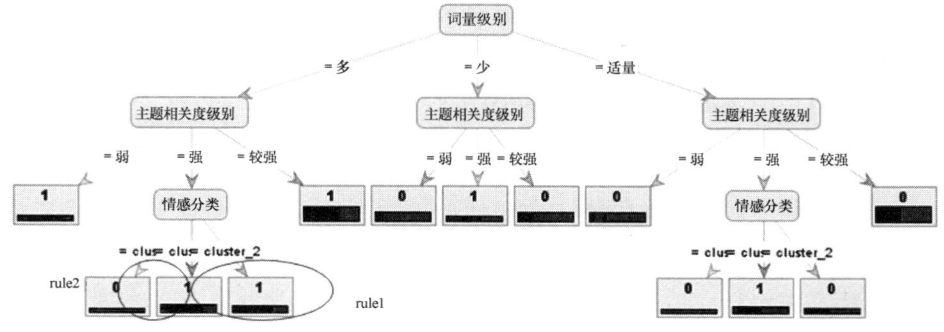

图 6　RapidMiner 运行结果截图

Rule2：*if*（*Num_ wd* =“多”*and Topic_ relevancy* =“强”*and Sentimental style* = *Cluter_* 0）*then*（评论 *R* 无效用）

两条规则隐含揭示出：词量达到一定量度，才容易得到用户关注和认同，成为有效评论的几率较高。但是与主题相关度高的评论，如果情感过于强烈则（Cluter_ 0 类型）有过褒或过贬嫌疑，往往得不到认可，被判别为“无用评论”的可能性高。既有主观评价又有客观描述、情感表达适度的评论内容易被用户感知有用。从整个决策树的结构分布亦可看出：词量适量，表明有一定的信息量，但若主题相关度不足，往往得不到认可。若主题相关度高，则需进一步探测评论的情感类型，情感过于强烈的和偏感性的评论普遍不被认可，偏理性的评论比较容易受到青睐，获得用户的感知效用，从而有较高的可利用价值。这一研究结论与人们的经验判断是一致的，同时也印证了实验一关于文本特征重要性比较的结论。

5　结　论

本文以获取高质量评论资讯为直接目标，对评论质量的评估和“有用评论”的自动识别进行了实证研究。研究关注点为评论内容，探讨评论正文内容中表现出的语言、语义、情感特征对评论可被感知的效用的影响，并据此提出高质量评论的自动辨识方法和依据。参考信息质量评估的一套指标，笔者首先提出了一个针对用户评论内容的评价指标体系。针对中文领域，利用自然语言处理技术，通过深层次的文本内容分析提取了与评论效用价值相关的文本特征，并结合计量分析和机器学习方法解释并验证指标特征的科学性，据此设计出面向效用价值评估的高质量评论的预测模型。依据对真实数据的分析，笔者的研究揭示出了评论的文本特征，包括信息量、主题关联度及情感特征与可感知的评论效用价值有显著关联。最优回归模型则表明丰富的信息含量、围绕产品主题的内容关联以及适度的情感的表达是评论内容被感知具有效用价值的重要因素。决策树预测分类模型则给出了辨识“有用评论”依据的规则。回归模型和预测分类模型都得出文本特征属性的相对重要性，依次是词量、主题相关度和情感类型。

总之，研究证明依据评论内容的特征可有效探测评论质量，辨识高质量评论，最大化评论的效用价值。特别是在缺乏用户投票积累的情况下，可以直接利用评论内容评估用户生成的评论内容，过滤低质量评论，及时地将具有高利用价值的评论内容展现给用户。

参考文献：

[1] Ghose A, Ipeirotis P G. Estimating the helpfulness and economic impact of product reviews: Mining text and reviewer characteristics [J]. IEEE Transactions on Knowledge and Data Engineering, 2011, 23 (10): 1498 - 1512.

[2] 姜巍，张莉，戴翼，等．面向用户需求获取的在线评论有用性分析［J］．计算机学报, 2013, 36 (1): 119 - 131.

[3] Kim S, Pantel P, Chklovski T, et al. Automatically assessing review helpfulness [C] //Proceedings of the 2006 Conference on Empirical Methods in Natural Language Processing. Stroudsburg: Association for Computational Linguistics, 2006: 423 - 430

[4] Zhang Zhu, Varadarajan B. Utility scoring of product reviews [C] //Proceedings of the 15th ACM International Conference on Information and Knowledge Management. New York: ACM, 2006: 51 - 57.

[5] Liu Jingjing, Cao Yunbo, Lin Chin-Yew, et al. Low-quality product review detection in opinion summarization [C] //Proceedings of the 2007 Joint Conference on Empirical Methods in Natural Language Processing and Computational Natural Language Learning. Stroudsburg: Association for Computational Linguistics, 2007: 334 - 342.

[6] Otterbacher J. "Helpfulness" in online communities: A measure of message quality [C] //Proceedings of the 27th International Conference on Human Factors in Computing Systems, New York: ACM, 2009: 955 - 964.

[7] Ghose A, Ipeirotis P G. Designing novel review ranking systems: Predicting the usefulness and impact of reviews [C] //Proceedings of the Ninth International Conference on Electronic Commerce. New York: ACM, 2007: 303 - 310

[8] Wang Y, Richard, Strong M. Diane. Beyond accuracy: What data quality means to data consumers [J]. Journal of Management Information System, 1996, 12 (4): 5 - 34.

[9] Johnson J, Lebreton J. History and use of relative importance indices in organizational research [J]. Organizational Research Methods, 2004, 7 (3): 238 - 257.

[10] LeBreton J M, Tonidandel S. Multivariate relative importance: Extending relative weight analysis to multivariate criterion spaces [J]. Journal of Applied Psychology, 2008, 93 (2): 329 - 345.

作者简介

聂卉，中山大学资讯管理系副教授，博士，硕士生导师，E-mail：issnh@mail. sysu. edu. cn。

机　构　篇

基于社会网络分析的科研团队发现研究*

李纲　李春雅　李翔

（武汉大学信息管理学院）

1　引　言

在大科学时代，许多科学研究已经无法由一个人单独进行，往往需要知识结构多样、优势互补的众多科研人才组成科研团队来完成。可见，在科学研究中，科研团队的建设具有极其重要的现实意义，符合科学发展的内在需求。目前普遍采用的科研团队定义为："科研团队是以科学技术研究与开发为内容，由优势互补、愿意为共同的科研目的、科研目标和工作方法而相互协作配合承担责任的科研人员组成的群体"[1]。本文的研究对象是建立在科研合协作关系上的、具有明确的研究方向和主题、成员优势互补且相互协作承担责任、基于科研协作关系形成的虚拟科研团队；研究目的是运用社会网络分析方法，对合著网络、共词网络和作者关键词耦合网络进行分析，了解学科研究方向和主题、科研合作等学科研究现状，发现并识别科研团队，为科研团队的发现研究提供一种新的研究思路。

2　相关研究现状

关于科研团队发现方面的研究主要分为传统的科研团队发现和基于网络的科研团队发现：

2.1　传统的科研团队发现

传统的科研团队发现，是通过综合多方面的显性数据来发现团队。这些显性数据包括：机构组织架构信息、团队组织注册信息、问卷调查或专家访

* 本文系国家自然科学基金项目"科研团队动态演化规律研究"（项目编号：71273196）研究成果之一。

谈等社会调查信息等，主要针对的是实体科研团队。实体团队成员在地域上具有临近性，大多数是在同一个组织内，因此在团队结构上具有所在组织的结构架构特点，团队成员主要通过面对面的交流进行联系，组织边界较为清晰。例如 Li Zhihong 等学者通过调查访谈来研究科研社团中的隐性知识交流影响因素[2]。李金通过问卷调查了全国 31 个省的中医药科研机构，以了解中医药研究重大疾病科研团队发展状况[3]。传统的科研团队发现方法按照机构来研究发现科研团队，或者按照科研项目的立项来发现科研团队，强调物理的相似性和有形资源的共享程度。优点是数据获取方便且易于理解；缺点是数据来源单一，缺乏完整性，确立的团队局限于显性的实体团队，参考价值有限。

2.2 基于网络的科研团队发现

基于网络的团队发现，一般是利用大型的数据，如数据库信息、作者合著信息、作者引用和被引用信息、活动获奖信息等建立起大型的整体网络，这些网络是重要的信息资源载体，网络中的结点和连线展现出丰富的意义。属于同一个紧密相连社团中的节点在其他方面上更加可能具有相同或相近的性质[4]，如具有共同的研究兴趣或学术背景、在团队中扮演着相似的角色。

基于网络的科研团队发现，是对体现科研团队协作关系的科研协作网络——科研工作者在科研活动中，由于相互间的交流、合作形成的一种科研关系网络进行分析。目前基于网络的科研团队发现方法主要可分为 4 类：以结点为中心、以群为中心、以网络为中心和以层次结构为中心[5]。相比传统的团队发现方法，基于网络的科研团队发现方法有以下优势：数据获取渠道多样，数据具有良好的完整性，能挖掘出传统团队发现方法所不能发现的各种隐性的科研合作团队。

3 数据来源及网络构建

本研究旨在通过搜集分析网络中肿瘤学科领域内的论文等文献信息，对该领域内的科研团队进行发现和识别。本文所有数据来源于万方数据库，最终选取了 31 种相关期刊，共获取 2002 - 2012 年间符合条件的肿瘤学科研究期刊论文 63 561 篇。记录每篇论文的篇名、作者、关键词、刊名、卷期等字段，并建立相关数据库。

3.1 数据清洗

在万方数据库进行抓取所获得的论文数据存在无效数据的问题，如非学术期刊论文、无作者、无关键词等。为使分析更加准确，故将此类数据删除。

原始数据经过数据清理之后，得到本研究所需论文信息记录 56 868 条，期刊总数为 31 种，作者共计 63 595 名，关键词记录为 49 183 个。

3.2 数据处理

为了建立论文合著网络、共词网络和作者关键词耦合网络模型，首先需要对每一篇论文中的作者和关键词进行抽取、配对转化、关联等进一步的数据处理。其次，通过生成两两相关的数据，可以得到作者合著关系和关键词共现关系列表，列表包含了 56 868 篇论文所生成的所有作者和关键词的两两相关数据，按照互不相同的合著关系和关键词共现关系，分别得到合著关系表和共词关系表。最后，通过对于某一论文中的作者和关键词两两配对，建立本文所需的作者 - 关键词耦合关系列表。依据现有的合著关系表和共词关系表对应构建的合著网络和共词网络发现合著网络的关系节点有 59 881 个，共词网络的关系节点有48 998个，由于 UCINET 6.0 软件可处理的最大网络规模为 32 767 个结点，故在使用该软件进行分析时，对合著网络、共词网络和作者关键词耦合网络的结点进行了一定的筛选。

4 科研团队成员发现

科研团队在结构上可以分为团队领导人、团队核心成员和非核心成员。团队领导人是指在某一学科领域上具有极高的学术水平，能够带领、指导和组织有关人员开展学术研究并取得研究成果的专家。科研团队的核心成员是科研团队中的骨干，他们紧密围绕着科研团队的科研目标，承担着科研课题中的主要任务。科研团队中的非核心成员是指仅参与一段时间的科研活动或是辅助性地参与科研活动的人员，他们对团队的贡献力有限。

由于在网络中，科研团队没有统一的规模大小和清楚的边界，所以从边界出发来发现科研团队并不适合。因此本文对科研团队成员的发现，采用从科研团队的内部中心出发，向外扩展的方式。具体的科研团队成员发现的研究过程如图 1 所示：

4.1 科研团队中团队领导人的发现

科研合著网络是一个社会网络，许多学者对不同领域的科研合著网络的特点进行了研究。王福生等对图书情报领域的合作网络作了分析，证明了节点的度分布符合幂率分布[6]。晏尔伽等通过网络的平均路径和聚类系数，发现合著网络具有小世界效应[7]；A. L. Barabasi 等人研究了数学领域与神经科学领域的科研合著网络，发现一个作者的合著度越大，他的科研能力和影响力也会越来越大[8]。科研团队的团队领导人是团队的关键核心人物，对科研

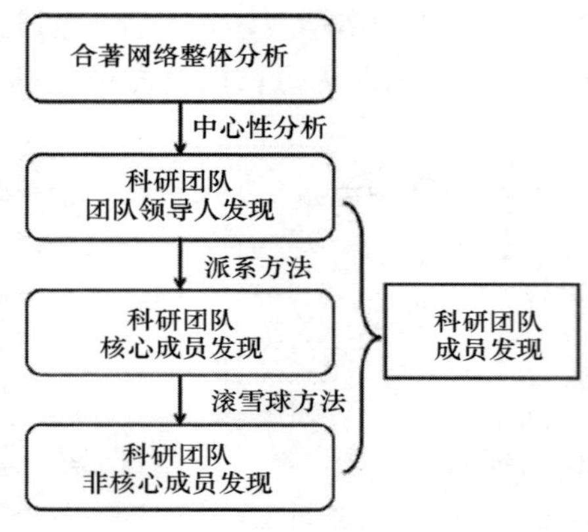

图1 科研团队人员发现的研究过程

团队中团队领导人的要求包括：在学术上成就卓著且具有崇高的威望，对团队决策能够起重要的影响作用[9-10]。

在社会网络分析中，从“关系”的角度对“重要程度”、“威望”等概念进行定量化的研究，给出了度数中心性、中间中心性和接近中心性3种量化方式。而关于团队领导人的具体量化指标和社会网络中的识别指标，由于各种指标均有利弊，目前学界并没有统一。结合对科研团队中团队领导人的定义，本文从结点的中心度上对合著网络中的团队领导人进行识别，即选择中间中心度较高的结点作为核心结点，在这些结点上的作者即为团队领导人。选择中间中心性作为识别团队领导人的指标，是因为中间中心度测量的是一个行动者“控制”他人行动的能力，中间中心性越高，表明有越多的行动者需要通过他才能发生联系，所以这些结点代表的作者可以被认为是相关学科研究领域的团队领导人。本文首先在整体合著网络中选取发文在10篇及以上的作者作为目标结点集合，提取出合著关系18 334条，随后对形成的合著网络的中心性进行计算比较，最后为了便于研究，选取了作者合著网络中结点中间中心度的前14位作者作为本研究科研团队研究样本的团队领导人。

4.2 科研团队核心成员的发现

科研团队通常存在一个核心团队，具有一定的动态性，但核心成员一般不会有太大的变动[11]。本文中对核心成员的发现将选取与团队领导人有合著关系的结点集合组成的合著网络，使用派系的方法，确定科研团队的核心成员。

在合著网络中，科研团队团队领导人和核心成员间的稳定紧密的科研协作关系，可以从结点间的关系强度上得到体现，即结点间的关系强度越强，意味着作者间的合著频次越高，两者间的合作更为稳定和密切。在整体合著网络中选取与团队领导人有合著关系的结点集合，共有1 769个结点（含团队领导人结点14个），结点间合著关系共11 589条，其中团队领导人间的合著关系19条，与团队领导人的合著关系为2 126条，本文使用社会网络分析中的c层次派系的方法，选取合著关系频次5次及以上作为阈值c，结果如图2所示：

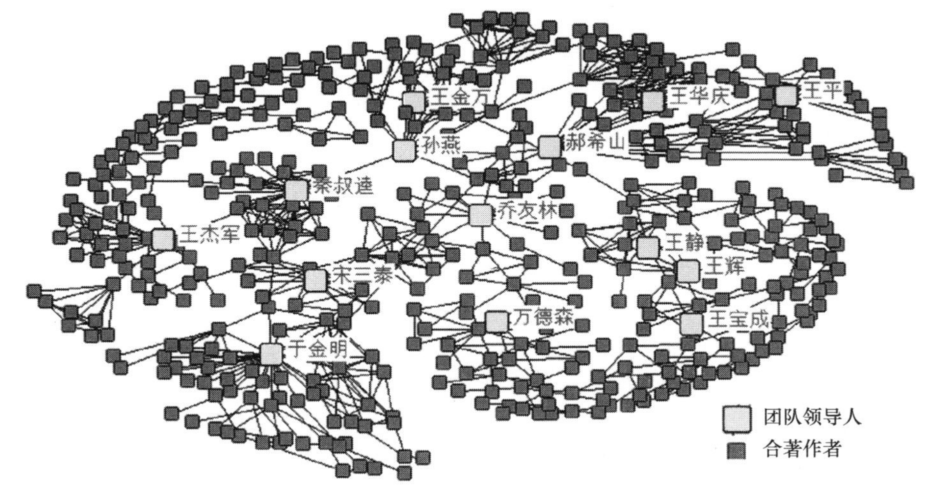

图2　整体合著网络中与团队领导人有合著关系的结点集合社会网络

在此基础上，利用社会网络分析中的派系分析方法，进一步挖掘核心科研团队成员。通过Ucinet软件计算，可以得出网络中的派系个数为129个；依据与团队领导人有合著关系的结点集合c层次派系（c=5）分析结果，手动筛选出团队领导人所在派系并合并，形成科研团队核心团队（见表1），即完成了科研团队核心成员的发现。

表1　科研团队团队领导人及其核心成员

编号	领导人	科研团队核心成员（按照姓氏拼音排序）	核心成员人数	总人数
1	郝希山	冯玉梅、李强、李晓青、梁寒、刘虹、刘贤明、钱正子、邱立华、任秀宝、孙保存、王殿昌、王华庆、王晓娜、于津浦、战忠利、张会来、张澎、赵秀兰、周世勇	19	20

续表

编号	领导人	科研团队核心成员（按照姓氏拼音排序）	核心成员人数	总人数
2	乔友林	陈凤、陈汶、刘彬、刘新伏、潘秦镜、张询、章文华	7	8
3	秦叔逵	陈惠英、陈映霞、龚新雷、何泽明、华海清、黄勇、李苏宜、刘琳、刘秀峰、钱军、邱少敏、邵志坚、王琳、杨柳青、杨宁蓉、赵伟	16	17
4	宋三泰	江泽飞、李晓兵、刘晓晴、申戈、孙君重、王涛、吴世凯、徐建明、于静新、张少华	10	11
5	孙燕	冯奉仪、李青、孙保存、王金万、徐兵河、张频、张湘茹、赵秀兰	8	9
6	万德森	陈功、潘志忠、伍小军、周志伟	4	5
7	王华庆	崔秀珍、付凯、郝希山、侯芸、李兰芳、刘贤明、钱正子、邱立华、张会来、周世勇	10	11
8	王杰军	曹传武、顾小强、李睿、钱建新	4	5
9	王金万	冯奉仪、石远凯、孙燕	3	4
10	王平	李瑞英、庞青松、王军、袁智勇、赵路军	5	6
11	于金明	范廷勇、付正、付政、郭洪波、孔莉、李宝生、李建彬、李金丽、梁超前、刘同海、卢洁、孙新东、王仁本、杨国仁、尹勇、余宁莎	16	17

11 个科研团队的核心成员中，人数在 3－19 人之间，核心团队总人数为 4－20 人。需要说明的是，4.2 节中选取的团队领导人共有 14 名，但本节中只明确了 11 个科研团队核心成员，有 3 位团队领导人所带领的科研团队未能检测出来。对于这一差别，笔者认为与派系分析中的层次的选择以及与团队领导人权威重要性的表现形式有关，因为本文设定的阈值 c＝5，即是对核心小组内成员间的合著关系强度要求大于等于 5 次，但实际情况中团队领导人与其核心成员合作的次数可能不到 5 次。此外，本文选取团队领导人是基于发文量来进行中心度分析，在某些科研团队中，权威的表现形式可能不仅仅在于论文的发表，还有发明创新、专利等方面。

4.3 科研团队非核心成员的发现

对于合著网络的科研团队非核心成员的发现，采用对科研团队的团队领导人、核心成员的各个作者用滚雪球方法在整体网络中向下滚动一层的方法。具体是在整体合著网络中以科研团队的团队领导人、核心成员的各个作者为顶点，向下滚动一层，即可获得该科研团队的非核心成员。本文以编号为2的科研团队为例来发现非核心成员，将2号科研团队团队领导人和核心成员的作者每一位分别向下滚动一层，把其合著关系加入到小团体网络中，最后得到2号科研团队共314人，其中非核心成员306人，如图3所示：

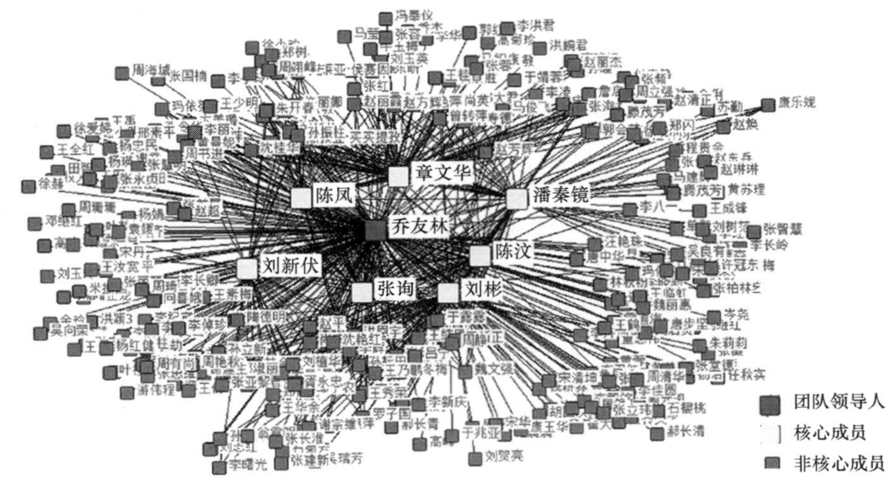

图3　2号科研团队团队领导人、核心成员、非核心成员合著网络

5　科研团队主题识别

对于科研团队的主题识别，本文借助社会网络分析方法对共词网络进行分析，了解学科领域内的研究方向、研究主题，并绘制主题图；随后通过作者关键词耦合网络模型，将科研团队成员的关键词与学科领域研究主题相结合，识别出科研团队的研究主题。

5.1　学科研究主题图

共词网络直观地揭示学科领域的研究方向和研究主题，并对学者间合作关系所表现出来的共同研究兴趣和研究目标有所展示。M. Callon[12]、E-. Noyons[13]和王晓光[14]等人研究发现，共词分析方法在展现学科领域研究主题方面具有显著优势。本文的研究选择以关键词为节点、关键词之间的共现关系为连线的共词网络，以及以作者、关键词为结点的作者关键词耦合网络为科研团队研究主题识别的网络基础，选取一定范围的学者或某个数据库中有关一个特定主题的所有文献的作者和关键词，建立共词网络与作者关键词耦合网络，并使用以网络为中心的社区发现方法，发现科研团队的研究主题。

数据经过处理后得到相关研究论文的关键词共49 183个，共词关系 307 531 条。选取出现频次为 5 次及以上的关键词，得到共现关系 7 446 条及其结点2 170个，组成 2002－2012 年肿瘤学科 a 关键词共现频次 5 次及以上的网络图。对各结点的度数中心度予以计算，按结点度数中心度排序。在网络图中，提取前 40 个关键词，随后依据结点的度数中心度大小进行可视化展示，发现“预后”、“免疫组织化学”、“肿瘤” 等关键词突出，见图 4。

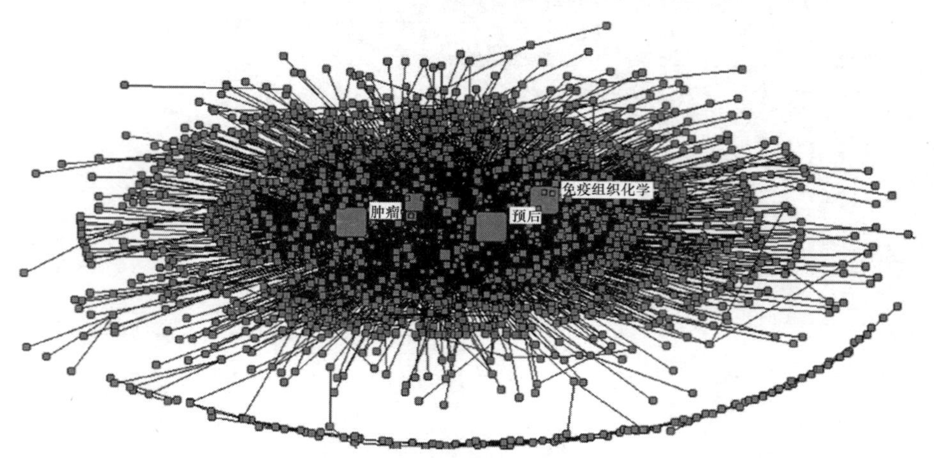

图 4　2002－2012 年肿瘤学科关键词共现频次 5 次及以上的网络关系

k－核是建立在点度数基础上的凝聚子群概念：一个子图中的全部点都至少与该子图中的 k 个其他点邻接，这样的子图为 k－核。对 2002－2012 年肿瘤学科关键词共现频次在 5 次及以上的网络图进行 k－核分析，按照度数 1－19 可以进行 19 种分区，使用结点形状按结点的核心度（KCores）予以区分，绘制图 5。

提取核心度为 19 的结点共 40 个，将度数中心度分析方法和 k－核分析方法提取的关键词汇总统计，综合两种方法，共提取关键词 47 个，随后综合专家学者的见解[15]，对这 47 个关键词作进一步分析，可部分得到肿瘤学科的研究方向主题，见图 6。

- 病种分类方面：主要表现为乳腺肿瘤、胃肿瘤、肺肿瘤、食管肿瘤、肾肿瘤及其癌症等病种的研究，这些病种是目前发病率较高的几种肿瘤或癌症。

- 治疗方法方面：主要表现为化学治疗、放射治疗、药物治疗、生物治疗等方面，如“顺铂”属细胞周期非特异性药物，有较强的广谱抗癌作用，

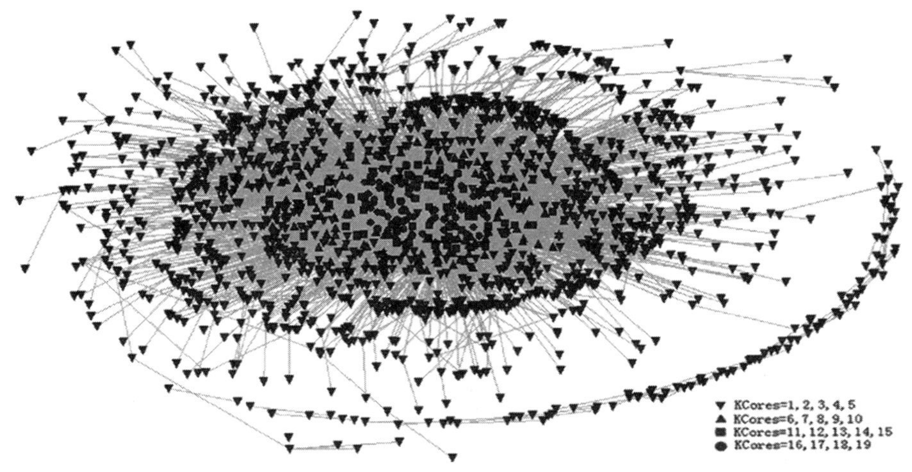

图 5　2002 – 2012 年肿瘤学科关键词共现频次 5 次及以上的 k – 核分析

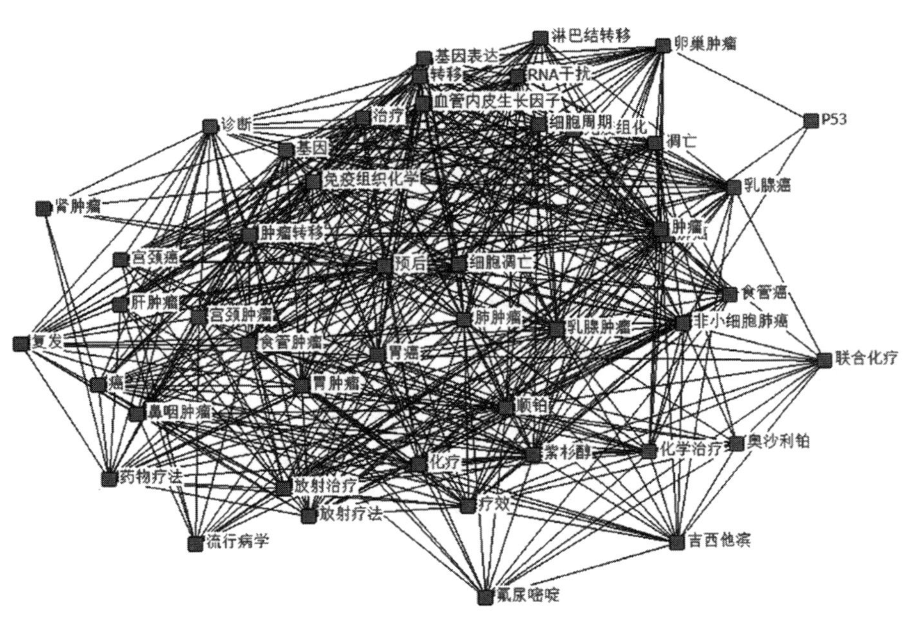

图 6　2002 – 2012 年肿瘤学科研究主题（部分）分布

是癌症治疗的常用化学药物，具有较高疗效。

- 基础研究方面：主要表现为免疫学、病理学等，如“细胞凋亡”、“血

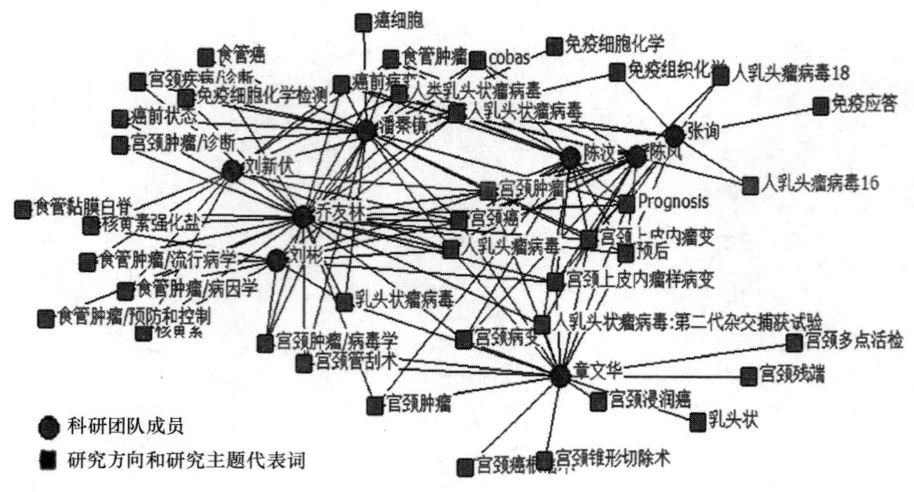

图7　2号科研团队研究方向主题

管内皮生长因子”、“免疫组织化学（免疫组化）”。

5.2　科研团队研究主题识别

作者关键词耦合网络即是利用作者与其论文关键词之间的关系，通过关键词来建立作者之间的关系，两个作者拥有相同关键词的数量越多或比例越大，说明作者间研究领域的相似度就越高。同样，一个科研团队成员间相同的关键词数量越多，说明科研团队内成员的研究领域越为相似，这样相似的关键词就可以展现整个科研团队的研究方向和研究主题。

通过上述11个科研核心团队成员的每篇论文的作者关键词配对，形成作者关键词耦合关系表，按团队成员对作者关键词耦合关系进行提取并统计频次，形成与科研团队对应的作者关键词耦合矩阵，运用Ucinet绘制与科研团队对应的作者关键词耦合网络。同样以2号科研核心团队为例，该团队由1位团队领导人和7位核心成员组成，按团队成员对作者关键词耦合关系表中的相关关系频次进行提取，然后在科研团队作者关键词耦合网络中，对关键词按与作者的关联数和关键词出现次数进行综合排序，如图7所示：

对结果进行综合分析，提取10个关键词作为2号科研团队的研究方向和研究主题代表词。按照同样的方法，对其他10个科研团队的研究方向和研究主题代表词进行提取，具体结果如表2所示：

表 2　11 个科研团队研究方向和研究主题代表词

科研团队	研究方向和研究主题代表词
1	预后、乳腺肿瘤、胃肿瘤、化疗、免疫组织化学、凋亡、肺肿瘤、淋巴瘤、血管生成拟态、转移
2	宫颈肿瘤、人乳头瘤病毒、预后、食管肿瘤、癌前病变、宫颈上皮内瘤变、人乳头状瘤病毒、cobas4800、核黄素、免疫细胞化学
3	化疗、顺铂、紫杉醇、伊立替康、药物疗法、胃肿瘤、细胞凋亡、分子靶向治疗、淋巴瘤、氟尿嘧啶
4	乳腺肿瘤、内分泌治疗、预后、转移、化疗、基因治疗、免疫组织化学、耐药、血管内皮生长因子、药物疗法
5	预后、乳腺肿瘤、转移、肺肿瘤、免疫组织化学、凋亡、顺铂、综合疗法、血管生成拟态、SYT－SSX 融合基因
6	预后、结直肠肿瘤、胃肿瘤、辅助化疗、转移、肝肿瘤、凋亡抑制基因、因素分析、外科治疗、淋巴结
7	全胃切除术、突变、热灌注化疗、托泊替康、胃肿瘤、消化、丝裂霉素 C、上皮分化、神经降压素、免疫学
8	肺肿瘤、胃肿瘤、预后、化学治疗、转移、免疫组化、结直肠肿瘤、抑郁症、血管生成因子、细胞粘附分子
9	预后、综合疗法、肺肿瘤、奥沙利铂、淋巴肿瘤、乳腺肿瘤、结直肠肿瘤、药物疗法、造血干细胞移植、非霍奇金
10	预后、乳腺肿瘤、射波刀、肿瘤、放射治疗、食管肿瘤、凋亡、免疫组化、化疗、手术
11	预后、放射疗法、肺肿瘤、食管肿瘤、体层摄影术、乳腺肿瘤、锥形束 CT、脱氧葡萄糖、转移、诊断

注：科研团队的编号顺序与表 1 中的顺序编号对应。

综合分析 11 个科研团队的研究方向和研究主题，可以得到以下发现：从 11 个科研团队整体来看，研究方向涉及病种分类、基础研究和治疗方法；“预后”是各个科研团队的重点。从单个科研团队个体来看，个体科研团队在基础研究和临床治疗上均有涉及，病种上具有多样性；部分科研团队表现出明显的针对性。科研团队的研究方向和研究主题既有相似性，也存在差异。

6 科研团队关系分析

由于整个学科领域内的科研团队数目众多，仅对其中的极少数科研团队的成员和研究主题进行发现，很难完全了解该科研团队在学科领域中的作用。但是，当我们对科研团队间的关系进行识别分析后，对它们相互间便有了比较参照，对各个科研团队在该学科领域中的认识也将“全面”一些。

本文对科研团队的发现是基于科研协作网络的，从各科研成果产出来发现各个科研团队在研究主题上可能存在相似性。同时，由于科研团队的人员规模大小不一，有的科研人员属于多个团队，在网络中科研团队的成员边界具有交叉的可能。因此，对科研团队关系的分析包括两个方面，即科研团队成员多隶属关系分析和科研团队研究主题相似性分析。

6.1 科研团队成员多隶属关系分析

在实际情况中，一个科研人员可能仅隶属于一个科研团队，也可能隶属过多个科研团队，即一个科研人员在一段较长的时间段内可能只在一个科研团队内承担科研任务，也可能在多个科研团队间流动。因此，可作如下定义：设科研人员集合 P = $\{P_i \mid P_i$是科研人员$\}$，科研团队集合 T = $\{T_j \mid T_j$是科研团队$\}$，对应关系 f：P_i与 T_j的隶属关系，即是集合 P 与集合 T 间的关系对应。本文发现的 11 个科研团队间成员的隶属关系也表现出多对多对应，由这样的隶属关系组成的社会网络即是 2 - 模网络。使用 Ucinet 软件绘制科研人员 - 科研团队对应关系图，如图 8 所示：

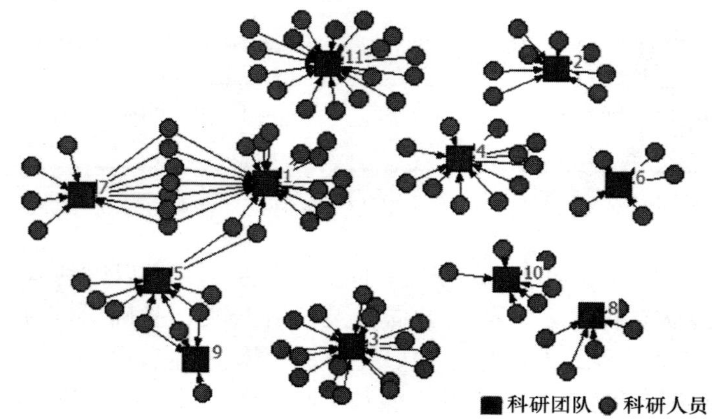

图 8 11 个科研团队及其成员的隶属关系

从图8中可知：2号、3号、4号、6号、8号、10号、11号共7个科研团队是独立存在的，其团队领导人与科研人员间的隶属关系是一对多关系。1号、5号、7号、9号共4个科研团队间具有一定的联系，团队领导人与科研人员间的隶属关系为多对多关系。

通过Ucinet软件，基于科研人员－科研团队关系的2－模矩阵转化为2－模二部矩阵，进一步对该2－模数据进行中心性分析，即对行动者结点和事件结点作中心性分析。结果表明在这11个团队中，1号团队在度数中心度和中间中心度上具有绝对优势。通过结点图示的大小来表示个结点中间中心度大小，依据中间中心度大小可视化展示2－模网络，见图9。

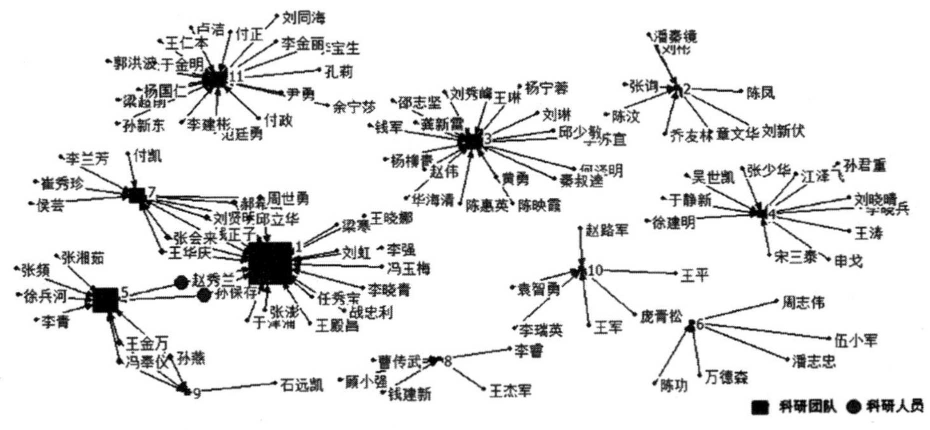

图9　11个科研团队及其成员隶属关系中心性测度

科研团队及其成员间的隶属关系是一个2－模网络结构，对2－模数据的分析也可以在1－模数据层次上进行，使用Ucinet软件对11个科研团队及其成员隶属关系2－模数据按照“行模式”和“列模式”，利用“对应乘积法”得到转换矩阵，即“科研人员－科研人员”关系矩阵和“科研团队－科研团队”关系矩阵。根据矩阵分析可知，9号和5号科研团队共同拥有3位科研人员；5号和1号科研团队共同拥有2位科研人员；1号和7号科研团队共同拥有7位科研人员。考虑到各个科研团队在人数上的差异，参照Jaccard系数计算公式，对人员相似度（Personnel Similarity，PS）定义如下：

$$PS_{ij} = N_{ij} + N_i \mid N_{ij} \qquad \text{（公式1）}$$

其中，PS_{ij}表示团队i和团队j的人员相似度，N_i表示团队i的人员数，N_{ij}表示团队i和团队j的相同人员数。通过计算，团队间的人员相似度如表3所示：

表3　11个科研团队间的人员相同数以及人员相似度统计

对比项	1号和5号科研团队	1号和7号科研团队	5号和9号科研团队
人员相似度	0.074	0.292	0.300
相同成员人数	2	7	3

综上可知，在成员人数上，1号和7号科研团队明显高于另外两个科研团队组合，但是在人员相似度上，1号和5号科研团队最低，5号和9号科研团队比1号和7号科研团队略高，团队人员更相似。

6.2　科研团队研究主题相似性分析

对科研团队的研究方向和研究主题采用科研团队中所有成员的关键词来进行表示，彼此间是多对多关系，因此科研团队与作为其研究主题表征的关键词间也是多对多关系，利用11个科研团队及其研究方向和研究主题表征关键词间的对应关系，对他们的隶属关系2－模数据进行分析，通过结点图示的大小来表示各结点中间中心度大小，依据中间中心度大小可视化展示2－模网络，见图10。

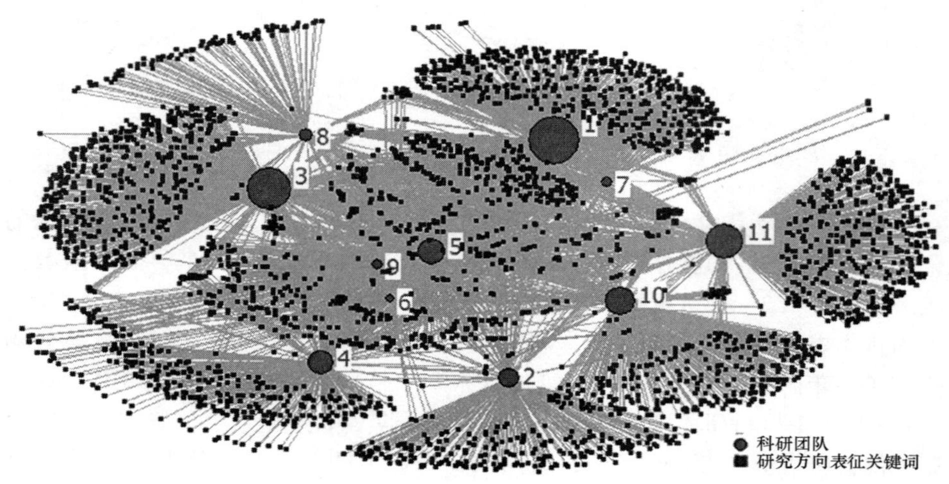

图10　11个科研团队及其研究方向对应关系中心性测度

从图10中可知，1号科研团队在结点中心性上具有优势，在相关研究上比较广泛，这与其成员多有一定的关系。

同样地，科研团队及其研究主题的对应关系是一个 2 – 模网络结构，对 2 – 模数据的分析也可以在 1 – 模数据层次上进行，使用 Ucinet 软件对 11 个科研团队及其研究方向关系 2 – 模多值数据进行二值化处理，然后对于二值化处理后的科研团队及其科研方向和研究主题表征关键词关系矩阵按照“行模式”，利用“对应乘积法”得到转换矩阵即是“科研团队 – 科研团队”关系矩阵。考虑到各个科研团队在人数、研究方向和研究主题表征关键词数上的差异，参照 Jaccard 系数计算公式，对研究方向相似度（research area similarity，RAS）定义如下：

$$RAS_{ij} = \frac{M_{ij}}{M_i + M_j - M_{ij}} \qquad \text{（公式 2）}$$

其中，RAS_{ij}表示团队 i 和团队 j 的研究方向相似度，M_i表示团队 i 的研究方向和研究主题表征关键词数，M_{ij}表示团队 i 和团队 j 的相同研究方向和研究主题表征关键词数。通过计算，团队间的研究方向相似度在 0.100 以上的科研团队组合结果见表 4。

从表 4 中可知，这 11 个科研团队间在科研方向相似性上，5 号和 9 号科研团队最为相似，其相似度达到 0.414；1 号与 7 号科研团队的研究方向相似度为0.377，位列第二；1 号与 5 号科研团队的相似度在0.261；其他科研团队组合的研究相似度都在 0.150 以下。

表 4　11 个科研团队间研究方向相似度在 0.100 以上的科研团队组合

科研团队组合		相似度	科研团队组合		相似度
5 号	9 号	0.414	1 号	7 号	0.377
1 号	5 号	0.261	5 号	7 号	0.134
7 号	9 号	0.129	3 号	9 号	0.127
3 号	5 号	0.125	4 号	9 号	0.124
4 号	5 号	0.122	1 号	9 号	0.113
3 号	4 号	0.111	1 号	3 号	0.106
6 号	8 号	0.103	3 号	7 号	0.101

综合科研团队人员相似性与科研团队研究主题相似性分析可知，科研团队研究主题相似并不意味着科研团队间拥有 1 个或多个相同核心成员，但科研团队间的人员相似度越高，则科研团队的研究主题的相似度越高，研究领

域的融合度也越高。

7 结论与展望

本文基于2002－2012年我国肿瘤学科研究领域的31种期刊论文数据，构建肿瘤学科领域的合著网络、共词网络以及作者关键词耦合网络模型，通过社会网络分析方法中的中心性分析、凝聚子群分析等方法从整体网和个体网、2－模网络和1－模网络等角度发现科研团队成员、研究主题和相互间的关系。

首先，作者从科研团队的定义出发，对科研团队成员进行分类，并借助社会网络分析方法中的相关方法工具，从团队领导人、核心成员和非核心成员3个层次全面地发现科研团队的成员组成；其次，通过对学科领域研究方向和研究主题的探索，使用社会网络分析方法提取科研团队研究方向主题代表词，对科研团队的研究方向和研究主题识别；最后，从2－模网络和1－模网络等角度，对科研团队成员多隶属关系和研究方向主题相似性关系进行分析，并提出人员相似度和研究方向相似度在社会网络分析的方法上量化分析科研团队间的关系，使得科研团队相互间有了比较参照，从而对各个科研团队在本学科领域中的认识也将“全面”一些。

本文的不足之处在于：①所使用的原始数据精准度有待提升，选取研究的学术期刊仅为31种，且时间段较短；同时没有对我国学者发表在国外期刊上的论文进行分析，数据不全面。在数据清理方面，对同义关键词、同名作者、一稿多投等数据清洗不够准确，对分析结果具有一定影响。②本文仅从论文合著这个角度对学科内的科研合作关系进行分析，但科研合作不仅仅体现在论文合著方面，还有专利申请合作、专著合作、项目合作等方面，故仅从期刊论文数据的合著关系上分析科研关系来发现科研团队是不够全面的。

因此在后续研究中，可以进一步提高数据的完备性和准确性，去除可能存在的干扰数据；对科研团队科研合作关系的分析应更全面，包括从专利申请、项目合作等多角度进行分析来发现科研团队；对科研团队的动态发展进行跟踪，进一步探索动态演化规律及模型，为其组建和管理提供帮助与指导。

参考文献：

[1] 陈春花. 基于团队运作模式的科研管理研究［J］. 科技进步与对策，2002（4）：79－81.

[2] Li Zhihong, Zhu Tao, Wang Hiyan. A Study on the Influencing Factors of the Intention to Share Tacit Knowledge in the University Research Team［J］. 软件期刊. 2010, 5（5）：538－545.

[3] 李金．中医药研究重大疾病科研团队现状和问题分析［D］．北京：北京中医药大学，2012.

[4] Girvan M, Newman M E J. Community structure in social and biological networks [J]. Proceedings of the National Academy of Science of the USA. 2002, 99 (12): 7821 –7826.

[5] 唐磊，刘欢．社会计算：社区发现和社会媒体挖掘［M］．北京：机械工业出版社，2012：36 –56.

[6] 王福生，杨洪勇．情报学期刊科研论文与作者合作网络模型［J］．情报学报，2008，27（4）：578 –583.

[7] 晏尔伽，朱庆华．我国图书馆、情报与文献学领域作者合作现状——基于小世界理论的分析［J］．情报学报，2009，28（2）：274 –282.

[8] Barabasi A L, Jeong H, Noda Z, et al. Evolution of the social network of scientific collaborations [J]. Physica A: Statistical Mechanics and Its Applications. 2002, 311 (3 – 4): 590 –614.

[9] 阎康年．卡文迪什实验室成功经验的启示［J］．中国社会科学，1995（4）：180 –194.

[10] 杨炳君，姜雪．高等学校科研团队人力资源管理模式创新研究［J］．大连理工大学学报（社会科学版），2006，27（1）：63 –66.

[11] 刘谋权．科研团队内部协调机制及其实施效果的跨案例比较研究［D］．成都：电子科技大学，2011.

[12] Callon M, Courtial P, Laville F. Co – word analysis as a tool for describing the network of interactions between basic and technological research: The case of polymer chemistry [J]. Secientometrics. 1991, 22 (01): 153 –205.

[13] Noyons E. Bibliometric mapping of science in a science policy context [J]. Scientometrics, 2001, 50 (1): 83 –98.

[14] 王晓光．科学知识网络的形成与演化（Ⅰ）：共词网络方法的提出［J］．情报学报，2009，28（4）：599 –605.

[15] 张菊，钟均行．1992 年 –2001 年 7 种肿瘤学期刊发表论文关键词分析［J］．中国肿瘤，2002，11（12）：728 –730.

作者简介

李纲，武汉大学信息管理学院教授，博士生导师，武汉大学信息资源研究中心副主任；

李春雅，武汉大学信息管理学院博士研究生，通讯作者，E-mail：cyli0320@gmail.com；

李翔，长江流域水资源保护局助理研究员，硕士。

科研机构研究主题的测度

——以我国情报学领域为例

张发亮　谭宗颖　王燕萍

（中国科学院文献情报中心、中国科学院大学）

1　引　言

研究主题是指某一研究领域内的主要研究内容，反映了该领域的科研人员和机构的研究热点和工作重点[1]。对不同研究领域、不同科研机构和研究人员的研究主题分布和研究强度及影响进行测度，有利于准确把握领域研究现状和前沿，了解科研机构和人员的优势研究领域和专长。

利用文献计量方法来测度和评价科研机构，国内外已有较多研究，总结起来可以分为两类：①利用机构所发表的科研成果的相关指标来进行评价，包括发文、来源期刊、被引、所获基金等情况。国内外学者也将用于评价科研人员的相关计量指标如 H 指数[2]及其 G 指数[3-4]等修正指数[5-6]用于评价和测度机构的科研实力和影响力。②根据科研成果合著关系，利用社会网络分析方法来测度机构的地位和影响情况，包括机构合作网络、机构内部科研人员合作网络等[7]。

国内外对研究主题探测等相关研究同样较多，可以归纳为 3 类：①对某一特定领域的研究主题进行揭示，以分析出该领域的研究热点、重点或研究前沿[8-9]。②对科研机构和人员的研究主题进行分析，以反映其研究重点和优势[10-11]。③对研究主题探测、可视化等理论与方法进行研究[12-14]。

测度机构的研究主题，或利用研究主题来评价科研机构的研究相对较少。汤建民[15]在利用文献的合著、期刊、参考文献等传统指标进行科研机构评价的基础上，利用关键词共现网络构建了各机构的研究主题结构图。而张自立[16]利用机构和高频关键词共现的二模网络来描绘和测度科研机构及其研究主题情况。庞弘燊等[10]利用多重共现方法，同时将研究机构、关键词和其他分析项进行共现分析和可视化显示。以上研究都是利用机构和关键词进行共现分析，从而得出单一机构的研究主题分布情况。而余丰民等[17]生成了多所机构与领域高频词的共现网络，用于揭示多机构的研究主题分布。安璐、余传明等[18-19]利用自组织映射人工神经网络方法分别对 87 所中美图书情报机构和 47 所国内图书情报机构的研究领域进行可视化挖掘和比较分析。

在对国内外研究现状进行简要分析后可以发现，针对机构研究主题的国内外研究不多，且较少能准确测度科研机构在哪些研究主题上具有怎么的研究水平和影响力，并将同一领域的主要机构进行比较分析。本文旨在：①构建机构研究主题测度体系，从主题覆盖范围、研究强度和研究质量等维度对科研机构的研究主题进行准确测度；②在利用现有的词频、关键词共现、聚类分析等方法的基础上，引入关键词被引频次，改进现有研究主题可视化展现方式；③利用该体系和方法分析和比较我国情报学领域主要机构的研究主题分布及强弱情况。

2 研究方法

2.1 基础理论方法

2.1.1 共词分析方法

共词分析方法属于内容分析方法的一种。它的原理主要是对一组词两两统计它们在同一篇文献中出现的次数，以此为基础对这些词进行聚类分析，反映出这些词之间的亲疏关系，进而分析这些词所代表的学科和主题的结构变化。它利用大量文献中共同出现的关键词对有效地反映文本关键词之间的关联强度，用一套结构图有效地展示了关键词之间的关联[20]。本文采用机构发表的论文中作者所给关键词进行共现和聚类分析，该方法可以发现机构研究主题的分布状况和主题间的关联情况。

2.1.2 可视化方法

在共词分析和聚类分析的基础上，利用现代信息技术和统计软件图形显示功能，将分析结果直观形象地显现出来，这就是可视化，也叫科学知识图谱。该方法应用图示的方法形象地揭示出学科领域的发展及演化趋势、研究主题的扩散与传播的关系[21]。现有研究主题的展现方式大多是基于共词网络的聚类分析，以网络中结点、边的大小、颜色和形状来表征主题分布及相互关系。该类方法能反映出词的共现、聚类等信息，但不能准确地反映出各节点及聚类（主题）的研究强度及影响力等信息。因此，本文将关键词的词频、被引次数和原有的共现关系、聚类等信息结合在一起，生成能反映更多信息的图谱，以准确地揭示机构研究主题的分布与影响强弱等状况。

2.2 机构研究主题测度体系构建

可以认为，一所机构在某一个或几个领域内的研究主题覆盖范围越广，主题内发表的论文数量越多，被引次数越多，该机构具有的实力和影响力越强。因此本文从机构研究主题的覆盖范围、主题研究强度、主题影响力3个维度来测度机构的研究主题及整体科研实力情况。

利用文献关键词（主题词）的共现关系进行聚类分析，研究领域或机构的研究主题，是国内外普遍的做法[22-23]。本文以机构在某领域发文的关键词进行聚类分析来测度其研究主题，并将机构关键词聚类情况与全领域高频关键词聚类情况进行比较，以准确测度机构研究主题的覆盖范围。同样，利用领域内关键词的词频统计来分析研究热点，国内外也早有研究[24-25]。关键词出现频次的高低代表着相关内容被研究的多寡，亦即研究强度。在聚类的基础上，类内关键词数的多少、关键词词频的高低都能反映出相关主题的研究强度。在科学计量界，利用成果的被引用情况来测度科研影响力和质量是最普遍和有效的方法。而论文与研究主题并不是一一对应的，一篇论文可能并不仅仅研究一个主题。因此，将论文被引频次赋给文中的关键词，在利用关键词聚类的基础上，采用关键词的被引情况来反映相关研究主题的影响力情况的做法更为准确。

基于以上研究，本文提出的机构研究主题测度体系及指标构成，如表1所示：

表1　科研机构研究主题测度体系

测度维度	指标
主题覆盖范围	聚类类团数量
主题研究强度	类内关键词数量
	类内关键词出现频次
主题研究影响力	类内关键词被引次数

2.3 方法及步骤介绍

本文提出的科研机构研究主题的测度，以及基于研究主题来评价科研机构的方法见图1，其具体操作流程及步骤可以归纳如下：

（1）确定研究领域和机构：根据现实需要，选择需要测度和比较的研究机构，并确定相应的研究领域。

（2）数据获取与处理：检索全领域及各机构相关论文，下载论文发文机构、关键词、被引次数等信息，进行去重、去除无效记录等处理。

（3）研究主题的获取与测度：通过论文关键词的共现关系，利用聚类分析得到全领域和各机构的研究主题，并依据主题数量及对比得到各机构研究主题分布及覆盖范围等情况；依据主题内关键词数量及出现频次得到主题的研究强度；依据主题内关键词被引情况得到主题的影响力情况。

（4）可视化展现：利用 Netdraw 等可视化软件进行相关设置，将关键词被引频次与关键词出现频次、共现关系和聚类关系一起展现到网络图中。

（5）科研机构研究主题与整体实力分析：利用机构研究主题测度体系和可视化方法可分析特定机构的研究主题分布、重点研究主题和优势主题等情况。并且通过研究主题情况，与领域内其他机构进行对比，以此来评价机构的整体研究实力。

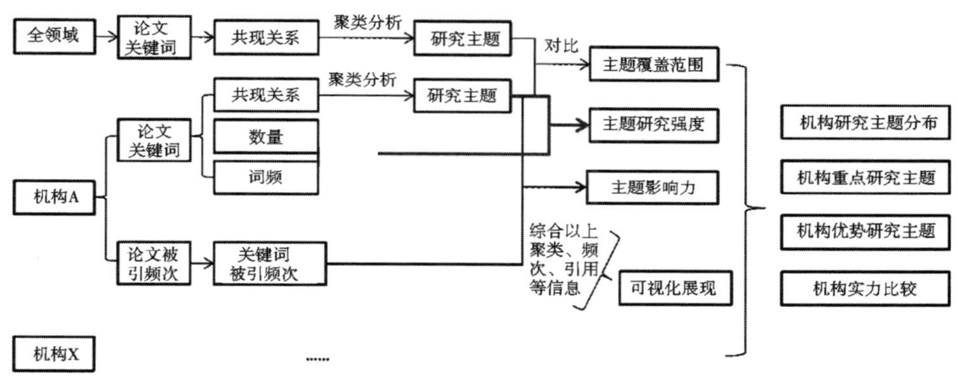

图1　机构研究主题测度及评价方法操作示意

3　实证分析

3.1　机构选择与数据获取

本文选取国内情报学领域的科研机构为对象进行研究主题的测度和分析。将机构范围限定为具有情报学博士学位授予点的 9 所图情机构（见表 2），统计年限为 2008 –2012 年，数据源为中国知网数据库和万方数据库。为了将结果限定在情报学领域，本文选取 CSSCI 来源期刊中图情类期刊名称中含有"情报"的 9 种期刊（见表 2），同时为突出科研机构有影响力的研究主题及其分布、影响等情况，将成果范围限定为被引频次达 3 次及以上的论文。检索时分别以各机构的各种可能名称进行检索，不区分是否为第一机构，并就检索结果进行去重、删除无效数据等处理。经处理和规范后，提取出机构名称、关键词、被引频次等信息作为下一步统计分析的基础。

表 2　所选取的机构及期刊

机构名称	期刊名称
武汉大学信息管理学院	图书情报工作
中国科学院文献情报中心	情报科学
吉林大学管理学院	情报理论与实践
南京大学信息管理学院	现代图书情报技术
北京大学信息管理系	情报杂志
华中师范大学信息管理学院	图书情报知识
南开大学商学院	情报学报
中山大学资讯管理学院	图书与情报
中国人民大学信息资源管理学院	情报资料工作

3.2　机构研究主题测度

3.2.1　情报学研究主题确定

为明确反映各机构研究主题的覆盖范围，必须先确定情报学整体领域的主题分布情况。由于国内情报学研究机构和研究文献众多，为缩小范围，本文以本次研究所获取的 9 所机构在 2008 - 2012 年间发表的被引用达 3 次及以上的论文数据为基础，对关键词共现网络按派系方法进行聚类分析，结合国内著名学者的相关研究成果[26-28]，在人工判断的基础上，将情报学研究主题划分为 24 类，如表 3 所示：

表 3　2008 - 2012 年情报学领域研究主题

序号	主题	序号	主题
1	本体与语义网	13	文献计量、科学计量
2	电子政务、电子商务	14	信息管理、信息服务
3	竞争情报	15	信息化、信息产业、信息政策

续表

序号	主题	序号	主题
4	科技测度与评价	16	信息检索
5	科技政策、科研管理	17	信息生态
6	情报研究方法与技术	18	信息素养
7	数字资源组织与保存	19	信息组织与构建
8	图书馆管理与服务	20	用户信息需求与行为研究
9	图书情报学教育	21	知识产权
10	图书情报学理论	22	知识管理与服务
11	网络计量	23	知识库、开放存取
12	文本分析、内容分析	24	专利、技术分析

3.2.2 各机构研究主题相关情况

（1）机构整体发文情况。2008－2012 年国内 9 所图书情报机构在情报学领域发表论文被引达 3 次及以上的发文量、被引次数及关键词数如表 4 所示：

表 4 各机构 2008－2012 年发文、被引及关键词数量等情况

机构名称	发文量（篇）	总被引量（次）	篇均被引（次）	关键词（个）
武汉大学信息管理学院	444	3 622	8.16	1 073
中国科学院文献情报中心	282	2 532	8.98	737
吉林大学管理学院	180	1 215	6.75	483
南京大学信息管理学院	177	1 437	8.12	488
北京大学信息管理系	149	1 172	7.87	342
华中师范大学信息管理学院	107	726	6.79	293
南开大学商学院	85	532	6.26	232
中山大学资讯管理学院	83	668	8.05	247
中国人民大学信息资源管理学院	33	186	5.64	106

从表 4 中可以看出，虽然都是国内图书情报领域的重要机构，但从在情

报学核心期刊上发表论文的情况来看，各机构之间存在着较大差距，武汉大学信息管理学院发文总量遥遥领先。发文质量方面，由于选取的论文均被引达3次及以上，整体上9所机构的论文质量相差不大。其中，中国科学院文献情报中心、武汉大学信息管理学院、南京大学信息管理学院和中山大学资讯管理学院论文质量较高。

（2）机构研究主题整体情况。为便于确定9所机构在情报学领域的研究主题分布情况，本文选取词频大于等于2的关键词，构建共现矩阵，通过Netdraw工具的派系聚类功能，并经过人工仔细判断，确定各机构的研究主题数量、主题平均研究强度和影响力情况，如表5所示：

表5　各机构研究主题数量、关键词及被引情况

机构名称	研究主题数量（个）	≥2关键词数（个）	主题平均关键词数（个）	总词频（个）	主题平均词频（个）	总被引（次）	主题平均被引总数（次）
武汉大学信息管理学院	23	213	9.26	758	32.96	6 465	281.09
中国科学院文献情报中心	19	157	8.26	458	24.11	4 302	226.42
北京大学信息管理系	17	79	4.65	225	13.24	1 833	107.82
南京大学信息管理学院	16	97	6.06	260	16.25	2 019	126.19
吉林大学管理学院	15	76	5.07	224	14.93	1 606	107.07
华中师范大学信息管理学院	12	47	3.92	145	12.08	1 031	85.92
中山大学资讯管理学院	12	33	2.75	81	6.75	538	44.83
南开大学商学院	8	30	3.75	83	10.38	571	71.38
中国人民大学信息资源管理学院	5	10	2.00	21	4.20	151	30.20

从表5中各机构的研究主题数量、主题内关键词个数、词频以及关键词被引等情况来看，武汉大学信息管理学院在研究主题数量、主题平均研究强

度、主题平均影响力方面都处于领先地位，中国科学院文献情报中心紧随其后。这两所机构研究主题覆盖范围都在80%以上，各研究主题研究强度和影响力都远高于国内其他机构。北京大学信息管理系、南京大学信息管理学院、吉林大学管理学院整体上处于中间水平。研究主题覆盖范围达到情报学领域的2/3左右，具有较高的平均研究强度和影响力。其后的华中师范大学信息管理学院、中山大学资讯管理学院在情报学领域研究范围达到一半，各主题研究强度和影响力相对较弱，南开大学商学院、中国人民大学信息资源管理学院情报学研究范围较窄。

（3）机构重点研究主题和优势主题分析。综合各研究主题的不重复关键词数、总词频和总被引三方面因素，表6列出了9所机构情报学领域重点研究、影响较大的研究主题的相关情况。

表6　各机构优势主题及相关情况

机构名称	主题	关键词数（个）	总词频（个）	总被引（次）
武汉大学	信息管理、信息服务	35	135	1 248
信息管理	知识管理	17	72	678
学院	情报研究方法与技术	15	69	713
	图书馆管理与服务	15	67	633
	文献计量、科学计量	15	46	393
	用户研究	13	41	304
	图书情报学教育	10	24	185
	电子政务、电子商务	9	45	341
	信息组织与构建	9	30	235
中国科学院	情报研究方法与技术	22	71	638
文献情报	文献计量、科学计量	16	43	302
中心	图书馆管理与服务	14	39	475
	信息组织与构建	12	35	341
	知识库、开放存取	11	43	495
	本体、语义网络	11	38	371
	数字资源保存、数据管理	11	31	299

续表

机构名称	主题	关键词数（个）	总词频（个）	总被引（次）
	知识管理	10	31	368
	专利、技术分析	9	20	177
北京大学信	图书馆管理与服务	18	66	688
息管理系	文献计量、科学计量	7	18	114
	信息检索	6	16	126
	信息管理、信息服务	5	19	121
	情报学理论	4	17	142
南京大学信	文献计量、科学计量	11	29	168
息管理学院	情报研究方法与技术	10	21	314
	竞争情报	10	34	159
	信息管理、信息服务	8	19	139
	文本分析、挖掘	6	17	142
吉林大学	信息化、信息产业	17	44	279
管理学院	知识管理	14	40	223
	信息生态	8	32	374
	图书馆管理与服务	6	26	183
华中师范	知识管理	11	45	326
大学信息	信息管理、信息服务	8	23	164
管理学院	电子政务、电子商务	5	16	137
中山大学资	图书馆管理与服务	7	15	146
讯管理学院	信息管理、信息服务	4	10	79
南开大学	图书馆管理与服务	8	27	252
商学院	电子政务、电子商务	5	10	60
中国人民大学信息资源管理学院	信息化、信息产业、信息政策	4	8	36

从表6可以发现，武汉大学信息管理学院、中国科学院文献情报中心对较多的主题进行了足够的关注和研究，并具有较大的影响力。其他几所机构也具有比较明显的优势研究主题。

分析表6中相关结果还发现，虽然各机构大多数研究主题相同，但部分机构具有一些独具特色的研究主题：如武汉大学信息管理学院的特色研究主题为用户研究、信息素养、科技政策与科研管理等，中国科学院文献情报中心的特色研究主题为数字资源保存、数据管理、专利与技术分析等，吉林大学管理学院的特色研究主题为信息生态。这些特色研究主题也代表着不同机构在相关主题领域的研究处于国内领先地位。

3.3 机构研究主题可视化展现

通过可视化可以更直观形象地将测度体系所反映的机构研究主题相关情况予以展现。本文通过主题内关键词的被引情况来揭示研究主题的影响力，在关键词共现网络聚类的基础上，节点的大小反映的是关键词的词频，边的粗细不仅代表关键词间的共现频次，本文还将关键词被引频次按比例分别加在与之相适的边上。经过改进后，机构研究主题可视化效果如图2所示（限于篇幅，本文仅以北京大学信息管理系为例，且不进行展开分析）。

图2中整体网络及结点的分布反映出科研机构研究主题的分布与关联；节点的多少、大小和颜色分别反映出研究主题的覆盖程度、研究强度（关键词出现频次）和聚类；边的粗细则表示着研究主题（关键词聚类）的影响程度。从图2中可以较为容易地发现北京大学信息管理系情报学领域研究主题的分布情况，明了其重点关注哪些主题领域，在哪些主题具有较强的优势，而哪些主题研究强度和影响不够等。

4 结　论

利用本文所提出的测度体系与方法进行分析，可以较为快速和准确地发现科研机构的研究主题分布状况、重点和优势研究领域所在。实证中，我国9所主要图书情报机构的研究主题分布情况、优势主题领域等分析结果与通过机构和主要高频词对应的方法[19,29]所揭示的结果基本相符。基于研究主题而分析出的各图书情报机构的研究实力与地位，也与我国情报学领域实际情况和以传统文献计量指标[30]得到的结果相一致，这表明了该测度体系及方法的有效性。相对于其他方法，本文所提出方法的优势为：①能直观形象地揭示机构研究主题的分布和优劣所在，而不仅仅是突出高频关键词或高被引论文；②相对于现有研究多揭示领域或单个机构的研究主题，本文所提出方法可同

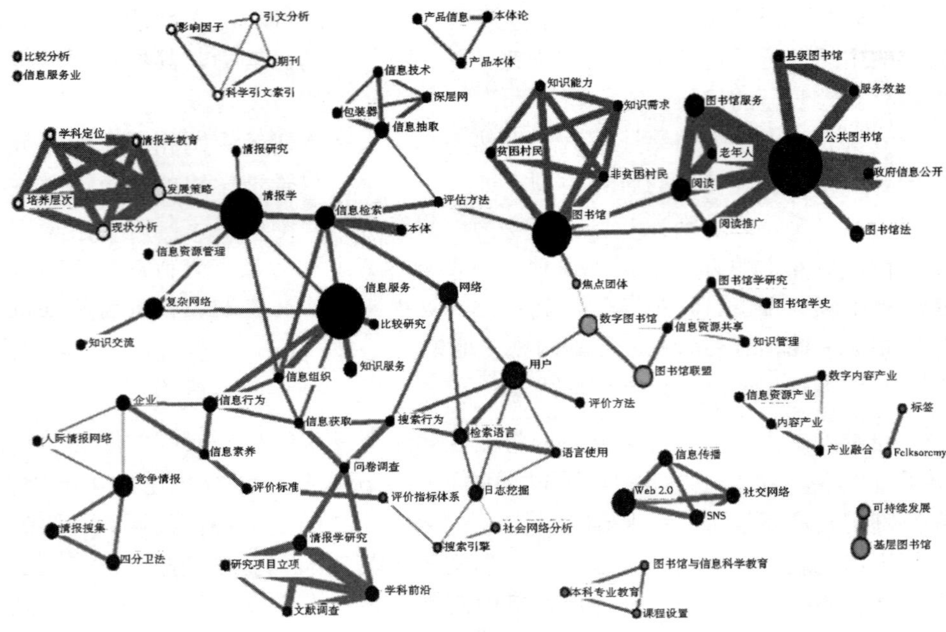

图 2　北京大学信息管理系情报学领域研究主题图谱

时对多个机构的不同研究主题进行比较，并可基于研究主题的相关情况分析和比较出机构的整体研究实力。

本文在数据选择、关键词聚类与研究主题的对应等方面的研究存在不足，在一定程度上影响了结果的准确性。同时，在操作上的复杂程度及不确定性、效果的普适性等方面还有待改善和进一步验证。

参考文献:

[1]　赵福芹．我国高等教育研究主题变化研究［D］．上海：华东师范大学，2008：9－10.

[2]　Molinari A, Molinari J. Mathematical aspects of a new criterion for ranking scientific institutions based on the h－index［J］．Scientometrics, 2008, 75 (2)：339－356.

[3]　Arencibia J, Barrios A, Femandez H, et al. Applying successive H indices in the institutional evaluation：A case study［J］．Journal of the American Society for Information Science and Technology, 2008, 59 (1)：155－157.

[4]　Abramo G, D' Angelo C, Viel F. The suitability of h and g indexes for measuring the research performance of institutions［J］．Scientometrics, 2013, 97 (3)：555－570.

[5]　Lazaridis T. Ranking university departments using the mean h-index［J］．Scientomet-

rics, 2010 (1): 211 -216.

[6] 岳婷，杨立英. H_ m 指数在科研机构评价中的适用性研究——以“艾滋病病毒感染与治疗”主题为例 [J]. 图书情报工作，2012，56 (18): 38 -43.

[7] Grauwin S, Jensen P. Mapping scientific institutions [J]. Scientometrics, 2011 (3): 943 -954.

[8] Cobo M J, Lopez H, Herrera V, et al. An approach for detecting, quantifying, and visualizing the evolution of a research field: A ractical application to the Fuzzy Sets Theory field [J]. Journal of Informetrics, 2011, 5 (1) 146 -166.

[9] 王莉亚，张志强. 近十年国外图书情报学专业研究领域可视化分析——基于社会网络分析和战略坐标图 [J]. 情报杂志，2012 (2): 56 -61.

[10] 庞弘燊，方曙. 科研机构的科研状况研究——基于论文特征项共现分析方法 [J]. 国家图书馆学刊，2011 (3): 66 -73.

[11] 季莹，于光，王铁成，等. 中国作者在《Nature》杂志上发表论文的共词图谱分析 [J]. 情报杂志，2011 (5): 28 -32.

[12] Fidelia I, SanJuan E. From term variants to research topics [J]. Knowledge Organization, 2002, 29 (3): 181 -197.

[13] Besselaar P, Heimeriks G. Mapping research topics using word-reference co-occurrences: A method and an exploratory case study [J]. Scientometrics, 2006, 68 (3) 377 -393.

[14] 杨颖，崔雷. 基于共词分析的学科结构可视化表达方法的探讨 [J]. 现代情报，2011 (1): 91 -96.

[15] 汤建民. 基于文献计量的卓越科研机构描绘方法研究——以国内教育学科为例 [J]. 情报杂志，2010 (4): 5 -9，35.

[16] 张自立，张紫琼，李向阳，等. 基于2 -模网络的科研单位和关键词共现分析方法 [J]. 情报学报，2011，30 (12): 1249 -1260.

[17] 余丰民，汤建民. 国内图书情报领域的卓越机构描绘 [J]. 情报杂志，2013 (8): 109 -114.

[18] 安璐，余传明，李纲，等. 中美图情科研机构研究领域的比较研究 [EB/OL]. [2013 -11 -24]. http://www.cnki.net/kcms/doi/10.13530/j.cnki.jlis.140004.html.

[19] 安璐，余传明，杨书会，等. 国内图书馆学情报学科研机构研究领域的可视化挖掘 [J]. 情报资料工作，2013 (4): 50 -56.

[20] 杨颖. 基于共词分析的学科结构可视化研究 [D]. 沈阳：中国医科大学，2010.

[21] 风笑天. 社会学研究方法 [M]. 北京：中国人民大学出版社，2009: 159.

[22] Callon M, Courtial J P, Laville F, et al. Co-word analysis for basic and technological reseach [J]. Scientmetrics, 1991, 22 (2): 155 -205.

[23] 魏瑞斌. 基于关键词的情报学研究主题分析 [J]. 情报科学，2006 (9): 1400 -

1404，1434.
[24] 苏新宁，夏立新.2000—2009 年我国数字图书馆研究主题领域分析——基于 CSSCI 关键词统计数据［J］. 中国图书馆学报，2011（4）：60－69.
[25] 黄小燕. 情报领域研究热点透视——情报领域论文关键词词频分析（1999－2003）［J］. 图书与情报，2005（6）：82－84，110.
[26] 赖茂生，王琳，杨文欣，等. 情报学前沿领域的确定与讨论［J］. 图书情报工作，2008，52（3）：15－18.
[27] 王知津，李赞梅. 二十年以来我国情报学学科体系研究进展［J］. 图书馆，2012（1）：50－54.
[28] 李长玲，支岭，纪雪梅，等. 我国情报学研究进展——基于期刊论文关键词的统计分析［J］. 图书情报工作，2010，54（12）：31－36.
[29] 田瑞强，潘云涛，姚长青. 情报学代表性学术机构研究焦点比较分析［J］. 情报杂志，2013（2）：12－19，39.
[30] 覃凤兰. 中国图书情报学机构学术影响力研究报告［J］. 新世纪图书馆，2009（1）：15－18.

作者简介

张发亮，中国科学院文献情报中心、中国科学院大学博士研究生，江西师范大学图书馆馆员，E-mail：zhangfaliang@ mail. las. ac. cn；

谭宗颖，中国科学院文献情报中心研究员，博士生导师；

王燕萍，江西师范大学档案馆副研究馆员。

科研机构对新兴主题的贡献度可视化研究*

——以中美图情科研机构为例

安璐　余传明　董丽　潘青玲

（武汉大学信息管理学院）

1　引　言

科研机构是国家科技创新的主体，科研机构的创新能力直接关系到科学技术能否取得重大突破与进展。因此，科研机构的创新能力是评价科研机构的重要指标。现有的科研机构评价往往是基于科研成果的数量与质量。关于科研成果的质量评价往往是基于被引次数、刊载科研成果的期刊等级或科研奖励，而对科研成果的内容及其创新性重视不足。新兴主题往往代表或反映最新的研究前沿课题，是随着时间推移逐渐引起学者兴趣及被讨论的主题领域，受到学者们的普遍关注。当关于某一主题的研究达到一定数量时，该主题可能被列入受控词汇表或辞典。例如“信息检索”一词早在 1993 年就被引入 EI 辞典，EI 数据库显示关于该主题的论文从 1992 年 672 篇跃增至 1993 年的 1 306 篇；“数字图书馆”一词于 2001 年被引入该辞典，EI 数据库显示关于数字图书馆的论文条目从 2000 年的 313 篇迅速增长至 2001 年的 554 篇；而“云计算”一词则是 2011 年才被引入该辞典，EI 数据库显示关于云计算的论文条目从 2010 年的 3 102 篇猛增至 2011 年的 5 440 篇。可以预料未来还会出现关于新主题 X 的论文数量激增的现象，而这些新主题 X 会在将来的某一年被引入辞典。可见某一主题被引入辞典标志着该主题在学术界引起了足够的关注，各主题被引入辞典的先后顺序反映了这些主题之间的相对新颖程度。

关于新兴主题的研究，许多学者将注意力放在新兴主题的探测、识别方

* 本文系国家社会科学基金青年项目“科研组织的研究领域可视化挖掘研究”（项目编号：11CTQ025）和武汉大学全英文研究生课程建设项目“数据组织与数据挖掘”（项目编号：201303004）研究成果之一。

法与实践上。在国内图情领域，代表性研究成果包括张勤与马费成利用词频分析方法分析国内外知识管理的新兴主题[1]；赖茂生、杨文欣等人利用德尔菲法调查、验证并确定了情报学的前沿领域[2-4]；王伟等人[5]分析了国际信息计量学研究的前沿领域和研究热点，指出其发展趋势；范云满等人系统归纳了利用 LDA 方法探测新兴主题的关键技术[6]，并利用 CiteSpaceII 研究了新兴主题的核心作者、高产国家（地区）、机构及其合作、高生产力期刊、年份分布、高被引论文所在领域等[7]；侯素芳等人挖掘了最近 6 年《图书情报工作》的新兴主题[8]。

在国外图情领域，代表性成果包括陈超美提出的从科学文献中识别新趋势的可视化工具 CiteSpace II[9]；H. Small 等人通过共被引聚类来预测科学增长领域与新术语[10]；R. Schult 等人在未标注的文本集中发现新兴话题[11]；W. H. Lee 提出一种识别新兴研究领域的方法，并以信息安全领域为例进行实证研究[12]；B. Lent 等人开发了一个在文本集中识别趋势的系统，并以 IBM 专利数据库为例进行实证研究[13]；W. Glanzel 等人在不同的时间窗口进行独立的学科聚类，利用核心文档与不同时期的聚类之间的交叉引用来探测新的异常增长的聚类或变化主题的聚类[14]；M. Cataldi 等人认识到推特可能产生新兴主题，提出一种新的用户感知的主题探测技巧，能够实时检索特定用户感兴趣的社区中讨论的最新出现的主题[15]。与此类似，T. Takahashi 等人认为社交网络用户在回贴与转发等行为中可能提到新兴主题，于是他们提出一种社交网络用户提及行为的概率模型，通过该模型测量到的异常情况来探测新兴主题[16]。目前，国内外学者对于新兴主题的研究大多集中在新兴主题的探测方法或某特定学科内关于新兴主题的识别与分析，而较少聚集在科研机构层次，定量地测度科研机构对新兴主题的贡献度大小。少数研究在给定新兴主题的情况下，揭示对该新兴主题做出主要贡献的科研机构[7,9]，但是并没有在区分各主题新兴程度的基础上详细测度各科研机构对新兴主题的具体贡献度。

鉴于此，为了量化研究主题的新兴程度，本文提出一种新兴主题的加权方法，利用文献数据库辞典中所记载的受控术语的引入时间来判断术语的新兴程度，并据此对各术语进行加权，引入辞典时间较晚的术语被认为是新兴程度高的主题，被赋予较大的权重，引入辞典时间较早的术语被认为是新兴程度低的主题，被赋予较小的权重，然后运用 Treemap 方法对各科研机构对新兴主题的贡献度进行可视化分析。以下笔者以中美图情科研机构为例，说明该方法的原理与应用。

2 研究方法

2.1 科研机构的选择

被调查科研机构的选取应具有代表性。本文根据《中国研究生教育及学科专业评价报告 2011－2012》[17]选取了图书馆、情报与档案管理领域排名前44所高校的相关院系作为国内图情领域的科研机构代表；根据《美国新闻与世界报导》的发布的最佳研究生院排名[18]选取了图书馆与信息研究分类中的前43所大学的相关院系作为美国图情领域的科研机构代表。被调查的科研机构列表同文献[19]的附录1。这些科研机构在本国具有领先性与较强的专业性，为图情领域的研究做出了显著贡献。

2.2 数据收集与预处理

本文从EI数据库中检索被调查的中美科研机构在2001－2012年之间发表的论文以及受控术语，并利用EI数据库的辞典查找各受控术语被引入辞典的日期以及该术语所属的EI分类号。共收集了10 036篇论文，涉及878个受控术语。EI数据库主要收录技术类文献，因此，该数据库所反映的是相关科研机构在技术类主题上的绩效。由于国内图情研究人员往往隶属于管理学院或经济管理学院，为了剔除这些学院成果中与图情领域无关的术语，我们邀请3位图情领域的博士（副教授）判断这878个受控术语与图情领域的相关性。被两位或两位以上副教授判断为与图情领域无关的术语（共有212个）被剔除，因此本文将剩余的666个受控术语作为分析对象。

鉴于本文研究的是新兴主题，如果将传统的研究主题，例如“信息检索”（1993年被引入EI辞典）、“自动标引”（1998年被引入）等主题纳入研究范围是不恰当的。于是我们根据受控术语引入EI辞典的时间，将2001年之后引入辞典的受控术语作为新兴主题，共发现105个新兴主题。为了区分各术语的新兴程度，本文提出一种对新兴主题的加权方法。其主要思想为，引入年份越晚的主题，其新兴程度越高，因此其权重也越大，新兴主题的加权公式如公式（1）所示：

$$W_i = \frac{1}{year_{currant} - year_{i.\ introduced}} \tag{1}$$

其中，w_i为第i个受控术语的权重，$year_{current}$为当前年份，$year_{i,introduced}$为第i个受控术语被引入EI辞典的年份。之所以要给受控术语加权的原因在于，新兴程度不同的主题应被区别对待。例如，“云计算”（2011年被引入EI辞典）将获得比“数字图书馆”（2001年被引入）更高的权重。后续在计算科研机构对新兴主题的贡献度时，在论文数量相等的情况下，涉及高权重的新兴主题的科研机构，其对新兴主题的贡献度将更大。

为了测量各科研机构对新兴主题的贡献度，本文将各受控术语在各科研机构发表论文中出现的次数（f_i）与该受控术语的权重相乘，即 $f_i * w_i$，作为该科研机构对某新兴主题的贡献度。而某科研机构对图情领域新兴主题的贡献度等于该机构对该领域所有新兴主题的贡献度之和，如公式（2）所示：

$$contribution_j = \sum_{i=1}^{n} f_{ji} * w_i \tag{2}$$

其中 $contribution_j$ 为第 j 个科研机构对该领域新兴主题的贡献度，f_{ji} 为第 i 个新兴主题在第 j 个科研机构发表论文中出现的次数，w_i 为第 i 个新兴主题的权重，i =1，2，…，n，n 为新兴主题的数量。$contribution_j$ 的数值越大，表示该科研机构对新兴主题的贡献度越大。公式（2）显示，某科研机构对新兴主题的贡献度不仅与其研究主题的新颖程度（由权重体现）相关，还与论文涉及该主题的次数有关。假设两所科研机构 A、B 都涉及相同新兴程度的主题，但是 A 发表的论文中出现这些新兴主题的次数更多，则 A 对新兴主题的贡献度更大。

2.3　可视化分析方法

Treemap（树图）是一种利用嵌套矩形显示等级数据的信息可视化方法，最早由美国马里兰大学 B. Shneiderman 教授于 20 世纪 90 年代初设计[20]。它通过大小和颜色在显示叶子节点属性方面非常有用。Treemap 允许用户比较不同深度的节点和子树，并帮助他们发现模式和例外。树图利用一定面积的方块来代表一个个具有数据意义的个体，使用节点之间的相对空间位置包含关系来表达多个个体之间的关系。作为一种高效的空间层次数据可视化方法，树图不仅能够更加充分地利用整个屏幕空间，以便于展现更多的层次化数据，而且还能够通过各个节点的大小、位置等特征来体现数据节点的量化属性和空间分布关系，让用户迅速地对整个数据的空间分布情况有完整的了解。本文将利用 Treemap 方法对各科研机构对新兴主题的贡献度大小进行可视化分析。

3　中美图情领域科研机构对新兴主题贡献度的可视化分析

3.1　国内图情领域新兴主题及主要贡献机构可视化分析

将国内图情科研机构及其新兴主题、权重与分类号数据导入 Treemap 工具[21]，先按分类号分组，再按新兴术语分组，将科研机构名称作为标签，标签大小与颜色均设定为新兴主题的出现次数 * 权重，如公式（2）所示，即科研机构对新兴主题的贡献度（contribution）。contribution 的数值越大，对应的标签面积越大、颜色越深。显示结果如图 1 所示：

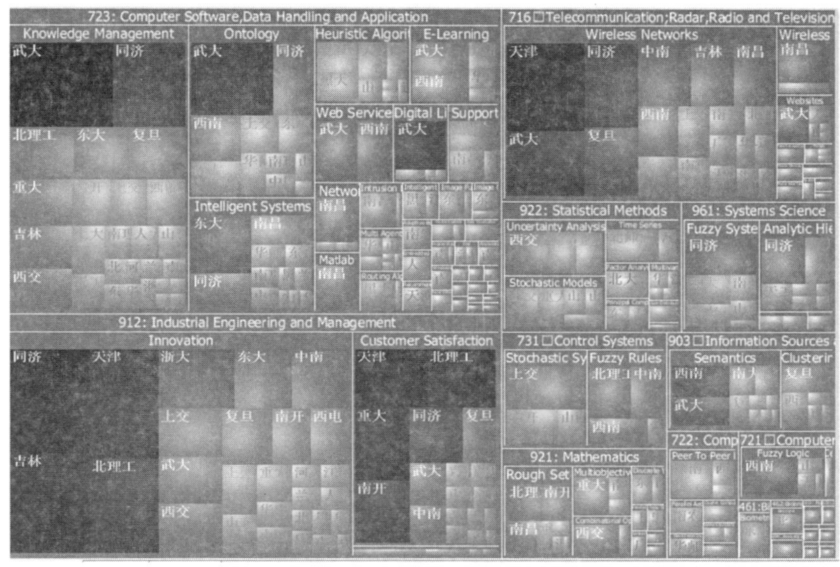

图 1　各分类号下新兴主题及主要贡献的国内科研机构可视化显示

由图 1 可知，国内图情类科研机构所涉及的技术类新兴主题主要分布在 723 计算机软件、数据处理与应用，912 工业工程与管理，716 电信、雷达、无线电与电视等分类号中，内容包括知识管理、创新、无线网络等。将国内图情类科研机构所涉及的新兴主题及主要贡献机构进行归纳，其结果如表 1 所示：

表 1　国内新兴主题、分类号及主要贡献科研机构

分类号	新兴主题	主要贡献科研机构
723 计算机软件，数据处理和应用	知识管理、本体论、智能系统、启发式算法、E-learning 等	武汉大学、东南大学、复旦大学、同济大学、西南大学
912 工业工程与管理	创新、用户满意、竞争情报	同济大学、天津大学、南开大学、吉林大学、北京理工大学
716 电信、雷达、无线电和电视	无线网络、无线传感器网络、网站、门户、人脸识别等	天津大学、南昌大学、武汉大学、黑龙江大学、东北师范大学

续表

分类号	新兴主题	主要贡献科研机构
922 统计方法	不确定分析、随机模型、时间序列、因子分析、多变量分析等	西安交通大学、上海交通大学、北京师范大学、北京大学、华东师范大学
921 数学	模糊集理论、多对象优化、组合优化、离散小波转换、禁忌搜索等	北京理工大学、重庆大学、西安交通大学、东北师范大学、黑龙江大学

由表1可知，国内图情类科研机构所涉及的技术类新兴主题主要分布在与计算机方法、网络技术、管理学、数学方法相结合的领域，一些新兴主题，如知识管理、创新、无线网络、不确定分析、模糊集理论等在武汉大学、同济大学、天津大学、西安交通大学与北京理工大学等科研机构形成了一定的研究规模，值得国内图情领域相关研究者加以关注。

3.2 美国图情领域新兴主题及主要贡献机构可视化分析

同理，将美国图情科研机构及其新兴主题、权重与分类号数据导入Treemap工具，先按分类号分组，再按新兴术语分组，将科研机构名称作为标签，标签大小与颜色均设定为新兴主题的出现次数＊权重，如公式（2）所示，显示结果见图2。

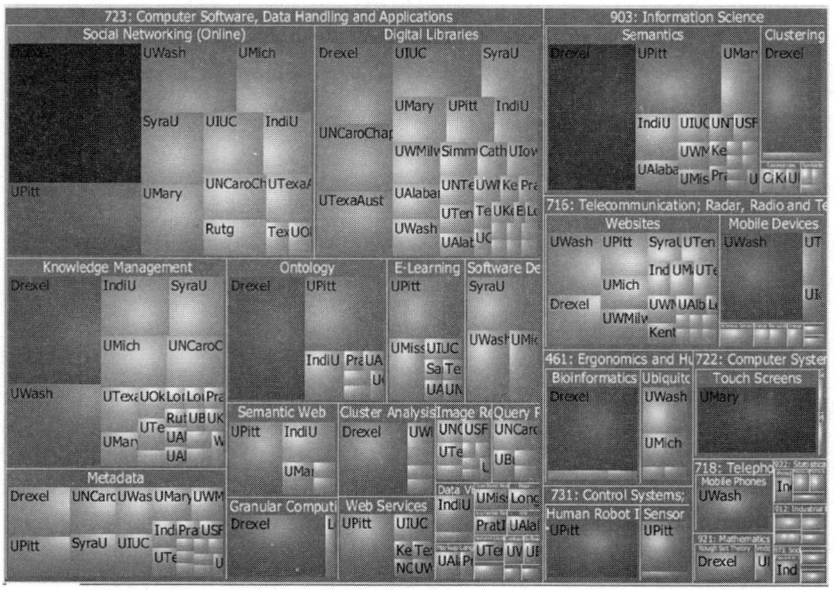

图2 各分类号下新兴主题及主要贡献的美国科研机构可视化显示

由图2可知，美国图情类科研机构所涉及的技术类新兴主题主要分布在723计算机软件、数据处理与应用，903信息科学，716电信、雷达、无线电与电视等分类号中，内容包括社交网络（在线）、语义学、网站等。将美国图情类科研机构所涉及的新兴主题及主要贡献机构进行归纳，其结果见表2。

表2　美国新兴主题、分类号及主要贡献科研机构

分类号	新兴主题	主要贡献科研机构
723计算机软件、数据处理与应用	社交网络（在线）、数字图书馆、知识管理、元数据、本体论等	Drexel University、University of Pittsburgh、University of North Carolina Chapel Hill、University of Washington、University of Texas-Austin
903信息科学	语义学、聚类算法、分类法、语法学	Drexel University、Catholic University of America、University of Alabama、University of Pittsburgh、University of Iowa
716电信、雷达、无线电与电视	网站、移动设备、无线传感器网络、图像识别等	University of Washington、Florida State University、University at Albany-SUNY、University at Buffalo-SUNY、Drexel University
461人机工程学与人类因素工程学	生物信息学、泛在计算	Drexel University、University of Washington、University of Michigan-Ann Arbor、University of Illinois Urbana Champaign、University of Alabama
722计算机系统与设备	触摸屏、服务器、多任务	University of Maryland-College Park、University of California-Los Angeles、University of South Florida

将表1与表2进行比较，可以发现中美图情领域的技术类新兴主题的相似之处在于都集中于723计算机软件、数据处理和应用与716电信、雷达、无线电和电视这两个分类号，相同的新兴主题包括知识管理、本体论、数字图书馆、E-learning、无线传感器网络与网站。在这两个分类号下，国内新兴主题突出表现在智能系统与启发式运算，美国新兴主题则着重表现在社交网络（在线）与元数据。Drexel University、University of Pittsburgh、University of Washington、Florida State University等科研机构对这些新兴主题做出了显著的贡献。

与国内新兴主题集中于管理学与数学相关分类号下不同的是，美国图情领域新兴主题专注于信息科学、人机工程学与人类因素工程学以及计算机系统与设备等子领域，相关新兴词汇包括语义学、聚类算法、生物信息学、泛在计算、触摸屏、服务器等。Drexel University、University of Maryland-College Park、Catholic University of America、University of Washington 等科研机构对这些新兴主题做出了突出贡献。这些新兴主题在国内虽然在西南大学、复旦大学、东北师范大学等科研机构有所涉及，但是表现并不突出，值得国内图情科研机构与研究人员密切关注。

3.3 国内图情科研机构对新兴主题的贡献度可视化分析

将国内图情科研机构及其新兴主题、权重与分类号数据导入 Treemap 工具，先按机构名称分组，再按分类号进行分组，将新兴主题作为标签，标签大小与颜色均设定为新兴主题的出现次数 * 权重，显示结果如图 3 所示：

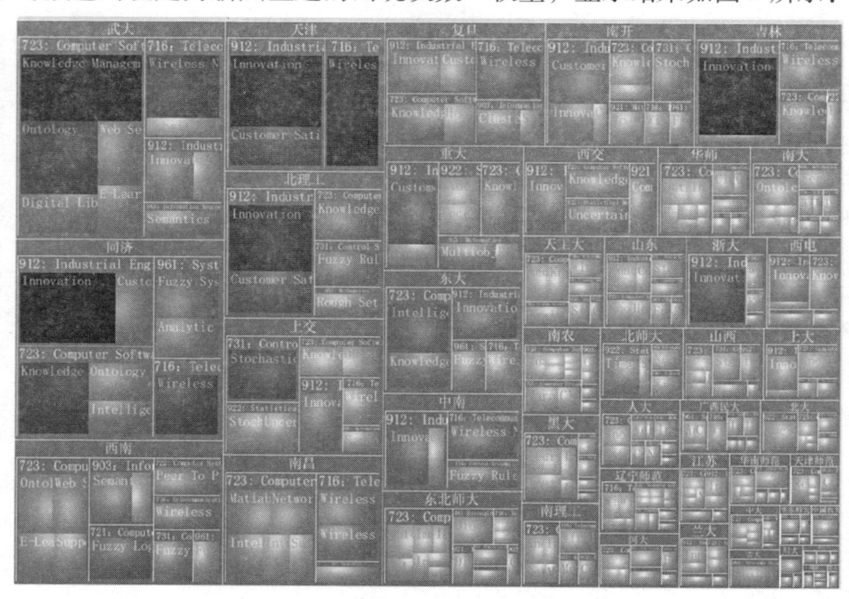

图 3 国内图情科研机构对新兴主题的贡献度可视化显示

由图 3 可知，武汉大学、同济大学、西南大学、天津大学、北京理工大学等科研机构的标签颜色较深，面积也较大，说明这些科研机构对技术类新兴主题的贡献度较大。贡献度最大的前 5 所科研机构及其对应的前 3 个分类号与新兴术语如表 3 所示：

表 3　国内对新兴主题贡献度最大的 5 所科研机构及其新兴主题

科研机构	新兴主题	分类号
武汉大学	知识管理、本体论、无线网络、数字图书馆、创新	723 计算机软件、数据处理与应用 716 电信、雷达、无线电与电视 912 工业工程与管理
同济大学	创新、知识管理、无线网络、模糊系统、用户满意	912 工业工程与管理 723 计算机软件、数据处理与应用 961 系统科学
西南大学	模糊逻辑、语义学、本体论、网络服务、端对端网络	723 计算机软件、数据处理与应用 903 信息科学 721 计算机电路和逻辑元件
天津大学	创新、无线网络、用户满意	912 工业工程与管理 716 电信、雷达、无线电与电视
北京理工大学	创新、用户满意、知识管理、模糊规则、模糊集	912 工业工程与管理 723 计算机软件、数据处理与应用 731 自动控制原理及应用

由表 3 可知，国内对图情领域技术类新兴主题做出主要贡献的 5 所科研机构中，只有武汉大学属于图情领域排名靠前的科研机构[17]，它对知识管理、本体论等新兴主题做出了突出贡献；其他 4 所科研机构并不是图情领域的核心科研机构，多是经济与管理学院、计算机与信息科学学院，它们融合了经济学、管理学与计算机科学等领域的专长，对创新、模糊逻辑、无线网络、用户满意等新兴主题的贡献显著。而国内其他科研绩效领先的图情科研机构并未对技术类新兴主题做出突出的贡献。这与 H. F. Moed 等人所发现的整体学科专业化高的高校往往呈现出比一般的学术机构更低的引文影响水平的结论[22]有相似之处。

表 3 显示的结果与国内图情领域的认识存在一定差距，分析其原因主要有两点：首先，现有的国内图情领域科研机构排名主要是根据其发表论文的数量与被引次数或其他与科研成果相关的指标，因此科研绩效突出的科研机构（如武汉大学、南京大学、中国人民大学、北京大学等）排名较为靠前。而本文采用的方法是先根据术语引入辞典的时间筛选新兴主题，按照主题的新兴程度对主题进行加权，然后计算各科研机构对新兴主题的贡献度（即各新兴主题的出现次数乘以对应新兴主题的权重之和，如公式（2）），因此，对新兴主题介入较多的科研机构（如武汉大学、同济大学、西南大学、天津大

学等）排名较为靠前。由于两者的方法与目的均不一样，因此结果存在一定差异。

其次，国内图情领域科研机构的类型与分布明显区别于美国图情领域（国内图情领域的科研机构只有不到10所院系是单独的信息管理学院，其余的图情科研机构都隶属于管理学院、经济管理学院、商学院、公共管理学院等，而美国图情科研机构几乎全部是单独的图书情报学院或信息学院）。因此，国内图情领域的研究呈现显著的学科交叉性，与经济学、管理学、计算机科学等学科均有所交叉。以“用户满意”这一主题为例，中国知网显示，有457篇论文分布在图书情报与数字图书馆类别中，有1 000余篇论文分布在计算机软件及计算机应用类别中。此外，无线网络、知识管理、网络服务、创新等主题均有类似现象。这表明，国内新兴主题往往具有跨学科的特点，而图情领域在发展过程中往往有借鉴其他学科理论与方法的倾向。这也是为什么我们邀请3位图情领域的专家判定这些主题是否属于图情领域，得到肯定答案的原因。

3.4　美国图情科研机构对新兴主题的贡献度可视化分析

将美国图情科研机构及其新兴主题、权重与分类号数据导入Treemap工具，先按机构名称分组，再按分类号进行分组，将新兴主题作为标签，标签大小与颜色均设定为新兴主题的出现次数＊权重，原理同图3。显示结果如图4所示：

由图4可知，Drexel University、University of Pittsburgh、University of Washington等科研机构的标签颜色较深，面积也较大，说明这些科研机构对技术类新兴主题的贡献度较大。贡献度最大的前5个科研机构及其对应的前3个分类号与新兴术语如表4所示：

表4　美国对新兴主题贡献度最大的五所科研机构及其新兴主题

科研机构	新兴主题	分类号
Drexel University	社交网络（在线）、语义学、生物信息学、知识管理、本体论等	723 计算机软件、数据处理与应用 903 信息科学 461 人机工程学与人类因素工程学
University of Pittsburgh	社交网络（在线）、人类机器人交互、语义学、本体论、E-learning等	723 计算机软件、数据处理与应用 731 控制系统 903 信息科学

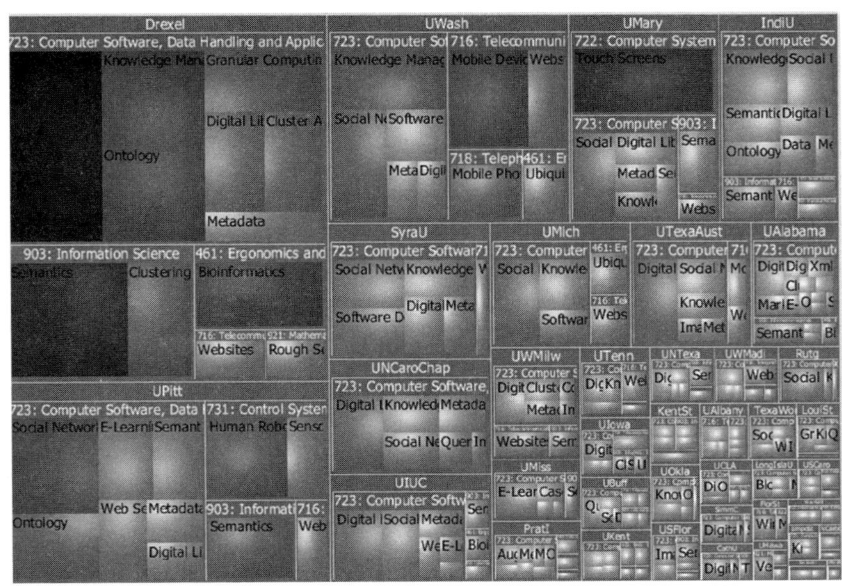

图 4　美国图情科研机构对新兴主题的贡献度可视化显示

续表

科研机构	新兴主题	分类号
University of Washington	知识管理、移动设备、手机、社交网络（在线）、网站等	723 计算机软件、数据处理与应用 716 电信、雷达、无线电与电视 718 电话系统与设备
University of Maryland	触摸屏、社交网络（在线）、语义学、数字图书馆、元数据等	722 计算机系统与设备 723 计算机软件、数据处理与应用 903 信息科学
Indiana University-Bloomington	知识管理、语义学、社交网络（在线）、语义网、本体论等	723 计算机软件、数据处理与应用 903 信息科学 716 电信、雷达、无线电与电视

由 4 可知，对图情领域技术类新兴主题做出突出贡献的美国科研机构大多排名靠前[18]，例如 Drexel University 排名第九，University of Washington 排名第四，Indiana University-Bloomington 排名第七。而排名靠后的美国科研机构对新兴主题的贡献度亦不明显，这与国内若干排名靠后的科研机构对新兴主题

的贡献度却很突出的现象有所不同。同时图 4 显示，排名前 3 的 University of Illinois Urbana Champaign、University of North Carolina Chapel Hill 与 Syracuse University 对技术类新兴主题的贡献度紧随表 4 中的 5 所科研机构之后。这说明，美国科研绩效突出的科研机构在引领技术类新兴研究领域方面亦处于领先位置，而国内排名靠前的科研机构中仅有武汉大学对技术类新兴主题的贡献度很大。这一现象值得国内图情科研机构，尤其是科研绩效突出的科研机构引起高度重视，深入思考如何紧跟甚至引领技术类新兴研究领域的发展。

4 总结与展望

本文提出一种新兴主题的加权方法，建立了一套测量并可视化显示科研机构对新兴主题贡献度的方法。利用 Treemap 工具对 87 所中美图情科研机构对技术类新兴主题的贡献度进行可视化分析，发现中美图情科研机构涉及的技术类新兴主题异大于同。虽然双方都涉及知识管理、本体论、数字图书馆、E-learning、无线传感器网络、网站等新兴主题，但是国内科研机构更关注与管理学、数学相结合的新兴主题，例如创新、用户满意、不确定分析、随机模型、模糊集理论、多对象优化等。而美国科研机构则更关注与信息科学、人机工程学与人类因素工程学等领域相关的新兴主题，例如语义学、聚类算法、生物信息学、泛在计算、触摸屏、服务器等。此外，即使在相同的分类号下，美国科研机构所侧重的社交网络（在线）、元数据、移动设备、图像识别等新兴主题在国内科研机构所侧重的新兴主题集合中的可见度很低甚至空白，值得引起国内相关科研机构的高度重视。

关于科研机构对新兴主题的贡献度，国内武汉大学、同济大学、西南大学、天津大学与北京理工大学对技术类新兴主题做出了突出的贡献；美国 Drexel University、University of Pittsburgh、University of Washington、University of Maryland 与 Indiana University-Bloomington 对新兴主题做出了显著的贡献。双方不同之处在于，国内对新兴主题做出突出贡献的科研机构中只有一所属于核心的图情领域科研机构，国内其他科研绩效领先的图情领域科研机构并未对技术类新兴主题做出显著的贡献；而在美国对技术类新兴主题做出显著贡献的科研机构同时也是科研绩效领先的科研机构，这说明美国科研绩效领先的科研机构在技术类新兴主题的研究中处于主导地位，这一点值得国内相关科研机构的学习。因此，希望国内图情领域的科研机构进一步提升创新能力，准确把握国际图情领域的研究前沿，及时弥补国内研究领域的不足。该研究方法同样可应用于其他学科领域与数据集，其研究发现有助于科研机构评估自身在该学科领域的创新性，发现研究前沿及其领先机构，鼓励科学创新。

参考文献：

[1] 张勤，马费成. 国外知识管理研究范式——以共词分析为方法［J］. 管理科学学报，2007，12（6）：65－75.

[2] 赖茂生，王琳，李宇宁. 情报学前沿领域的调查与分析［J］. 图书情报工作，2008，52（3）：6－10.

[3] 杨文欣，杜杏叶，张丽丽，等. 基于文献的情报学前沿领域调查分析［J］. 图书情报工作，2008，52（3）：11－14.

[4] 赖茂生，王琳，杨文欣，等. 情报学前沿领域的确定与讨论［J］. 图书情报工作，2008，52（3）：15－18.

[5] 王伟，王丽伟，朱红. 国际信息计量学研究前沿与热点分析［J］. 医学信息学杂志，2010，31（2）：1－4，25.

[6] 范云满，马建霞. 利用 LDA 的领域新兴主题探测技术综述［J］. 现代图书情报技术，2012（12）：58－65.

[7] 范云满，马建霞，曾苏. 基于知识图谱的领域新兴主题研究现状分析［J］. 情报杂志，2013，32（9）：88－94.

[8] 侯素芳，汤建民，朱一红，等. 2000－2011 年中国图情研究主题的“变”与“不变”——以《图书情报工作》刊发的论文为样本［J］. 图书情报工作，2013，57（10）：25－32.

[9] Chen Chaomei. CiteSpace II：Detecting and visualizing emerging trends and transient patterns in scientific literature［J］. Journal of the American Society for Information Science and Technology，2006，57（3）：359－377.

[10] Small H. Tracking and predicting growth areas in science［J］. Scientomitrics，2006，68（3）：595－ 610.

[11] Schult R，Spiliopoulou M. Discovering emerging topics in unlabelled text collections［C］// Advances in Databases and Information Systems. Berlin：Springer，2006，4152：353－366.

[12] Lee W H. How to identify emerging research fields using scientometrics：An example in the field of Information Security［J］. Scientometrics，2008，76（3）：503－525.

[13] Lent B，Agrawal R，Srikant R. Discovering trends in text database［C］//Proceedings of the 3rd International Conference on Know-ledge Discovery in Databases and Data Mining. Newport Beach：1997：227－230.

[14] Glanzel W，Thijs B. Using ‘core documents’ for detecting and labelling new emerging-topics［J］. Scientometrics，2012，91（2）：399－416.

[15] Cataldi M，Di Caro L，Schifanella C. Personalized emerging topic detection based on a term aging model［J］. ACM Transactions on Intelligent Systems and Technology，2013，5（1）：1－27.

[16] Takahashi T, Tomioka R, Yamanishi K. Discovering emerging topics in social streams via link-anomaly detection [J]. IEEE Transactions on Knowledge and Data Engineering, 2014, 26 (1): 120-130.

[17] 邱均平. 中国研究生教育及学科专业评价报告2011~2012 [M]. 北京：科学出版社，2011.

[18] Best Graduate School-Library and Information Studies [EB/OL]. [2011-12-04]. http://grad-schools.usnews.rankingsandreviews.com/best-graduate-schools/search.result/program+top-library-information-science-programs/top-library-information-science-programs+y.

[19] 安璐，余传明，李纲，等. 中美图情科研机构研究领域的比较研究 [J]. 中国图书馆学报，2014，40 (3)：64-77.

[20] Johnson B, Shnnneiderman B. Treemaps: A space-filling approach to the visualization of hierarchical information structure [C] //Proceedings of the 2nd International IEEE Visualization Conference. San Diego: IEEE, 1991: 284-291.

[21] Macrofocus. Treemap [EB/OL]. [2013-03-28]. http://www.treemap.com/.

[22] Moed H F, Moya-Anegón F, López-Illescas C, et al. Is concentration of university research associated with better research performance? [J]. Journal of Informetrics, 2011, 5 (4): 649-658.

作者简介

安璐，武汉大学信息管理学院副教授，硕士生导师；

余传明，中南财经政法大学信息与安全工程学院副教授，硕士生导师，通讯作者，E-mail：yuchuanming2003@126.com；

董丽，湖北华中电力科技开发有限责任公司运维部客服总监；

潘青玲，深圳金证科技股份有限公司助理质量保证工程师。

跨学科团队协同知识创造中的知识类型和互动过程研究*

——来自重大科技工程创新团队的案例分析

王馨

（北京理工大学信息资源管理研究所）

协同创新和团队知识创造是中国在创新型国家愿景和集体主义价值观下不断求索的一个研究课题。国内重大科技工程团队往往以跨学科团队居多，“两弹一星”工程、“载人航天”工程和“嫦娥”工程中的科研团队，大多具有跨学科任务团队的性质，此乃大工程集成攻关的模式所致[1-2]。研究跨学科团队在图书情报界具有特殊的价值。其原因不仅是国内情报界起源于为重大科技工程领域提供图书资料服务，还在于当前所倡导的嵌入式知识服务和协同创新，对图书情报人员嵌入跨学科科研团队提出了切实的需求[3-4]。通常认为，跨学科融合的交汇之处容易涌现创新的种子。跨学科团队知识创造的优势在于多样化观点所提供的创新基础。但是，与单学科团队相比，因不同学科背景的差异、知识的异质性和复杂性，跨学科团队成员往往陷入相互之间持异议、无法达成共识的困境。由此，本文对跨学科科研团队如何实现协同知识创造的研究，无论从理论还是现实意义上讲，都具有较高的价值。

1 跨学科团队知识创造文献述评

近年来，国内学术界对跨学科科研团队和跨学科创新的研究开始兴起，例如王晓红等从创新单元和创新个体的双重视角，对跨学科团队的知识创新及其演化特征进行了研究[5]；柳州和陈士俊研究了跨学科科技创新团队的学科会聚机制[6]；王端旭等研究了多样化团队的断裂带[7]；王馨对中国航天跨学科导师制团队进行了研究[8]。相比而言，国外学者对跨学科团队表现出更

---

* 本文系国家社会科学青年基金项目“重大科技工程中多学科团队的协同知识创造研究”（项目编号：12CTQ034）和教育部人文社会科学青年基金项目“重大科技工程中代际知识传承的导师制研究”（项目编号：12YJC870026）研究成果之一。

早和更持久的关注，在国际顶尖级管理学期刊上发表了许多相关成果。既有文献从不同的研究背景出发，大致基于3个视角。

第一个是知识管理视角。该视角认为要通过隐性知识和显性知识的相互转化，实现知识创造。这一著名论断是日本学者野中郁次郎在SECI模型中提出来的[9]，在知识管理领域已得到越来越多的认可[10]。借助于波兰尼提出的隐性知识概念，野中郁次郎提出了普遍适用于个体、团队和组织的知识转化模型，认为通过隐性知识和显性知识之间的相互转化，可以在社会化、系统化、内化和群化等4个过程实现知识创造。顺着这个研究思路，国外一些学者寻求通过促进隐性知识的显性化，来实现团队知识创造[11-12]。

第二个是团队多样性视角。该视角认为多样性团队通常分为决策型和知识创造型两类。关于后者，P. Jeffrey指出，对于跨学科科研团队的结构和管理问题还没有令人满意的研究成果，认为过程、理解、使用和知识整合可以用来衡量跨学科协同[13]。A. Tayor 等对知识和经验与团队创新之间的关系进行研究，认为多领域知识整合、前期经验的累积有助于提高创新绩效[14]。P. R. Carlie 指出，从团队内特定领域知识（domain- specific knowledge）到达成共同知识（common knowledge），需要经过转移、翻译和转换3个过程，借助于领域知识之间的共同基础[15]。然而，对于这个共同基础是什么，该研究并没有进行深入讨论。

第三个是组织创造力视角。这一视角的成员多为研究创造力的学者，主要探讨了团队的创造性过程以及相关影响因素和背景因素对团队创造力的影响[16]。例如，A. B. Hargadon 和 B. A. Bechky 从集体互动和行为的角度提出了一种集体创造力模型[17]。基于这一视角的研究还指出，团队成员之间存在着观点不一致、持异议的现象。例如，P. B. Paulus 和 B. A. Nijstad 认为，持异议能够激发思考、提供更多的选择，从而提高创造力；也会在成员之间产生冲突，无法达成共识，甚至使团队失效[18]。那么，如何从持异议的状态走向达成共识，乃至实现知识创造呢？本文将对此进行探讨。

2 既有理论基础

2.1 知识类型

显性知识和隐性知识是颇具解释力的知识分类，不过隐性知识的概念只能解释为什么来自不同学科的成员需要分享设想、畅所欲言地表达才能实现创新，却无法解释在出现不同学科之间的冲突，成员彼此质疑和持异议的情境下，团队成员如何互动才能实现知识创造，即没有涉及团队成员之间协同的问题。

德国哲学家哈贝马斯对于人们如何达成沟通进而采取集体行动颇有研究[19-20]。在《后形而上学思想》一书中，哈贝马斯将知识划分为主题知识（thematic knowledge）和非主题知识（unthematic knowledge）两大类。主题知识是指“在言语行为中被主题化了的知识”，可以通俗化地理解为与人们所要完成的任务或者实现的目的直接相关的学科知识，是社会互动的主旨和核心。非主题知识是来自于生活世界的知识，是能让主题知识的“有效性”变得“令人信服”的知识，它为主题知识提供了基础。非主题知识并非与所要完成的任务或者实现的目的直接相关，而是与生活中的体验密切相关，是有助于达成理解的知识。只有依托于非主题知识，主题知识才能在个体之间达成信服和理解。为了完成创新任务，人们要凭借各自不同的专业和背景提出主题知识，然而由于这些主题知识来自于不同的话语体系，属于不同学科的“行话”、“黑话”，因而即使人们能够将主题知识予以充分表达，也往往难以在团队内部建立共同的理解。只有通过非主题知识这种活生生的来自于生活世界的语言，才能促进个体之间就主题知识达成有效的信服和理解。

哈贝马斯重点强调了非主题知识在人们的社会互动中对于达成共识的重要作用，还将非主题知识划分为视域知识（horizontal knowledge）、语境知识（contextual knowledge）和背景知识（background knowledge）3 种[21]。通俗地讲，视域知识就是我们日常语言中所说的眼界、视野或境界。当参与者彼此之间的视角相互融合时，视域知识可以对言语情景提供含义大致相同的解释。语境知识是言语者“在共同的语言范围、共同的文化氛围、共同的教育范围等，亦即在共同的环境或共同的经验视野里”所确定的知识。不同的个体由于具有相同的语言、文化和教育背景，能够借助这些共同的经历，达成彼此之间的理解和共识。背景知识来自于长期的生活阅历积淀，具有更大的稳定性，“成为一种深层的非主题知识，是一直处于表层的视域知识和语境知识的基础”。总之，非主题知识获自于生活世界，无论是视域知识、语境知识还是背景知识，都来自于沟通者活生生的直接经验，是自身经历、意识、见解、互动和思考的交融，并非从书本或者他人那里获得的间接经验。

笔者曾撰文指出，与隐性知识相比，非主题知识在解释与社会互动相关的协同知识创造时，具有一定的优势。这种优势主要表现在二者的根本区别上：对知识的揭示维度不同。隐性知识是从表达维度上对知识加以揭示，是尚未表达出来的，而显性知识是已经表达出来的；非主题知识是在理解维度上加以揭示，让人们从不同观点、持异议和分歧中摆脱出来，能够相互理解，达成共识乃至实现知识创造[22]。

2.2 互动过程

哲学家怀特海在《思维方式》一书中提出了重要性、表达和解释3个重要的概念[23]："在有理解之前先有表达，在有表达之前先有关于重要性的感受。"他的论述为知识创造的互动过程提供了一个概括的轮廓。即确定主题知识和非主题知识的不同重要性之后，对主题知识和非主题知识予以表达，通过非主题知识对不同学科的主题知识进行解释。M. M. Crossan 等针对从个体、团队到组织的视角对组织学习和创新进行研究，提出4阶段动态变化模型，包括直觉感知（intuiting）、洞见解释（interpretating）、互动整合（integrating）和制度编码（instituting）4个过程；认知影响行动，行动亦影响认知[24]。上述理论为揭示跨学科团队互动提供了理论和概念基础，但在团队互动的针对性和细节上还无法回答本文提出的研究问题，接下来将通过案例实证研究为新的理论建构提供数据和佐证。

3 跨学科团队案例研究

作为研究者创建管理理论的重要研究方法之一，案例实证研究在国内外组织管理领域获得广泛的应用，近年来也为图书情报领域所采用[25]。案例研究建立在对相关管理现象之来龙去脉进行广泛调研的基础上，数据扎实充分，相对于大样本统计等研究方法更能够有效解释"怎么样"和"为什么"，即能够更好地通过对于管理现象间的关联和推理总结出新颖的理论[26-27]，因此案例研究在组织管理研究中具有广泛的应用价值，特别有利于理论的创建和发展。本文所使用的案例研究方法，除了较为传统的内容分析法和分析归纳法，还重点参照潘善琳的结构-实务-情景方法论[28-29]。

3.1 跨学科创新团队背景

选择案例时，考虑3个因素：①限定为跨学科科研团队；②该团队是创新团队，获得了创新性成果，得到行业内的公认，享有较高声誉；③信息的可获得性。在这3个标准的基础上，最终选择了钱学森系统科学研讨团队和中国航天领域某创新团队，所选择的团队都具有跨学科和创新绩效双重特征。

3.1.1 钱学森系统科学研讨团队

团队领军人物是钱学森，主要被指导者有王寿云、于景元、戴汝为、汪成为、钱学敏、涂元季等6人，数学家廖山涛、运筹学家许国志、大气物理学家叶笃正、经济学家马宾、生态学家马世骏、物理学家方福康等都参加过研讨，团队构成见图1。

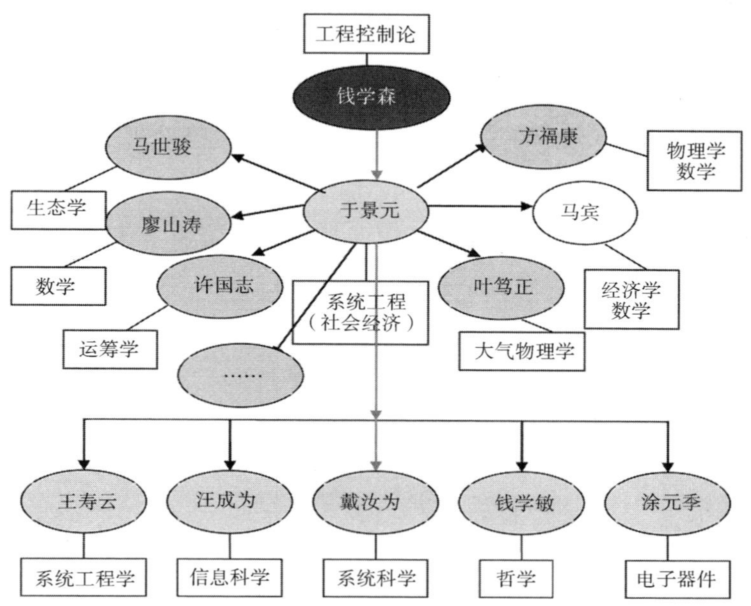

图 1　钱学森系统科学研讨团队主要成员及学科构成

3.1.2　航天领域某创新团队

该创新团队构成包括领军人物（G1）和 G1 认可的 4 位被指导者（G21、G22、G23 和 G24）。同时 G22 作为第二代领军人物，指导着 2 位被指导者（G31 和 G32），见图 2。

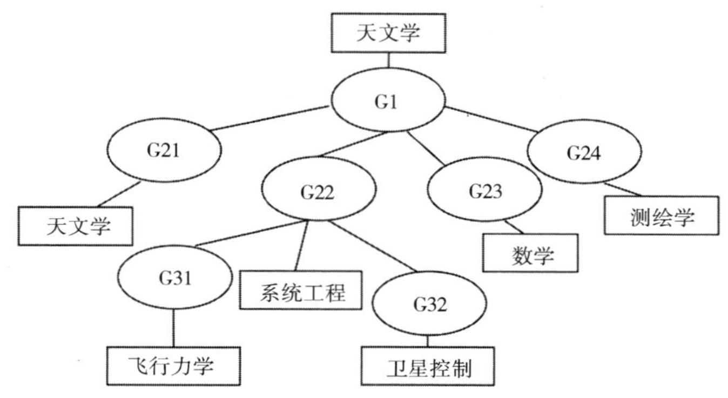

图 2　航天某创新团队主要成员及学科构成

3.2　数据来源

本文使用了3种数据资料：①对团队成员和管理者的访谈；②电子邮件和电话访谈；③文档数据，包括内部资料、回忆录和其他由被访者提供的资料。主要数据来自于11个半结构化访谈，对有的受访者访谈不止一次，历时一年半。每次访谈平均时长大约为2.5小时。在每次访谈前，笔者向受访者描述主题和目的，并查看一些背景资料以及从以前的访谈中获得的信息（见表1）。

表1　航天领域某创新团队案例数据描述

多学科团队	团队性质	组织状况	持续时间	分析单元	访谈人数
航天领域某创新团队	多学科科研团队	紧密正式	1987－2014	知识类型	核心成员：3位（G1、G22、G23）；管理者：2位
钱学森系统科学研讨团队	多学科科研团队	松散非正式	1986－1992	互动过程	核心成员：1位（G21）；管理者：2位

3.3　数据分析

对不同来源的数据采用典型的内容分析法程序编码。首先，依照前面提出的理论模型，将所有的数据分成若干类，对应着协同知识创造的主题知识和非主题知识两个类型维度；其次，对于互动过程维度，以前面提到的概念为基础，结合具体的互动过程进行编码，逐渐归纳创造出子类目；最后，在这些子类目的基础上，不断往复对照，形成互动过程模型。

3.4　主题知识和非主题知识

主题知识是直接与任务相关的学科知识，来自于科学世界；非主题知识来自生活世界，包括视域知识、语境知识和背景知识，并非与主题任务直接相关，但是却对主题知识的有效性起到了解释和依托的作用，同时增进成员之间的理解，促进共识的达成，案例数据验证了哈贝马斯关于两者之间关系的界定。编码范例如表2所示：

表 2　主题知识和非主题知识编码范例

	知识类型	代表性语录
范例1	非主题知识［眼界知识］	在国外国际空间中心进修时，几个人竞争一个课题，最终一位美国小伙子凭借独辟蹊径的思路获胜，当时其他人都认为在现有技术条件下，这简直是个略带科幻的空想。G1 总结说，“最卓越的创造力往往来自大胆发挥想象的勇气。我们没输在技术上，却被现实条件束缚了思考力”
	主题知识	回国后，一向谦逊的 G1 挑战了学术权威，采用新的测控卫星姿态确定算法取代沿用 30 多年的老算法。新方案用于某卫星，将卫星变轨误差由几百公里缩小到几十公里，精度提高近 10 倍
范例2	非主题知识［语境知识］	巧也是一种自然的方法。我觉得自然界是很复杂的、很巧妙的，你不能理解自然界就是自然。错的，我是觉得自然界是基于巧妙构成的
	主题知识	我有很多专业领域的东西，包括公式，写出来之后，大家都瞪大眼睛，觉得这样能解决吗？但最后大家又觉得这是很自然、很巧妙的东西
范例3	非主题知识［背景知识］	做学问、干工程是一种互相沁透的关系，我也很喜欢文学，各种美好的东西，很喜欢亲近自然
范例4	非主题知识［语境知识］	比如羽毛球，没有风是垂直下落，有风是自然漂移。……然后我们讨论，羽毛球是这样打的。羽毛球高手都是能知道羽毛球的落点。羽毛球的漂移和飞船的漂移是一个道理
	主题知识	我们有一个创新项目飞船落点预报。采用顺向思维，中间总有一些开散，引起动力学模型预报的精度不高。后来采用逆向思维，如果飞船不带降落伞飞行是垂直下落的话，带了降落伞就是向外漂移。假设飞船垂直下落，算一个漂移量

3.5　互动过程

3.5.1　钱学森系统科学研讨团队互动过程

钱学森系统科学研讨团队从 1986 年 1 月 7 日开始研讨，到 1990 年公开发表了有创建性的“复杂巨系统理论”，并于 1992 年改公开的定期讨论为小班以书信方式的指导。本文将钱学森系统科学研讨团队从 1986 年到 1992 年的发展沿革划分为 4 个阶段：奠定学科基础、跨学科研讨、碰撞争鸣和理论建构，见图 3。

3.5.2　互动过程编码

在钱学森系统科学研讨团队的协同知识创造过程中，各个阶段的具体过

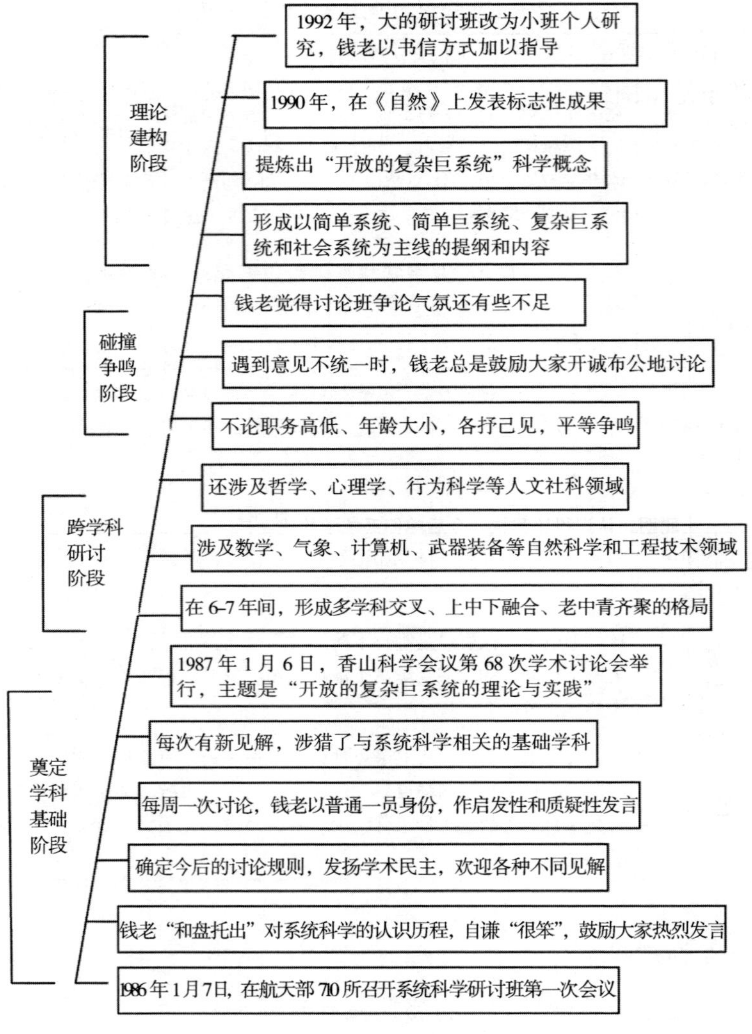

图3　钱学森系统科学研讨团队发展沿革

程如下：

（1）奠定学科基础阶段。这一阶段包括启发性发言、沟通氛围营造和不同见解表达3类行为和过程。

（2）跨学科研讨阶段。这一阶段主要由两类行为组成：质疑性发言和跨学科交叉融合，见表4。这个过程与模型中对知识解释的描述基本一致。在这个阶段，以非主题知识的解释为主，实现跨学科知识的相互理解，建立共同的基础。

（3）碰撞争鸣阶段。这一阶段主要由3类行为组成：平等争鸣、不同意见公开和争论氛围营造，见表5。在这个阶段，不同个体的知识相互碰撞，主题知识和非主题知识呈无序排列，通过交互对话，信息反馈和主体的反思，碰撞甚至是观点之间的冲突，达成共识，超越年龄、等级和利益，在平等、信任和容错的基础上发扬学术民主。

表3 奠定学科基础阶段编码

奠定学科基础	编码例证
启发性发言	于景元主持了第一次讨论班。他简单地介绍了钱老倡导举办系统科学讨论班的宗旨和方法，便请钱老讲话。钱老在十分认真地讲了他从1978年一直到1985几年的时间里，一步一步地建立的对系统学的认识。钱老说："今天的讲话，我是和盘托出，无非说我这个人是很笨的。我认识一点东西是很曲折的……我相信同志们大概比我聪明，认识得比我快。今后咱们系统学的建立是大有希望的"
沟通氛围营造	钱老那"和盘托出"的"开场白"，使大家倍感亲切，深受鼓舞。结束时，钱老又让主持人转达了他的意见：今后的讨论会，每次都有个主讲人先讲，然后大家就主讲的问题展开讨论，发扬学术民主，各种不同见解都可以讲。最后他做小结。钱老十分注重学术民主。他多次强调，讨论班重在讨论
不同见解表达	从这一天开始，每周二的下午2时，航天部710所的小会议室里总是挤满了参加讨论班的人。每次都有新的见解，使大家得到深深的启迪。半年时间过去，讨论班已经将与系统学相关的一些基础学科都涉及到了

表4 跨学科研讨阶段编码

跨学科研讨	编码例证
质疑性发言	钱老以普通一员的身份作质疑性发言
跨学科交叉融合	在钱老主持讨论班的几年时间里，一大批来自国家部委、知名科研院所和高校的专家被邀请来作专题报告，论题十分广泛，不仅涉及数学、气象、计算机、武器装备等自然科学和工程技术领域，还包括哲学、心理学、行为科学、军事科学等诸跨学科，形成了跨学科交叉、上中下融合、老中青齐聚的格局

表 5　碰撞争鸣阶段编码

碰撞争鸣	编码例证
平等争鸣	在钱老的倡导下，每次主题报告之后，与会者不论职务高低、年龄大小，都可以各抒己见，平等争鸣，学术民主氛围非常浓厚
不同意见公开	遇到内部意见不统一时，钱老还鼓励大家："这不怕，也是事物之常规。从不统一到统一的唯一方法是开诚布公地讨论。"
争论氛围	"钱老觉得这个研讨班的争论气氛不足……"

（4）知识建构阶段。这一阶段主要由 3 类行为组成：提出概念、逻辑验证和发表成果，见表 6。这个过程与模型中对知识建构的描述基本一致。在这个阶段，建立起团队内的共识，实现主题知识和非主题知识的有序组织。主题知识在有效性上达到命题为真、逻辑论证充分和主体真诚信奉的要求。

表 6　理论建构阶段编码

理论建构	编码例证
提出概念	在这 6－7 年的时间里，通过讨论班和个人研究，系统学的研究取得了突破性的进展。通过马宾和于景元等同志所从事的社会经济系统工程的研究，钱老提炼出"开放的复杂巨系统"的科学概念
逻辑论证	逐步形成了以简单系统、简单巨系统、复杂巨系统和社会系统为主线的系统学提纲和内容
发表成果	1990 年，作为讨论班的研究成果，钱老和于景元、戴汝为三人署名的文章《一个科学新领域——开放的复杂巨系统及其方法论》，在《自然》杂志第 13 卷第 1 期上发表

3.5.3　过程比对

综上，钱学森系统科学研讨团队协同过程分为 4 个阶段（奠定学科基础、跨学科研讨、碰撞争鸣和理论建构），与前面所提及的互动过程理论中的概念进行比照和发展，形成互动过程的 4 个阶段（知识表述、知识解释、知识涌现和知识建构），如图 4 所示：

4　创新团队协同知识创造过程模型

基于对知识类型和互动过程的研究，本文提出跨学科团队协同知识创造

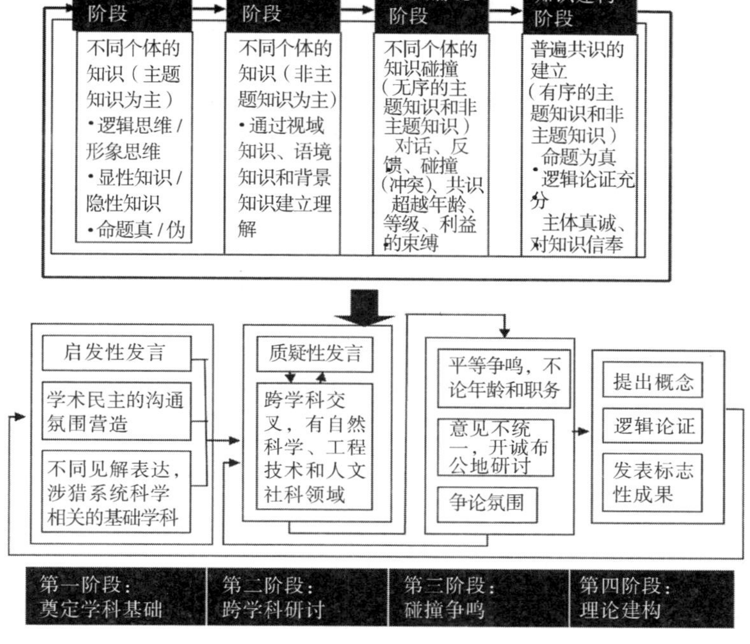

图 4　协同知识创造过程转换比照

模型，见图 5。在知识类型上，团队协同知识创造不仅对与任务相关的主题知识进行探讨，还依托于与任务并不直接相关的非主题知识，对不同学科的主题知识进行解释，同时促进团队内的互动沟通、交互理解和共识达成。在互动过程中，跨学科团队通过知识表述、知识解释、知识涌现和知识建构 4 个过程，促进主题知识和非主题知识的流动、交互、转化和生成，进而实现协同知识创造。具体过程如下：

4.1　知识表述阶段

协同知识创造的第一阶段是知识表述。参与跨学科科研团队的不同个体畅所欲言地表达知识，这些知识以主题知识的逻辑表达为主，但同时非主题知识的表达也占有小部分比例，这些非主题知识既可以是抽象思维，也可以是形象思维；既可以是显性知识，也可以是隐性知识；既有可能是正确观念，也可以是错误认识。只要是与主题相关的知识，都可以最大限度地表述出来。即使是错误的观念，只要表达的主体是真诚的，都可能成为他人灵感的来源。这一阶段的知识以主题知识为主，也就是说以表达为主，力争做到充分地表

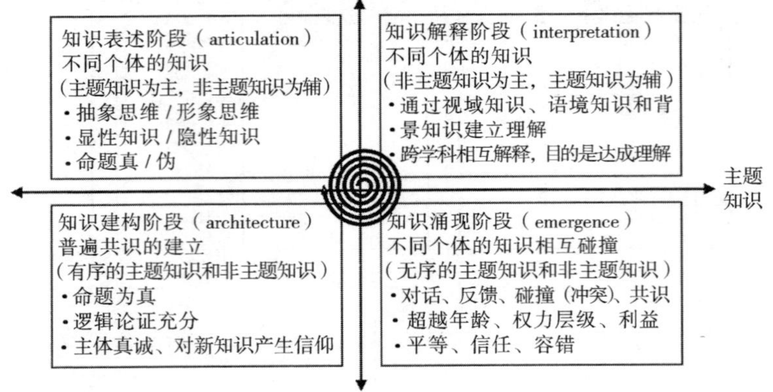

图 5　协同知识创造的知识过程模型

达。沟通氛围是促进知识表述的第一驱动力，有效的沟通氛围能够帮助人们打破禁忌，做到知无不言，言无不尽。

4.2　知识解释阶段

协同知识创造的第二阶段是知识解释。在第一阶段所表述出来的知识，涉及不同学科，以不同的学科术语或者“行话”的方式表达出来，外行未必能听（看）得懂。因此，在不同学科之间通过相互解释，达成理解是非常必要的。跨学科科研团队的不同个体，需要借助于非主题知识来达成理解，在这一阶段，跨越不同学科的话语体系，通过视域知识、语境知识和背景知识，寻求对主题知识产生同一解释。这一阶段的知识以非主题知识为主，以主题知识为辅，力争通过非主题知识对所表达出来的不同主题知识进行有效解释。

4.3　知识涌现阶段

协同知识创造的第三阶段是知识涌现。在前两个阶段所产生的大量主题知识和非主题知识的基础上，团队成员之间的知识相互碰撞。这种碰撞进一步激发个体之间通过反复的对话和不断的反馈，产生新的主题知识和非主题知识。在新的主题知识和非主题知识基础上，团队成员继续研讨、辩论，甚至可能产生冲突。不同学科范式之间的不相容、不一致，必然导致知识碰撞中的冲突。冲突也可能是由代际差异、权力层级的差异以及利益的不同造成的。超越学科、年龄、权力、利益的制约，在自愿、平等、信任、容错的氛围下充分地沟通，才可能跨越这一阶段，否则可能造成团队成员之间无法达成共识，导致团队工作失效。复杂科学成果表明，混沌是整体性涌现和创新的一个必经过程[30]。斯泰西在对组织复杂性和创造性进行研究时也指出，在从一种模式向另一种模式的转换过程中，创造性混沌并非偶然[31]。在这一阶段主题知识和非主题知识都参与其中，相互之间呈现出一种无序的状态。涌现的另一个结果是经由悟性的直觉归一产生新假设，从而对所提出的问题予以明晰地回答。

4.4 知识建构阶段

协同知识创造的第四阶段是知识建构。跨学科科研团队就主题知识和非主题知识达成一定范围的普遍共识，在主题知识和非主题知识之间建立有序的联系。个体之间共同建构主题知识，使之满足有效性的 3 个要求：命题为真、逻辑论证充分和主体真诚信奉。新的知识为知识体系所接受，无论最初是形象思维还是逻辑思维，最终总是要以逻辑建构的方式加以呈现。在所建构知识的基础上，知识成为任务解决方案，团队成员将知识转化为统一的行动。

5 结 论

以跨学科科研团队为研究对象，在哲学家哈贝马斯主题与非主题知识概念基础上，本文提出了跨学科团队协同知识创造模型，从团队层面探讨了协同知识创造问题；认为跨学科科研团队是在主题知识和非主题知识的交互作用下，借助于非主题知识的解释功能，通过知识表述、知识解释、知识涌现和知识建构 4 个过程，实现对主题知识的理解和共识，进而实现协同知识创造；以两个跨学科科研团队为例，验证了模型中所提出的主题知识和非主题知识以及协同知识创造的 4 个过程。

本文的创新性贡献在于：首次将哲学家哈贝马斯的知识概念引入管理学研究，验证了非主题知识对于主题知识的解释作用。基于主题知识和非主题知识相互协同，创建性地提出跨学科科研团队情境下的知识创造模型，丰富和发展了知识管理和知识创新理论。同时，主题知识和非主题知识的概念，在隐性知识和显性知识所涉及的知识的表达维度之外，提供了对知识的理解维度的探讨，为知识管理以及隐性知识的深化提供了新的研究路径。研究表明：对于跨学科科研团队而言，多样性所产生的差异不是绝对的，相似就存在于差异之中。科研团队以多样化的主题知识来丰富观点，以相似性的非主题知识来达成共识。与野中郁次郎的隐性知识相比，非主题知识的概念更强调创新主体之间的共识，将知识创造从思维表达层面，上升到思维解释和理解的层面，更有助于揭示具有不同专业和背景的跨学科科研团队的知识创造模式，更贴近协同知识创造的本质。

此外，中国航天领域的案例还表明，技术民主、自由辩论和基于平等、信任和容错的成员关系，对于畅所欲言地表达观点，尊重持异议的观点和达成共识，是非常重要的。

参考文献：

[1] 胡锦涛．坚持走中国特色自主创新道路 为建设创新型国家而努力奋斗［M］．北京：人民出版社，2006.

[2] 钱学森．中国大学为何创新力不足［J］．新华文摘，2010（2）：113－114.

[3] 吴鸣，杨志萍，张冬荣．中国科学院国家科学图书馆学科服务的创新实践［J］．图书情报工作，2013，57（2）：28－31.

[4] Nonaka I. The knowledge-creating company［J］. Harvard Business Review，1991，69（6）：96－104.

[5] 王晓红，金子祺，姜华．跨学科团队的知识创新及其演化特征——基于创新单元和创新个体的双重视角［J］．科学学研究，2013，31（5）：732－741.

[6] 柳洲，陈士俊．从学科会聚机制看跨学科科技创新团队建设［J］．科技进步与对策，2007，24（3）：165－168.

[7] 王端旭，薛会娟．多样化团队中的断裂带：形成、演化和效应研究［J］．浙江大学学报（人文社会科学版），2009，39（5）：108－128.

[8] 王馨．代际知识转移的方法和机制研究：以中国航天为例［D］．北京：北京大学，2011：1－3.

[9] Nonaka I. The knowledge_ creating company［J］. Harvard Business Review，1991（Nov-Dec）：96－104.

[10] Martin B. Knowledge management［J］. Annual Review of Information Science and Technology，2008，42（3）：371－424.

[11] Nonaka I，Von Krogh G，Voelpel S. Organizational knowledge creation theory：Evolutionary paths and future advances［J］. Organization Studies，2006，27（8）：1179－1208.

[12] Nonaka I，Von Krogh G. Perspective—Tacit knowledge and knowledge conversion：Controversy and advancement in organizational knowledge creation theory［J］. Organization Science，2009，20（3）：635－652.

[13] Jeffrey P. Smoothing the waters：Observations on the process of cross-disciplinary research collaboration［J］. Social Studies of Science，2003，33（4）：539－562.

[14] Taylor A，Greve H R. Superman or the fantastic four? Knowledge combination and experience in innovative teams［J］. Academy of Management Journal，2006，49（4）：723－740.

[15] Carlile P R. Transferring, translating, and transforming: An integrative framework for managing knowledge across boundaries [J]. Organization Science, 2004, 15 (5): 555 – 568.

[16] Zhou Jing, Shalley C E. Handbook of organizational creativity [M]. Cleveland: CRC Press, 2007: 4.

[17] Hargadon A B, Bechky B A. When collections of creatives become creative collectives: A field study of problem solving at work [J]. Organization Science, 2006, 17 (4): 484 – 500.

[18] Paulus P B, Nijstad B A. Group creativity: Innovation through collaboration [M]. Oxford: Oxford University Press, 2003: 140 – 143.

[19] Habermas J. The idea of the theory of knowledge as social theory [M]. Cambridge: Polity Press, 1968: 47.

[20] 哈贝马斯. 交往行动理论 [M]. 洪佩郁, 蔺青, 译. 重庆: 重庆出版社, 1994: 78 – 87.

[21] Lafont C. The linguistic turn in hermeneutic philosophy [M]. Cambridge: Massachusetts Institute, 1999: 81.

[22] 王馨. 隐性知识研究的困境和深化——兼论基于理解维度引入新的研究路径 [J]. 情报理论与实践, 2012, 35 (4): 25 – 28.

[23] 怀特海. 思维方式 [M]. 韩东辉, 李红, 译. 北京: 华夏出版社, 1998: 45.

[24] Crossan M M, Lane H W, White R E. An organizational learning framework: From intuition to institution [J]. Academy of Management Review, 2004, 24 (3): 522 – 537.

[25] 王馨. 面向创新的代际知识转移方法和机制——基于中国航天导师制的案例研究 [M]. 北京: 国防工业出版社, 2013: 90 – 100.

[26] 徐淑英. 管理研究的自主性: 打造新兴科学团体的未来 [J]. 组织管理研究, 2009, 5 (1): 11 – 13.

[27] Whetten D A. 理论与情境衔接关系的探讨, 及其对中国组织研究的应用 [J]. Management and Organication Review, 2009, 5 (1): 29 – 52.

[28] Pan Shanlin, Scarbrough H. Knowledge management in practice: An exploratory case study [J]. Technology Analysis & Strategic Management, 1999, 11 (3): 359 – 374.

[29] Ravishankar M N, Pan Shanlin, Leidner D E. Examing the strategic alignment and implementation success of a KMS: A subculture-based multilevel analysis [J]. Information Systems Research, 2011, 22 (1): 39 – 59.

[30] 霍兰. 涌现——从混沌到有序 [M]. 陈禹, 译. 上海: 上海科技出版社, 2006: 99.

[31] 斯泰西. 组织中的复杂性与创造性 [M]. 宋学锋, 曹庆仁, 译. 成都: 四川人民出版社, 2000: 134 – 156.

作者简介

王馨，北京理工大学信息资源管理研究所讲师，E-mail：wang_ xin @ bit. edu. cn。

元网络视角下科研团队建模及分析*

李纲　毛进

（武汉大学信息资源研究中心）

1 引 言

随着近几十年来科学研究的迅猛发展，科研工作者数量不断增加，以学术论文、专利等形式出现的科研成果亦急剧增加。科学环境本身逐渐成为研究对象之一，出现了如科学学、科学计量学等相关学科和研究方向。理解科研环境，加强对科研的认识，探索科学发展规律，不仅是科学研究的使命之一，同时也具有较强的现实需求。鉴于科研在社会中承担的角色、所起作用和在政府管理中的地位，对科研规律的探索有助于科研政策制定以及指导科研资助方向和力度。

科研团队是指为解决特定研究主题（或课题，包含多个研究主题）而工作在一起的研究者群体[1-2]。其特征有：科研团队为共同目标而存在，即完成特定研究任务；科研团队成员彼此强连接，即相互认识、彼此交互，且往往还具有合著关系。现今科学环境已不像牛顿、伽利略所处时代，主要由科学家个体主导，而是几乎每个科学领域都需要研究者之间相互密切配合开展研究，大如航天科学、高能物理等复杂性问题，小至具体科研课题。科研团队已成为一种重要的科学组织形式，是科学进步的重要助推手。科研团队，是科学环境研究的一个重要切入点。本文尝试借助网络模型对科研系统建立模型，根据系统自身运作规律及其表现出的系统基本单元之间的相互作用，以此为内在关联纽带将科研团队环境下的各种基础网络模型综合在一起，构建科研团队元网络模型，试探性地提出可能的潜在应用方向。

* 本文系国家自然科学基金项目“科研团队动态演化规律研究”（项目编号：71273196）研究成果之一。

2 相关理论基础

2.1 从科学图谱到科学模型

对于科研本身的研究正逐步从图谱呈现阶段转向规律解释阶段[3]，研究趋势是用数理方法对科学环境建模。科技文献数据库中完善的期刊、文献等信息，为揭示研究活动提供了数据源。在信息科学和计算机科学领域，可视化地描绘研究领域的知识结构以及各种实体的关系绘制知识图谱，业已成为一项重要研究课题[4]，并涌现出了如 CiteSpace[5]、SCI^2[6] 等知识图谱分析工具。

知识图谱研究通过充分挖掘蕴含在文献属性数据中的实体，呈现科学实体的角色及实体间的各种关系，揭示研究领域的知识结构和知识交流模式。在作者层次，知识图谱主要用于识别作者的研究主题和领域的核心作者；在期刊层次，发现领域核心期刊，识别期刊的主要研究领域；在机构层面，展现研究领域中科学生产力的地理分布和组织分布；在研究领域层次，识别研究的主要路径，分析研究主线中的核心作者及论文，还可以展现研究主题。此外，知识图谱还用于研究领域内知识流动以及不同学科之间的知识流动，也是交叉学科研究的一个重要工具。

从功能来看，科学知识图谱更多地是呈现科学结构所表现出的现象，而较少展开对于现象的解释性分析及底层规律的探索。从社会学和系统论的角度，将科研环境视为一种社会系统，采用物理或数学的方法对科研系统构建相应的模型，为解释科学活动中的现象提供新的思路，是探索表面现象下所潜藏的本质规律的一种重要途径[3]。描绘模型主要用于揭示科研文献数据中的静态特征，并以数理形式表现出来，可以是从数据中总结出的经验模型，如揭示文献分布规律的布拉德福定律[8]和揭示科研生产率的洛特卡定律[9]；也可以是为数据建立的客观物理模型，例如刻画作者合著关系的合作网络模型[10]。过程模型则考虑了科研活动中的研究活动、成果撰写、论文发表和论文引用等行为中的过程因素，观察科研活动的变化规律，引入时间因素，从动态演化的角度对科学系统进行仿真或者建模。例如，J. C. Huber 在洛特卡模型基础上加入了个体作者的演化功能[11]；TRAL 模型对科研合作网络和引文网络同时建模，认为科研合作网络和引文网络存在相互支撑作用，该模型可以预测论文、作者和引文的动态演化关系[7]；S. A. Morris 和 M. L. Goldstein 等提出的科研团队模型分析了论文的增长发表过程，融入了合作现象和作者生产率[1]。

早期的研究多关注文献及文献引用关系[12]，由于科研工作者是科学活动的参与主体，因此从科研工作者个体、群体以及研究机构的角度出发探索驱动科研发展的规律，逐步成为研究重点之一。

2.2 科学环境的网络模型

针对科学环境的探索和解释，来自于哲学、历史学和社会科学等多个学科尝试将科学活动视为一种人类行为或者一种社会系统进行研究。复杂科学和复杂系统的引入，将科学活动理解为一种自组织、自生长社会系统[13]，从宏观角度看待学术环境，其基本观点是该系统中包含大量的基本单元，随着时间的演化，自发地涌现出更高层次的新结构和新功能。L. Leydesdorff 等将科学阐释为从学术环境中的自身交流网络中涌现出的结果[14]，这一观点奠定了以网络的视角来看待科学环境和对科学环境进行网络建模的基础，从而能够定量分析宏观的学术环境。自 Price 模型[15]起，不同学科研究者提出了多种学术网络模型（scholarly network model）[16]，将学术环境中的研究者、论文等实体视为网络节点，将合作关系、引证关系、耦合关系等学术交流活动承载各种关系视为网络连边，构建起网络模型。由此可见，学术网络模型中的节点即为科学自生长系统中的基本单元，节点间的连边结构为该系统的基本结构，而网络的更高层次的结构特征则是网络演化的涌现结果。网络模型较好地模拟了科研系统中的实体及实体之间的交互过程，成为科研环境建模的一种重要工具。

现有研究多从一种或少数实体类型所构成的网络角度去看待学术环境中的各种现象。根据网络节点类型以及节点间关系的具体含义，不同学术网络模型能够对科学环境这种复杂系统的不同层面进行建模和分析。作者合著网络[10]从学术产出的角度，反映作者之间的合著关系，该网络中蕴含了作者社交关系、以任务为导向的科研合作关系等多种社交现象，如社交依赖性[17]、优先选择机制[18]、强弱连接现象[19]等。根据科研成果发布行为以及成果内在结构构建的引文网络、论文耦合网络、论文共引网络等，则揭示学术环境知识结构及认知结构也能反映研究者间的学术交流模式[16]。在异质环境中，作者论文网络模型[7,20]同时对作者和论文建模，可用于生产力分析和科研合作效率分析等[1,20]。

由此观之，不同学术网络模型从不同视角看待学术环境，各有所长，然而却不能免除管中窥豹之嫌。从单一网络较难得到全部认知，有些类似于盲人摸象，所得结论可能只是整个场景中一个小部分，甚至可能产生错误的结论[1]。因此，从整体学术环境角度出发，对学术环境中的异质实体及多元、多重关系进行梳理，刻画出学术环境的全貌，将更有助于分析其中所潜藏的客观规律，得出更加合理的结论。

3 科研团队元网络模型及应用方向

3.1 网络模型与元网络模型

典型的网络模型定义为：$G=\{N, E\}$，其中 N 是节点集合，由目标系统中的同质或者异质单元组成，E 代表节点之间的连接，即基本单元之间的关联关系。节点类型可以多种多样，且还可赋予多种属性，节点之间的关联关系也可以有多种，因此网络模型具有基本结构简单、可扩展性强、表征能力丰富等多种优势。

元网络（meta-network）是指由多个网络组成的更高层面的网络，强调不同网络的异质性、关联性和动态性[22]。元网络模型可表示为：$G_{MN}=\{G_1, \cdots, G_k, \cdots\}$，其中 G_k 代表其中第 k 个网络模型，称作基础网络。不同基础网络间存在共享的网络节点空间，从而将不同基础网络链接在一起，形成整体的系统模型。

元网络模型不是多种网络的简单组合，而更强调网络之间的关联性，这种关联来自于目标系统本身的运行规律。在科研环境中，作者论文网络是指作者与其发表论文之间构成的网络，作者合著网络是作者之间的合著关系构成的网络。作者合著网络以作者共同完成并发表一篇学术论文为基础，其本身依赖于作者论文网络，在数学上可以由作者论文网络通过矩阵变换等方法推导出。本质上讲，两种网络都是来源于“不同研究人员以合著作者发表研究成果”这一事实。因此，使用不同网络模型来对系统建模，具有其协同共存的底层动因，不同网络模型能够找到相互融合的结合点。相较于单一网络模型而言，多种基础网络模型整合后的元网络模型具有反映和揭示系统不同方面的能力，更能全面地揭示系统结构。

从数据呈现能力来看，单一网络揭示较低维度数据，元网络模型则能对更高维度的数据建立模型，从而更加真实地还原系统原貌。正是由于这种优势，元网络模型也被应用于解决一些社会科学领域中的复杂问题，例如利用元网络模型方法针对互联网庞杂数据建立社会交互模型，并从中甄别出与恐怖活动相关的迹象和模式[22]。

3.2 科研团队元网络模型

将科学环境视为一种社会系统进行建模，需要确立建模目标，确定该系统中的基本单元、相互关系及基本单元的行为。科研团队元网络模型，旨在利用学术文献库数据，对科研团队相关的通用性、一般性问题进行抽象和建模，反映科研团队整体状况，为进一步研究其底层规律打好基础。本文模型借助于学术网络模型的通用概念框架[2]和术语进行系统建模，该概念框架总结出3种类型的基本单元，分别是社会概念、知识概念以及描述概念。科研团队元网络模型中相关概念继承并扩展该通用概念框架，如图1所示：

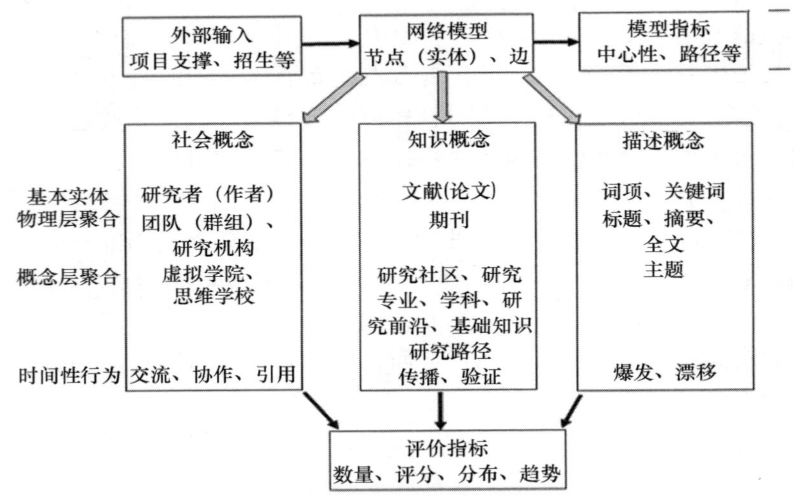

图1　科研团队网络模型的概念框架[2]

该概念框架实质上是源自于科研环境中的社会场景和认识论场景的，另一视角是以事务为导向的组织任务场景[23]。任务场景从4W1H（who，what，when，where，how）角度分析出场景中，何人，于何时，在何地所做的何事以及如何执行，以事务处理及其结果为线索，全面反映建模目标的各个方面。

具体而言，科研团队元网络模型所建模的系统环境如下：科研团队成员以科研项目和具体研究问题为工作目标，运用自身知识和技能，在团队协作中承担相应的角色，协同工作，共同完成科研论文，并发表在学术期刊上。科研团队元网络模型结合社会场景、认识论场景和任务场景，在学术文献数据库中以研究者为核心，针对如上系统环境建模，尝试解析科研团队运作过程中的成员社会关系、知识结构及其成果分布。科研团队元网络模型主要由作者论文网络、作者合著网络、论文期刊网络、论文关键词网络、关键词共现网络、论文项目网络等基础网络组成，各网络具体定义如表1所示：

表 1　科研团队元网络模型中基础网络的定义

基础网络	网络性质	节点	边构成方法
作者论文网络	异质网络	作者、论文	论文及其作者之间形成边
作者合著网络	同质网络	作者	同一论文的不同作者两两之间形成边
论文期刊网络	异质网络	论文、期刊	论文及其所发表的期刊之间形成边
论文关键词网络	异质网络	论文、关键词	论文及作者赋予论文的关键词形成边
关键词共现网络	同质网络	关键词	同一论文的不同作者关键词之间形成边
论文项目网络	异质网络	论文、项目	论文及其提及的资助项目之间形成边

表 1 中，作者合著网络是从科研团队内部成员的合作关系出发，体现了作者之间的社会关系；论文期刊网络、论文关键词网络、关键词共现网络等从认知角度反映科研团队的知识结构和研究主题；作者论文网络和论文项目网络则从科研任务视角体现科研团队的研究任务、参与人员和研究成果之间的关系。

论文实体的时间属性使得元网络模型也具有时间属性，据此可以开展元网络模型的演化规律研究。从数据分析过程来看，各基础网络均可按时间区间进行网络数据分片，观察随着时间的变化，科研团队在元网络层次上表现出的演化规律。

由于科研团队内部论文引用发生频次相对较少，本文未将引文网络、论文耦合网络等重要学术网络模型纳入到该元网络模型中。根据元网络模型的可扩展性，若研究对象较为宏观，如针对研究专业或者学科建立元网络模型，加入这些网络模型将更有助于体现领域全貌。

3.3　元网络模型应用方向

科研团队元网络模型既保持基础网络模型的独立性，其揭示能力仍然存在，同时还能从整体角度对科研团队进行分析。基础网络分析中常用指标，如中心性、社团、凝聚子群、网络群聚系数等不同层次的网络指标[24]，均可得到延续使用。针对科研团队元网络模型，借助网络间的关联性进行整合分析，形成一些新的分析指标，以更全面地了解科研团队。在此，本文尝试初步提出科研团队元网络模型在静态分析方面的部分应用方向。

3.3.1　识别科研团队核心实体

在社会网络分析方法中，中心性指标一般用于识别网络中的明星节点，不同类型的中心性指标能够发现网络中处于某种特殊地位的节点。在元网络模型中，综合同一实体在不同基础网络中的中心性指标，多维度评价实体，识别出核心实体。利用基础网络的相关性，在社交、认识论和任务场景中判断实体所处地位，核心实体不仅在单一网络中处在重要位置，在多个相关基础网络中所处地位也应当比较重要，从而根据相互关联的网络综合评判实体的重要性，识别出核心实体。以核心作者为例，在科研团队中核心作者在科研合作中处于统筹、协调、指导的中心地位，同时还可能承担着多个科研项目，完成多篇研究论文，其知识结构也可能是多元化的。在元网络中进行综合分析，通过相应指标来寻迹这些特征，从而识别出核心作者。

3.3.2 发现研究专长和研究主题

识别科研团队研究专长，揭示科研团队的知识结构，是科学环境研究中的一项重要活动，也是科研管理中的重要工作，能够为更广层次的知识组织服务。在传统科学计量领域，采用论文共引网络[25]、文献耦合网络[26]等方法发现论文聚类，以及共词网络[27]等方法发现关键词聚类，从而以论文聚类和关键词聚类来表示研究主题，以上方法的局限在于仅从单一方面解释研究主题，在可读性和理解性上存在认知不足，易造成理解障碍。在科研团队元网络模型中，可进一步综合利用论文、关键词等知识主题相关的实体，从更高层次发现这些异质实体的聚集现象，发现主题的内在关联性，从而更为全面地反映研究专长和研究主题，多角度地合理诠释。

3.3.3 研究科研团队中的合作现象

从单一网络视角，常借助作者合著网络开展科研合作研究，揭示科研合作的静态结构[10]和动态演化特征[28]。在科研团队识别方面，一般采用社群发现算法从作者合著网络中得到合作关系密切的科研团体，但这种所得结果并不一定能代表科研团队，也较难解释科研合作的底层驱动因素。直接从科研合作所形成的科研团队入手，则是研究科研合作的一个重要途径和方法，能够从实际科研团队出发，较为直接地研究科研合作现象，更加合乎现实世界情况。从元网络视角分析，利用相对全面的数据在科研团队内部开展研究，可以从任务驱动和知识结构驱动等方面分析，更为细致地研究团队成员的合作方式、交互结构等。

3.3.4 评价团队成员绩效

科研团队元网络模型可以作为科研管理中一种评估团队成员生产力的工具。借助于元网络模型的综合性数据，从科研任务出发，分析科研团队成员参与的科研任务（项目）以及所取得的科研成果（论文），从而做出直观的科研绩效评价。

4 实证分析

4.1 数据来源及分析工具

实证中，选取“中国科学院计算技术研究所智能信息处理重点实验室”作为科研团队进行分析，该科研团队的研究聚焦于智能信息处理研究领域，较为符合本文对于科研团队的定义。在万方数据库中，检索29种“自动化技术与计算机技术”核心期刊中该团队所发表的论文，时间跨度为2003－2012年，共得到期刊论文176篇、作者148人。人工整理论文标题、作者、关键词、支持项目、期刊等基本信息后，按照表1中基础网络的边构成方法，得到基础网络的矩阵数据。

元网络分析工具选择ORA软件[23]，该软件由卡耐基梅隆大学社会与组织系统计算中心（CASOS）研究开发，是一款动态元网络评估与分析软件，适宜于面向组织的元网络分析。实证中将网络矩阵数据转化为该软件需要的格式数据形式作为数据输入。借助于ORA软件可视化呈现功能，得出该科研团队元网络的可视化呈现图（见图2），各基础网络规模概况参见表2。由图2看到，多种网络节点和边组成的元网络表现出了一定的聚集现象。

表2 基础网络及元网络概况

基础网络	节点数	边数	密度
作者论文网络	作者：148，论文：176	446	0.017
作者合著网络	作者：139	279	0.013
论文期刊网络	论文：176，期刊：15	176	0.067
论文关键词网络	论文：176，关键词：608	731	0.007
关键词共现网络	关键词：606	1 254	0.003
论文项目网络	论文：176，项目：163	502	0.017
科研团队元网络	1 110	3 388	0.006

4.2 元网络模型分析示例

元网络模型可应用方向较多，在此仅借助ORA软件对科研团队元网络进行静态分析，更广、更深层次的分析还有待进一步研究。

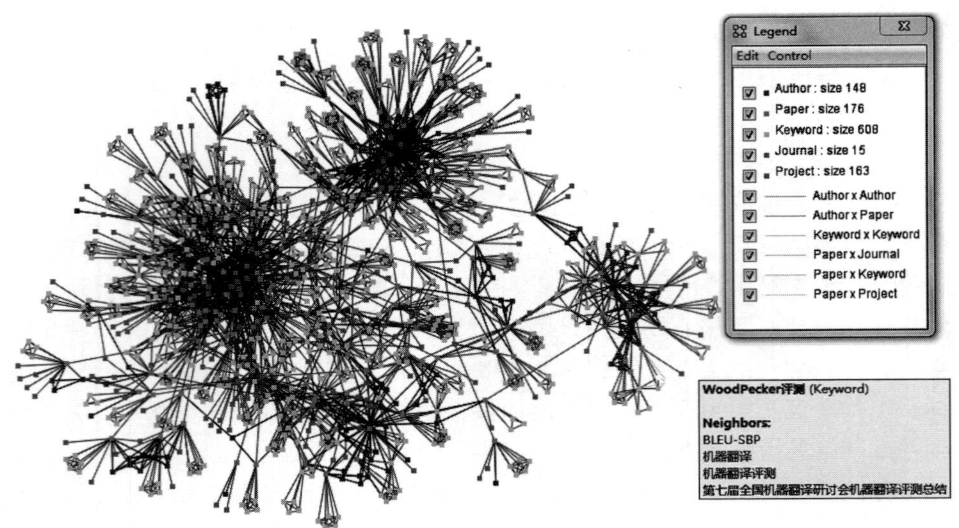

图 2 科研团队元网络模型可视化结果

4.2.1 核心实体

在元网络中，核心实体采用综合排序指标（recurring top-ranked，RT）进行识别。通过分析基础网络个体级中心性指标，组合各单项指标排序后得到综合排序指标，该指标代表了该实体出现在各单项指标排序中的比例。表 3 列出了部分科研团队的各种核心实体。以关键词为例，关键词反映了科研团队的知识结构，核心关键词的识别综合了元网络度中心度、论文关键词网络度中心度、关键词网络的中介中心性和反链中介中心性等 4 个指标[23]而得出。元网络度中心度是指关键词节点在整个元网络中与其他节点连接的边数，体现关键词的整体重要性；论文关键词网络度中心度是在论文中出现次数最多的关键词，测度了最被论文需要的关键词；而中介中心性和反链中介中心性指标则是用于衡量关键词在联系不同类型知识间的桥梁作用。分别统计以上 4 种指标，列出各指标的关键词排行，然后再统计关键词在 4 种指标中出现的比例，即为综合排序指标。由此看出，表 3 中核心关键词是在元网络上综合考虑了关键词的多种角色和地位而得出的核心关键词。

为进一步体现元网络在识别核心实体方面的特征，表 4 给出了作者实体的综合排序指标与部分单项指标的对比情况。在 ORA 中科研团队元网络模型的作者实体单项指标共有 16 种。表 4 中列出的是作者合著网络的度中心度和中介中心性指标，以及作者论文网络的完全独特性（complete exclusivity）和相对独特

表 3　科研团队的核心实体(部分)

排序	作者	RT (%)	关键词	RT (%)	文章	RT (%)	期刊	度中心度
总数/指标数	148	16	608	4	176	10	15	1
1	史忠植	64.29	聚类	100	一种图像之间的颜色传输方法	57.15	《计算机辅助设计与图形学学报》	0.210
2	李华	50.00	多主体系统	75	三维扫描网格的合并和优化	42.86	《计算机工程与应用》	0.159
3	曹存根	35.71	关联规则	50	基于社区发现的多主体信任评估	28.57	《计算机科学》	0.142
4	陈睿	28.57	本体	50	基于访问、感知和知道的多 Agent 系统形式化模型	28.57	《计算机研究与发展》	0.119
5	刘群	14.29	数据挖掘	25	基于广义信息距离的直接聚类算法	14.29	《计算机工程》	0.097
6	向世明	14.29			中国织女星知识网格研究进展	14.29	《中文信息学报》	0.085
7	孙瑜	14.29			一种基于动态进化模型的事件探测和追踪算法	14.29	《计算机学报》	0.074
8	眭跃飞	14.29			融合颜色和梯度特征的运动阴影消除方法	14.29	《系统仿真学报》	0.034
9	丁世飞	7.14			KIWI 数据格式在导航系统中的应用研究	14.29	《模式识别与人工智能》	0.028
10	何清	7.14			Bezier 矩及其在人体姿态识别中的应用	14.29	《微电子学与计算机》	0.011

注:第二行列出了每种实体数和实体的单项评价指标种数;核心期刊的识别,仅有度中心度指标,以该值代替综合排序指标。

性指标（relatively unique）[23]。作者合著网络的度中心度衡量了作者合作关系中处于明星节点位置的作者，中介中心性测度的是作者合作关系中起到桥梁作用的节点。作者论文网络的完全独特性和相对独特性指标则是衡量作者所拥有的知识结构与其他作者的差异性，用于识别专家作者或有多个知识专长的作者。每种单项指标在单个基础网络中评价了节点的某种地位。而综合排序指标则用以评价实体在单项指标排序处于前 10 位的比例，例如作者“史忠植”在 10 项指标中排序在前 10 位，故该作者的 RT 值为 64.29%。从实际数据观察发现，该作者在多项网络指标中均具有较高的评价值，在整个元网络中拥有多重角色，因此属于网络中的核心节点。与之类似，作者“李华”在 8 项指标中排序在前 10 位，RT 值为 50.00%。综合以上分析，元网络模型能从整体角度对实体进行评价，分析实体的多种角色，所识别出的核心实体更加综合。

表 4　作者实体的综合排序指标与部分单项指标对比

综合排序指标 RT		作者合著网络度中心度		作者合著网络中介中心性		作者论文网络完全独特性		作者论文网络相对独特性	
作者	值（%）	作者	值	作者	值	作者	值	作者	值
史忠植	64.29	史忠植	0.027	史忠植	0.0080	孙瑜	0.045	史忠植	0.100
李华	50.00	李华	0.024	曹存根	0.0050	丁世飞	0.028	孙瑜	0.045
曹存根	35.71	陈睿	0.011	刘群	0.0030	史忠植	0.023	李华	0.040
陈睿	28.57	刘群	0.009	李华	0.0020	陈定方	0.023	丁世飞	0.038
刘群	14.29	向世明	0.009	崔丽	0.0010	梁吉业	0.017	陈定方	0.025
向世明	14.29	赵国英	0.008	吕雅娟	0.0010	范昊	0.017	曹存根	0.019
孙瑜	14.29	吕雅娟	0.006	施智平	0.0010	马炳先	0.011	梁吉业	0.017
眭跃飞	14.29	邓宇	0.006	张海俊	0.0007	刘少辉	0.006	范昊	0.017
丁世飞	7.14	刘国翌	0.006	贾富仓	0.0007	刘曦	0.006	马炳先	0.013
何清	7.14	施智平	0.006	赵国英	0.0006	刘群	0.006	何清	0.013

4.2.2　科研团队研究主题识别

在科研团队元网络模型中，论文和关键词等实体反映了科研团队的研究主题。首先利用 Louvain 社团识别算法[29]对关键词共现网络划分社团，共识别出 82 个关键词社团，其中社团成员数量较多者代表了科研团队的主要研究主题。图 3 示例了“数据挖掘”研究主题及其32个对应关键词，该社团在关键词网络中相互联系较为紧密。从元网络视角来看，关键词之间的共现，依托于论文关键词网络。在图4中，论文与关键词之间聚集成簇，不同论文之间又以共同关键词相连，因此论文与关键词等节点因其内在结构相连成簇，从而代表了研究主题。由此看出，元网络模型可以从多种实体综合反映研究主题。

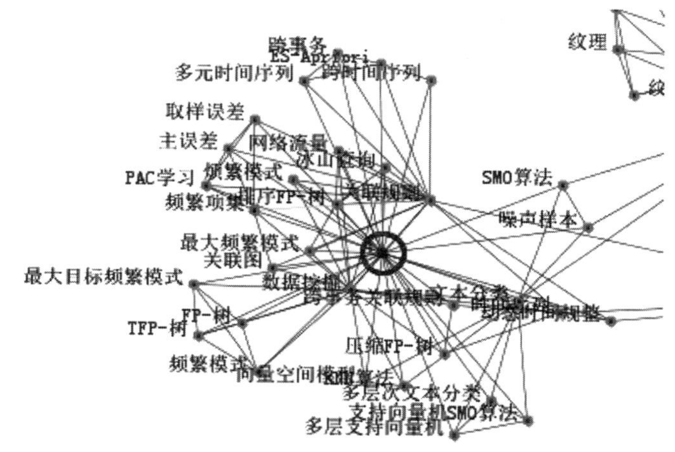

图3　“数据挖掘”研究主题的关键词

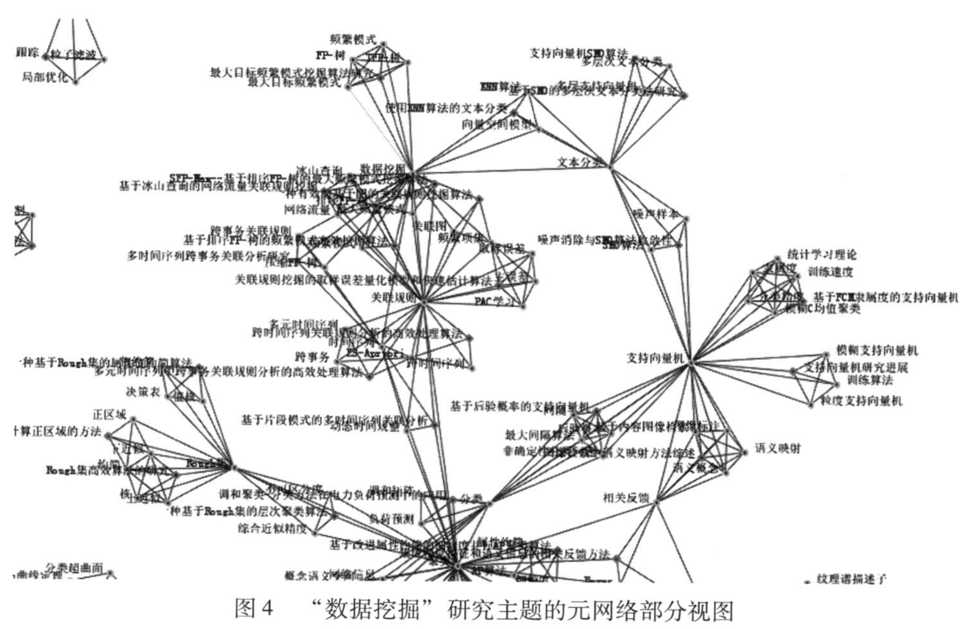

图4　“数据挖掘”研究主题的元网络部分视图

4.2.3 团队中合作现象

利用 Louvain 社团识别算法对作者合著网络划分社团，共得到 19 个子社团，拟合幂律分布曲线发现社团成员数量合乎幂律分布，见图 5（系数 R^2 大于 0.9）。故可推测该科研团队存在少数几个核心团体，是该科研团队的核心成员。以社团 4 为例，该社团包含 20 位成员，为进一步观察该社团成员间的合作结构，构建了该社团相关的部分元网络视图（见图 6）。该视图是由作者合著网络、作者论文网络、论文关键词网络所组成，直观地反映了该团队的任务及相应成果。细致观察可以发现，社团 4 内部主要科研合作成果集中在少数几个核心科研项目上，科研合作关系表现为任务驱动。从各个社团的成员组成来看，表 3 所示的核心作者几乎都处于社团的元网络视图的核心位置（如社团 4 中成员“李华”），体现了核心节点在多个维度上的地位。

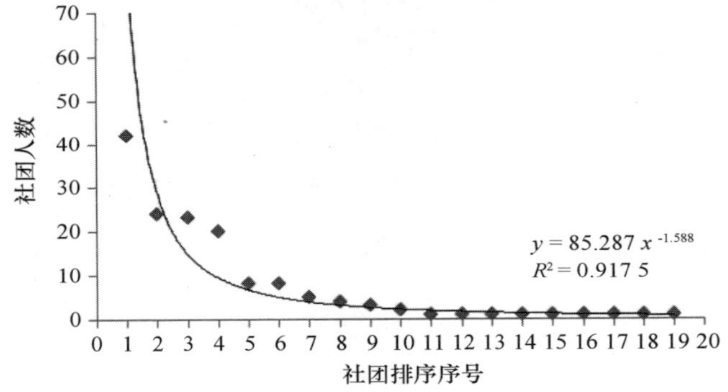

图 5　社团成员数量分布

5　结语与展望

借助于人类系统的网络模型方法，本文综合科研团队系统中多种基础网络，利用网络之间的内在关联性，在科研团队元网络概念框架下，构建了科研团队元网络模型。从综合网络视角出发，挖掘多种异质实体之间的关联，将有助于更加全面地从更高层次揭示科研团队及其组成单元的结构，发现其中潜藏的现象和规律。本文试探性地在该方面做出了一些尝试，提出了科研团队元网络模型在静态揭示方面的部分潜在应用方向，并给出了一些分析示例。由于本文仅仅是一些静态分析的尝试，还处于描绘和揭示科研团队结构的阶段，在深层次挖掘蕴含在元网络模型中的规律和解释科研团队驱动因素等方面还存在不足，同时对于如何从元网络角度构建静态分析指标也需要进

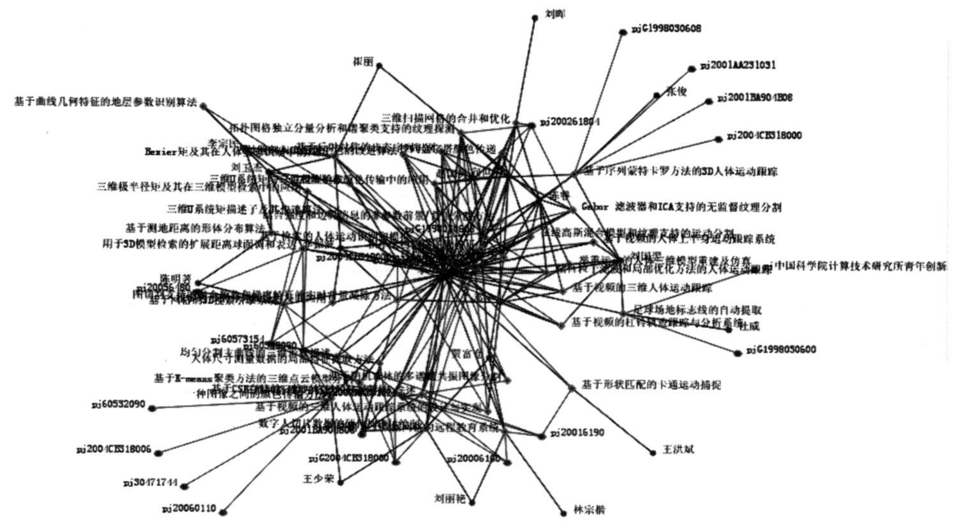

图 6　社团 4 的元网络部分视图

一步探索。另外，从动态的视角观察元网络中各实体间的相互作用及其演化规律，也将是未来的研究方向。

参考文献：

[1] Morris S A, Goldstein M L. Manifestation of research teams in journal literature: A growth model of papers, authors, collaboration, coauthorship, weak ties, and Lotka' s law [J]. Journal of the American Society for Information Science and Technology, 2007, 58 (12): 1764 – 1782.

[2] Börner K, Boyack K W, Milojević S, et al. An introduction to modeling science: Basic model types, key definitions, and a general framework for the comparison of process models [M] //Models of Science Dynamics: Encounters between complexity theory and information sciences. Berlin: Springer, 2012: 3 – 22.

[3] Scharnhorst A, Börner K, van den Besselaar P. Models of science dynamics: Encounters between complexity theory and information sciences [M] . Berlin: Springer, 2012.

[4] Börner K, Chen Chaomei, Boyack K W. Visualizing knowledge domains [J] . Annual Review of Information Science and Technology, 2003, 37 (1): 179 – 255.

[5] Chen Chaomei. CiteSpace II: Detecting and visualizing emerging trends and transient patterns in scientific literature [J] . Journal of the American Society for Information Science and Technology, 2006, 57 (3): 359 – 377.

[6] Sci^2 Team. Science of Science (Sci^2) Tool [EB/OL]. [2013 - 12 - 04]. https://sci2. cns. iu. edu.

[7] Börner K, Maru J T, Goldstone R L. The simultaneous evolution of author and paper networks [J]. PNAS, 2004, 101 (S1): 5266 - 5273.

[8] Drott M C, Griffith B C. An empirical examination of Bradford' s law and the scattering of scientific literature [J]. Journal of the American Society for Information Science, 1978, 29 (5): 238 - 246.

[9] Lotka A J. The frequency distribution of scientific productivity [J]. Journal of Washington Academy Sciences, 1926, 16 (12): 317 - 323.

[10] Newman M E J. The structure of scientific collaboration networks [J]. PNAS, 2001, 98 (2): 404 - 409.

[11] Huber J C. A new model that generates Lotka' s law [J]. Journal of the American Society for Information Science and Technology, 2002, 53 (3): 209 - 219.

[12] Scharnhorst A, Garfield E. Tracing scientific influence [EB/OL]. [2013 - 07 - 23]. http://arxiv. org/pdf/1010. 3525. pdf.

[13] Riviera E. Scientific communities as autopoietic systems: The reproductive function of citations [J]. Journal of the American Society for Information Science and Technology, 2013, 64 (7): 1442 - 1453.

[14] Leydesdorff L, Etzkowitz H. The triple helix as a model for innovation studies [J]. Science and Public Policy, 1998, 25 (3): 195 - 203.

[15] Price D. Statistical studies of networks of scientific papers [C] //Statistical Association Methods for Mechanized Documentation: Symposium Proceedings. Washington: US Government Printing Office, 1965: 187.

[16] Yan Erjia, Ding Ying. Scholarly network similarities: How bibliographic coupling networks, citation networks, cocitation networks, topical networks, coauthorship networks, and coword networks relate to each other [J]. Journal of the American Society for Information Science and Technology, 2012, 63 (7): 1313 - 1326.

[17] Ramasco J J, Morris S A. Social inertia in collaboration networks [J]. Physical Review E, 2006, 73 (1): 016122.

[18] Barabósi A L, Jeong H, Néda Z, et al. Evolution of the social network of scientific collaborations [J]. Physica A: Statistical Mechanics and Its Applications, 2002, 311 (3): 590 - 614.

[19] Pan R K, Saramäki J. The strength of strong ties in scientific collaboration networks [J]. Europhysics Letters, 2012, 97 (1): 18007.

[20] Goldstein M L, Morris S A, Yen G G. Group - based Yule model for bipartite author - paper networks [J]. Physical Review E, 2005, 71 (2): 026108.

[21] Carley K M. Computational organizational science and organizational engineering [J].

Simulation Modelling Practice and Theory, 2002, 10 (5): 253 - 269.

[22] Bohannon J. Counterterrorism's New Tool: 'Metanetwork' Analysis [J]. Science, 2009, 325 (5939): 409 - 411.

[23] Carley K M, Reminga J. ORA: Organization risk analyzer [R]. Pittsburgh: Carnegie Mellon University, School of Computer Science, Institute for Software Research, CMU - ISR - 13 - 108, 2004.

[24] 易明，毛进，曹高辉，等. 互联网知识传播网络结构计量研究 [J]. 情报学报，2013, 32 (1): 44 - 57.

[25] Small H. Co - citation in the scientific literature: A new measure of the relationship between two documents [J]. Journal of the American Society for information Science, 1973, 24 (4): 265 - 269.

[26] Kessler M M. Bibliographic coupling between scientific papers [J]. American Documentation, 1963, 14 (1): 10 - 25.

[27] Callon M, Courtial J P, Turner W A, et al. From translations to problematic networks: An introduction to co-word analysis [J]. Social Science Information, 1983, 22 (2): 191 - 235.

[28] Viana M P, Amancio D R, da F Costa L. On time - varying collaboration networks [J]. Journal of Informetrics, 2013, 7 (2): 371 - 378.

[29] Blondel V D, Guillaume J L, Lambiotte R, et al. Fast unfolding of communities in large networks [J]. Journal of Statistical Mechanics: Theory and Experiment, 2008 (10): P10008.

作者简介

李纲，武汉大学信息资源研究中心副主任，珞珈特聘教授，博士生导师；

毛进，武汉大学信息资源研究中心博士研究生，通讯作者，E-mail: danveno@163. com。

我国高校科研合作网络的构建与特征分析*

——基于“211”高校的数据

柴玥[1]　刘趁[2]　王贤文[2]

（[1] 大连理工大学人文学院　大连 116085；
[2]大连理工大学公共管理与法学学院，WISE 实验室　大连 116085）

1　引言

2012 年 5 月国家教育部和财政部联合召开工作会议，正式启动实施《高等学校创新能力提升计划》，即“2011 计划”，也称协同创新计划。实施“2011 计划”，是推进高等教育内涵式发展的现实需要，也是高校发挥其知识生产、传播和应用作用的现实需要。“2011 计划”引导所有的高校都要按照计划的总体精神与要求，紧密结合各自的实际，在不同的层次、以不同的方式，积极推动体制改革，踊跃参与协同创新，不断提升高等学校的创新能力与质量水平。

协同建立在合作的基础之上。从目前的研究状况来看，直接面向协同创新的定量研究尚不多见，但对于科研合作计量分析已经较为成熟，主要集中在国家合作、机构合作、作者合作、公司－高校合作等几个基本层面[1-2]：①在国家层面，主要集中在合作对论文数量、质量的影响和国家在合作网络中的地位的研究。其中，在论文数量方面，通过对我国和其他国家的合作论文数量的研究发现，合作的论文量呈指数增长[3]；在论文质量方面，在对国际合作论文的引用量分析中，发现国际合作的论文得到更多的引用，且引用量的提升不仅来自于参与合作的国家还来自与其他国家[4-5]。通过对国家间合作的研究还可以发现国家在科学合作网络中的拓扑结构、国家位置与网络

* 本文系 2011 年度全国教育科学规划教育部青年项目“基于知识图谱的国际高等教育研究前沿及其演进分析”（项目编号：EIA110369）研究成果之一。

结构等[6]。②在机构层面，从机构的合作网络研究中可发现机构间的信息流动[7]、影响因素[8]。机构层面的国际合作研究主要集中于合作模式和机构间的合作关系而不是构建关于科学家的微观合作网络[9-10]。③在个人层面，相比之下，主要是通过社会网络分析、词频分析等计量学方法，研究某一领域科学家合作的微结构、发现合作网络的中心、分析不同协作的子网络对合作和绩效的影响因素[11-12]。④在公司层面，研究发现合作不仅发生在大学科研人员之间，也包括大学科研人员与其他行业人员的合作[13]，并且公司的创新性和国家政策是影响公司-高校合作的主要因素。

可见，目前的科研合作研究中，论文是最基本和可靠的研究载体。学者们往往通过论文合著数据来揭示机构之间和国家之间的知识流动，进而展示因此产生的机构和国家之间的联系。由于目前的科学研究合作属于自由式的研究类型，因此研究对象较为分散，涉及企业、高校、科研机构、个人等多个维度，这既在一定程度上推动了科研合作研究的广泛开展，但同时也存在着聚焦不够、指向性不清晰等问题。我们知道，要推动高校参与“2011 计划”，首先要了解当前高校在科学前沿、文化传承、产业行业以及区域发展中的作用发挥情况，然后才能有针对性地出台引导政策，推动各主体之间进行面向协同创新的机制体制创新。在这个任务的驱动下，我们应该着重将高校作为研究对象，着力分析高校间基于合著的数量特征和网络特征。可以说，考察高校间的科学研究合作，有助于更好地展现我国高校间的现有合作格局，更好地为“2011 计划”的开展提供数据参考和工作指向。

在已有的研究成果中，梁立明[14]利用“985”高校数据发现了高校校际合作强地域倾向，为我们提供了良好的研究范例。遗憾的是，这样有对策指向性的研究相对较少，且由于数据获取等客观原因，梁立明只选择了 40 所左右的“985”高校作为研究对象，要支撑为“2011 计划”服务的功能，样本稍显不足。基于为“2011 计划”提供更加有针对性的数据支持的研究目的，笔者将研究对象进一步扩大至更多的高校，选取“211”高校作为研究样本，样本数也随之拓展达到 111 个。同时，采用准确的数据检索方法和手段，利用更加合理精确的数据处理方法，辅之以更加直观的可视化技术，得到更加明确和清晰的我国高校间合作图景。再通过从整体到局部的逻辑分析，摸清我国高校间科研合作的特征和规律，力求为高校和管理层参与和组织“2011 计划”的落实提供有针对性的决策参考。

2 数据与方法

2.1 数据来源

在以往合著规律研究的论文中，主要通过选择若干该领域有代表性的期刊获取数据[7]，数据相对较少。在本研究中，笔者选择 Web of Science（WOS）数据库中的全部数据作为研究数据来源，最大程度地保证了数据的完整性。WOS 数据库收录了超过10 000种世界权威的、高影响力的学术期刊，覆盖了 250 余个学科类别。相对于国内中文论文来说，一方面，SCI 和 SSCI 论文具有更高的学术影响力，发表的学术论文被 SCI/SSCI 收录引用的数量，被世界上许多学术机构作为评价学术水平的重要标准；另一方面，不同机构之间在 SCI/SSCI 国际论文中的合作积极性要远高于国内科研论文中的合作。因此，本文选择更具全面性和权威性的 Web of Science 作为数据来源，更能准确反映我国的科研机构在高水平研究中的合作状况。在 WOS 数据库中，具体检索时间跨度设定为 2001 －2011 年。

以往的研究方法都是先将 WOS 数据库中的数据下载到本地计算机中，然后利用 Bibexcel、CiteSpace 等软件将原始数据处理成矩阵，再将矩阵绘制成网络进行分析。但是这种方法只适合于针对某一领域的分析。本研究的分析对象是整个 Web of Science 数据库中的全部数据。如果要将数百万计的数据下载到本地计算机中，是不切实际的。即使能够把数据都下载下来，利用现有软件，如 Bibexcel 等，也无法进行数据处理。Bibexcel 适合处理的数据量在 5 000 条以下，本研究数百万的数据远远超过了 Bibexcel、CiteSpace 等软件的处理极限。基于上述原因，针对本研究的研究目的，我们开发出一套全新的数据处理方法，用于实现对不同机构之间的论文合作分析。

在具体的检索过程中，选择 SCI 与 SSCI 引文数据库，进入高级检索页面，输入大学名称进行检索。以清华大学 2011 年为例，在高级检索框中输入 OG ＝TSING HUA UNIVERSITY AND PY ＝2011，检索到清华大学 2011 年发表 SCI、SSCI 论文 4 979 篇。与以往需要下载检索结果不同的是，在检索结果页面中，点击“分析检索结果”选项，然后选择根据“机构扩展”字段排列记录（见图 1）。2011 年与清华大学合作最多的机构是中国科学院，一共合作 498 篇，其次是北京大学和加州大学各大分校，分别是 162 篇和 128 篇。点击结果页面右方的“所有数据行”、“将分析数据保存到文件”，保存成记事本文件，即可获得与清华大学有合作关系的高校清单。按照同样的方法，将所有其他 111 所“211”高校分别检索，并将检索结果分别保存成记事本文件。

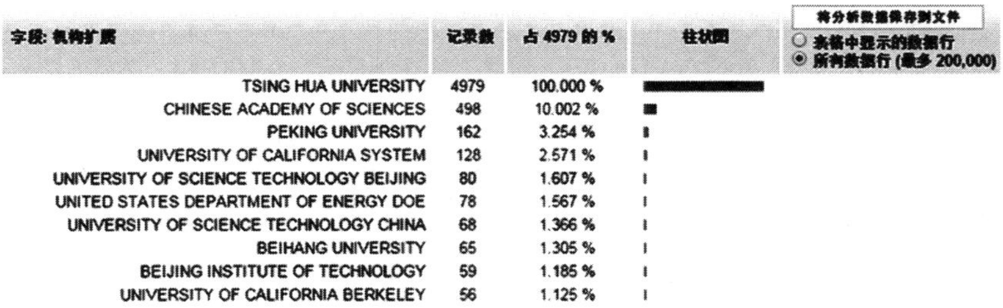

字段: 机构扩展	记录数	占 4979 的 %	柱状图
TSING HUA UNIVERSITY	4979	100.000 %	
CHINESE ACADEMY OF SCIENCES	498	10.002 %	
PEKING UNIVERSITY	162	3.254 %	
UNIVERSITY OF CALIFORNIA SYSTEM	128	2.571 %	
UNIVERSITY OF SCIENCE TECHNOLOGY BEIJING	80	1.607 %	
UNITED STATES DEPARTMENT OF ENERGY DOE	78	1.567 %	
UNIVERSITY OF SCIENCE TECHNOLOGY CHINA	68	1.366 %	
BEIHANG UNIVERSITY	65	1.305 %	
BEIJING INSTITUTE OF TECHNOLOGY	59	1.185 %	
UNIVERSITY OF CALIFORNIA BERKELEY	56	1.125 %	

将分析数据保存到文件
○ 表格中显示的数据行
◉ 所有数据行 (最多 200,000)

图 1　WOS 中清华大学 2011 年发表论文的合作单位统计

2.2　数据处理方法

利用 Perl 编程语言编制程序将 111 所“211”高校的论文合作记事本文件转换成 111 × 111 的论文合作矩阵，见表 1（为研究方便，“211”高校名称部分使用简称）。对角线单元格值表示对应大学的发表论文数，其余单元格数据表示对应的两所大学的合作论文数。例如“6 875”表示北京航空航天大学发表的论文数，而“6 875”所在行靠近末尾单元格的“43”表示北京航空航天大学与北京交通大学合作论文“43”篇。

表 1　我国“211”大学的论文合作数量矩阵

高校名称	安徽大学	北京航空航天大学	北京外国语大学	北京林业大学	北京理工大学	北京交通大学	…
安徽大学	2071	3	0	0	4	0	…
北京航空航天大学	3	6 875	0	3	32	43	…
北京外国语大学	0	0	13	0	0	1	…
北京林业大学	0	3	0	1 172	5	0	…
北京理工大学	4	34	0	5	6 323	18	…
北京交通大学	0	41	1	0	17	3 177	…
…	…	…	…	…	…	…	…

单纯地考虑论文合作数量，会导致结果出现较大的偏差。例如，如果两所高校发表的论文都超过5 000篇，二者之间合作论文100篇；另外两所高校发表的论文均不到1 000篇，二者之间合作论文也为100篇，但是这两个100篇所体现的合作强度的内涵明显是不一样的。可以认为第二个100篇所体现的两校合作紧密度更大。为了消除这种数据偏差，笔者通过对表1的论文合作数量矩阵进行Jaccard变换，计算得到表2所示的论文合作强度矩阵：

表2　Jaccard变换后我国“211”高校的论文合作强度矩阵

高校名称	安徽大学	北京航空航天大学	北京外国语大学	北京林业大学	北京理工大学	北京交通大学	…
安徽大学	1	0. 000 335	0	0	0. 000 477	0	…
北京航空航天大学	0. 000 335	1	0	0. 000 373	0. 002 431	0. 004 296	…
北京外国语大学	0	0	1	0	0	0. 000 314	…
北京林业大学	0	0. 000 373	0	1	0. 000 668	0	…
北京理工大学	0. 000 477	0. 002 583	0	0. 000 668	1	0. 001 898	…
北京交通大学	0	0. 004 095	0. 000 314	0	0. 001 793	1	…
…	…	…	…	…	…	…	…

使用Ucinet软件计算各节点的中介中心性，Ucinet会给出两个中介中心性结果，原始的未标准化中介中心性和标准化后的中介中心性，选择标准化的中介中心性对“211”大学的合作位置进行分析，使用网络分析软件Netdraw生成合作网络，并进一步利用复杂网络中的社团识别算法，即Givan-Newmann算法，对网络进行聚类分析。

3　结果与分析

3.1　中介中心性分析

表3显示的是Ucinet标准化后的中介中心性结果。北京大学的中介中心性最高，其次是南开大学、浙江大学、清华大学和复旦大学。可以看到，排

序在前 20 位的绝大多数都是"985"研究型大学。北京工业大学虽然不是"985"研究型大学，但是在合作网络中也具有较大的中介中心性，排在第 18 位。排序在第 100 名开外的大学包括上海财经大学、西藏大学、中国传媒大学、对外经济贸易大学、中南财经政法大学等，此外，中国政法大学、西南财经大学、北京邮电大学、北京体育大学、上海外国语大学、北京外国语大学、青海大学的中介中心性结果为 0。这些中介中心性极低的高校大多为专业型大学，例如财经类大学、体育类大学，这些大学被 SCI 和 SSCI 数据库检索的论文数量非常少，因此在合作网络中不可能具有较多的合作对象，从而导致其中介中心性低。西藏大学和青海大学因为其地理位置较为偏僻，跨地区合作交流不太容易，其所在地区也没有其他高水平大学，所以其中介中心性也不高。

在网络分析软件 Netdraw 中将表 2 合作矩阵导入生成合作网络，为了尽量降低信息损失程度，同时为了保证网络结构的清晰性，设置阈值 0.005，这意味着只有中介中心性大于 0.005 的大学才会出现在网络中，结果见图 2。节点的大小反映了其中介中心性大小。在表 3 中，北京大学的中介中心性最大，因此在图 2 中其节点尺寸也最大。其余较大的节点还有南开大学、清华大学、复旦大学，等等。从图 2 中中可以更加直观地看到，北京大学、南开大学、清华大学等较大的结点附近围绕着与其存在合作关系的其他结点。从整个网络的复杂程度来看，"211"高校所形成的合作网络并不复杂。虽然整个网络是连通的，但除去中间部分各节点之间的联系较为紧密之外，其他结点之间大多是单线联系，少有交叉合作的网络存在。这意味着高校间的合作是有选择的，从而导致合作只在一定范围内存在。

3.2 合作网络聚类分析

为探究各高校合作选择的影响因素，进一步将阈值提高到 0.007，此时网络中的节点和连线数量进一步减少，从而使得网络结构的清晰程度进一步提高，同时仍旧保留了足够的节点，形成 8 个聚类（见图 3）。将不同聚类用不同的颜色表示，并用虚线椭圆进行标记。

图 3 显示，北京大学、清华大学、南开大学、山东大学、武汉大学等高校组成了居于最中心的聚类。由哈尔滨工业大学、大连理工大学、吉林大学、东北师范大学、哈尔滨工程大学等高校组成东北高校聚类，位于上海的华东理工大学也在此聚类中。由中南大学、中山大学、华南理工大学、暨南大学等大学组成华南高校聚类，此聚类中还有西北农林科技大学、中国农业大学、北京林业大学，这几所大学与华南理工大学有连接关系。由上海交通大学、

表 3 “211”高校合作网络中的中介中心性排序

序号	高校名称	中心性	序号	高校名称	中心性	序号	高校名称	中心性	序号	高校名称	中心性
1	北京大学	2.369	29	电子科大	0.503	57	中地大	0.185	85	合肥工大	0.073
2	南开大学	1.637	30	人大	0.479	58	中国海大	0.183	86	河北工大	0.062
3	浙江大学	1.365	31	中南大学	0.454	59	南理工	0.172	87	中南财经	0.057
4	清华大学	1.353	32	东南大学	0.432	60	南航	0.171	88	东北林大	0.053
5	复旦大学	1.193	33	天津大学	0.431	61	武汉理工	0.161	89	辽宁大学	0.051
6	北师大	1.054	34	湖南大学	0.415	62	二军医大	0.154	90	海南大学	0.051
7	西安交大	1.051	35	东北师大	0.413	63	华中农大	0.147	91	太原理工	0.045
8	武汉大学	0.994	36	华东理工	0.398	64	南昌大学	0.145	92	东北农大	0.042
9	同济大学	0.953	37	暨南大学	0.398	65	河海大学	0.136	93	延边大学	0.036
10	上海交大	0.874	38	厦门大学	0.396	66	国防科大	0.133	94	天津医大	0.032
11	华中科大	0.852	39	重庆大学	0.385	67	新疆大学	0.133	95	长安大学	0.032
12	中山大学	0.83	40	广西大学	0.384	68	北林大	0.131	96	大连海事	0.032
13	南京大学	0.83	41	哈工大	0.367	69	福州大学	0.129	97	中央民大	0.032
14	大连理工	0.792	42	华南理工	0.348	70	陕西师大	0.128	98	内蒙古大学	0.026
15	中农大	0.791	43	苏州大学	0.345	71	石河子大学	0.123	99	北中医大	0.016
16	北理工	0.765	44	西南大学	0.342	72	东华大学	0.12	100	上财	0.012
17	中科大	0.75	45	中矿大	0.339	73	华南师大	0.119	101	西藏大学	0.011

续表

序号	高校名称	中心性	序号	高校名称	中心性	序号	高校名称	中心性	序号	高校名称	中心性
18	北工大	0.71	46	北科大	0.326	74	湖南师大	0.106	102	传媒大学	0.005
19	兰州大学	0.691	47	南京师大	0.304	75	哈工程	0.105	103	对外经贸	0.004
20	吉林大学	0.634	48	石油大学	0.295	76	四军医大	0.102	104	中南财经	0.004
21	云南大学	0.595	49	北化	0.288	77	中药大	0.098	105	中国政法	0
22	四川大学	0.589	50	西北农林	0.278	78	贵州大学	0.093	106	西南财经	0
23	北航	0.58	51	西北大学	0.275	79	华中师大	0.089	107	北邮	0
24	山东大学	0.573	52	西北工大	0.273	80	西南交大	0.086	108	北体大	0
25	郑州大学	0.543	53	南京农大	0.268	81	华北电力	0.084	109	上外	0
26	北交大	0.541	54	江南大学	0.246	82	四川农大	0.082	110	北外	0
27	华东师大	0.525	55	东北大学	0.228	83	安徽大学	0.079	111	青海大学	0
28	上海大学	0.522	56	西电	0.193	84	宁夏大学	0.073			

注:部分高校名称使用简称

同济大学、复旦大学等组成华东高校聚类；四川大学、重庆大学、电子科技大学、西南大学等组成西南高校聚类，南京大学、东南大学、河海大学等组成南京高校聚类，西安交通大学、西北工业大学、西北大学等组成西北高校聚类，等等。可见，在高校合作网络中，地理位置上接近的合作是一个主要特征，在我国东北、华南、华东、西南、西北地区都出现了区域内高校密切合作的现象。学科上接近的合作是另一个主要特征，那些地理上距离较远的高校，大多是因为学科相近或具有学科合作基础而产生了科研论文合作。当然，地理上接近的合作也以学科上的接近为基础，这两者的结合成为高校间合作的主要驱动力量。

3.3 结果分析

通过上述分析，可以看到我国“211”高校在科研合作方面的明显态势：

首先，“985”高校居于合作中心位置。从上文分析可见，中心性较强的高校基本上都是综合实力较强的“985”高校，这些高校在多学科综合发展、学科交叉、科研资源积累、科研实力等方面具有突出的优势，整体科研实力强大，在合作网络中居于中心位置，成为高校科研合作的中坚力量；同时在高校合作中起到连接作用，推动着整个科研合作的整体局面的发展。比如北京大学、南开大学、清华大学等组成的中心聚类，不但各自之间有合作关系，而且带动了诸如广西大学、辽宁大学、湖南大学等高校之间的合作。专业性较强的大学如财经类高校、体育类高校等，由于其学科相对单一，与职业对接紧密，研究范围相对有限等原因，在合作网络中则处于边缘位置，与其他大学的多学科交叉研究和合作有待进一步增强。

其次，地理关系是主导合作的主要因素。对大学论文合作网络的聚类分析表明，同一地域的大学大多位于同一聚类，例如东北高校聚类、西南高校聚类、中南高校聚类、华东高校聚类、西北高校聚类等。一方面，地理上接近的高校固有的合作与联系较为密切，便于进行资源整合，科研合作较为便利，同时所处地域类似的大学文化氛围也为科研合作提供了软环境保障；另一方面，受到教育资源布局不均衡的影响，西部等偏远地区的高校不仅在绝对数量上较少，在整体实力上较弱，在科研合作方面也非常有限，其整体实力亟待全面提升。对于这些高校而言，不仅需要硬件方面的教育资源均衡布局，在科研合作的软实力和软环境方面也需要一定的政策导向和倾斜。

最后，学科关系是推动合作的重要力量。科研合作地理相近性对于大学之间的科研合作产生主要影响。但是我们必须明白，这种地理位置上接近的合作，绝大多数也是由学科的接近性所决定的。我们看到，有些专业性较强

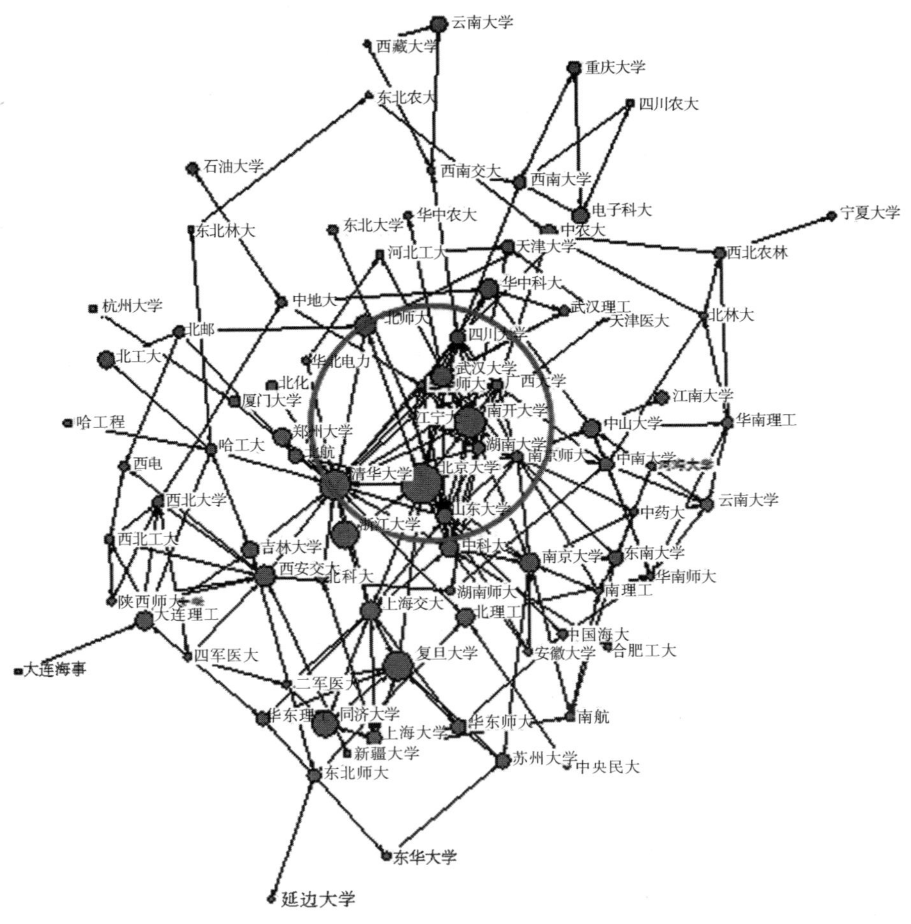

图 2　“211”大学科学论文合作网络分析（阈值 = 0.005）

的大学跨越了地理的局限，与地域相隔较远的大学产生了较强的合作关系。少数聚类纯粹由学科性质相近的几所大学组成，例如西安电子科技大学、北京邮电大学与北京工业大学都在通信电子方面有着较大的优势，因此这 3 所大学形成了一个聚类。又如中国地质大学与西北高校聚类中的西北大学、华东理工大学与东北高校聚类中的大连理工大学等基于学科密切合作而形成了聚类。这一类合作，正契合了国家“2011 计划”所推进的以学科优势为主导的高校科研合作，具有相近优势学科的高校跨地域组成强势学科的“2011 协同创新中心”，将更利于学科前沿成果的产出和转化。

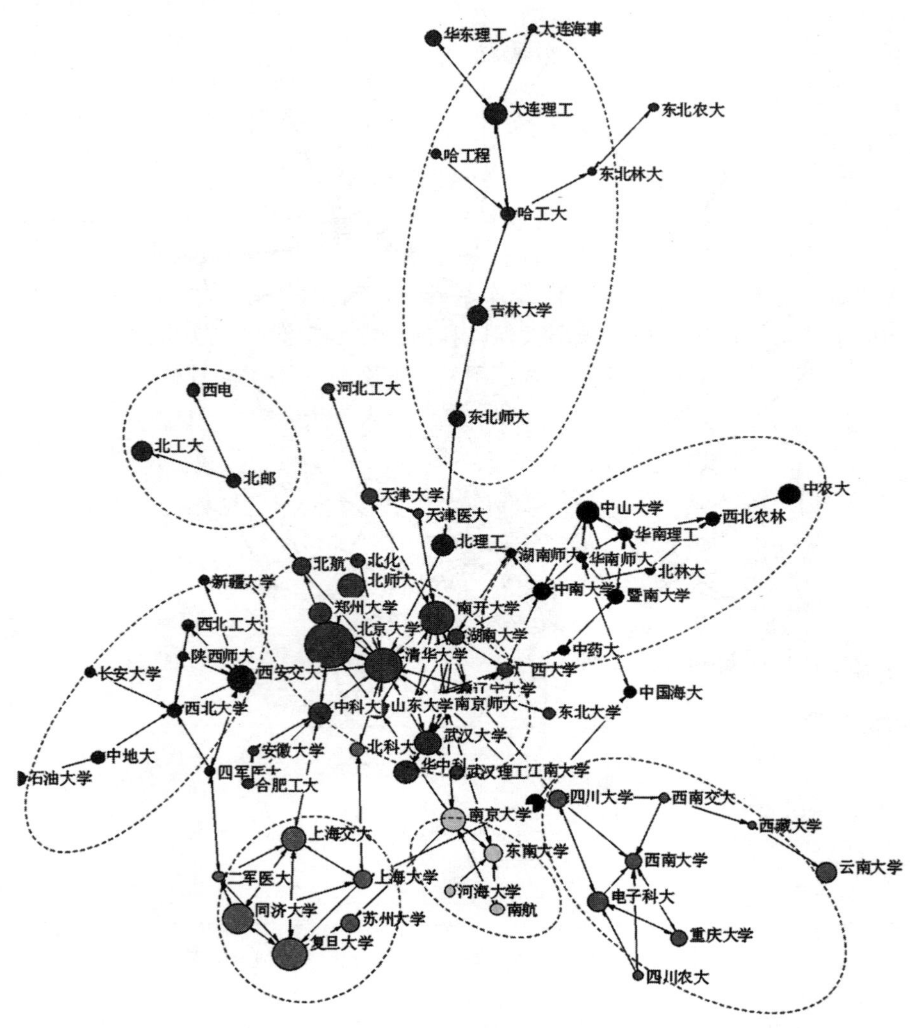

图3 “211”大学科学论文合作网络聚类分析（阈值 = 0.007）

4 建议与展望

由上述分析可知，我国“211”高校间的科研合作存在着明显的特点：首先，综合实力较强的“985”大学居于合作的中心位置，其次，地理距离相对较近的大学之间合作相对紧密，最后，学科上相对接近是合作发生的重要因素。上述特点，既反映出我国大学科研合作的现状与全貌，也为我们开展科研管理和教育管理工作提供了启示。首先，要充分发挥“985”高校在全国科研格局中的领军作用，带动我国整体科研水平的提升；其次，要充分发挥区域中优势高校的增长极作用，尤其是欠发达地区的某些领军型高校，对周边高校的带动作用更大；最后要注意到，大学之间基于学科关系的合作尚未达到较高水平，应乘“2011 计划”的东风，跨越层级和地区的局限，实现学科框架下的更广泛交流。加强“211”高校科学研究合作交流，一方面需要从上述宏观政策上提供保障，另一方面，各地区各高校也要积极迎合鼓励合作的科研政策[15]，探索基于科研交流合作基础上的灵活的科研管理制度、财务制度和成果认可制度等，从微观层面保障科研合作和交流的现实可操作性。

最后需要指出的是，即便是选择了较为充分的111 个高校样本，本文的研究依然具有一定的局限性。毕竟，科学论文合作不是科学研究合作与交流的唯一成果形式，高校间还存在着项目层面、人才层面等多种合作和交流的途径。我们仍需继续探索高校间科研合作的特征与规律，争取为“2011 计划”的实施提供更加充实和准确的数据支撑。

本文研究仅从宏观、整体的角度对我国主要高校的科学合作网络进行分析，在今后的研究中，笔者将继续深入到学科和研究主题层次，对主要学科领域的合作情况进行深入研究。

参考文献：

[1] Han Pu, Shi Jin, Li Xiaoyan, et al. International collaboration in LIS: Global trends and networks at the country and institution level [J]. Scientometrics, 2014, 98 (1): 53 –72.

[2] Wang Xianwen, Xu Shenmeng, Wang Zhi, et al. International scientific collaboration of China: Collaborating countries, institutions and individuals [J]. Scientometrics, 2013, 95 (3): 885 –894.

[3] He Tianwei. International scientific collaboration of China with the G7 countries [J]. Scientometrics, 2009, 80 (3): 571 –582.

[4] Narin F, Stevens K, Whitlow E. Scientific cooperation in Europeand the citation of multidomestically authored papers [J]. Scientometrics, 1991, 21 (3): 313 –323.

[5] Lancho Barrantes B S, Bote G, Vicente P, et al. Citation flows in the zones of influence of scientific collaborations [J]. Journal of the American Society for Information Science and Technology, 2012, 63 (3): 481 –489.

[6] Franceschet M. Collaboration in computer science: A network science approach [J]. Journal of the American Society for Information Science and Technology, 2011, 62 (10): 1992 –2012.

[7] Börner K, Penumarthy S, Meiss M, et al. Mapping the diffusion of scholarly knowledge among major US research institutions [J]. Scientometrics, 2006, 68 (3): 415 - 426.
[8] 王贤文，丁堃，朱晓宇．中国主要科研机构的科学合作网络分析——基于 Web of Science 的研究 [J]．科学学研究，2011，28 (12)：1806 - 1812.
[9] Kretschmer H. Author productivity and geodesic distance in bibliographic co - authorship networks, and visibility on the Web [J]. Scientometrics, 2004, 60 (3): 409 - 420.
[10] Newman M E J. Who is the best connected scientist? A study of scientific coauthorship networks [M] //BenNaim E, Frauenfelder H, Toroczkai. Z Complex Networks. Berlin: Springer Berlin Heidelberg, 2004: 337 - 370.
[11] Hou Haiyan, Kretschmer H, Liu Zeyuan. The structure of scientific collaboration networks in scientometrics [J]. Scientometrics, 2008, 75 (2): 189 - 202.
[12] Wang Xianwen, Xu Shenmeng, Liu Di, et al. The role of Chinese-American scientists in China-US scientific collaboration: A study in nanotechnology [J]. Scientometrics, 2012, 91 (3): 737 - 749.
[13] Bozeman B, Fay D, Slade C P. Research collaboration in universities and academic entrepreneurship: The-state-of-the-art [J]. The Journal of Technology Transfer, 2013, 38 (1): 1 - 67.
[14] 梁立明，沙德春．985 高校校际科学合作的强地域倾向 [J]．科学学与科学技术管理，2008，(11)：112 - 116.
[15] 赵蓉英，温芳芳．科研合作与知识交流 [J]．图书情报工作，2011，55 (20)：6 - 11.

作者贡献说明：

柴玥：数据收集与分析、论文写作；

刘趁：数据收集；

王贤文：研究方法设计。

作者简介：

柴玥（ORCiD：0000 - 0002 - 4923 - 898X），讲师，博士研究生，E-mail：chaiyue@126.com；

刘趁，硕士研究生；

王贤文（ORCiD：0000 - 0002 - 7236 - 9267），副教授。

基于 h 指数族的科研机构评价及其改进*

——以黑河流域资源环境领域研究为例

韦博洋　王雪梅　张志强

（中国科学院兰州文献情报中心）

1　前　言

科研机构的学术成果评价在科研活动中发挥着重要作用，在众多国家大型科研资助机构的科研经费预算的制定过程中，其重要性不言而喻。对科研机构的评价有定性和定量之分，基于文献计量的机构评价是除了同行评议之外最重要的手段。

J. E. Hirsch 于 2005 年提出以 h 指数评价科研人员的个人绩效[1]，由于 h 指数将论文数量和引用频次创造性地结合在一起，故得到迅速发展，并被扩展应用于不同层次的科研评价中，如学术期刊、科研机构与国家的评价，国内研究人员将 h 指数用于多方面的机构评价中，如万锦堃等计算了中国部分重点大学的 h 指数，并讨论了 h 指数与其他计量指标的相关性[2]；赵基明指出 h 指数和影响因子在评价期刊方面具有很好的互补性，评价结果更为公正可信，并使用 h 指数对 SCI 收录的中国学术期刊进行了评价[3]；周志峰等通过测算高校 h 指数，并进行指标之间的相关性分析，探讨 h 指数在高校学术评价中应用的可行性和需要注意的问题[4]。

此外，众多研究者还提出了类 h 指数，第一个类 h 指数是 L. Egghe 于 2006 年提出的 g 指数[5]。g 指数指按照论文的引用次数递减排序，前 g 篇论文

* 本文系国家自然科学基金重点项目“流域文化变迁与生态演化相互作用对流域生态政策影响的机理研究——黑河与澳大利亚墨累－达令河对比研究”（项目编号：91125007）、中国科学院文献情报能力专项项目“基于知识流地理扩散的科研活跃中心动态变化监测”（项目编号：Y300121001）和中国科学院兰州文献情报中心业务发展领域前沿扫描项目“国际科技评价活动与前沿方法扫描”（项目编号：Y300201001）研究成果之一。

累积引用次数大于等于 g^2，第 g 篇论文对应的累积引文数小于（$g+1$）^{2}，则指数为 g[6]。还有将 h 指数与 g 指数结合起来的指数：hg 指数，为 h 指数和 g 指数乘积的算术平方根。机构评价与研究者个人评价有所不同，h 指数在应用于机构评价时，在继承了原本的思想之后，又得以发展，不同研究者提出了不同的指数，如：机构 h 指数和 H_m 指数等。

2006 年，G. Prathap 提出了用于评价机构科研实力的机构 h 指数[7]，给出了两种不同级别的定义：机构 h_1 指数是指机构发表的论文中有 h_1 篇论文的被引频次至少是 h_1 次；机构 h_2 指数是指机构内的科研人员中有 h_2 个科研人员的 h 指数都至少为 h_2。可见 G. Prathap 所定义的 h_1 指数就是个人 h 指数直接应用于科研机构，而计算 h_2 指数首先要计算机构每个成员的 h 指数，主要揭示机构成员个人 h 指数的分布情况，也可理解为成员科研成果差异情况。

在用 h 指数评估科研机构时面临的问题时，随着机构规模的扩大，论文数量会增加，h 指数也更大，机构 h 指数很大程度上就会取决于机构规模，这就违背了使用 h 指数评价机构的初衷。J. F. Molinari 等最早分析了此现象并提出了机构 H_m 指数的理论[8-9]，使用 H_m 指数表示 h 指数与论文数量之间的量化关系，并进行了理论分析与证明，表明使用 H_m 指数评价科研机构时可以很好地消除机构规模的影响。

此外，金碧辉等[10]指出具有相同 h 指数的研究者的论文数量和单篇引用很大程度上是不一样的，而 h 指数与类 h 指数不能衡量“绩效内核”的差异，提出了以 R 指数和 AR 指数作为 h 指数的补充指标。不同于 h 指数的思路，F. Franceschini 等提出了成功指数（success-index）的概念[11]，并认为其可用于机构评价[12]。

除了传统文献计量评价之外，近年来数据包络分析（data envelopment analysis，DEA）模型在科研机构绩效评价领域得到了广泛发展和应用，被用来评价科学技术效率。关忠诚等提出了基于模糊的偏好 DEA 评价模型[13]。迟国泰等基于超效率 DEA 模型对 14 个省级行政区进行了科技效率评价，并提出了政策建议[14]。

对当前已经开发出的几个主要指数，研究者也在不同领域进行了对比分析。吴明智等将 h 指数、g 指数和 hg 指数应用于高校图书馆科研影响力的评价，结果表明 hg 指数更接近于真实情况，弱化了 h 指数和 g 指数各自的侧重[15]。岳婷等对比了 H_m 指数、h 指数、发文量、引文数量和篇均引文数量在卫生领域机构评价的异同[16]，提出论文、引文和 h 指数的结果有利于“大机构”，H_m 指数和篇均引文可以将小而精的机构彰显出来。

有鉴于当前评价指数特点的多样化，本文从理论上全面讨论了 h 指数、g 指数、hg 指数、R 指数、标准化（h，R）指数以及 H_m 指数等在科研机构影响力评价时的特点，将其分为 3 类，并在前人研究的基础之上，构建 R_m 指数，去除 R 指数中的机构规模效应，目的是将这 3 类指数的特点综合起来，以探索具有普遍适应性的机构评价指数。在机构评价过程中会遇到多学科综合评价，研究者将引文数据标准化来去掉学科差异[17]，而本文选择的评价对象为相关科研机构在黑河流域资源环境领域的科研产出，暂不考虑此方法。

2　机构评价指数对比及其改进

2.1　h 指数族指数对比

h 指数、g 指数和 hg 指数的概念与方法上文已阐述，这里首先回顾金碧辉等提出的 R 指数与标准化（h，R）指数[7]，以及 J. F. Molinari 等提出的机构指数的理论[8-9]。

金碧辉等为弥补 h 指数的局限性提出了 R 指数，R 指数定义为 h 指数绩效内核（h 篇至少被引用 h 次的论文）的总被引用频次的平方根，如下所示：

$$R = \sqrt{\sum_{j=1}^{1} cit_j} \tag{1}$$

其中 cit_j 表示 h 指数绩效内核中第 j 篇论文的引用频次，$cit_j \geqslant h$。可见 R 指数克服了 h 指数不能度量“绩效内核”从而导致的区分度不够的不足，而 g 指数和 hg 指数也存在这样的不足。同时金碧辉等继续提出了标准化（h，R）指数，将 h 和 R 指数加权处理：

$$Std\_(h,R)^i = \frac{h_i}{\sum h} + \frac{R_i}{\sum R} \tag{2}$$

其中 $\sum h$ 和 $\sum R$ 分别为考核对象的 h 指数与 R 指数的总和。标准化（h，R）指数将涉及的双因素 h 和 R 指数结合了起来。

J. F. Molinari 等最早分析了机构（论文规模）对 h 指数的影响的现象，可以称之为“机构（论文）规模效应”，提出了机构 H_m 指数的理论。在一些数量较大的论文合集中，假设两者之间存在定量关系，经过理论分析与证明使用 H_m 指数表示 h 指数与论文数量之间的量化关系：

$$h = H_m N^{\beta} \tag{3}$$

其中 h 表示 h 指数，N 表示论文数量，β 为常数，H_m 为参数。反过来当使用 H_m 作为机构指标进行评价时，在一定程度上可以消除机构规模的影响。

于是机构 H_m 指标可表示为：

$$H_m = \frac{h}{N^{\beta}}(\beta \approx 0.4) \tag{4}$$

因此，本文将这几个主要的指数分为3类。第一类为h指数、g指数和hg指数，这些指数仅简单考察论文量与引文的交叉阈值，没有考虑阈值内引文总量，且受到论文规模的影响；第二类为R指数和标准化（h，R）指数，克服了第一类指数区分度不够的问题；第三类为 H_m 指数，克服了机构（论文）规模效应。

2.2 R_m 指数：一个改进的机构评价指数

由以上定义可知，假如h指数受到论文规模的影响，那么R指数也理应存在论文规模效应。R指数是对h指数的一个极大的改进，指数则能很好地过滤掉论文规模效应，因此本研究选择将 H_m 指数的构建思想用来改进R指数，构建一个既能考察"绩效内核"，又能去掉论文规模效应的指数——R_m 指数，用来评价科研机构的科研产出。

参考 H_m 指数的思想，假设R指数与论文数量之间存在定量关系，可以表示为：$R = R_m N^{\alpha}$，那么 R_m 指数可以表示为：

$$R_m = \frac{R}{N^{\alpha}} \tag{5}$$

其中R表示R指数，N 表示论文数量，α 为常数。为了保证与 H_m 指数的平等对比，其中 α 也定义为常数0.4。

3 实证分析

3.1 评价对象与数据来源

黑河流域发源于青藏高原东北缘的祁连山地，是我国第二大内陆河流域。作为研究干旱区水文与水资源、生态环境演变、经济和生态可持续发展等方面的热点地区，吸引了国内外资源环境领域众多研究机构和人员，发表了诸多研究成果[18-21]。黑河流域研究的国际化程度不断提升，研究人员日益注重国际合作及在国际平台上发表成果。对该流域资源环境科研成果的评价较少，因此有必要从国际维度上分析研究该领域的科研机构的分布，对比评价机构的科研绩效。因此，本文选择该流域资源环境领域研究机构作为评价对象。

本文以汤森路透 Web of Science 数据库为数据来源。为了保证研究文献检索的查全率，本文在检索词制定方面既参考前文所述黑河流域水系构成、所在区域，也参考黑河流域有系列水文资料的河流和没有水库用水资料的河流[22]。在 SCI－E、SSCI 与 CPCI－S 数据库检索，共得到 1 340 篇文献（数据库更新日期为 2013 年 9 月 1 日）。通过人工筛选，将不属于本研究区域的文献剔除，如黑龙江黑河、江苏苏南与苏州等区域，将不属于资源环境研究领域的文献剔除，如研究青藏高原祁连山地质构造的文献等。本文所指的资源环境领域，为狭义的资源环境科学，而非广义的地学。最后共有 774 篇英文文献符合要求，本文使用 TDA（Thomson Data Analyzer）、Excel、Matlab 以及 SPSS 等进行数据分析。

3.2 评价结果分析

按照通讯作者机构信息统计主要发文机构，其中发文量大于等于 4 篇的主要发文机构有 30 个。本文采用现有指数 h 指数、g 指数、hg 指数、R 指数、标准化的（h，R）指数、H_m 指数以及本文提出的 R_m 指数来评价以上科研机构，并与发文量、总被引用频次和篇均被引频次进行对比分析（见表 1）。同时依据指数计算结果从大到小排序，表 2 显示了各机构在各个指数上的排名。其中被引频次依据 Web of Science 核心合集中的“被引频次”，仅包括 SCI－E、SSCI 与 CPCI－S 数据库，不包括文章所在非 WoS 核心合集，如中国科学引文数据库中的被引频次。

3.2.1 指数结果分析

（1）R 指数和标准（h，R）指数的特点。这一类指数可以增加机构评价时的区分度。从表 1 和表 2 中可以看出，h 指数、g 指数和 hg 指数均存在很多相同的结果。例如中国科学院（以下简称“中科院”）植物研究所和中科院地球环境研究所的发文量分别为 5 篇和 4 篇，其总被引分别为 21 次和 68 次，但二者具有相同的 h 指数（3）、g 指数（4）和 hg 指数（3.46），这 3 个指数达不到区分作用。二者的 R 指数和标准（h，R）指数不同，中科院地球环境研究所具有更高的 R 指数（8.19）和标准（h，R）指数（0.068），体现出了“绩效内核”和总被引的差异，增加了区分度。

（2）H_m 指数的特点。从表 1 和表 2 中可以看出，中科院寒区旱区环境与工程研究所（以下简称“寒旱所”）、兰州大学与中科院地理科学与资源研究所在发文量、总被引频次、h 指数、g 指数、hg 指数、R 指数和标准（h，R）指数上均居前 3 位，研究成果的影响显著。而剔除了机构（论文）规模的指标上看，H_m 指数的前 3 名是：德国柏林自由大学、日本筑波大学和中科院青藏高原研究所。寒旱所的 H_m 指数排名仅列第 8 位。

寒旱所具有最多的发文量（216 篇）和被引用总量（1 101 次），前两类指数突出了这样的规模大论文产出多的机构。柏林自由大学的总发文量少（7

表 1　主要研究机构的 h 族指数评价结果

机　　构	发文量（篇）	总被引（次）	篇均被引（次）	h	g	hg	R	（h，R）	H_m	R_m
中国科学院寒区旱区环境与工程研究所	216	1 101	5.10	16	24	19.60	21.68	0.25	1.86	2.53
兰州大学	100	679	6.79	14	24	18.33	21.79	0.23	2.22	3.45
中国科学院地理科学与资源研究所	29	325	11.21	7	17	10.91	17.06	0.15	1.82	4.44
中国科学院遥感与数字地球研究所	27	31	1.15	3	4	3.46	4.12	0.05	0.80	1.10
中国地质大学	19	37	1.95	3	5	3.87	5.00	0.05	0.92	1.54
北京师范大学	18	53	2.94	5	7	5.92	6.40	0.08	1.57	2.02
中国科学院青藏高原研究所	14	128	9.14	7	11	8.77	10.54	0.11	2.44	3.67
南京大学	12	17	1.42	2	4	2.83	3.74	0.04	0.74	1.38
西北师范大学	12	6	0.50	2	2	2.00	2.45	0.03	0.74	0.91
水利部黄河水利委员会	12	2	0.17	1	1	1.00	1.00	0.01	0.37	0.37
河海大学	10	15	1.50	2	3	2.45	3.61	0.04	0.80	1.44
北京大学	10	25	2.50	3	5	3.87	4.90	0.05	1.19	1.95
中国气象局	10	27	2.70	2	5	3.16	4.47	0.04	0.80	1.78
中国地质科学院	9	58	6.44	4	7	5.29	6.93	0.07	1.66	2.88
日本筑波大学	9	151	16.78	6	9	7.35	11.92	0.11	2.49	4.95
中国科学院大气物理所	8	0	0	0	0	0	0	0	0	0

续表

机　　构	发文量（篇）	总被引（次）	篇均被引（次）	h	g	hg	R	（h, R）	H_m	R_m
德国柏林自由大学	7	170	24.29	6	7	6.48	13.00	0.12	2.75	5.97
中国科学院新疆生态与地理研究所	6	1	0.17	1	1	1	1	0.01	0.49	0.49
中国科学院地质与地球物理研究所	6	17	2.83	2	4	2.83	3.46	0.04	0.98	1.69
中国农业大学	6	76	12.67	4	6	4.90	8.43	0.08	1.95	4.11
山东师范大学	6	45	7.50	4	6	4.90	6.63	0.07	1.95	3.24
西北农林大学	6	44	7.33	2	6	3.46	6.48	0.05	0.98	3.16
中国科学院植物研究所	5	21	4.20	3	4	3.46	4.36	0.05	1.58	2.29
中国科学院地球环境研究所	4	68	17.00	3	4	3.46	8.19	0.07	1.72	4.70
德国 AWI 极地与海洋研究所	4	69	17.25	4	4	4.00	8.31	0.08	2.30	4.77
中国矿业大学	4	6	1.50	2	2	2.00	2.24	0.03	1.15	1.28
中国林业科学院	4	3	0.75	1	1	1	1	0.01	0.57	0.57
甘肃农业大学	4	4	1	1	2	1.41	1.73	0.02	0.57	0.99
日本冈山大学	4	28	7.00	3	4	3.46	5.20	0.05	1.72	2.98
电子科技大学	4	1	0.25	1	1	1	1	0.01	0.57	0.57

表 2　主要研究机构根据 h 族不同评价指数的排序

机　　构	发文排序	总被引排序	篇均被引排序	h 排序	g 排序	hg 排序	R 排序	(h,R) 排序	H_m 排序	R_m 排序
中国科学院寒区旱区环境与工程研究所	1	1	13	1	1	1	2	1	8	13
兰州大学	2	2	11	2	1	2	1	2	5	8
中国科学院地理科学与资源研究所	3	3	6	3	3	3	3	3	9	5
中国科学院遥感与数字地球研究所	4	15	23	12	15	14	19	18	20	23
中国地质大学	5	14	19	12	12	12	15	14	19	19
北京师范大学	6	11	15	7	6	7	13	9	14	15
中国科学院青藏高原研究所	7	6	7	3	4	4	6	5	3	7
南京大学	8	20	22	18	15	20	20	20	23	21
西北师范大学	8	23	26	18	23	23	23	23	23	25
水利部黄河水利委员会	8	27	28	25	26	26	26	26	29	29
河海大学	11	22	20	18	22	22	21	21	21	20
北京大学	11	18	18	12	12	12	16	15	15	16
中国气象局	11	17	17	18	12	19	17	19	21	17
中国地质科学院	14	10	12	8	6	8	10	10	12	12
日本筑波大学	14	5	4	5	5	5	5	6	2	2
中国科学院大气物理所	16	30	30	30	30	30	30	30	30	30

续表

机　　构	发文排序	总被引排序	篇均被引排序	h 排序	g 排序	hg 排序	R 排序	(h,R) 排序	H_m 排序	R_m 排序
德国柏林自由大学	17	4	1	5	6	6	4	4	1	1
中国科学院新疆生态与地理研究所	18	28	28	25	26	26	26	26	28	28
中国科学院地质与地球物理研究所	18	20	16	18	15	20	22	22	17	18
中国农业大学	18	7	5	8	9	9	7	7	6	6
山东师范大学	18	12	8	8	9	9	11	11	6	9
西北农林大学	18	13	9	18	9	14	12	16	17	10
中国科学院植物研究所	23	19	14	12	15	14	18	17	13	14
中国科学院地球环境研究所	24	9	3	12	15	14	9	12	10	4
德国 AWI 极地与海洋研究所	24	8	2	8	15	11	8	8	4	3
中国矿业大学	24	23	20	18	23	23	24	24	16	22
中国林业科学院	24	26	25	25	26	26	26	26	25	26
甘肃农业大学	24	25	24	25	23	25	25	25	25	24
日本冈山大学	24	16	10	12	15	14	14	13	10	11
电子科技大学	24	28	27	25	26	26	26	26	25	27

篇），使其 h 指数、g 指数和 hg 指数均不太高，并限制了 R 指数和标准（h，R）指数，但柏林自由大学的篇均引用（24.29次）远高于寒旱所（5.1 次），通过去除规模效应，H_m 指数使得柏林自由大学这样发文量少但影响力强的机构显现出来。

（3）R_m 指数的特点。R_m 指数与 H_m 指数不同。R_m 指数排名前 3 位的是：柏林自由大学、日本筑波大学以及德国 AWI 极地与海洋研究所。在 H_m 指数排名中，中科院青藏高原研究所稍高于 AWI 极地与海洋研究所（第四），在 R_m 指数排名中，AWI 极地与海洋研究所远高于中科院青藏高原研究所（第七）。这种排名的反转，体现了 R_m 指数考虑了“绩效内核”的作用，表现在 R 指数与 h 指数的不同，二者的 R 指数差距小于二者的 h 指数差距。

R_m 指数与 R 指数的不同，就相当于 H_m 指数与 h 指数的不同。在 R 指数排名中，中科院青藏高原研究所（第六）高于 AWI 极地与海洋研究所（第八），R_m 指数排名的反转体现的是论文规模效应的作用。由于中科院青藏高原研究所的论文量（14 篇）远多于 AWI 极地与海洋研究所（4 篇），R_m 指数去除了论文规模的影响，使得 AWI 极地与海洋研究所的 R_m 指数排名更高。

可见，R_m 指数综合了 R 指数与 H_m 指数的特点，是一个相对综合、全面的机构评价指标。

3.2.2 相关性分析

这些指数都是在 h 指数的基础之上发展而来的，均涉及到论文量和被引量，为了更好地分析指数之间的异同，这里进行指标间的相关性分析。表 3 列出了各指标间的 Pearson 相关性分析结果，从中可以看出：

（1）总被引、h 指数、g 指数、hg 指数、R 指数以及标准化的（h，R）指数均与论文量在 0.01 的置信度上存在显著相关。验证了 H_m 指数和 R_m 指数的理论假设，即 h 指数和 R 指数受到机构（论文）规模影响。

（2）H_m 指数、R_m 指数与论文量不存在相关性。H_m 指数和 R_m 指数是去除了论文规模效应之后的指数，这个结果验证了 H_m 指数和 R_m 指数的计算方法。

（3）与 H_m 指数与论文量的相关性（0.221）相比，R_m 指数与论文量的相关性（0.066）更加不明显。表明本文提出的 R_m 指数能够彻底地去除论文规模效应。

（4）H_m 指数与总被引存在较弱相关性，R_m 指数与总被引不存在相关性。总被引量与论文量存在显著相关，而 R_m 指数能够更好地去掉论文规模影响，因此其与总被引也不存在相关性。

表 3　各指标间 Pearson 相关性分析

指　标	相关性	paper	citations	pcitation	h	g	hg	R	（h，R）	H_m	R_m
paper	Pearson 相关性	1	.958**	-.025	.846**	.800**	.832**	.701**	.784**	.221	.066
	显著性（双侧）		.000	.897	.000	.000	.000	.000	.000	.241	.729
	N	30	30	30	30	30	30	30	30	30	30
citations	Pearson 相关性	.958**	1	.196	.938**	.912**	.933**	.859**	.909**	.421*	.295
	显著性（双侧）	.000		.300	.000	.000	.000	.000	.000	.020	.114
	N	30	30	30	30	30	30	30	30	30	30
pcitation	Pearson 相关性	-.025	.196	1	.360	.307	.333	.570**	.474**	.838**	.958**
	显著性（双侧）	.897	.300		.050	.098	.072	.001	.008	.000	.000
	N	30	30	30	30	30	30	30	30	30	30
h	Pearson 相关性	.846**	.938**	.360	1	.964**	.991**	.947**	.985**	.660**	.493**
	显著性（双侧）	.000	.000	.050		.000	.000	.000	.000	.000	.006
	N	30	30	30	30	30	30	30	30	30	30
g	Pearson 相关性	.800**	.912**	.307	.964**	1	.991**	.954**	.970**	.592**	.475**
	显著性（双侧）	.000	.000	.098	.000		.000	.000	.000	.001	.008
	N	30	30	30	30	30	30	30	30	30	30
hg	Pearson 相关性	.832**	.933**	.333	.991**	.991**	1	.958**	.986**	.630**	.485**
	显著性（双侧）	.000	.000	.072	.000	.000		.000	.000	.000	.007

续表

指　标	相关性	paper	citations	pcitation	h	g	hg	R	(h,R)	H_m	R_m
	N	30	30	30	30	30	30	30	30	30	30
R	Pearson 相关性	.701**	.859**	.570**	.947**	.954**	.958**	1	.986**	.757**	.694**
	显著性(双侧)	.000	.000	.001	.000	.000	.000		.000	.000	.000
	N	30	30	30	30	30	30	30	30	30	30
(h,R)	Pearson 相关性	.784**	.909**	.474**	.985**	.970**	.986**	.986**	1	.719**	.605**
	显著性(双侧)	.000	.000	.008	.000	.000	.000	.000		.000	.000
	N	30	30	30	30	30	30	30	30	30	30
H_m	Pearson 相关性	.221	.421*	.838**	.660**	.592**	.630**	.757**	.719**	1	.918**
	显著性(双侧)	.241	.020	.000	.000	.001	.000	.000	.000		.000
	N	30	30	30	30	30	30	30	30	30	30
R_m	Pearson 相关性	.066	.295	.958**	.493**	.475**	.485**	.694**	.605**	.918**	1
	显著性(双侧)	.729	.114	.000	.006	.008	.007	.000	.000	.000	
	N	30	30	30	30	30	30	30	30	30	30

注:①paper 代表发文量,citations 代表总被引,pcitation 代表篇均被引;②** 代表在 0.01 水平(双侧)上显著相关,* 代表在 0.05 水平(双侧)上显著相关。

(5) 篇均引用仅 H_m 与指数和 R_m 指数显著相关，其中 R_m 指数与篇均引用的相关性最强。这是由于这 3 个指标都是去除了论文规模的影响。

4 结论与讨论

本文对当前主流的 h 指数、g 指数、hg 指数、R 指数、标准化（h，R）指数以及 H_m 指数在机构评价时的特点进行了分类对比，在此基础之上，将 H_m 指数的思想用来改进 R 指数，提出了 R_m 指数的理论假设、概念与计算方法。通过实证检验，验证了当前的指标在机构评价时有其不同的特点，h 指数和类 h 指数在评价机构总体科研实力时，区分度上有所欠缺，而 R 指数与标准（h，R）指数可以相对弥补这个弱点，同时 H_m 指数则去除了机构（论文）规模的影响，能够从不同的侧面反映出机构的影响力。同时也验证了 H_m 指数和 R_m 指数的假设，而相比较于其他指标，R_m 指数在评价科研机构的论文产出时，是一个相对更加综合和全面的指标，其去除机构（论文）规模效应的效果比 H_m 指数更加明显。本文提出的 R_m 指数在评价科研机构时具有一定的优越性。

机构评价是一个复杂的研究对象，涉及的因素很多，例如机构规模、研究领域、科研产出类型、产出规模等，简单地使用某个指数来衡量科研机构的影响力是片面的，需要综合利用多种类型的指数从不同的角度来评价科研机构的科研成果。同时本研究仅从文献计量的角度分析，选择的评价对象进行集中于黑河流域资源环境领域的研究机构的论文成果，所提出指数的思想和方法的优点在研究中得到了验证，但其广泛普遍的适用性还需要笔者后续采用大量不同领域的数据进一步地研究、验证和修正。

参考文献：

[1] Hirsch J E. An index to quantify an individual’s scientific research output [J]. Proceedings of the National Academy of Sciences of the United States of America, 2005, 102 (46): 16569 – 16572.

[2] 万锦堃，花平寰，赵呈刚. 中国部分重点大学 h 指数的探讨 [J]. 科学观察，2007 (3): 9 – 16.

[3] 赵基明. h 指数及其在中国学术期刊评价中的应用 [J]. 评价与管理，2007 (4): 14 – 20.

[4] 周志峰，万荣根，俞树文. h 指数视角的高校学术水平分析 [J]. 情报杂志，2010 (3): 71 – 74.

[5] Egghe L. Theory and Practise of the G – index [J]. Scientometrics, 2006, 69 (1):

131 – 152.

[6] 叶鹰. h 指数和类 h 指数的机理分析与实证研究导引 [J]. 大学图书馆学报, 2007 (5): 2 – 5.

[7] Prathap G. Hirsch-type indices for ranking institutions' scientific research output [J]. Current Science, 2006, 91 (11): 1439 – 1439.

[8] Molinari J F, Molinari A. A new methodology for ranking scientific institutions [J]. Scientometrics, 2008, 75 (1): 163 – 174.

[9] Molinari A, Molinari J F. Mathematical aspects of a new criterion for ranking scientific institutions based on the H-index [J]. Scientometrics, 2008, 75 (2): 339 – 356.

[10] Jin Bihui, Liang Liming, Rousseau R, et al. The R-and ar-indices: Complementing the H-index [J]. Chinese Science Bulletin, 2007 (6): 855 – 863.

[11] Franceschini F, Galetto M, Maisano D, et al. The Success-index: An alternative approach to the H-index for evaluating an individual's research output [J]. Scientometrics, 2012, 92 (3): 621 – 641.

[12] Franceschini F, Maisano D, Mastrogiacomo L. Evaluating research institutions: The potential of the Success-index [J]. Scientometrics, 2013, 96 (1): 85 – 101.

[13] 关忠诚, 许惠, 熊慧琴. 基于模糊的偏好 DEA 在科研机构评价中的应用 [J]. 科研管理, 2007 (2): 9 – 14.

[14] 迟国泰, 隋聪, 齐菲. 基于超效率 DEA 的科学技术评价模型及其实证 [J]. 科研管理, 2010 (2): 94 – 104.

[15] 吴明智, 王红, 刘瑞娟. hg 指数用于评价高校图书馆科研影响力的实证研究 [J]. 中华医学图书情报杂志, 2013 (2): 20 – 22, 51.

[16] 岳婷, 杨立英. H_m 指数在科研机构评价中的适用性研究——以"艾滋病病毒感染与治疗"主题为例 [J]. 图书情报工作, 2012, 56 (18): 38 – 43.

[17] Garfield E. Citation indexing: Its theory and application in science, technology and humanities [M]. New York: Wiley, 1979.

[18] 李新, 刘绍民, 马明国, 等. 黑河流域生态—水文过程综合遥感观测联合试验总体设计 [J]. 地球科学进展, 2012 (5): 481 – 498.

[19] 赵良菊, 肖洪浪, 程国栋, 等. 黑河下游河岸林植物水分来源初步研究 [J]. 地球学报, 2008 (6): 709 – 718.

[20] 赵良菊, 尹力, 肖洪浪, 等. 黑河源区水汽来源及地表径流组成的稳定同位素证据 [J]. 科学通报, 2011 (1): 58 – 70.

[21] 李新, 马明国, 王建, 等. 黑河流域遥感—地面观测同步试验: 科学目标与试验方案 [J]. 地球科学进展, 2008 (9): 897 – 914.

[22] 程国栋. 黑河流域水 – 生态 – 经济系统综合管理研究 [M]. 北京: 科学出版社, 2009.

作者简介

韦博洋，中国科学院兰州文献情报中心研究实习员，硕士，E-mail：weiby1015@gmail.com；

王雪梅，中国科学院兰州文献情报中心副研究员；

张志强，中国科学院兰州文献情报中心主任，研究员，博士生导师。